21世纪高等学校规划教材｜电子信息

现代通信网技术
（第2版）

刘金虎　樊子锐　编著

U0224059

清华大学出版社
北京

内 容 简 介

本书主要在论述现代通信网的基本概念、设计理论基础(拓扑理论、流量理论及可靠性理论)、体系结构及组网方法的基础上,较为全面地介绍各种现代通信网技术,主要涉及电话网、三大支撑网(No.7 信令网、数字同步网和电信管理网)、智能网、宽带 IP 城域网及下一代通信网络的相关理论与技术。通晓这些理论和技术,不但可以对现代通信网有比较深入、全面的了解,掌握通信网的分析和设计方法,而且能预见通信网的发展趋势,这也是通信工程和信息类专业必备的专业知识。

为便于学生在学习过程中更好地掌握所学的知识,培养学生分析问题和解决问题的能力,在每章后都附有习题供学生选做。

本书既可以作为高等院校通信专业教材和参考书,也可以作为从事通信工作科研和工程技术人员的学习参考书。

图书在版编目(CIP)数据

现代通信网技术/刘金虎,樊子锐编著. --2 版. --北京:清华大学出版社,2014(2024.8重印)
21 世纪高等学校规划教材. 电子信息
ISBN 978-7-302-35303-4

Ⅰ. ①现… Ⅱ. ①刘… ②樊… Ⅲ. ①通信网—高等学校—教材 Ⅳ. ①TN915

中国版本图书馆 CIP 数据核字(2014)第 018854 号

责任编辑:郑寅堃 赵晓宁
封面设计:傅瑞学
责任校对:李建庄
责任印制:宋 林

出版发行:清华大学出版社
  网 址:https://www.tup.com.cn, https://www.wqxuetang.com
  地 址:北京清华大学学研大厦 A 座 邮 编:100084
  社 总 机:010-83470000 邮 购:010-62786544
  投稿与读者服务:010-62776969, c-service@tup.tsinghua.edu.cn
  质量反馈:010-62772015, zhiliang@tup.tsinghua.edu.cn
  课件下载:https://www.tup.com.cn, 010-83470236
印 装 者:天津鑫丰华印务有限公司
经 销:全国新华书店
开 本:185mm×260mm 印 张:23 字 数:568 千字
版 次:2004 年 2 月第 1 版 2014 年 4 月第 2 版 印 次:2024 年 8 月第 9 次印刷
印 数:5701~5900
定 价:59.00 元

产品编号:057391-02

出 版 说 明

　　随着我国改革开放的进一步深化,高等教育也得到了快速发展,各地高校紧密结合地方经济建设发展需要,科学运用市场调节机制,加大了使用信息科学等现代科学技术提升、改造传统学科专业的投入力度,通过教育改革合理调整和配置了教育资源,优化了传统学科专业,积极为地方经济建设输送人才,为我国经济社会的快速、健康和可持续发展以及高等教育自身的改革发展做出了巨大贡献。但是,高等教育质量还需要进一步提高以适应经济社会发展的需要,不少高校的专业设置和结构不尽合理,教师队伍整体素质亟待提高,人才培养模式、教学内容和方法需要进一步转变,学生的实践能力和创新精神亟待加强。

　　教育部一直十分重视高等教育质量工作。2007 年 1 月,教育部下发了《关于实施高等学校本科教学质量与教学改革工程的意见》,计划实施"高等学校本科教学质量与教学改革工程"(简称"质量工程"),通过专业结构调整、课程教材建设、实践教学改革、教学团队建设等多项内容,进一步深化高等学校教学改革,提高人才培养的能力和水平,更好地满足经济社会发展对高素质人才的需要。在贯彻和落实教育部"质量工程"的过程中,各地高校发挥师资力量强、办学经验丰富、教学资源充裕等优势,对其特色专业及特色课程(群)加以规划、整理和总结,更新教学内容、改革课程体系,建设了一大批内容新、体系新、方法新、手段新的特色课程。在此基础上,经教育部相关教学指导委员会专家的指导和建议,清华大学出版社在多个领域精选各高校的特色课程,分别规划出版系列教材,以配合"质量工程"的实施,满足各高校教学质量和教学改革的需要。

　　为了深入贯彻落实教育部《关于加强高等学校本科教学工作,提高教学质量的若干意见》精神,紧密配合教育部已经启动的"高等学校教学质量与教学改革工程精品课程建设工作",在有关专家、教授的倡议和有关部门的大力支持下,我们组织并成立了"清华大学出版社教材编审委员会"(以下简称"编委会"),旨在配合教育部制定精品课程教材的出版规划,讨论并实施精品课程教材的编写与出版工作。"编委会"成员皆来自全国各类高等学校教学与科研第一线的骨干教师,其中许多教师为各校相关院、系主管教学的院长或系主任。

　　按照教育部的要求,"编委会"一致认为,精品课程的建设工作从开始就要坚持高标准、严要求,处于一个比较高的起点上。精品课程教材应该能够反映各高校教学改革与课程建设的需要,要有特色风格、有创新性(新体系、新内容、新手段、新思路,教材的内容体系有较高的科学创新、技术创新和理念创新的含量)、先进性(对原有的学科体系有实质性的改革和发展,顺应并符合 21 世纪教学发展的规律,代表并引领课程发展的趋势和方向)、示范性(教材所体现的课程体系具有较广泛的辐射性和示范性)和一定的前瞻性。教材由个人申报或各校推荐(通过所在高校的"编委会"成员推荐),经"编委会"认真评审,最后由清华大学出版社审定出版。

目前,针对计算机类和电子信息类相关专业成立了两个"编委会",即"清华大学出版社计算机教材编审委员会"和"清华大学出版社电子信息教材编审委员会"。推出的特色精品教材包括:

(1) 21世纪高等学校规划教材·计算机应用——高等学校各类专业,特别是非计算机专业的计算机应用类教材。

(2) 21世纪高等学校规划教材·计算机科学与技术——高等学校计算机相关专业的教材。

(3) 21世纪高等学校规划教材·电子信息——高等学校电子信息相关专业的教材。

(4) 21世纪高等学校规划教材·软件工程——高等学校软件工程相关专业的教材。

(5) 21世纪高等学校规划教材·信息管理与信息系统。

(6) 21世纪高等学校规划教材·财经管理与应用。

(7) 21世纪高等学校规划教材·电子商务。

(8) 21世纪高等学校规划教材·物联网。

清华大学出版社经过三十多年的努力,在教材尤其是计算机和电子信息类专业教材出版方面树立了权威品牌,为我国的高等教育事业做出了重要贡献。清华版教材形成了技术准确、内容严谨的独特风格,这种风格将延续并反映在特色精品教材的建设中。

清华大学出版社教材编审委员会
联系人:魏江江
E-mail:weijj@tup.tsinghua.edu.cn

前言

　　通信网技术是从事通信技术工作者应掌握的一项综合性的专业技术,这项技术与通信网的发展建设、网络规划设计、网络维护及通信设备的研制和生产等密切相关,且涉及通信网理论、各种组网技术、通信设备的应用和如何使通信网更有效地发挥效益的问题。

　　随着通信技术的迅速发展和人们对信息服务的要求不断提高,通信网络不但在容量和规模上逐步扩大,其功能在不断扩充、新业务在不断发展,由此各种现代通信网技术应运而生,人们对通信网络的研究也越来越重视。

　　本书侧重于阐述通信网基本理论,在此基础上,讨论和研究通信网的网络结构和各种通信网组网技术。通晓这些理论和技术,不但可以对现代通信网有比较深入、全面的了解,掌握通信网的分析和设计方法,而且能预见通信网的发展趋势,这也是通信工程和信息类专业必备的专业知识。

　　全书共分为9章。第1章现代通信网概述,简述了通信网的基本概念、组成要素、分类,通信网基本拓扑结构及各自的特点,现代通信网的构成、要求及发展方向。第2章通信网的体系结构,简述了建立通信网体系结构的目的及意义,通信协议的含义、内容及功能,介绍了OSI参考模型、TCP/IP协议模型及宽带IP网的体系结构。第3章电话通信网,主要讨论现代电话网的组成结构,电话网路由的分类、设置及选择方法;信令系统的概念、分类及电话网信令系统的构成,电话网的传输规划,IP电话网和移动电话网的基本结构。第4章通信网的支撑网,主要讨论现代通信网的三大支持网络(No.7信令网、数字同步网和电信管理网)的构成原理、组网结构和功能。第5章智能网原理,主要讨论智能网的概念、特点、构成原理、组网结构和提供的主要业务。第6章IP通信网,主要阐述计算机网络的概念、发展及组成结构,局域网的特点、分类、组成结构及协议模型,宽带IP城域网的组网结构、骨干传输技术、接入技术;宽带IP城域网的IP地址规划(IPv4和IPv6协议),宽带IP城域网的路由选择方法。第7章通信网设计基础,在介绍网络拓扑理论和排队论理论的基础上,讨论通信网的结构设计方法和流量分析方法。第8章通信网的可靠性,在介绍可靠性数学理论的基础上,讨论通信网局间通信的可靠性和网络的可靠性分析。第9章下一代通信网,主要阐述下一代网络(NGN)的概念及关键技术,介绍云计算技术和物联网技术及其应用。

　　本书1～5章和7、8章由刘金虎编写,第6、9两章由樊子锐编写。

　　本书在编写过程中参阅了与ITU-T相关的建议和电信主管部门有关通信行业的标准文件,还参阅了唐宝民等编写的《电信网技术基础》、周炯槃等编写的《通信网理论基础》、毛京丽等编写的《现代通信网》等相关书籍,在此对这些资料的作者们表示深深感谢!

　　由于作者水平有限,书中难免有不足之处,恳请专家和读者指正。

作　者

2013年11月于兰州交通大学

目 录

第1章

现代通信网概述

1.1 通信网基本概念

1.1.1 通信网概述

现代通信网是为公众提供信息服务的一类网络,是信息化社会的基础设施。早期的通信网仅包括电话网和电报网。随着通信技术的迅速发展以及人们对信息服务的要求不断提高,通信网络不但在容量和规模上逐步扩大,还要不断扩充其功能和发展新业务,通信网的类型不断增加,结构越来越复杂,网络技术已发展成为一个专门的学科,其内容十分丰富,成为通信技术方面的重要的基础知识。

通信网是一个由多用户通信系统通过交换系统按照一定拓扑模式组合在一起的通信体系,由此可见,通信网是指通信系统的系统。通信网的用途是实现长距离多用户之间有效和可靠的信息传输和处理。

1.1.2 通信网的组成要素

通信网是由硬件通信设备和相应的软件(包括操作系统、应用软件和通信协议)组成的。硬件设备主要由终端设备、传输系统和交换系统三大要素组成。

终端设备(用户)主要完成感受和恢复信息、信号与传输链路匹配、产生和识别信令等功能。常见的终端设备有电话机(普通电话机、无线手机、数字电话机)、计算机输入输出设备、电传打字机、可视图文(Videotex)、电子信箱、传真报纸等各种办公自动化新型终端设备。

传输系统是信息的传输通道,是连接接点的介质,可分为用户传输系统和中继传输系统。从传输方式上又可分为有线传输链路和无线信道。目前采用的传输介质主要有电缆、光纤、微波、卫星等。

交换设备的功能主要是完成接入交换节点链路的汇集、转换、接续及分配,采用的交换方式可以分为两大类,即电路交换方式和存储—转发交换方式。

电路交换方式是指两个终端在相互通信之前,需预先建立起实际的物理链路,在通信中自始至终使用该条链路进行信息传输,并且不允许其他终端同时共享该链路,通信结束后再拆除这条物理链路。电路交换方式又分为空分交换方式和时分交换方式。

存储—转发交换方式是以包为单位传输信息的,是当用户的信息包到达交换机时,先将信息包存储在交换机的存储器中(内存或外存),当所需要的输出电路有空闲时,再将该信息包发向接收交换机或用户终端。存储—转发交换方式主要包括报文交换方式、分组交换方式和帧方式等。

1.1.3 通信网的基本拓扑结构

通信网的基本拓扑结构主要有网状、星状、复合状、总线状、环状、树状等。

1. 网状网

网状网如图 1.1(a)所示,网内任意两个节点之间均与直达链路相连。如果有 N 个节点,则需要有 $\frac{1}{2}N(N-1)$ 条传输链路。显然,当节点点数增加时,传输链路将迅速增大。这种网络结构冗余度较大,稳定性好;但线路利用率低,经济性差。

图 1.1(b)指的是网孔状网,它是网状网的一种变形,是一种不完全的网状网。其中大部分节点之间有直达链路,一小部分节点可能与其他节点没有直达链路,节点之间设不设链路视具体情况而定。显然,网孔状网与网状网相比适当节省了线路投资,提高了线路利用率,经济性有所改善;但稳定性有所降低。

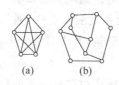

图 1.1 网状网与网孔状网示意图

网状网拓扑网络中,节点之间的连接是任意的,没有规律可循。网状结构分为全连接网状和不完全连接网状两种形式。全连接网状网中,每一个节点和网中其他节点均有链路连接。不完全连接网中,两节点之间不一定有直接链路连接,它们之间的通信依靠其他节点转接。这种网络的优点是:节点间路径多,碰撞和阻塞可大大减少,局部的故障不会影响整个网络的正常工作,可靠性高;网络扩充和主机入网比较灵活、简单。但这种网络关系复杂,建网不易,网络控制机制复杂,必须采用路由选择算法和流量控制方法,网络利用率低。

2. 星状网

星状网也称为辐射网,它将一个节点作为辐射点,该点与其他节点均有线路相连,如图 1.2 所示。具有 N 个节点的星状网至少需要 $N-1$ 条传输链路。星状网的辐射点就是转接交换中心,其余 $N-1$ 个节点间相互通信都要经过转接交换中心的交换设备,因而该交换设备的交换能力和可靠性会影响网内的所有用户。显然,星状网比网状网的传输链路少,线路利用率高;但稳定性差,交换中心一旦出现故障就会造成全网瘫痪。

星状结构以中央节点为中心,并用单独的线路使中央节点与其他各节点相连,相邻节点之间的通信都要通过中心节点。

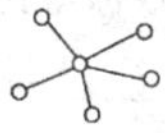

星状拓扑采用集中式通信控制策略,所有的通信均由中央节点控制,中央节点必须建立和维持许多并行数据通路。

图 1.2 星状网示意图

星状拓扑采用的数据交换方式主要有线路交换和报文交换两种,线路交换更为普遍。

网络的扩展通常是采用增加中央节点的方式,将中央节点级联起来,需要增加的节点再与新中央节点连接。

主要优点如下:

① 易于故障的诊断与隔离。

② 易于网络的扩展。

③ 具有较高的可靠性。

主要缺点如下:

① 过分依赖中央节点。

② 组网费用高。

③ 布线比较困难。

星状网络是在现实生活中应用最广的网络拓扑,一般的学校、单位都采用这种网络拓扑组建单位的计算机网络。

3. 复合状网(半网状网)

复合状网由网状网和星状网复合而成,如图 1.3 所示。根据网中业务量的需要,以星状网为基础,在业务量较大的转接交换中心区间采用网状结构,可以使整个网络比较经济且稳定性较好。复合状网具有网状网和星状网的优点,是通信网中广泛采用的一种网络结构,但网络设计应以交换设备和传输链路的总费用最小为原则。

4. 总线状网

总线状网是所有节点都连接在一个公共传输通道——总线上,如图 1.4 所示,这种网络结构需要的传输链路少,增减节点比较方便,但稳定性差,网络范围也受到限制,一般在计算机局域网中采用较多。

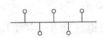

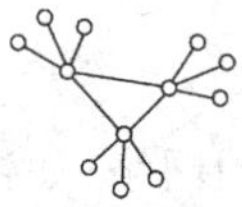

图 1.3 复合状网示意图　　　　图 1.4 总线状网示意图

总线状拓扑结构简称总线拓扑,它是将网络中的各个节点设备用一根总线(如同轴电缆等)连接起来,实现计算机网络的功能。

总线状结构的数据传输是广播式传输结构,数据发送给网络上的所有计算机,只有计算机地址与信号中的目的地址相匹配的计算机才能接收到。采取分布式访问控制策略来协调网络上计算机数据的发送。

传输介质的每一个端点都必须连接到某个器件上,任何开放的缆线端口都必须接入终结器以阻止信号的反射。

总线状网的拓扑对于一个网络段上的节点数有一定的限制。如果网络中的计算机需求数大于这一限制,通常采用增加中继器的方法对网络进行扩充。

主要优点如下:

① 网络结构简单,节点的插入、删除比较方便,易于网络扩展。

② 设备少、造价低,安装和使用方便。

③ 具有较高的可靠性。因为单个节点的故障不会涉及整个网络。

主要缺点如下：

① 故障诊断困难。总线型的网络不是集中控制,故障诊断需要在整个网络的各个站点上进行。

② 故障隔离困难。当节点发生故障时隔离起来还比较方便,而一旦传输介质出现故障时,就需要将整个总线切断。

③ 易于发生数据碰撞,线路争用现象比较严重。

5. 环状网

环状网如图1.5所示,它的特点是结构简单、实现容易,而且由于可以采用自愈环对网络进行自动保护,所以其稳定性比较好。

图 1.5 环状网示意图

环状拓扑结构是一些中继器和连接中继器的点到点链路组成一个闭合环,计算机通过各中继器接入这个环中,构成环状拓扑的计算机网络。在网络中各个节点的地位相等。

环状拓扑中的每个站点都是通过一个中继器连接到网络中的,网络中的数据以分组的形式发送。网络中的信息流是定向的,网络的传输延迟也是确定的。

主要优点如下：

① 数据传输质量高。

② 可以使用各种介质。

③ 网络实时性好。

主要缺点如下：

① 网络扩展困难。

② 网络可靠性不高。

③ 故障诊断困难。

环状网平时用得比较少,主要用于跨越较大地理范围的网络,如铁路专用通信网就采用环状网,环状拓扑更适合于网状网等超大规模的网络。

另外,还有一种线状网结构,它与环状网不同的是首尾不相连,线状网常用于SDH传输网中。

6. 树状网

树状网如图1.6所示,它可以看成星状拓扑结构的扩展。在树状网中,节点按层次进行连接,信息交换主要在上、下节点之间进行。树状网结构主要用于用户接入网或用户线路网中,另外,主从同步方式的同步网中的时钟分配网也采用树状结构。

图 1.6 树状网示意图

1.2 现代通信网的分类及构成

1.2.1 现代通信网的分类

通信网从不同的角度可以分为不同的种类,主要有以下5种分类方法。

1. 按业务种类分类

若按业务种类分,通信网可分为以下几种:

① 电话网。传输电话业务的网络,一般采用电路交换方式。

② 电报网。传输电报业务的网络。

③ 传真网。传输传真业务的网络。

④ 广播电视网。传输广播电视业务的网络。

⑤ 数据通信网。传输数据业务的网络,一般采用存储—转发交换方式。

2. 按所传输的信号形式分类

若按所传输的信号形式分,通信网可分为两类:

① 数字网。网中传输和交换的是数字信号。

② 模拟网。网中传输和交换的是模拟信号。

3. 按服务范围分类

若按服务范围分,通信网可分为本地网、长途网和国际网。

4. 按运营方式分类

按运营方式分,通信网可分为公用通信网和专用通信网。

5. 按采用的传输介质分类

按采用的传输介质分,通信网可分为有线通信网和无线通信网。

1.2.2　现代通信网的构成

现代通信网是由业务网、交换网、传送网和支撑网4类网络构成。

① 业务网是指向公众提供电信业务的网络,主要包括固定电话网、移动电话网、IP电话网、数据通信网、智能网、窄带综合业务数字网(N-ISDN)和宽带综合业务数字网(B-ISDN)等。

② 交换网是指完成用户之间的接续和控制的网络。

③ 传送网是指完成信号传输的网络,包括骨干传送网和接入网。

④ 支撑网是指对网络更好地运行起支撑作用的辅助网络,包括No.7公共信道信令网、数字同步网和电信管理网。

业务网、传送网和支撑网之间的关系如图1.7所示。

1. 业务网

1) 电话网

电话网是目前覆盖面最广、业务量最大的网络,按其装机容量,我国电话网目前是世界规模第二位的网络。电话网包括采用电路交换方式的固定电话网、采用分组交换方式的IP电话网和采用无线接入方式的移动电话网(详见第3章)。

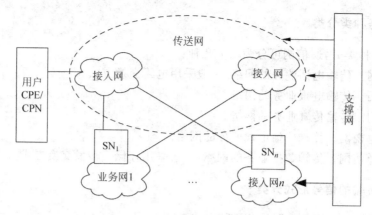

图 1.7　业务网、传送网和支撑网之间的关系示意图

SN—业务节点；CPE—用户驻地设备；CPN—用户驻地网

2）数据通信网

数据通信网目前包括分组交换网、数字数据网、帧中继网和计算机互联网等，这些网络的共同特点都是为计算机联网及其应用服务的。

（1）X.25 分组交换网。

X.25 分组交换网是始于 20 世纪 70 年代的采用分组交换构成的网络。我国于 20 世纪 80 年代开始建设 X.25 网络，20 世纪 90 年代建成了一个覆盖全国的可以提供交换连接的数据网络。目前 X.25 网除了为公众提供数据通信业务外，还提供电信网络的很多信息，如交换网、传输网的网络管理数据都通过 X.25 网进行传送。

这种网络的缺点是协议处理复杂，信息传送的时间延迟较大，不能提供实时通信业务，因此应用范围受到了限制。

（2）数字数据网（DDN）。

和 X.25 提供交换式的数据连接不同，DDN 是为计算机联网提供固定或半固定的连接数据通道，随着计算机联网的扩大，DDN 的应用已日益得到扩大，成为计算机联网工程中重要的基础设施，为计算机联网提供不可或缺的物理通道。

DDN 采用的主要设备包括数字交叉连接设备、数据复用设备、接入设备和光纤传输设备，组成覆盖全国的数字数据网络。通过数字交叉连接设备对电路进行调度，对网络进行保护，对电路进行分段监控，为用户提供高质量的数据传输电路，为计算机网络的发展打下坚实的基础。

（3）帧中继网。

帧中继网是在 X.25 网络的基础上发展起来的数据通信网，它的特点是取消了逐段的差错控制和信息控制，把原来的 3 层协议处理改为两层协议处理，从而减少了中间节点的处理时间，同时提高了传输链路的传输速率，减少了信息在网络中的延迟。

帧中继网络由帧中继交换机、帧中继接入设备、传输链路和网络管理系统组成。

（4）计算机互联网。

计算机互联网是业务量发展最快的数据通信网络，"上网"已经成为当今时代的时尚，是获取信息的有效途径，互联网提供的业务已给我们的生活带来了很多新变化。

计算机互联网是一类分组交换网,采用无连接的传送方式,网络中的分组在各个节点被独立处理,根据分组上的地址传送到它的目的地。互联网主要由路由器、服务器、网络接入设备、传输链路等组成。互联网采用 TCP/IP 协议。IP 协议把信息分解形成 IP 协议规定的数据报,同时对地址进行分配,按照分配的 IP 地址对分组进行路由选择,实现对分组的处理和传送。

3) 智能网

在传统的电信网中,当需要提供新的电信业务时需要建设新的网络或者改造网络的已有设备,而智能网(IN)是对这种固有的业务提供模式的一种改进。IN 把业务逻辑和业务功能从网络中分离出来,当提供新的业务时,不需要改变整个网络的结构和主体设备,只需改变智能节点的软件,可以在很少的投资下处理各种新业务(详见第 6 章)。

4) N-ISDN

综合业务数字网(ISDN)是以数字电话网络为基础逐步演变而成的电信网络,ISDN 提供端到端的全数字连接,用户通过标准化的用户—网络接口接入网络,ISDN 中的综合指对各种不同业务的综合,因而它涉及多方面的技术,如交换技术、数字传输技术、公共信道信令技术、同步技术、网络管理技术和集中控制技术等。

窄带 N-ISDN 具有以下 3 个特点:

(1) 以原来的 SPC 为基础。

(2) 提供端到端的数字连接。

(3) 能够对各种不同的业务进行综合。

传统的电话网的用户环路部分是模拟音频传输,ISDN 把数字化延伸到用户环路,ISDN 在用户的环路上提供 2B+D 的数字传输,其中 B 通道用来传送业务信息,D 通道用来传送信令信息和控制信息。随着互联网的发展,ISDN 成为上网的一种有效接入方法,提供 128kb/s 或 64kb/s 的较高速率接入。

ISDN 的综合,一方面是对业务的综合,另一方面是交换技术的综合,既有电路交换又有分组交换功能,ISDN 的基本功能结构如图 1.8 所示。

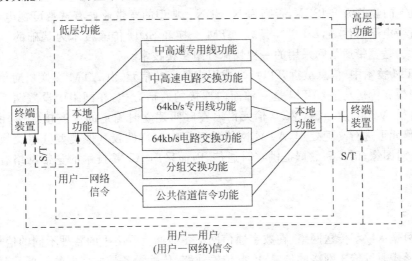

图 1.8 ISDN 的基本功能结构框图

ISDN 的基本功能结构有 7 个方面的功能：

① ISDN 的用户—网络信号功能。

② 64kb/s 电路交换功能。

③ 64kb/s 非电路交换功能。

④ 分组交换功能。

⑤ 公共信道信令功能。

⑥ 大于 64kb/s 的电路交换功能。

⑦ 大于 64kb/s 的非电路交换功能。

64kb/s 电路交换功能是 ISDN 的基本功能，是由程控交换机来完成的，这也是 ISDN 是由数字电话网为基础演变而来的原因，非电路交换功能是用户之间提供半永久性或永久性的数字连接，大于 64kb/s 电路交换提供较高速率服务，可以经过交换也可以不通过交换两种连接，分组交换和电路交换同时存在于 ISDN 中，公共信道信令是指 ISDN 的局间的 No.7 信号系统，用户—网络的信令则通过 D 通道来传送。

从这些功能可以看出，普通的数字程控交换机增加以下功能，便可以提供 N-ISDN 的功能，这就是以数字程控交换机为核心的 N-ISDN 网络。

① 提供数字用户接口。包括 2B+D 基本接口和 30B+D 数字接口。

② 扩展信息处理功能。包括能处理 D 通道的协议，增加 No.7 信令系统中的 ISDN 用户部分。

③ 提供不同类型的连接。除 64kb/s 的连接，还包括 384kb/s、1536kb/s、1920kb/s 等速率的连接。

④ 具有分组处理功能。按 X.25 协议对分组进行处理，按 X.75 协议和分组交换公用数据网(PSPDN)互通。

⑤ 扩展呼叫处理。当呼叫请求到来时，需要核对用户是否有权得到它所申请的业务，在路由选择阶段，根据 SETUP 消息的号码来选用合适的网络资源。

5) B-ISDN

B-ISDN 是传送宽带业务的综合数字网。N-ISDN 和 B-ISDN 业务一般以 2Mb/s 为界，大于 2Mb/s 的业务为 B-ISDN，否则为 N-ISDN。典型的宽带业务有宽带可视电话、宽带图文检索、宽带电子邮件等，B-ISDN 是以 ATM 交换和 SDH 传输技术为基础的，ATM 是异步转移模式，是宽带通信网采用的一种快速分组交换技术。

在 ATM 技术中，信息被拆开以后形成固定长度的信元，由 ATM 交换机对信元进行处理，实现交换和传送功能，ATM 是一种面向连接的通信方式，在网络中设置两个层次的虚连接，虚路径(VP)和虚信道(VC)，信元沿着在呼叫建立时确定的虚连接传送，由于 ATM 交换机对信元可进行高速处理，ATM 网络的时间响应特性较其他类型分组交换有明显的改进，可以对图像、语音和数据提供实时通信，因而采用 ATM 技术的宽带网络有着广阔的发展前景。

2. 传送网

传送网是指数字传送网络，在数字通信网中各类通信网络中的各种不同的信号，都将以数字信号形式通过传送网络的传输，因此传输线路、传输设备是电信网的一项重要的基础设施，两者组成的传送网络也称为基础网，包括接入网和骨干传输网。

1）传输技术体制

在通信网中,为了提高信道利用率,在线路上传输的信号一般都是经过时分复用以后形成的数字信号的群路信号,传输的技术体制主要是指规定的经过复接以后各群路信号的速率等级。

目前有两类速率等级信号:准同步数字系列(Plesiochronous Digital Hierarchy,PDH)和同步数字系列(Synchronous Digital Hierarchy,SDH)。

（1）准同步数字系列（PDH）。

在准同步系列中,复接成群路信号的各支路信号的时钟频率有一定的偏差,在复接的过程中,各支路信号中插入一定数量的脉冲来实现各支路信号的同步。在同步数字系统中,在同步网的控制下,各系统时钟处于同步状态,易于进行复接和分接。

PDH 系统就复接的数字系列而言,分为一、二、三、四次群,其速率标准如表 1.1 所示。

表 1.1　PDH 时分复用系列

群　　次	欧　　洲	美　　国	日　　本
一次群	2.048Mb/s	1.544Mb/s	1.544Mb/s
二次群	8.448Mb/s	6.312Mb/s	6.312Mb/s
三次群	34.368Mb/s	44.736Mb/s	32.064Mb/s
四次群	139.264Mb/s	274.176Mb/s	97.728Mb/s
五次群	564.922Mb/s		397.200Mb/s

从表 1.1 中可以看出,PDH 主要有两种不同的标准:一种是欧洲的 E 系统;另一种是北美的 T 系统。由于这两种标准体制信号的速率等级和组成方式完全不同,因此给双方系统的互通带来不便。

（2）同步数字系列（SDH）。

SDH 是在 PDH 的基础上发展起来的一种数字传输体制,它的主要特点如下:

① 在高速率的传输系统中,采用统一的传输标准速率,对两种不同的 PDH 的速率标准能够予以兼容,给网络的互通带来了方便。

② 在 SDH 的帧结构中具有丰富的用于监控和管理的开销比特,以此为基础,增加了网络监控和管理功能。

③ 提供了高速率的传输通道,为建立宽带电信网络提供了重要的基础设施。

SDH 的速率等级如表 1.2 所示。

表 1.2　SDH 的速率等级

速率	SDH 等级	SONET 等级	标准速率
		OC-1/STS-1(480CH)	51.40Mb/s
155M	STM-1(1920CH)	OC-3/STS-3(1440CH)	155.520Mb/s
		OC-9/STS-9	466.560Mb/s
622M	STM-4(7648CH)	OC-12/STS-12(8046CH)	622.080Mb/s
		OC-18/STS-18	933.120Mb/s
		OC-24/STS-24	1244.160Mb/s
		OC-36/STS-36	1866.240Mb/s
2.5G	STM-16(30720CH)	OC-48/STS-48(32356CH)	2488.320Mb/s
10G	STM-64(122880CH)	OC-192/STS-192	9953.280Mb/s

表 1.2 中的 OC-1 为光同步网络（SONET 标准），是美国采用的传输标准。

由于 SDH 系统的优点，目前由 SDH 设备组成的数字传送网是整个基础传送网的主体。SDH 的传送网主要由以下设备组成。

ADM（Add/Drop Multiplexer）是一种具有上、下路功能的复用器，上路是指某一支路信号可以复接到干线上的群路信号中，并把它们送到目的地；下路也就是把群路信号中的一子速率信号从群路信号中取出送到目的地。ADM 是 SDH 的一种基本设备，具有复接、分接、上路、下路、发送和接收功能。

TM（Temmination Multiplexer）称为终端复用设备，是在目的地或源点采用的一种基本设备，具有复接、分接、发送和接收功能。

DXC（Digital Cross Connection）数字交叉连接设备是对传输的群路信号及其它们的子速率信号进行交换的一种组网设备，利用数字交叉连接设备可以对电路进行调度，对网络进行保护，增加了组网的灵活性和可靠性，是现代数字传送网中一种不可缺少的基本设备。

常用 DXCA/B 来表示，A 表示输入的最高速率，B 表示交叉连接的最高速率。

就传输媒体而言，SDH 系统以光纤为主，也可以通过数字微波系统来进行传输。

近年来 DWDM（密集波分复用）技术的成熟为传送网建设上一个新的台阶提供了可能。8×2.5Gb/s 的 DWDM 系统，已广泛使用在省内干线上，16（或 32）×2.5G 和 8×10Gb/s 系统在省际干线和省内干线上已经开始使用，近年来，在网中引入 OADM（光分插复用器）和 OXC（光交叉连接设备），使传送网更加灵活，并且增加了网络的自愈能力。

SDH 传送网已经成为我国传送网为主体，就网络结构而言，SDH 传送网分为 4 个层次：一级干线网、二级干线网、中继传送网和用户接入网，其结构如图 1.9 所示。

第 1 层为长途一级干线网，主要是由省会城市及业务量较大的汇接节点和高速光纤链路组成，形成了一个大容量高可靠性的网孔状国家骨干网结构，并辅以少量的线状网。

第 2 层为二级干线网，主要由汇接节点和光纤链路组成，形成省内网状或环状骨干网结构，并辅以少量线状网结构。

第 3 层为中继传送网（即长途端局与市局之间以及市话局之间的部分），可以按区域划分为若干个环，由 ADM 组成速率为 STM-1/STM-4 的自愈环，也可以是路由备用方式的两节点环。这些环具有很高的生存性，又具有业务量疏导功能。

第 4 层为用户接入网，是传输网中庞大和复杂的部分，其投资占整个通信网的 50% 以上，也是目前实现电信网宽带化的关键部分。

2）传送网的发展

宽带多媒体网的发展对 SDH 和 DWDM 系统的研究与建设提出了新的要求，首先要扩展系统容量。例如，单波长需要使用 10Gb/s，它对光纤的极化模色散 PMD 的补偿提出了新的要求，要求 PMD 开发自适应补偿技术。32 波长的 DWDM 系统的使用需要较好的 EDFA（掺铒光纤放大器）增益均衡与增益锁定性能，今后更多波长的 DWDM 系统的使用还将导致开发更宽增益的 EDFA。

IP 协议是宽带多媒体网的主要协议，IP 分组在 SDH 中传送常规的方法是 IP/PPP/HDLC/SDH，由于 SDH 原有支路接口为 E1 或 E4，一个 IP 包需分到多个 E1（或 E4）链路，即需要同时建立多条 PPP 链路，这就增加了配置的复杂性，在多个 E1 中不利于负载平衡，也不利于保证多个 E1 有相同的传送时延。因此，在 SDH 设备中增加以太网映射接口是一

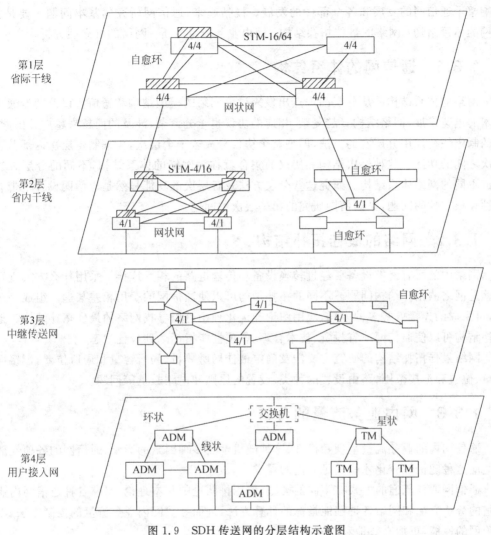

图 1.9　SDH 传送网的分层结构示意图

种趋势,目前 IP over SDH、IP over ATM 和 IP over DWDM 等传输技术正在快速发展之中。

3. 支撑网

通信网的支撑网是对通信网的正常运营起到支持作用的一类网络,包括 3 种不同类型的网络:信令网、同步网和电信管理网。这 3 种网络从 3 个不同的方面对通信网进行支持:信令网通过公共信道传送信令信号;同步网提供全网同步的时钟;电信管理网则通过计算机系统对全网进行管理(详见第 4 章)。

1.3　通信网研究的基本问题

通信网包括所有的通信设备和通信规程(或称通信协议),其研究涉及通信的各个学科和领域。通信网研究的重点是全网中带有综合性和整体性的理论和实际问题,这些问题会影响整个通信网的发展和各个部件的发展。概括起来,通信网研究的基本问题主要是:通信网的体系结构;网络的最佳拓扑结构;网内业务流量分析;网络的可靠性分析。

1.3.1　通信网的体系结构

网络的体系结构是从分层的观点出发来讨论网络的模型结构和通信协议。随着通信网技术的迅速发展,网络结构日趋复杂,相应的协议也十分繁杂,涉及的面越来越广。因此,协议的制定往往采用分层次的方法,即把整个协议分成若干个层次,再来制定层次内部及各个层次之间的功能。这种层次结构和协议的集合就称为网络的体系结构,不同的分层方法就构成不同的网络体系结构。研究这些分层方法及各层次的功能显然是通信网设计中带有全局性和根本性的问题,是通信网研究的第一层次的问题。

1.3.2　网络的最佳拓扑结构

网络中的所有终端设备要经过转换设备和传输链路的相互连接。采用什么方式进行连接就是网络的拓扑结构问题。不同的拓扑结构可以使通信网的费用相差甚远。组成一个网络,可采取的连接方式多种多样,应用图论和优化理论可以寻找网络的最佳拓扑结构。最佳拓扑结构可以使通信网节省投资、技术合理、各项性能指标达到最佳状态。

网络最佳拓扑结构的研究主要涉及确定最佳局所数目、局所容量和局所位置,汇接区的数量、位置和汇接范围,路由设置的种类、设置的原则和电路数量等问题。

1.3.3　网内业务流量的分析

通信网内的业务流量呈现随机性,这种随机性受多种因素的影响,通信网的各项性能必须适应这种随机性变化才能满足人们的需求。

通信网业务流通的方式有不同的类型,应用排队论的基本理论,研究各种通信网内业务流量的分析方法和网络各种性能指标的计算方法,进而寻找网内业务流量的控制方法,以便改善网的性能,更加有效地利用网络资源。

网络性能指标的计算主要是呼损和时延的计算,网内业务流量的控制主要是研究降低呼损和时延、提高信道和设备的利用率的方法。这两方面的问题都和网络拓扑结构互相联系、互相制约。要研究它们之间的关系以进行合理的分配。

1.3.4　网络的可靠性分析

通信网的可靠性研究应从图论和概率论角度出发,将一般可靠性理论应用于通信网中,解决通信网的可靠性理论、可靠性分析计算和可靠性设计等问题。

通信网可靠性的研究具体涉及可靠性的定义方法、可靠性的理论分析与指标计算、可靠性与网络其他性能指标的关系、可靠性与经济性的关系以及如何使通信网更加稳定地工作等。

值得指出的是,通信网的研究历史并不很长,20 世纪 70 年代初步形成通信网的理论体系,20 世纪 80 年代逐渐明确了通信网理论基础的构成,近年来研究的重点是通信网理论在实际中的应用。通信网技术发展迅速,通信网的理论体系还不够完整,很多分析计算方法还不成熟,很多新的领域还有待进一步研究。

1.4 通信网的质量要求

1.4.1 对通信网的一般要求

为了使通信网能快速、有效、可靠地传递信息,充分发挥其作用,对通信网从交换、传输和经济性与可靠性方面一般提出以下 3 个基本要求。

1. 接通的任意性与快速性

这是对通信网的最基本要求。接通的任意性与快速性是指网内的一个用户应能快速地接通网内任一其他用户。如果有些用户不能与其他一些用户通信,则这些用户必定不在同一个网内。如果不能快速地接通,有时会使要传送的信息失去价值,这种接通将是无效的。

影响接通的任意性与快速性的主要因素如下:

(1)通信网的拓扑结构。如果网络的拓扑结构不合理会增加转接次数,使阻塞率上升、时延增大。

(2)通信网的网络资源。网络资源不足的后果是增加阻塞概率。

(3)通信网的可靠性。可靠性低会造成传输链路或交换设备出现故障,甚至丧失其应有的功能。

2. 信号传输的透明性与传输质量的一致性

透明性是指在规定业务范围内的信息都可以在网内传输,对用户不加任何限制。传输质量的一致性是指网内任何两个用户通信时,应具有相同或相仿的传输质量,而与用户之间的距离无关。通信网的传输质量直接影响通信的效果,不符合传输质量要求的通信网有时是没有意义的。因此,要制定传输质量标准并进行合理分配,使网中的各部分均满足传输质量指标的要求。

3. 网络的可靠性与经济合理性

可靠性对通信网是至关重要的,一个可靠性不高的网会经常出现故障乃至中断通信,这样的通信网是不能用的。但绝对可靠的通信网是不存在的。可靠是指在概率的意义上,使平均故障间隔时间(两个相邻故障间时间的平均值)达到要求。可靠性必须与经济合理性结合起来,提高可靠性往往要增加投资,但造价太高又不易实现,因此应根据实际需要在可靠性与经济合理性之间取得折中和平衡。

1.4.2 对电话通信网质量的要求

以上是对通信网的基本要求。此外,人们还会对通信网提出一些其他要求。而且对于不同业务的通信网,上述各项要求的具体内容和含义将有所差别,如对电话通信网是从以下

3 个方面提出的要求。

1. 接续质量

电话通信网的接续质量是指用户通话被接续的速度和难易程度,通常用接续损失(呼损)和接续时延来度量。

2. 传输质量

传输质量是指用户接收到的语音信号的清楚、逼真程度,可以用响度、清晰度和逼真度来衡量。

3. 稳定质量

稳定质量指通信网的可靠性,其指标主要有失效率(设备或系统工作 t 时间后,单位时间发生故障的概率)、平均故障间隔时间、平均修复时间(发生故障时进行修复的平均时长)等。

1.5　通信网的发展

随着通信技术的迅速发展,通信网不但要在容量和规模上逐步扩大,而且要不断扩充其功能,发展新业务,用来满足人们对信息服务越来越高的需求。

从通信网在设备方面的要素来看,终端设备正在向数字化、智能化、多功能化方向发展;传输链路正在向数字化、宽带化方向发展;交换设备则已经采用全程控交换机,并已推出适合宽带 ISDN 的 ATM 交换机及标记交换技术。总之,未来的通信网正在向着数字化、综合化、融合化、智能化和个人化的方向发展。

1. 数字化

数字化就是在通信网中全面使用数字化技术,包括数字传输、数字交换和数字终端等。由于数字通信具有容量大、质量好、可靠性高、便于计算机处理等优点,所以是通信网发展的方向之一。

2. 综合化

综合化就是把来自各种信息源的业务综合在一个数字通信网中传送,为用户提供综合性服务。这不仅可以使网络资源共享,而且使用户使用起来更方便,这就是目前快速发展起来的 ISDN(综合业务数字网)。IP 宽带网络的快速发展为"三网"(语音、数据和视频)融合提供了统一的信息传输平台。

3. 融合化

现代通信网的发展趋势是网络互通融合化,即电话网、计算机数据网和广播电视视频网之间的"三网"融合,其目标网络技术是下一代网络(NGN)技术(详见第 9 章)。

4. 智能化

智能化是指在电信网中引入更高的智能特性建立智能网,其目的是使网络结构更加灵活,对业务具有更大的应变能力。

智能网将改变传统的网络结构,对网络资源进行动态分配,将大部分功能以基本功能单元形式分散在网络节点上,而不是集中在交换机内,每种用户业务可以由若干个基本功能单元组合而成,不同业务的区别在于所包含的基本功能单元不同和基本功能单元的排序不同。

智能网以智能的数据库为基础,不仅能传送信息,而且能存储和处理信息,可以使网络方便地引入新的业务,有关智能网将在第 5 章详细讨论。

5. 个人化

个人通信是指一个人在任何时间都能与任何地方的另一个人进行通信,通信的业务种类仅受接入网与用户终端能力的限制,而最终将能提供任何信息形式的业务。这是一种理想的通信方式,它将改变以往将终端/线路识别作为用户识别的传统方法,即现在使用的分配给电话线的用户号码,而采用与网络无关的唯一的个人通信号码。这样用户不再受地理位置和使用终端的限制,通用于有线和无线系统,给用户带来充分的终端移动性。个人通信目前尚处于初级阶段,无线电话系统和移动电话系统可以看作是初级阶段的个人通信,要达到理想的个人通信,即任何人在任何时间能与任何地方的另一个人进行任何形式的通信,将是一个长期而艰巨的任务。

习题

1.1　什么是通信网?

1.2　通信网构成的基本要素有哪些? 试画图说明。

1.3　通信网的基本拓扑结构有哪几种? 各自的特点是什么?

1.4　通信网从用途上是如何分类的?

1.5　简述 IP 电话网的特点。

1.6　简述 PDH 和 SDH 的含义及各自的优、缺点。

1.7　简述三类支撑网的组成和用途。

1.8　简述对现代通信网的 3 个基本要求及其实际意义。

1.9　通信网研究的主要问题有哪些?

1.10　通信网发展的方向是什么?

1.11　简述"三网"融合的概念及意义。

第2章 通信网的体系结构

通信网的体系结构是从功能出发把通信网划分成若干个层次,每一层完成特定的功能,层与层之间通过标准的协议和接口交换信息完成通信过程,它是一种用抽象的方法观察网络内部功能的分层化结构,是一种高度结构化的网络描述与设计技术。可见,建立通信网的体系结构的目的是为了实现通信设备的制造和通信网络建设的标准化,为此,国际标准化组织(ISO 和 ITU-T)制订了一系列用于开放系统互联的协议标准。

在通信网中协议是通信双方必须遵守的规则,网络的协议是设计开发通信设备和通信系统的基础。首先,讨论协议、协议的功能和协议的结构,将按照分层的观点来分析和考察网络协议;其次,讨论作为分层基础的 OSI 参考模型和网络体系结构以及 OSI 模型在通信网中的应用,同时讨论另一类常用的 ICP/IP 协议模型;最后,讨论新一代的通信网的网络体系结构,即宽带网体系结构。

2.1 网络协议及其功能

2.1.1 网络协议概述

通信双方的两个实体之间一组管理数据交换的规则称为通信协议。它是通信双方必须遵守的共同约定,是构成网络的标准,如双方必须使用相同的格式、约定的编码方法、采用一致的时序等规则来发送和接收信息。

实体是包含在通信系统中的能够发送和接收信息的某个部分,如用户的应用程序、文件的转移包、数据库管理系统、电子邮件系统和通信终端等。

通信协议是双方实体共同遵守的规则,它的主要内容有:

① 语法。包括数据格式、编码和信号等级。

② 语义。包括数据的内容和含义以及用于协调的控制信息和差错控制。

③ 定时。包括速率匹配和排序。

2.1.2 网络协议的功能

网络协议具有以下主要功能:

① 分段和重组。

② 封装。

③ 连接控制。

④ 流量控制。

⑤ 差错控制。

⑥ 寻址。

⑦ 复用。

⑧ 附加服务。

这些功能通过网络的各层实现,网络的每一层不一定具有上述全部功能,可以完成其中一部分功能,但不同层可以具有相同的功能。下面对上述功能分别予以介绍。

1. 分段和重组

在应用层转移数据的逻辑单元称为消息,应用实体之间以消息的形式或者以连接数据流的形式发送数据,较低层的协议需要把数据分为较小的、长度受限的数据块,这个过程称为分段,通常把在这两个实体之间按照协议交换的数据块称为协议数据单元(Protocol Data Unit,PDU),在接收时重新把数据组装成消息。

对数据进行分段的好处可以归纳如下:

(1) 通信子网只能接收一定长度的数据块。例如,ATM 网络的数据单元的长度固定为53B,以太网传送的数据单元最大长度为 1526B,为了有效地实现数据通过网络传送,必须对数据流进行分段,便于在长度上和网络中的数据单元进行适配。

(2) 对长度较小的协议数据单元进行差错控制可以更加有效,利用较小的数据单元,当需要重传时,只需重传较少的比特数。

(3) 对于共享信道的传输系统,对数据流进行分段可以使各个终端得到更为均等的传输机会。

(4) 对数据进行分段,只要求接收实体分配较小的缓冲区。

当然对数据流进行分段也会带来不利的一面,主要如下:

(1) 数据单元长度越小,控制信息在整个单元中所占的比例则越大,会降低传输的效率。

(2) 数据单元越小,处理机中断的次数就越多,且处理时间越长,会增加网络的时延。

分段的逆过程是组装,在接收端分段形成的数据块必须被组装成消息,对于不按照次序到达的数据块,则需要重新排序后再进行组装。

2. 封装

在分段形成的数据块上增加控制信息的过程称为封装。这是协议要完成的主要功能之一,当网络存在多层协议时,需要按层次进行封装。

控制信息主要包括 3 个部分:

(1) 地址码。发送或接收端的地址。

(2) 错误检测码。包含某种校验序列,对收到的一段信息进行校验。

(3) 协议控制。对流量和差错进行控制的信息。

3. 连接控制

数据通信分为无连接和面向连接两种通信方式。在无连接的方式中,每个协议数据单元传送的过程中进行独立处理；在面向连接的方式中要在两个实体之间建立一个逻辑关系，然后对 PDU 通过建立的连接进行有序传送。

面向连接的通信过程可以分为 3 个阶段：

（1）连接建立。协议实体一方发出建立连接请求，在简单协议中接收实体或者同意建立连接请求，或者拒绝该请求，如果同意建立连接，则连接继续进行下去，否则终止连接的建立过程。在复杂的协议中，可以允许双方进行协商。

（2）数据传送。连接建立后，请求方发送数据，接收方发送确认，完成数据传送。

（3）连接拆除。数据传送结束后，请求方发送终止连接请求，接收方发送接收终止连接。

面向连接的数据传送的一个重要特征是序号的利用，对于 PDU 的发送均按照预定的序号进行，发送和接收实体根据传送的序号可以支持以下 3 项功能：流量控制、差错控制和数据单元的重组。

4. 流量控制

流量控制是指接收实体对发送实体送出的数据单元的数量或速率进行限制，以避免数据单元的丢失和网络的拥塞。

被广泛采用的流量控制方式之一是滑动窗口控制，它的方法是向发送实体设置一个发送单元的限制值，这个数值规定了没有收到确认信息之前允许发送实体送出的数据单元的最大值。

为了更有效地对流量进行控制，流量控制协议可以设置在协议不同的层次上。

5. 差错控制

差错控制技术是用来对协议数据单元中的数据和控制信息进行保护的，包括两方面的内容：一方面是对收到的数据进行校验，在出错的情况下对整个 PDU 重新进行传输；另一方面是利用定时器进行控制，当超出规定的时间没有收到确认信号则重新传输。和流量控制一样，差错控制分布在系统的各个部分。

6. 寻址

在通信系统中，寻址是一个复杂的过程，涉及的因素较多，主要有以下几个方面：

（1）寻址的级别。它是指寻址和通信协议的层次有关，在不同的层次上，有相应的地址和寻址方法。

（2）寻址范围。在面向连接的通信系统中，利用连接识别符进行寻址，识别符所指的寻址范围是不同的。

（3）连接识别符。在进行连接时，采用一组特定的符号（码字）来标识已建立的连接，这有利于减小比特开销、选路、复用和状态信息的利用。

（4）寻址模式。寻址模式是寻址中采用的方式，一般可分为单播、组播和广播模式。显然，它规定了一个地址和端口或系统之间的关系，即一个地址是与单个端口或系统有关，还是和一部分端口或系统有关，或是和全部的端口或系统有关。

7. 复用

复用是指在一个系统上支持多个连接,如在 X.25 协议中多条虚电路可以连接在一个端系统中。它可以利用端口号来实现,显然它与地址是相关的。

8. 附加服务

协议可以对通信实体提供各种服务,如优先权、服务等级及安全设置等。

通信协议的基本功能的实现在通信网的设计和开发中具有举足轻重的作用。

2.2 OSI 参考模型

2.2.1 OSI 参考模型的层次和功能

前面讨论了协议的概念、组成及其功能,接下来讨论协议的结构。

通信网的协议十分复杂,涉及面很广,因此在制定协议时经常采用的方法是分层次法,即把整个协议分成若干个层次,这些层次之间既是互相独立的,又是相互联系的。独立是指各层协议各自完成自己的功能,当其中的一层协议发生变化时,对其他层次不发生影响。联系是指下一层为上一层提供服务,上一层对下一层存在依赖关系。

整个协议划分为多少层由协议的制定者来确定,确定层次的数量时应考虑的因素主要如下:

(1) 对协议分的层次应当足够多,从而使得为每一层确定的详细协议不致过分复杂。

(2) 层次的数量不能太多,以防止对层次的描述和综合变得十分困难。

(3) 选择合适的界面,使得相关的功能条件在同一层内,而将不同的功能分配给不同的层次。

(4) 希望分层结构各层之间的互相作用比较少,使得某一层次的改变对所造成的影响比较小。

层次和协议的集合称为网络体系结构,体系结构应当具有足够的信息,以使软件设计人员编写与该层协议有关的程序。网络的体系结构和每层协议的确定是通信网设计的基本课题之一。

协议的分层是通信网设计中一个带有全局性和根本性的问题,因而引起了广泛的重视。网络的设计者和用户都希望能有一个统一的标准,以实现各个网络之间的互通。

国际标准组织(ISO)已经制定了开放系统互联参考模型,即 OSI(Open Systems Interconnection)参考模型。ISO 是成立于 1947 年的国际标准化组织,在 ISO 中,TC 97(技术委员会 97)负责制订计算机和信息处理方面的技术标准,TC 97 中的 SC 6 负责制订数据通信方面的技术标准,SC 6 于 1977 年开始开发 OSI 网络体系结构,制订有关 OSI 参考模型的技术标准,其中关于 OSI 参考模型的文件是 ISO 7498。在提出 OSI/RM 以后 TC 97 又分别制订了 OSI 的各层协议,使得 OSI 的体系结构更加完善。

ITU-T 同时也公布了关于 OSI 体系结构的技术文件,在 X.200~X.290 中公布了关于 OSI/RM 和 OSI 各层的协议。这两个标准化组织公布的技术文件虽然编号不同,但内容是完全一致的。

　　OSI 是一个开放系统互联模型。开放系统互联是指按照这个标准设计和建成的计算机网络系统可以互相连接。

　　OSI 模型规定了一个网络协议的框架结构,它把网络协议从逻辑上分为物理层、数据链路层、网络层、传输层、会话层、表示层和应用层,其中下面 3 层为低层协议,提供网络服务,上面的 4 层为高层协议提供末端用户功能,OSI 参考模型如图 2.1 所示。

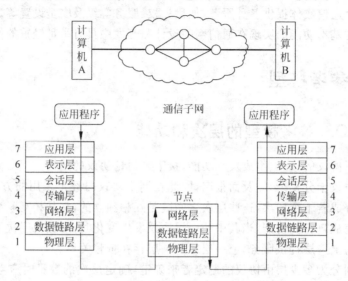

图 2.1　开放系统 OSI 参考模型示意图

OSI 模型中各层的主要功能如下:

1. 物理层

　　物理层(Physical Layer)主要讨论在通信线路上比特流的传输问题,这一层协议描述传输的电气的、机械的、功能的和过程的特性。其典型的设计问题有信号的发送电平、码元的宽度、线路码型、网络连接插脚的数量、插脚的功能、物理连接的建立和终止及传输的方式等。

2. 数据链路层

　　数据链路层(Data Link Layer)主要讨论在数据链路中帧流的传输问题。这一层协议的内容包括帧的格式、帧的类型、比特填充技术、数据链路的建立和终止、信息流控制、差错控制,向网络层报告一个不可恢复的错误。这一层协议的目的是保证在相邻的站与节点或节点与节点之间正确地、有次序和有节奏地传输数据帧。数据帧典型的例子是 HDLC。

3. 网络层

　　网络层(Network Layer)主要处理分组在网络中的传输。这一层协议的功能是路由选择、数据交换、网络连接的建立和终止,在一个给定的数据链路上网络连接的复用,根据从数据链路层来的错误报告而进行的错误检测和恢复,分组的排序和信息流的控制等。网络层典型的例子是 X.25 建议的第 3 层协议。

4. 传输层

传输层(Transport Layer)协议处理报文从信息源到目的地之间的传输。这一层的主要功能是：把传输层的地址变换为网络层的地址，传输连接的建立和终止，在网络连接上对传输连接进行多路复用，端—端的顺序控制，信息流控制，错误的检测和恢复。传输层复杂程度与网络层密切相关。对于可靠的、功能齐全的第 3 层，所要求的将是较小的第 4 层。第 1～第 3 层是连接的，而第 4～第 7 层端点对端点。

5. 会话层

会话层(Session Layer)主要控制用户间的会话。会话是指用户与用户的连接，会话可以使一个用户登录到一个远程分时系统或者在两台机器之间传送文件。这一层的功能是：把会话地址变成它的传输地址，会话连接的建立和终止，会话连接的控制，会话连接的同步。

6. 表示层

表示层(Presentation Layer)主要处理应用实体间交换数据的语法，其目的是解决格式和数据表示的差别。这一层的例子有文本压缩、数据加密、字符编码的转换，如把 ASCII(美国信息交换标准码)变换成 EBCPIC(扩充的二—十进制码)。表示层的协议使计算机的文件格式能够经过变换而得以兼容。

7. 应用层

应用层(Application Layer)为应用进程提供访问 OSI 环境的方法。这一层的例子有虚拟终端协议、虚拟文件协议、文件传输协议、公共管理信息协议。虚拟终端服务是用来提供给终端使它能访问远程系统中的用户进程。虚拟文件服务提供对文件的远程访问、管理和传送，文件传输是两个终端之间提供文件传送服务。公共管理信息服务通过提供的 7 项基本服务，支持对网络的性能管理、故障管理和配置管理服务。

2.2.2　OSI 的协议数据单元及传输过程

在协议的分层结构中，一个特定层为上一层提供一组服务，上一层称为服务用户，下一层是服务提供者。一般来讲，分层结构中的 N 层为位于上面的 $N+1$ 层提供一种服务，如图 2.2 所示。图中示出 $N-1$ 层、N 层和 $N+1$ 层之间的关系。N 层对 $N+1$ 层的 N 服务通过服务业务访问点(Service Access Point,SAP)提供。服务访问点实际上是 N 层和 $N+1$ 层之间的逻辑接口。在每一层中有多个活跃的实体(Entity)。实体的例子如多道处理系统中的一个进程，或者可以是一个子程序，同一层中有多个同级实体，它们可能存在于同一系统中，这时不能从外部观察到它们。它们也可能存在于不同的系统中，不同系统中的实体之间联系是在同级协议控制下进行通信的，如图 2.2 中虚线所示。

下一层的实体为上一层的实体提供服务，服务的实体之间是一一对应的关系。图 2.2 显示了 N 层的一个实体为 $N-1$ 层中两个实体服务的例子。还示出了 N 层中的一个 N 实体与 $N-1$ 层的两个实体建立接续的关系。

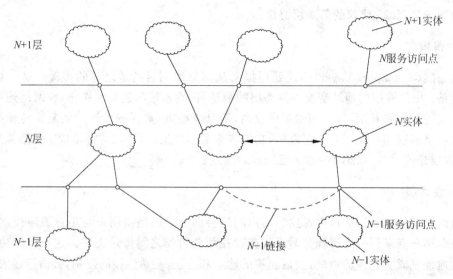

图 2.2　$N-1$、N 和 $N+1$ 层的关系示意图

　　在层的实体之间传送的比特组称为数据单元。在同等层之间传送数据单元是按照该层的协议进行的,因此这时的数据单元称为协议数据单元。图 2.3 展示了层间数据单元的传递过程。

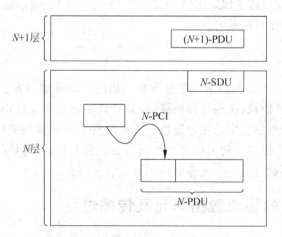

图 2.3　层间数据单元的传递过程示意图

　　图 2.3 中 PDU 是协议数据单元,SDU 是服务数据单元,PCI 是协议控制信息。$(N+1)$-PDU 越过 $N+1$ 和 N 层的边界之后,变换为 N-SDU,N-SDU 上加上 N-PCI,则成为 N-PDU。在 N-PDU 和 $(N+1)$-PDU 之间并非是一一对应关系,如果 N 层认为有必要,可以把 $(N+1)$-PDU 折成为几个单元,加上 PCI 后成为多个 N-PDU,或者可以把多个 $(N+1)$-PDU 连接起来,形成一个 N-PDU。

　　到达目的站的 N-PDU,在送往 $N+1$ 层之前把 PCI 去掉。在层间通信中 PCI 相当于报头,在原点逐层增加新的 PCI,到达目的地之后逐层去掉,使得信息原来的结构得以恢复。

2.2.3　OSI 的服务原语

在 OSI 结构中,相邻层之间的服务是根据原语和参数来表达的。

原语是指实现某一功能的机器指令的集合,原语规定了要执行的功能,原语的参数用来传送数据和控制信息。

1. 原语的类型及其表示方法

根据 ITU-T 和 X.210 建议,在 OSI 参考模型中服务原语可以分为四类:

(1) 请求(Request)。用户要求服务提供者进行某一项操作,如用户要求建立连接或发送数据。

(2) 指示(Indication)。通知另一方用户有某一事件发生。

(3) 响应(Response)。用户对某事件做出的反应。

(4) 证实(Confirm)。用户收到对于它的请求的答复。

在面向连接的通信过程中需要用到上述四类原语,在无连接通信中,只会用到请求和指示两种原语。

原语在两个实体之间的传送关系如图 2.4 所示。

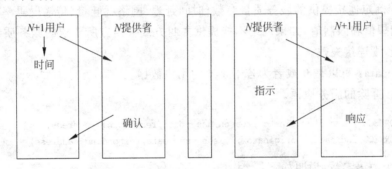

图 2.4　原语在两个实体之间的传送关系

原语由提供服务的层次、原语的名称、原语的类型和原语的参数组成,原语的一般表示是:

XX——名称,类型,参数

XX 为层的表示符(DH,DL,N,T,S,P,A)。例如,对于数据链路层 XX 是 DL,对于传送层 XX 是 T。

名称则反映原语的功能,类型是指请求、指示、响应、证实中的某一类原语,参数包括主叫地址、被叫地址、快速数据选择、服务质量、传送服务数据等。

下面以网络层的原语为例进一步说明原语的组成及其功能。

2. 网络层服务原语

网络层为传送层提供两种类型的服务,即面向连接的服务和无连接服务,服务原语也分为面向连接的服务原语和无连接的服务原语两种,前者较为复杂,后者较为简单。

网络层的服务原语可以分为四类,即连接建立、连接拆除、数据传送和连接复位。

(1) 连接建立的服务原语。

N - CONNECT.request(callee,caller,acks - wanted,exp - wanted,qos,user - data)
N - CONNECT.indication(callee,caller,acks - wanted,exp - wanted,qos,user - data)
N - CONNECT.response(responder,acks - wanted,exp - wanted,qos,user - data)
N - CONNECT.confirm(responder,acks - wanted,exp - wanted,qos,user - data)

在上述原语中 N-CONNECT 表明是网络层用于建立网络连接的原语。

括号内是原语携带的参数,说明如下:

- callee:表示被叫实体的网络地址,即网络服务访问点 NSAP。
- caller:表示主叫实体使用的网络地址 NSAP。
- acks-wanted:说明要求对每次发出的数据分组作确认的布尔标志变量,当两个传送实体都同意使用确认时此变量置为"真",若网络层不提供确认功能,则在传送给目的地时将 N-CONNECT.indication 原语中此变量置为"假",若网络层提供确认但目的地不使用时,将 N-CONNECT.response 原语中此变量也置为"假"。这是一个任选项。
- exp-wanted:说明是否传送加速数据的布尔标志量,若两个传送实体和网络层都允许使用加速数据,则把该变量置为"真";否则置为"假",这也是一个任选项。
- qos:确定连接提供的服务质量参数(时间延迟、网络吞吐量、传输误码率、保密度等)的期望值和限制值,如果网络不能提供主叫方或被叫方所要求的服务质量参数的下限值,则连接失败。
- user-data:可以是 0 或者为若干字节的用户数据。

(2) 连接拆除的服务原语。

N - DISCONNECT.request(originator,reason,use - data,responding - address)
N - DISCONNECT,indication(originator,reason,use - data,responding - address)

括号内为原语参数,说明如下:

- originator:说明某一事件的发起者。
- reason:说明发生某一事件的原因。
- responding-address:说明响应地址。

(3) 数据传送的服务原语。

N - DATA.request(user - data)
N - DATA.indication(uses - data)
N - DATA - ACKNOWLEDGE.request()
N - DATA - ACKOWLEDGE.indication()
N - EXPEDITED - DATA.request(user - data)
N - EXPEDTED - DATA:indication(user - data)

(4) 连接复位的服务原语。

N - RESET.request(originator,reason)
N - RESET.indication(originator,reason)
N - RESET.response()
N - RESET.confirm()

在 OSI 环境中每一层都有相应的原语,其主要功能都是用来建立、维持和拆除该层的逻辑连接,因此各层原语的功能基本相同,具体原语的名称、参数可以查阅 ITU-T 的相关资料。

3. 原语的实现

原语是一个抽象的描述,不作过分具体的规定,其原因如下:

(1) 允许在 OSI 的层间利用一个公共的约定,与所使用的操作系统和特定语言的类型无关。

(2) 在原语的实现过程中,给用户一个选择,用户可以选择不同的方法来加以实现。

(3) 如果利用公共的语言和编辑器,标准原语的采用有利于在不同的用户机之间实现数据的可传送性。

(4) 采用标准原语有利于在系统应用公共的数据单元格式(分组、帧、块、消息),采用公共协议数据单元有利于不同系统的互相兼容,这对实现开放系统互联是十分必要的。

抽象的原语可以用子程序调用、函数调用、寄存器存储处理等方法来实现,用计算机高级语言编程的方法来实现原语,可以简化软件的开发过程。

2.2.4　OSI 的服务和协议

在 OSI 环境中,OSI 标准在相邻的上下层之间(垂直方向)定义了相应的服务,在同等层之间(水平方向)定义了相应的协议。服务是用原语来实现的,而协议则具有复杂的多层结构。

对于这些服务和协议,由 ISO 和 ITU-T 这两个制定技术标准的国际化组织制订和公布了相关的文件,在大多数情况下这两个组织公布的关于 OSI 服务和协议的文件在技术上都是兼容的。

由 ISO 和 ITU-T 制定的关于 OSI 相邻层之间的服务和各层协议的技术文件对应关系如图 2.5 和图 2.6 所示。

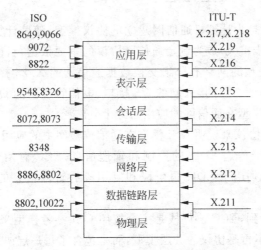

图 2.5　OSI 相邻层之间的服务示意图

ISO		ITU-T
8649 CASE 8571 FTAM 8831 JTM 9040 VT 9804 CCB	应用层	X.400 MHS X.229 ROSE X.228 RTSE X.227 ACSE
8824， 8825， 9576	表示层	X.208 X.209 X.226
8327,8824， 9548,8825， 9576	会话层	X.225
8602， 10025	传送层	X.224
8208,4731,9068， 8473,8648,10028， 8881,8882,9577	网络层	X.25 X.75
3309,4335,7776， 7809,8471,8802， 8885	数据链路层	LAPB LAPD LAPX LAPM
	物理层	

图 2.6　OSI 各层常用协议示意图

各个技术文件的详细内容可查阅 ISO 和 ITU-T 的相关资料。

2.2.5　OSI 参考模型在通信网中的应用

OSI 参考模型最初是为计算机通信网建立的协议模型，随着计算机技术向通信领域的渗透，其应用范围已逐步扩大，成为制定通信网协议的重要依据，目前在通信网协议的制订过程中应用 OSI 参考模型的网络有分组交换数据通信网的 X.25 接口、N-ISDN 的 S/T 接口、No.7 公共信道信令网、用户接入网的 V5 接口、电信管理网的 Q3 接口及 SDH 的 ECC 信道等，可见 OSI 参考模型在通信网的应用已经十分广泛。

下面以 SDH ECC 协议来说明 OSI 模型在通信传输网中的应用。ECC 信道是 SDH 中的嵌入式信道，主要用于传送 SDH 的控制和管理信息，ECC 有两个信道，其速率分别为192kb/s 和 576kb/s，分别用于 SDH 再生段和复用段的管理信息的传输。ECC 协议栈如图 2.7 所示。

从图 2.7 中可以看到，ECC 协议栈是完全按照 OSI 参考模型来设计的，是包含 7 层的满栈协议，图 2.7 所示不再是协议的分层模型，而是包含了每一层协议的具体内容。

ECC 协议栈中各层协议的基本情况如下：

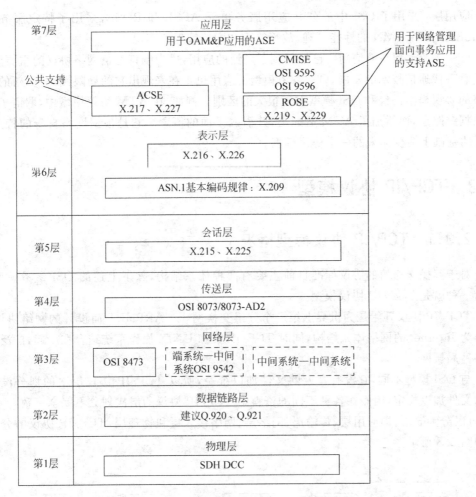

图 2.7 ECC 协议栈示意图

物理层：采用 SDH 的 DCC 作为物理层传输通道，包含两个传输通道：一个是再生段 DCC，使用 SDH 段开销中的 D1～D3 字节，提供 192kb/s 的数据传输通道；另一个是复用段 DCC，利用 SDH 段开销中的 D4～D12 字节，提供 576kb/s 的数据传送通道。

数据链路层：采用 LAPD 协议，即采用 ISDN 的 D 通道链路接入程序，支持证实和非证实两种操作，把 IP 数据分别放入 LAPD 的帧结构中的信息字段进行传输，LAPD 协议的采用进一步提高了对监控和网管信息的传输准确性。

网络层：采用 IP 协议，在 SDH 的环形或线形中，利用 IP 协议的寻址方式对各个网元进行寻址，使得由 OS 发出操作和控制命令能准确到达各个网元，各网元发出的事件报告能准确通过 GNE 到达 OS。

传送层：采用 IP 协议，通过差错控制进一步提高了网元和网元之间或网元和 DS 之间的数据传输质量。

会话层：采用 X.215、X.225 规定的会话层服务和会话层协议。

表示层：采用 X.216、X.226 规定的表示层和表示层协议，采用 X.209 规定的抽象语法标记 1(ASN.1)，表示层协议规定了对数据的表示格式和表示方法。

应用层：采用了 OSI 中的公共应用服务单元 ACSE 和 ROSE,采用了特定服务单元 CMISE,以支持 TMN 的性能管理、故障管理和配置管理的实现。

OSI 参考模型在通信网中已经得到了广泛的应用,成为制订通信网络协议的重要依据,但随着现代通信技术的发展,OSI 参考模型的应用也正在表现出它的局限性,一些新的通信网络的协议模型已经和 OSI 模型有了很大的区别。例如,在 ATM 协议模型中,取消了原来的数据链路层,而增加了 ATM 适配层,并引入了面的概念。它是根据网络自身的特点,在 OSI 的基础上演变而来的一个协议模型。

2.3 TCP/IP 协议模型

2.3.1 TCP/IP 协议模型概况

对于互操作通信的协议标准目前主要有两种体系结构,除了上述的 OSI 参考模型外,还有一种就是 TCP/IP 协议模型。

TCP/IP 协议开始是为世界上第一个分组交换网——ARPNET 而设计的网络协议,以后作为 Internet 的网络体系结构,同时 TCP/IP 又和 UNIX 操作系统结合在一起,广泛应用于各种局域网。

与 OSI 模型不同,它没有官方的文件加以统一,所以 TCP/IP 协议层次的划分没有标准的文件加以规定,因而在各种不同的资料中 TCP/IP 协议的层次划分不完全一致,一般来说,可以分为 5 层,即应用层、传输层、网络层、网络接入层和物理层,TCP/IP 协议的分层模型如图 2.8 所示。

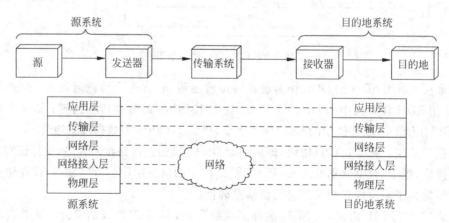

图 2.8 TCP/IP 协议分层模型示意图

目前 TCP/IP 协议泛指以 TCP 和 IP 为基础的一个协议集而不仅仅涉及 TCP 和 IP 两个协议,这个协议集目前已成为一种工业标准,得到了广泛的应用,TCP/IP 协议集如图 2.9 所示。

2.3.2 TCP/IP 协议模型中的各层功能

下面对 TCP/IP 协议模型中各层的功能作简要的分析。

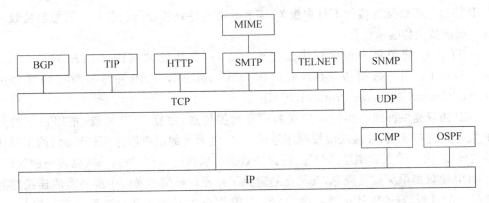

图 2.9 TCP/IP 协议集示意图

1. 物理层

物理层的功能是解决比特流的传输问题,包括机械、电气、功能和过程 4 个方面的特性。

2. 网络接入层

网络接入层也就是通信子网层。TCP/IP 协议的第 3 层是 IP 协议,这一层协议的主要功能是交换功能,不具有对数据信号的传送功能,对于经过 IP 协议处理过的数据的传送,需要通过 IP 协议层之下的通信子网来进行。因此,网络接入层的主要功能是对 IP 数据报的传送。网络接入的含义是 IP 终端通过通信子网接入到 IP 网络中去,而 IP 数据报可以通过各种类型的通信子网进行传送,通信子网的例子有 X.25 网、帧中继网、以太网、PDDI 环网、ATM 网和 SDH 网等。当通过 ATM 和 SDH 网传递时则分别称为 IP over ATM 和 IP over SDH 方式。

3. 网络层

这是 TCP/IP 协议模型中的第三层,称为 Internet 层,译为网间层,其功能和 OSI 模型的网络层相同,这一层采用的协议是 IP 协议。IP 协议的主要功能如下:

(1) 规定了 IP 层的数据单元 IP 数据报的格式。

(2) 规定了 IP 地址的格式及其分配规律。

(3) 规定了根据节点路由表实现 IP 数据报路由选择的方法。

(4) 在 IP 数据报的长度和通信子网的数据单元的长度之间进行适配。例如,IP 数据报的长度为 1500B,若通过以太网传输,以太网帧的长度为 1000B,这就需要对数据报进行分片处理。

4. 传输层

传输层涉及的是端到端的数据协议,传输层的目的是为用户终端提供可靠的数据传输,也就是说,传输层的作用是弥补从网络层得到的服务和用户对服务质量的要求之间的差距,服务较好的网络层需要简单的传输层协议,信元服务质量较差的网络层则需要复杂的、功能齐全的传输层协议。

IP 协议是提供无连接的不可靠服务，需要具有良好差错控制功能的传输控制协议来保证端—端的数据传输质量。

在 TCP/IP 协议集中传输层协议主要有 3 种，即传输控制协议（Transport Control Protocol，TCP）、用户数据协议（User Datagram Protocol，UDP）和差错与控制报文协议（Internet Control Massage Protocol，ICMP）。

TCP 协议提供面向连接的端到端的可靠数据传送，根据 TCP 协议，把用户数据分成 TCP 数据段进行发送，在接收端按顺序号重组，恢复原来的用户信息，TCP 协议的主要功能是差错校验、出错重发和顺序控制等，以保证数据可靠传送，减少端到端数据传输的误码率。

UDP 协议提供无连接服务，其优点是避免了在面向连接的通信中所必需的连接建立和连接释放的过程，避免额外开销的增加，在 UDP 服务中必须实现对数据包进行编号，并实现超时重传机制，以提高数据传输的质量。

在传输的数据包发生错误或出现丢失时，利用 ICMP 协议发送出错信息给发送端，其次在数据包流量过大时通过 ICMP 协议，还可以实现流量控制。

5. 应用层

应用层协议是为用户提供各种应用服务，应用服务是由应用软件提供的，应用层软件是由各种应用软件模块组成的，在 TCP/IP 协议集中提供的应用服务主要有以下几个：

（1）TELNET：远程注册，是指登录到远程的计算机上去。

（2）FTP：文件传输，在服务器和客户之间或在两台计算机之间传输文件。

（3）E-MAIL：在两个用户之间传输电子邮件。

（4）HTTP：发布和访问具有超文本格式的信息。

（5）SNMP：简单网络管理协议，对 TCP/IP 网络进行管理。

TCP/IP 协议模型和 OSI 参考模型是目前得到广泛应用的两种协议模型，OSI 模型是 7 层结构，而 TCP/IP 模型是 5 层结构，其中 TCP/IP 的应用层与 OSI 的应用层相对应，在 TCP/IP 模型中没有表示层与会话层，这两层的功能包含在应用层中。TCP/IP 层对应于 OSI 中的传输层，IP 层对应于 OSI 中的网络层，TCP/IP 中的网络接入层不能和 OSI 中的数据链路层相对应，是指 IP 网络的接入层，具有独立的通信功能，可以是以太网、SDH 网、ATM 网络等。

这里有以下两点要说明：

（1）TCP/IP 是一个协议集，IP 和 TCP 是其中两个重要的协议。

（2）严格地说，应用程序并不是 TCP/IP 的一部分，用户可以在传输层之上建立自己的专用程序。但设计使用这些专用应用程序要用到 TCP/IP，所以将它们作为 TCP/IP 的内容，其实它们不属于 TCP/IP。

2.3.3   TCP/IP 协议模型与 OSI 参考模型的对应关系

TCP/IP 模型与 OSI 参考模型的对应关系如图 2.10 所示。

由图 2.10 可见，TCP/IP 模型包括 4 层协议，其中网络接口层对应 OSI 参考模型的物理层和数据链路层，网络层与 OSI 参考模型的网络层对应，传输层与 OSI 参考模型的传输层对应，而应用层则与 OSI 参考模型的 5、6、7 层相对应。

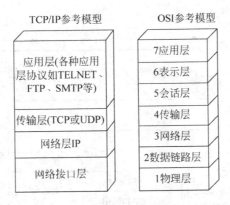

图 2.10 TCP/IP 模型与 OSI 模型的对应关系

需要注意的是，TCP/IP 模型并不包括物理层，网络接口层下面是物理层。

2.4 IP 宽带网的体系结构

随着网络技术的不断发展，IP 宽带综合网络受到了广泛的关注，IP 网络的特点是采用 IP 协议，这一网络不仅可以传送对实时性要求不高的数据信息，而且可以传送对实时性要求很高的语音和视频信息，可以开通如 IP 电话、电子商务、视频点播、高清晰度电视、网上购物、远程教育等多项业务。IP 计算机网正在演变成为 IP 宽带综合网络。

由于 DWDM 光纤通信技术、千兆比高速路由器和 ATM 交换技术的发展，使得以 IP 为基础的计算机网络和以电路交换为基础的电信网络之间出现业务相互渗透、相互融合的趋势。

2.4.1 IP 宽带网体系结构的一般框架

IP 宽带网的体系结构主要包括 3 个方面：用户模型、系统模型和技术模型，这 3 个模型之间的关系如图 2.11 所示。

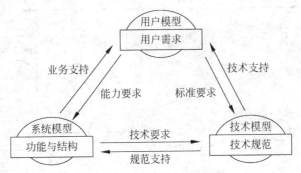

图 2.11 IP 宽带网的体系结构

下面对这 3 个模型分别加以讨论。

1. 用户模型

IP 网络结构的用户模型反映了用户与其提供服务的 IP 网络之间的关系，如图 2.12 所示。

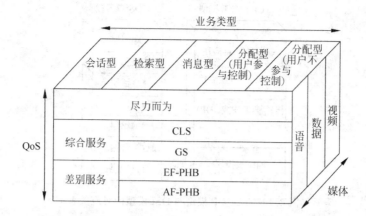

图 2.12　用户模型示意图

CLS—负荷可控业务；PHB—每跳行为；AF—可确定前转；GS—保证业务；EF—快跳前转

用户模型定义 IP 网络能够支持的各种业务以及向用户提供的各种业务的属性,如各类应用业务特点、服务质量和业务类型的要求。

2. 系统模型

IP 网络的系统模型反映了 IP 网络的网络能力和功能组成,表示 IP 网络支持各类应用所需的系统功能要素,互联实体及相互关系,规定了系统及组成部分的性能参数。

IP 网络体系结构的系统模型可以划分为水平方向的实体平面和垂直方向的逻辑平面,IP 网络体系的系统模型从实体平面又进一步可分为核心网(骨干网)、接入网和用户网,从逻辑平面可以分为低层功能、IP 层功能和高层功能。

1) 实体平面

IP 网络的实体平面的参考框架如图 2.13 所示,实体平面划分为核心网、接入网和用户网。

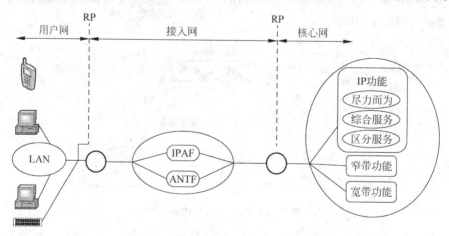

图 2.13　IP 网络实体平面参考框架示意图

IPAF—互联网接入功能；ANTF—接入网传送功能；RP—参考点

核心网可进一步划分为 IP 层网络功能和电信网功能,IP 功能提供尽力而为服务、综合服务和区分服务,窄带功能包括了 3.1kHz 音频信道、电路和分组模式承载业务,宽带功能包括异步转移模式、同步数字系列(SDH)和光数字系列(PDH)传送能力。

2) 逻辑平面

IP网络体系的系统模型从逻辑平面可以划分为低层能力和高层能力,如图 2.14 所示。

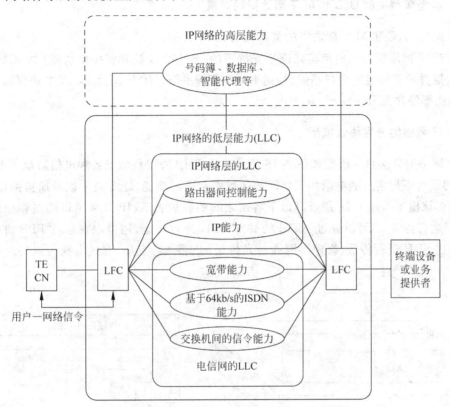

图 2.14　IP 网络基本配置模型的逻辑平面示意图

LFC—本地功能能力;LLC—低层能力;CN—用户网;TE—终端设备

低层能力又可分为 IP 网络低层能力和电信网的低层能力,IP 低层能力包括 IP 地址的分配和处理及 IP 网络中的路由选择能力。电信能力的低层能力包括窄带 ISDN 能力,通过 ATM.SDH 的宽带传输能力和公共信道信令传送能力。

3. 技术模型

IP 网络的技术模型是由一系列技术标准和建议构成的,技术模型包括用于规范业务、接口、设备以及相互间关系的参考标准和建议,表述 IP 网络中各单元的配置、相互关系和相互作用。

2.4.2　IP 网络的基本参考模型

IP 网络协议分为高层和低层。低层指电信基础设施提供的传送能力和 IP 层提供的交换和路由选择能力;高层则为用户提供多种服务。每一协议层都具有自己的用户(U)面、控制(C)面和管理(M)面,而在任何有两种技术融合下,需要确保在各自的用户、控制和管理面之间映射。IP 层之间需要映射,同等层之间也需要映射,因此需要明确 IP 网络和电信网的 U、C、M 平面之间的关系,以便充分地确定 IP 网络和电信网融合后的用户平面、控制平面和管理平面。

1. 参考模型中的 U、C 和 M 平面之间的关系

IP 网络 U、C 和 M 平面之间的关系如图 2.15 所示。

由于 IP 网络运行在电信基础设施支持下的 IP 层协议及其相关的协议(如 ICMP)上,IP 协议层并没有特定的用户平面、控制平面和管理平面。IP 协议及其相关的协议提供的相似的功能都隐含在 IP 的一个协议中。

2. IP 网络的分层协议模型

IP 网络的分层协议模型如图 2.16 所示。这里 IP 协议是加于各种电信协议之上的,其中 IP 协议与下层实际的电信协议之间的区域表示适配功能、QoS 映射以及所需的汇聚/适配协议。该模型描述了 IP 层及其以下各层之间的叠加关系,IP 业务可以通过帧中继叠加SDH 网进行传输,也可以通过 ATM 的叠加 SDH 进行传送,还可以在经过 PPP 协议处理以后通过 SDH 进行传送,物理层则通过光传送网或无线、卫星、有线电视传送网对信号进行传送。

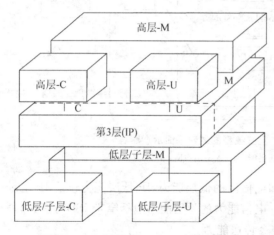

图 2.15　IP 网络 U、C 和 M 之间的关系

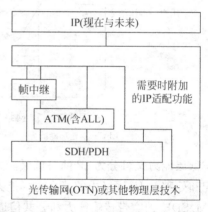

图 2.16　IP 网络的分层协议模型示意图

2.4.3　IP 网和电信网融合的体系结构

IP 网和电信网的融合可以采用两种结构,即叠加体系结构和并行结构。

采用叠加体系结构时,IP 叠加在任何下层电信协议之上,如 X.25、帧中继、ATM、ISDN等。IP 网络中的不同部分,即不同路由器之间可以使用不同的电信协议。

采用并行体系结构时,IP 网络与电信网络通过它们内在的应用以互补和协同工作的方式来提供服务,如 IP 数据业务可以与语音和/或传真等电信业务并存。基于电信业务的建立是通过一个 IP 网上的服务器来触发和控制的,因此,实际的业务被认为存在具有协调或综合控制机制的并行领域中。

PSTN/Internet 互通体系就是并行体系结构的一个例子,两个网络间的协同是通过 IP

网络中的 IP 主机(如 Web 服务器)和电信网中的智能网(IN)业务节点(SN)或业务控制点(SCP)之间的链路实现的。

2.4.4　IP 宽带网络的新发展

传统的 IP 网络传输技术,是在传统的电信传输技术之上发展起来的(如 IP over ATM、IP over SHD 等),IP 和传统网络之间采用叠加或并行结构,而新一代 IP 网络技术,采用全新的集成模型,将第三层 IP 技术与第二层的硬件交换技术结合在一起,并且使用一个定长的标记作为分组在网络中传输,它是所需一切处理的唯一的标志。这种技术兼具了 IP 的灵活性、可扩展性和 ATM 等硬件交换技术的高速性能、QoS(服务质量)性能、流量控制性能。这就是新一代 IP 核心网络技术——MPLS(Multi-Protocal Label Switching,多协议标记交换技术),使用这种技术,将不仅能够解决当前网络中存在的大量问题(如 N 平方、带宽瓶颈、QoS 保证、组播以及 VPN 支持等问题),而且能够实现许多崭新的功能(如含量工程、显式路由等),是一种理想的 IP 核心网技术。

习题

2.1　简述通信网体系结构的含义及其目的。

2.2　网络协议的内容及基本功能是什么?

2.3　简述 OSI 参考模型各层的含义。

2.4　试用 SDH ECC 协议栈来说明 OSI 模型在电信传输网中的应用。

2.5　简述 TCP/IP 协议模型中各层的功能。

2.6　按你的理解和认识,讨论 TCP/IP 协议和 OSI 参考模型之间的关系。

2.7　IP 宽带网络的发展趋势是什么?

第3章

电话通信网

作为最早的通信网络,电话通信网自从 1876 年 A. G. Bell 发明电话以来,已经历了 100 余年的发展过程,是遍布全球的最大的通信网络,也是通信网的主体。因此,无论是研究工作者还是商业厂家都对其投入了极大的人力和财力,进行网络理论的研究和设备的投资。电话通信网中许多成果和经验直接或间接影响到其他网络的产生和发展,电话通信网的基本理论包含着通信网络中的许多基本概念。

电话通信网包括采用电路交换方式的传统固定电话网、采用分组交换方式的 IP 电话网和具有无线传输的移动电话网。本章主要以传统的电话业务(Plain Old Telephone Service,POTS)为主,讨论电话通信网(以下简称电话网)的基本结构、信令系统、选路方式及传输规划,最后简单地介绍 IP 电话网和移动电话网的基本概念。

3.1 固定电话网

采用电路交换方式的传统固定电话网(以下简称电话网)中的用户,主要通过用户环路(Subscriber Loops),以模拟方式接入到电话网的端局,用户环路部分也称为电话网的接入部分。除了接入网以外的部分,则称为电话网的核心网,核心网是电话网内较为复杂的部分,本节只讨论核心网部分。

3.1.1 电话网的结构

电话网的结构可从层次、拓扑和等级 3 个方面来描述。

1. 电话网的层次结构

近几年来,随着网络技术的发展,电话网的许多功能,如电路交换功能、电路传输功能、信令功能等其他一些辅助功能都以相对独立的形式出现,相继构造并形成了有针对性的网络。从功能性角度出发,这些分立的网络构成了一种层次结构,这种层次结构可用图 3.1 所示的层次结构模型来描述。

电话网中的传输网和交换网也称为基本网,信令网、同步网和管理网称为辅助网或支撑网。

在传输网内,交换机之间的中继电路,并不一定是由一条端到端的物理链路构成,不一定只经过一条传输路径,也不一定只服务于电话交换网,有可能同时为其他通信网(如

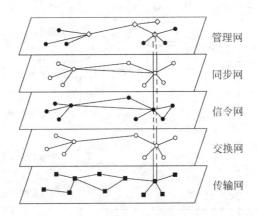

图 3.1 电话网的层次结构模型示意图

ATM 网络、分组交换网等)提供服务。

信令网为交换机提供信令转送服务,多数的信令网节点与交换网节点处于同一地理位置(甚至是同一物理设备的不同部分)。当然也可独立存在于交换网的节点设备或系统,信令网一般指公共信道信号网。同步网也是随着网络的数字化而引入的网络。管理网更是近几年才出现的一种辅助网络。

然而,这些辅助网的引入以及层次化的网络结构,使通信网(包括电话网)具有更好的灵活性和可扩展性。有利于通信网的发展和演化需要,当然也有不利的因素,那就是使用的结构复杂度增加,好在随着网络技术的发展,网络在处理复杂度方面的能力也在不断提高。

2. 电话网的拓扑结构

在通信网中,节点之间相互连通的方式多种多样,忽略节点的空间位置以及连接链路的空间走向和几何长度,电话网所表现出来的几何性质,即为拓扑结构。

通信网经常采用的拓扑结构有网状网、星状网、复合状网、总线状网和树状网等,电话网除用户环路部分外,以网状网、星状网和复合状网为主体。具体结构见图1.1~图1.3所示。

3. 电话网的等级结构

在各个国家电话网都是覆盖全国的网络,一般分为本地网和长途网。本地网与长途出口局之间一般以星状结构相连接。而不同地区的长途局之间拟以网状网结构连接。但对于像我国这样具有广阔地域范围的国家,如果将长途局都以网状网连接,无论是从成本还是从管理等角度都是不合理的,因此通常是在地域相对集中的中心地域,设立高一等级的长途汇接中心,汇接中心以星状连接各长途局,而若干高等级的长途中心仍以网状网结构连接,这种具有嵌套式结构的电话网称为电话网的等级制结构。显然,这种等级制结构可以提高通信资源的利用率,降低网络建设、运营和维护成本。

1) 电话网等级分类

根据 ITU-T 的有关建议,交换局最多分为 5 个等级,从高至低依次为一级交换中心(C1 局)、二级交换中心(C2 局)、三级交换中心(C3 局)、四级交换中心(C4 局)和端局(C5局),有的国家采用 4 级制,我国采用 5 级制,传统的 5 级制电话网等级结构示意图如图 3.2所示。端局组成本地网,可以设立汇接局(Tm),以汇集或疏通本地话务。

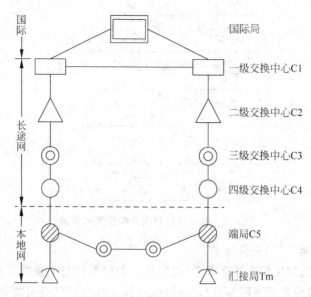

图 3.2　电话网等级结构示意图

2）长途网

我国长途电话网由 C1、C2、C3、C4 等 4 级长途交换中心组成,为逐级汇接网,C1 为一级长途交换中心,全国共设 8 个,它们之间以网状网连接。C2 为二级长途交换中心,设在各省会城市,全国共有 31 个。C3 为三级长途交换中心,设在各地区城市,全国大约有 350 多个。C4 为四级长途交换中心,是长途自动交换终端,设在全国各县城,全国大约有 2200 多个。C2、C3、C4 之间一般为逐级汇接方式连接。

3）本地电话网

本地电话网是指在同一长途编号区内,由若干个端局或者由若干个端局和汇接局及局间中继、城市中继、用户线、话机等所组成的电话网。一个本地电话局只能有一个长途区号,本地网内用户采用统一编号,彼此之间的呼叫无须拨长途区号。

本地电话网为两级基本结构,是由汇接局 Tm 和 C5 端局两个等级的交换中心组成的,其网络结构如图 3.3 所示。

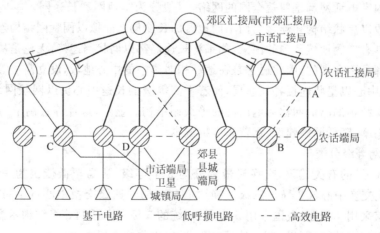

图 3.3　大中城市本地网络结构示意图

在长途接续中,本地汇接局在等级上相当于4级长途交换中心,端局经本地汇接后只能与3级以上的长途交换中心连接。它的职能是汇接在本汇接区内本地端局的来话、去话和转话(市话),也可疏通本汇接区内的长途话务。

本地电话服务范围比原市话网大,它不仅包括市话网,还包括所管辖的郊区电话、郊县县城及农村电话用户。因此,除市话端局、市话汇接局以外,还可设农话端局、县城端局、农话汇接局及郊区汇接局等,组成一个多级汇接的局部地区自动电话网。划分本地电话网服务范围,主要考虑话务流量、流向和经济效益。本地电话网的最大服务范围一般不超过700km²,或服务最大距离一般不超过300km。

交换局比较少的本地网也可采用一级网结构,一般适合于县城本地网。

4) 电话网等级结构的演变和发展

随着社会和经济的发展以及电话业务普及率的提高,电话网的网络结构不断发生变化,同时,电话网自身的建设也在不断地改变着网络的形式。传统的5级制结构正逐渐向3级制结构演变。其中,长途网将由省间长途网和省内长途网二级组成,而传统的C3局以下的电话网,将扩大为本地电话网,二级长途网分别由汇接全省长途话务的交换中心DC1和汇接本地网长途终端话务的交换中心DC2组成,两级长途电话网的等级结构如图3.4所示。

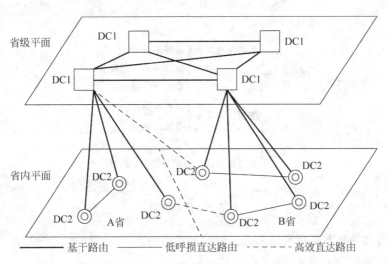

图3.4　两级制长途电话网的等级结构示意图

网络结构的变化必然会引起选路方式的改变,长途二级网络将分平面实施"固定无级"的路由选择方式。即分别在高平面网省级交换中心DC1之间,以及低平面内的DC2之间引入固定无级选路。省间长途网以网状网组织各省的长途交换中心,当然由于经济发展不平衡,这还需要有一个过程,这种演变有利于长途网络资源的利用,提高电话接通率和网络的可靠性。

扩大的本地网不仅有利于大城市化建设的需要,而且也是促进电话业务的开展和增加电信企业竞争的需要。

3.1.2　电话网的路由及路由选择

1. 路由的含义及分类

1) 路由的含义

路由是网络中任意两个交换中心之间建立一个呼叫连接或传递信息的路径。它可以由一个电路群组成,也可以由多个电路群经交换局串接而成。如图3.5所示,交换局A与B、B与C之间的路由分别是A→B、B→C,它们各由一个电路群组成,交换局A与C之间的路由是A→B→C,它由两个电路群经交换局B串接而成。

图3.5　路由示意图

2) 路由的分类

组成路由的电路群根据要求可具有不同的呼损指标。对低呼损电路群,其上的呼损指标应不大于1‰;对高效电路群没有呼损指标要求。相应地,路由可以按呼损进行分类。在一次电话接续中,常常对各种不同的路由进行选择,按照路由选择也可对路由进行分类等。概括起来路由分类如图3.6所示。

图3.6　路由分类

下面介绍几种基本路由和路由选择时常用的路由。

(1) 基干路由。

基干路由是构成网络骨干结构的路由,由具有汇接关系的相邻等级交换中心之间以及长途网和本地网最高等级交换中心之间的低呼损电路群组成。基干路由上的低呼损电路群又称基干电路群。基干电路群的呼损标准是为保证主干网全网的接续质量而设定的,要求呼损小于1‰。基干电路上的话务量,不允许溢出至其他路由上。基干路由示意图如图3.2和图3.3中的粗实线条所示。

(2) 低呼损直达路由。

直达路由是指由两个交换中心之间的电路群组成的,不经过其他交换中心转接的路由,它可以旁路或部分地旁路基干路由。任意两个等级的交换中心由低呼损电路群组成的直达路由称为低呼损直达路由,低呼损直达路由示意图如图3.2和图3.3中的细实线所示。电路群的呼损不大于1%，且话务量不允许溢出至其他路由上。

(3) 高效直达路由。

任意两个交换中心之间由高效电路群组成的直达路由称为高效直达路由。高效直达路由上的电路群没有呼损指标的要求，话务量允许溢出至规定的迂回路由上，高效直达路由示意图如图 3.2 和图 3.3 中的虚线所示。

(4) 首选路由与迂回路由。

首选路由是指某一交换中心呼叫另一交换中心时，有多个路由可供选择，第一次选择的路由就称为首选路由。当首选路由遇忙时，迂回到第二或第三个路由时，那么第二或第三个路由称为第一路由的迂回路由。迂回路由通常由两个或两个以上的电路群经转换交换中心串接而成。

(5) 安全迂回路由。

安全迂回路由除具有上述迂回路由的含义外，还特指在引入"固定无级选路方式"后，加入到基干路由或低呼损直达路由上的话务量，在满足一定条件下可向指定的一个或多个路由溢出，这样的路由称为安全迂回路由。

(6) 最终路由。

最终路由是任意两个交换中心之间可以选择的最后一种路由，由无溢呼的低呼损电路群组成。最终路由可以是基干路由，也可以是部分低呼损路由和部分基干路由串接，或仅由低呼损路由组成。

2. 路由的设置原则

为了提高网络的利用率和服务质量，使网络安全、可靠地运行，应根据话务量的需求对路由进行科学、合理、经济的设置。

1) 基干路由设置

长途网中同一省内具有汇接关系的省级交换中心 DC1 与地(市)级交换中心 DC2 之间，以及不同省的省级交换中心 DC1 之间应设基干路由；本地网中具有汇接关系的端局与汇接局之间；汇接局与汇接局之间均应设置低呼损电路群。

2) 直达路由设置

任意两个等级的交换中心之间根据话务量大小，在经济合理的前提下，可设置直达电路群，这里直达电路群可以是低呼损电路群，也可以是高效电路群。

长途网中同一省内地(市)交换中心 DC2 之间，以及省市中心 DC1 与各 DC2 之间可以根据传输电路的情况设置低呼损电路群或高效电路群。

不同省的 DC1 与地(市)DC2 之间，以及不同的 DC2 与 DC2 之间，当话务量大于一定数量时，可设置高效电路群。

在本地网中，任一汇接局与无汇接关系的端局以及端局与端局之间，在满足一定条件下，可设置低呼损电路群或高效电路群。

值得注意的是，电话网中路由的科学、合理设置是一个较为复杂的问题，两个交换中心之间该设置什么路由和各路由的数目要通过优化方法合理地进行科学的规划设计，详见第 7 章。

3. 路由的选择

1) 路由选择的基本概念

路由选择也称选路,是指一个交换中心呼叫另一个交换中心时在多个可传递信息的途径中进行选择,对一次呼叫而言,直至达到目标局路由选择才算结束。

根据 ITU-T 的 E.170 建议从两个方面对路由选择进行描述:路由选择结构和路由选择计划。

(1) 路由选择结构。

路由选择结构分为有级(分级)和无级两种结构。

① 有级选路结构。如果在给定的交换节点的全部话务流中,到某一方向上的呼叫都是按照同一个路由依次进行选路,并按顺序溢出到同组的路由上,而不管这些路由是否被占用,或这些路由能不能用于某些特定的呼叫类型,路由组中的最后一个路由均为最终路由,呼叫不能再溢出,这种选择结构称为有级选路结构。

② 无级选路结构。如果违背了上述定义(如允许发自同一交换局的呼叫在电路群之间相互溢出),则称为无级选路结构。

值得注意的是,路由选择中的有级和无级概念与电话网中的等级结构概念是毫不相关的。无级网络结构是指网络中所有节点为一个等级,而无级选路则是指选路时不反应等级关系,实际上,有级网也可采用无级选路结构。

(2) 路由选择计划。

路由选择计划是指如何利用两个交换局间的所有路由组来完成一对节点间的呼叫。它可分为固定选路计划和动态选路计划两类。

① 固定选路计划。固定选路计划是指路由组的路由选择模式总是不变的,即交换机的路由表一旦制定后相当长的一段时间内交换机按照表内指定的路由进行选择。但是对某些特定种类的呼叫可以人工干预改变路由表,这种改变呈现为路由选择方式的永久性改变。

② 动态选路计划。动态选路计划与固定选路计划相反,路由组选择模式是可变的。即交换局所选的路由经常自动改变。这种改变通常根据时间、状态或事件而定,路由选择模式的更新可以是周期的或非周期的;预先设定的或根据网络状态而调整的;也可以是实时或在线的等。

选路结构和选路计划总是不可分的。如分级选路结构与固定选路计划相结合称为固定分级选路方式(FHR),这是早期在等级制电话网中广泛采用的一种选路方式。又如无级选路结构往往采用动态计划称为动态无级选路方式(Dynamic Non-Hierarchical Routing,DNHR)。随着网络技术的发展,大型程控数字交换机的使用和公共信道信号网的实现,动态无级选路方式得到了广泛的使用。

2) 路由选择的基本原则

无论采用什么路由选择方式,路由选择均应遵循下述基本原则:

① 要确保传输质量和信令信息的可靠传输。

② 要有明确的规律性,确保路由选择中不出现死循环。

③ 一个呼叫连接中串接的段数应尽量少,即首选串接段数少的路由。

④ 能够在低等级网络中疏通的话务量应尽量在低等级中疏通。

3）固定等级制路由选择规则

（1）长途网的路由选择规则。

无论是 4 级网或是 2 级网,长途网路由选择规则主要如下:

① 网内任一长途交换中呼叫另一长途中心的所选路由局最多为 3 个。

② 同一汇接区内话务应在该汇接区内疏通。

③ 发话区的路由选择方向为自下而上,受话区的路由选择方向为自上而下。

④ 按照"自远而近"的原则设置选路顺序,即首选直达路由,次选迂回路由,最后选最终路由。

按照上述原则长途 2 级网的固定等级制选路如图 3.7 所示。

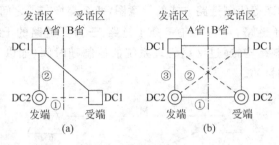

图 3.7　长途网的路由选择规则示意图

在路由选择过程中,当发端至受端同一局向设有多个电路群时,可根据各电路群承受话务能力等情况,将话务按不同的比例分配给各路由,以疏通到目标局的话务,这种方式称为话务负荷分担选路方式,如图 3.8 所示。

（2）本地网中继路由的选择规则。

本地网中继路由的选择规则主要如下:

① 选择顺序为先直达路由,后迂回路由,最后选择基干路由,如图 3.9 所示。

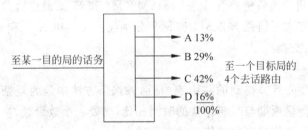

图 3.8　话务负荷分担选路方式示意图

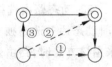

图 3.9　本地网中继路由的
选择规则示意图

② 每次接续最多可选择 3 个路由。

③ 端局与端局间最多经过两个汇接局,中继电路最多不超过 3 段。

从固定等级制选路规则可以看出,这种选路方式可以充分利用各级交换局间的直达路由,减少转换次数。并且由于选路是固定不变的,因此,交换机内对选路的计算和处理相对简单,对交换机的处理能力要求也就较低,但网络资源的利用率比较低。

4）动态无级路由选择

动态无级选路允许交换机的路由表可以动态改变,这种改变可以是预先设置的方式随时间而改变,也可以是实时或在线式的改变。因此,动态无级选路方式可分为两类,即预设动态路由选择方法和实时动态路由选择方法。

(1)预设动态路由选择方法。

预设动态路由选择方式中,选路模式根据已知的话务负荷变化,可以每一小时(或者一天中多次)改变一次。改变的时间间隔,通常要比呼叫保持时间长得多。典型的呼叫保持时间为几分钟。

在具体实现中,目前预设动态路由选择方法主要有 4 种形式,即动态等级制选路、动态多链路路径选择、动态双链路路径选择和动态前进选路。下面就动态等级制选路方式说明预设动态路由选择方法的实现。

图 3.10 给出了动态等级制选路方式的示意图,两个交换节点之间经由第三个交换节点连接的链路称为三方子链路。图中共有 6 条子链路,三方子链路的干线数目以及选路顺序可以根据固定的等级制结构,通过网络管理系统的控制随时间(如以 1h 为单位)变化而改变,以达到动态选路的目的。

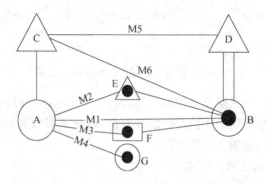

图 3.10　动态等级制选路示例

在图 3.10 中,A 和 B 交换局之间的高效链路有 4 条:M1、M2、M3 和 M4;最终链路有 2 条:M5 和 M6。M1 是直连干线,三方子链路 M2、M3 和 M4,分别经由交换机 E、F 和 G,M5 是直连干线三方子链路 M6 经由交换机 C。

(2)实时动态路由选择方法。

实时动态话务选路独立于任何预先计算得到的路由表,是话务选路方法中最为复杂的一种,采用该方法时,路由表的时间变化周期与呼叫保持的时间相比,同处一个数量级,甚至会更少一些。实时动态话务选路目前有依据事件或依据状态两种方式。

在依据事件的实时动态话务选路中,常用的方法有带学习的随机选路(Learning with Random Routing,LRR)、最先成功选路(Success-To-the-Top,STT)和动态迂回选路(Dynamic Alternative Routing,DAR)等。在 LRR 中,首选直达链路,发生溢出后,选择一个固定的迂回路径;若该迂回路径发生阻塞(事件),以随机方式选择一条新的迂回路径,作为下一次呼叫的迂回选项(即达到学习目的)。STT 是在 LRR 上的扩展,它增加了在 LRR 中不采用的曲回控制。曲回控制是一种共路信令(CCS)系统的消息功能,它允许将已阻塞的呼叫返回给发起方的交换机,以便在其他路径上迂回选路。DAR 与 LRR 和 STT 相似,首选直达链路,溢出部分选上一次成功的迂回路径直至阻塞为止;发生阻塞时随机选择一个新的路径。

依据状态的实时动态话务选路,其路由表的变化更快,可以是几分钟一次,几秒钟一次,甚至一次呼叫变化一次。一次呼叫变化一次路由表的选路方式也称为实时网络选路方式(Real-Time Network Routing,RTNR)。RTNR 选路方式是要通过共路信令的状态查询消息,得到各交换局的实时状态信息,并以此为基础,在所有可能的链路路径中判决出最优的路径。

(3) 实现动态路由选择的条件。

采用动态路由选择方法,可以显著地提高网络资源的利用率,降低网络运营成本。研究和经验表明,电话网中实施动态路由选择方法可以减少 15% 左右的投资费用。然而,动态路由选择比较复杂,网络必须具备一些条件才能实现。

首先网络内各个交换节点的交换机必须具有自动处理和高速计算功能,路由表才有可能随时间变化而改变。也就是说,网络中的交换机必须是程控数字化的交换机。其次,要有较为完善的网络管理系统,因为只有通过网络管理系统才能实时(或接近实时)地统计网络和交换机的忙闲状态,进而去改变路由表。另外,必须采用能够提供复杂信号能力的公共信道信号系统。再者,高连通度的网状网结构也是实现动态无级路由选择的一个基本条件。由此可见,要使整个网络实现动态无级路由选择还有一个漫长的发展过程。

3.1.3　电话网的信令系统

信令是指通信网(包括电话网)中,在各个交换局之间为完成呼叫连接而执行的信息交换语言。信令系统是使网络中的交换机、网络数据库以及其他智能节点之间完成消息(包括呼叫建立、监视和释放的消息)和信息(包括分布式应用进程和网络管理所需要的信息)交换的系统。电话交换机之间的信令传送主要有两种方式,即随路信令系统和共路信令系统。

随着网络技术的发展,对信令的要求越来越高,以至于形成通信网的一个支撑网——信令网,关于信令网的组成及组网将在第 7 章中介绍,本节只对电话网中信令的类别、功能及电话网的随路信令系统的组成做一些介绍。

1. 信令的类别

电话网的信令系统,可以根据它们的功能以及应用区域进行分类。从信令的功能上看,信令可分为监视信令、选择信令和操作信令。而根据应用区间,则又可分为用户线信令、局间信令和网络信令。

① 监视信令也称为线路信令,主要用来检测和改变用户线以及网络中其他线路的状态或条件,如用户摘挂机信令、线路占用信令等。

② 选择信令也称为记发器信令,它和呼叫建立有关,主要由被叫地址(即被叫用户的电话号码)组成。

③ 操作信令主要用于检测和传送网络的拥塞信息、反映电路或设备的状态信息及计费信息等。这些信息的功能是为了能有效地利用网络和交换设备的资源,也称为管理信息。

信令还按传输的方向分为前向信令和后向信令。

在电话呼叫过程中所涉及的信令如图 3.11 所示。

信令按与其话路的关系又可分为随路信令和共路信令系统。前者是信令信息与语音信息在同一通道中传送,而后者是采用专门的信道传送信令信息。

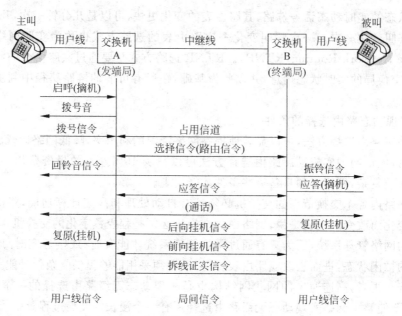

图 3.11　呼叫过程的基本信令示意图

2. 随路信令系统

随路信令是在传送语音的信道中传送的为建立和拆除该话路所需的各种业务信息。我国普遍使用的随路信令系统称为中国 1 号信令系统,包括线路信令和记发器信令。

1) 线路信令

线路信令是在去话中继器和来话中继器之间,通过线路信令设备在话路中传送的信令,根据传送的介质不同可分为两种格式:一种为模拟型的线路信令,主要有直流线路信令和带内单频脉冲线路信令两种形式;另一种是数字型的线路信令,也有两种编码形式,即带内 2600Hz 的 8 位编码和 4 位编码。

在 PCM 30/32 路通信中,广泛采用 4 位编码的数字型线路信令。每一个话路占用 4 个比特位,分别位于 PCM 30/32 路基群信号(2048kb/s)的不同帧(每 16 帧组成一个复帧)的第 16 号时隙。16 个帧共 32 个 4 位组,其中 30 个 4 位组传送 30 个话路的随路信令,0 号帧的 16 时隙的 8 位码组用于传递复帧同步信号,如图 3.12 所示。

4 位编码线路信令中只使用了 a、b、c 3 个比特位,它们的功能分述如下:

第一位 a:用于前向信令时,0 表示主叫摘机状态,1 表示主叫挂机(拆线)状态;用于后向信令时,0 表示被叫摘机状态,1 表示被叫挂机状态。

第二位 b:用于前向信令时,0 表示主叫故障状态,1 表示主叫正常状态;用于后向信令时,0 表示受话局空闲,1 表示受话局占用或闭塞。

第三位 c:用于前向信令时,0 表示话务员振铃或强拆,1 表示话务员未执行操作,用于后向信令时,0 表示话务员进行回铃操作,1 表示话务员未执行操作。

在长途全自动呼叫系统中,第三位 c 比特不需要。

2) 记发器信令

记发器信令源于一个交换局的记发器,终结于另一个交换局记发器的信令。它的主要

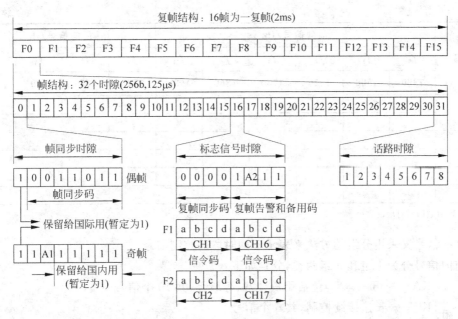

图 3.12 PCM 30/32 路时隙分配示意图

功能是控制电路的自动连接。

我国 1 号信令系统采用多频互控方式,多频是指由多个音频组成的编码信号。互控方式就是前向所发的地址、控制指示语等信息,后向要发证实和控制信号,前向在收到证实信号后才发停发信号,同样地,后向在收到前向停发信号后才停止发证实信号。目前的有线电话通信中都采用互控方式。当然还有不互控传送方式,它与互控方式正好相反,我国只有在卫星通信中采用不互控方式传送。

记发器信令是由多个音频频率信号组成的编码信号。频率是按等差级数法选取的,其公差为 120Hz。前向信号由 6 个频率信号组成,采用 6 中取 2 编码方式共组成 15 种信令,后向信令则采用 4 个频率信号,也采用 4 中取 2 的方式组成 6 种信令,如表 3.1 所示。

表 3.1 多频编码信令组成

| 数码 | 前向信号/Hz | | | | | | 后向信号/Hz | | | |
| | f_0 | f_1 | f_2 | f_4 | f_7 | f_{11} | f_0 | f_1 | f_2 | f_3 |
	1380	1500	1620	1740	1860	1980	1140	1020	900	780
1	*	*					*	*		
2	*		*				*		*	
3		*	*					*	*	
4	*			*			*			*
5		*		*				*		*
6			*	*					*	*
7	*				*					
8		*			*					
9			*		*					

续表

数码	前向信号/Hz						后向信号/Hz			
	f_0	f_1	f_2	f_4	f_7	f_{11}	f_0	f_1	f_2	f_3
	1380	1500	1620	1740	1860	1980	1140	1020	900	780
10				*	*					
11	*					*				
12		*				*				
13			*			*				
14				*		*				
15					*	*				

* 表示数码所对应的频率。

这些信号又采用分组的方法来表示不同时段的控制信号。

前向信号分为Ⅰ组和Ⅱ组两类,分别如下:

Ⅰ组

- KA——用户类型,包括用户计费、等级等,共 10 个信号
- KC——长途接续控制,共 5 个信号
- KE——长话局向市话局传送的接续控制,共 5 个信号
- 数字码——主叫所拨叫的号码,共 10 个信号

Ⅱ组:KD——表示发端业务性质和类别,共 6 种信号。

后向信号分 A 组和 B 组。

A 组:它表示前向Ⅰ组信号的证实信号,共 6 种。

B 组:它表示前向Ⅱ组信号的证实信号,共 6 种。

记发器信令的互控过程由 4 个阶段(或拍)构成:第一阶段,由发话记发器发送前向信令;第二阶段,由来话记发器接收并识别对端发送的前向信令,并向发送端发送后向信令;第三阶段,去话记发器接收并识别后向信令;第四阶段,来话记发器识别前向信令停发之后,停发后向信令,当去话记发器识别后向信令停发后,根据收到的后向信令要求,发送下位前向信令,启动下一次互控过程。

3. 共路信令系统

随路信令系统的优点是比较简单,不占用专门通道,易于处理,但它存在着许多局限性:信令传送速度低,通话建立时间长,容量很有限,难以传送与接续无关的信息。这种信令方式不能适应通信网综合化、智能化和个人化的发展要求。于是,人们就将信令通道与语音通道分开,把若干条电路的信令集中在一条专用信道上传送,这就是共路信令系统,也称为公共信道信令系统。换句说话,利用一条专门的信号链路去传递信令信息的信号系统就称为共路信令系统(也称 No.7 信令系统)。

No.7 信令系统中,信令点(信令的源节点、宿节点及信令的转接点)和信号链路可以构成一个独立的通信网,这个网络就称为共路信令网。事实上,随着网络技术的发展,这个信令网已成为通信网的一大支撑网(辅助网),它起源于电话网的信令系统,但其服务对象并不仅限于电话网,它已广泛使用于综合业务数字网等其他专业技术网。

在我国,以 ITU-T 发布的 7 号公共信道信令网(No.7)的基础上,制定出了中国的 2 号

信令系统,它是与 No. 7 号信令系统兼容的,适合我国通信网的共路信令系统。

由于共路信令系统采用了专门的信号链路来传送信令信息,因此它传递速度快,信息量大,能提供复杂的信号,且可以满足目前和未来通信网对信令信息和其他信息的要求,它不仅为电话网提供服务,而且可以为其他通信网提供服务。事实上,现代通信网中信令网已成为一个逻辑上相对独立的为通信网提供支撑作用的一大辅助网——信令网。有关信令网组网结构、No. 7 信令的功能及其基本格式在第 4 章再详细讨论。

3.1.4 传输规划

决定电话业务服务质量的主要因素:一个是接通率(与呼损存在互补关系);另一个则是与传输有关的语音质量。前者与电话网中电路资源以及路由组织有关,而后者则与传输链路的损耗与损伤有关。与接通率一样,传输质量也是一个全网性的指标。合理安排(和分配)传输链路上的性能指标,以达到在成本约束控制下的最优质量是传输规划的中心任务之一。

1. 传输链路

传输链路就是信息传输的通道,它不仅包含了具体的传输介质,而且包含了信号发送、接收及变换设备。

1) 传输介质

传输介质就是通信线路,通信线路可分为有线和无线两大类,其分类如图 3.13 所示。下面介绍几种常用的传输介质。

(1) 对称电缆。

对称电缆是由若干条扭绞成对或扭绞成组的绝缘总线构成缆芯,外面再包上护层组成的。导电材料通常用铜。对称电缆幅频特性是低通型(0 至几百千赫兹),串音随频率升高而增加,因此复用程度不高,常用于用户线路和市话局间中继。

(2) 同轴电缆。

同轴电缆主要是由若干个同轴对和护层组成,同轴对由内、外导体及中间的绝缘介质组成,导电材料常

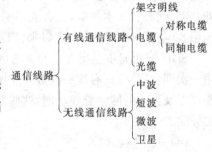

图 3.13 通信线路的分类

采用铜。同轴对的幅频特性呈带通型,且随频率升高而下降,适于高频传输。但同轴回路的特性阻抗不均匀,影响传输质量,且耗铜量大,施工复杂,建设周期长。

(3) 光缆。

光缆的结构和电缆的结构类似,主要由缆芯、加强构件和护层组成。光缆中传送信号的是光纤,若干根光纤按照一定的方式组成缆芯。光纤由纤芯和包层组成。纤芯和包层的折射率不同,利用光的全反射使光能够在纤芯中传播。光纤通信是以光波作载频传输信号,以光缆为传输线路的通信方式。光波是一种频率在 10^{14} Hz 左右的电磁波,波长范围在近红外区内,一般采用的波长有 $0.85\mu m$、$1.31\mu m$ 和 $1.55\mu m$。

光纤通信近几年来飞速发展,是由于它具有以下突出优点而决定的:传输频带宽,通信容量大;损耗低;不受电磁干扰,无串音;重量轻;资源丰富等优点。

（4）自由空间。

自由空间又称理想介质空间,无线电波在地球外部的大气层中传播,可以认为在自由空间传播。

微波通信是到用微波频段(300MHz～30GHz)的电磁波来传输信息的通道。微波在空间沿直线视距范围传播,中继距离为52km左右。

卫星通信是地球站之间利用人造卫星做中继站的通信方式,是微波接力通信的一种特殊形式,它可以向地球上任何地方发送信息。

自由空间传输信号易受大气变化等自然环境的影响。

2）传输链路的分类

公共电话交换网的传输链路主要有以下几类:

（1）实线传输。

实线传输指以模拟基带信号方式传输的链路。在上述传输链路中只有对称电缆可以传输基带信号。适用于短距离传输,一般在用户环路中应用。

（2）频分载波传输(Frequency Division Multiplex,FDM)。

以频分方式实现多路复用传输链路。随着传输链路的数字化,这种 FDM 方式传输链路现在不再使用。

（3）时分数字传输。

时分数字传输是以脉码调制(Pulse Code Modulation,PCM)时分多路复用的传输链路。它的主要传输体制是 PDH(准同步数字体系),将 PCM 一次群信号逐步复用为二次群,三次群,……,最高可以达到 6 次群信号。它的结构十分复杂,而且世界上并存着 3 种体制,即北美、欧洲和日本体制,三者互不兼容,且主要是面向点到点的传输,缺乏灵活性。自 19世纪 80 年代末期 SDH 出现以来,PDH 已逐渐被 SDH 取代。

SDH 采用同步复用方式和灵活的复用映射结构,使低阶信号到高阶信号的复用/解复用一次到位,并且具有统一的数字速率标准(STM-N,N=1、4、16、64)和统一的光网络节点接口以及强大的网络管理功能,这些都使 SDH 迅速发展起来。SDH 主要以光纤为主要传输介质。

（4）数字微波传输。

数字微波传输是以微波作为介质并采用数字调制方法的传输链路。这种传输方式特别适合于地形复杂的地区和边远山区。

2. 电话系统语音信号的质量

电话网质量测度指标中的传输质量,是指传输链路的传输质量,它直接影响电话的质量,反映信息传输的准确度。电话业务传输质量的好坏主要体现在以下 3 个方面:

① 响度。反映通话的音量大小。

② 清晰度。反映通话的可懂度。

③ 逼真度。反映音色的不失真程度。

在电话网中,为了使语音信号有足够的响度,要求全程(从用户到用户)传输损耗应小于某一值,而在现阶段电话网中,还存在着一定数量的模拟传输系统和设备,特别是用户端和用户接入部分,在模拟传输系统中,模拟信号会随传输距离的增长而出现衰减和失真,另外,绝大部分的用户线接入采用二线传输方式,与核心网广泛采用的四线传输之间必然存在二/四线转换,由于二/四线转换器特性的不理想会引起回声,甚至振鸣,这就要求线路要有一定的损耗,以抑制回声信号,也就是说,为减小回声和防止振鸣,要求传输链路的损耗应大于某一值。此外,电话机的质量以及传输系统中各种杂音也是影响电话业务传输质量的重要因素。由此可见,仅用传输损耗还不能确切地描述电话网的传输质量。为此,引入响度当量的概念。

1) 响度当量和传输损耗的分配

衡量响度损耗的参数称为响度当量,它比传输损耗更全面地反映了多种传输因素对通话质量的影响。响度当量是参考当量(RE)、修正参考当量(CRE)、R25 当量和响度评定值(LR)的统称,它采用主观评定方法来度量传输质量。在我国,响度当量和传输损耗一起作为传输规划的重要指标。

在具体评测时,将被测的实际传输系统与标准参考系统进行比较,为使测试者从两个系统听到相同的语音响度,需在标准系统中加一定量的衰耗值,这个衰耗值就是响度参考当量,其单位是分贝(dB)。

ITU-T 推荐的参考系统称为"参考当量新基准系统",缩写为 NOSFER 标准系统,这个系统是由复杂的电路组成的,有较高的稳定性,用它去测各国的电话系统得出相应的参考当量。

参考当量的测量方法如图 3.14 所示,图中的讲话者和听话者都是经过专门培训的测试人员。

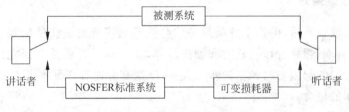

图 3.14　参考当量测试示意图

在进行测量时,被测系统与 NOSFER 基准系统处在规定的发送和接收条件下,调节可变损耗器,以使测试人员从两个系统听到同样的语声响度,这时可变损耗的损耗就是被测系统的语声响度参考当量。

用 NOSFER 系统测得我国的用户电路的发送参考当量的平均值为 3.12dB,用户电路的接收参考当量平均值为 -5.6dB。全程参考当量是发送参考当量与接收参考当量以及端局所有设备对响度影响部分的传输损耗之和。

与参考当量相对应的是全程传输损耗,它是指一个通话连接中,包括用户线、交换局和局间中继线在 800Hz 时的传输损耗之和。其中,用户线部分的损耗是固有的(≤7dB),和参考当量中的用户部分一样,在传输规划和分配中是不可改变的。

按照我国《电话自动交换网技术体制》规定,本地网中,全部为数字局时的全程参考当量应不大于 22.0dB,全程传输损耗应不大于 18dB,如图 3.15 所示;在长途网中,全部为数字局时的全程参考当量不大于 33.0dB,全程传输损耗值不大于 22dB。

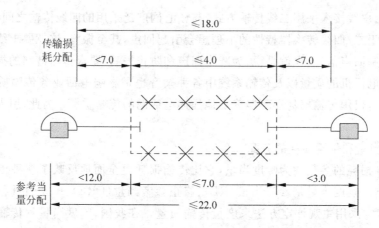

图 3.15　本地网中全为数字局时的参考当量和传输损耗分配示意图

2）杂音

杂音（也称噪声）是指在语音信道中与所需信号同时存在的任何无用的信号，它可来自于传输通道中任意一个部件，或来自于一个传输信道与另一个信道因耦合而引起的干扰杂音，包括热噪声、电力线感应、脉冲噪声和串音（或串话）等。

由于杂音是影响电话通信的语音质量的另一重要因素，因此，在电话通信中，对杂音有明确的指标要求。在我国《电话自动交换网技术体制》中对局间中继线、用户线及程控交换机的杂音都有明确的规定。

3. 误码损伤及规划

采用数字传输技术后，电话业务质量必然会受到数字传输损伤的影响。主要的数字传输损伤有误码、抖动、漂移、滑动、延时和帧失步等，其中对语音质量方面尤以误码和滑动为甚。滑动（或滑码）的起因与时钟不同步有关，关于这部分内容详见本书 4.2 节有关内容，这里只介绍误码率的概念。

1）误码的定义

在数字传输系统中，误码是指接收码元和发送码元之间的差别。产生误码的原因是多种多样的，总地来说，误码的产生具有随机性。误码的严重程度通常用平均误码率和误码时间率来衡量。

误码率是指在测量时间内错误码元数与总的码元数之比，用公式表示为

$$P_e = \frac{错误码元数}{总的码元数} = \frac{N_e}{T_0 f_0} \tag{3-1}$$

式中　T_0——测量时间；

　　　f_0——码元速率；

　　　N_e——T_0 时间内测量到的错误码元数。

显然，误码率与测量时间有关，为了简化常用单位时间的误码率来表示误码程度。

2）误码对通信系统的影响

对于不同类别的业务，误码所造成的影响程度是不同的，对于数据通信，误码会造成部分数据重发，从而降低传输效率；对于采用 PCM 的语音通信，误码将造成"喀喀"样的噪声。

各种业务对误码率的阈值如表 3.2 所示。

表 3.2 各种业务对误码率的阈值

业务种类			阈 值
窄带业务	电话	PCM(64kb/s)	3×10^{-5}
		ADPCM(32kb/s)	10^{-4}
		APC—AB(16kb/s)	
	数据(16~64kb/s)		3×10^{-6}
	叮视图文(1.6~64kb/s)		
宽带业务	立体声(384kb/s)		10^{-6}
	数据(684~614kb/s)		$10^{-6}\sim10^{-7}$
	图像	4MHz 带宽	直线 PCM	5×10^{-7}
		ADPCM(32Mb/s)	10^{-7}
		三维(1.5~6.3Mb/s)	$10^{-9}\sim10^{-10}$
	高清晰度电视		未知

值得注意的是,由于误码发生的复杂性和随机性,使得仅依靠长期平均误码率来衡量各种业务对误码的要求是不充分的。为此,有时还要引入误码时间率的概念进一步描述误码对传输质量的影响。

3) 全程参考连接及误码率的分配

为了便于研究数字传输损伤(包括误码、滑码等)以及分配网络性能指标等,原 CCITT 又制定了数字传输模型(G.801)。数字传输模型是一个假想实体,具有规定的长度和结构,其中假想参考连接(HRX)是一个指导有关总体性能研究和规划的模型。除了 HRX 外,数字传输模型还包括假想参考数字链路(HRDL)以及假想参考数字段(HRDS)。

假想参考连接 HRX 是用于误码性能指标分配的一个参考模型,如图 3.16 所示。

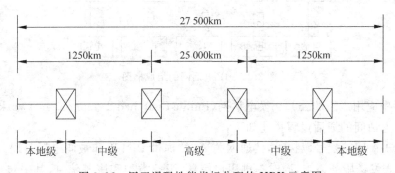

图 3.16 用于误码性能指标分配的 HRX 示意图

图 3.16 中把传输链路分为 5 个区段:处于中间的高级段、两个对称的中级段和两个本地段。高级段的距离为 25 000km,中级段与本地段的距离之和长为 1250km。一般而言,高级段的电路当作国际电路,中级段当作国内长途电路,本地级则与本地级电路相对应,并根据区段的电路数比例和工程经济因素,将整个(100%)误码损伤中的 40%分给高级电路。15%(×4)分给中级和本地电路。

3.2 IP 电话网

IP 电话是近年来出现的一种新业务,传统的电话网是通过电路交换网传送电话信号。IP 电话是通过分组交换网传送电话信号。在 IP 电话网中主要采用两种技术:一种是语音压缩技术;另一种是语音分组交换技术。由于这两项技术的采用,IP 电话的通信运营费大大低于传统电话的运营费用,此项业务一经推出,就得到了运营商和使用者的广泛关注。

传统的数字电话网一般采用 A 律 13 折线 PCM 编码技术,一路电话的编码速率为 64kb/s,或采用 μ 律 15 折线编码方法,编码速率为 52kb/s,IP 电话中采用共轭结构算术码本激励线性预测编码法,编码速率为 8kb/s,再加上静音检测、统计复用技术,平均每路电话实际占用的带宽仅为 4kb/s,可见 IP 电话采用的编码技术大大节省了带宽资源,这是 IP 电话运营成本下降的一个重要原因。另一个重要原因是,IP 电话采用分组交换技术来传送语音。利用分组交换方式传送实时性能要求较高的语音信号是现代通信网技术迅速发展的标志之一。

IP 电话的网络组成如图 3.17 所示,整个网络由网关、网守(也称网闸)、电话网管中心等组成。

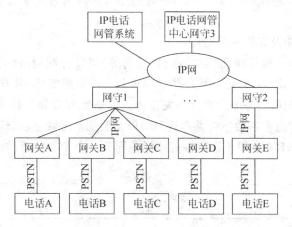

图 3.17　IP 电话网的组成框图

IP 电话中应用广泛的公共交换电话网(Public Switched Telephone Network,PSTN)电话到 PSTN 电话间的通话过程描述如下:

(1) 用户 A 用特定号码拨入,接通网关 A,并提供 PIN 码和被叫电话号码。网关 A 向它的本地网守发送服务请求,同时提供用户信息、服务类型和服务信息,其中包括被叫电话号码,网守对这个用户信息提供验证,然后返回信息表示允许接入或拒绝接入。

(2) 如果允许用户接入,网守将发送一个信息到授权、认证及计费平台(即 AAA 平台),平台可以在网守内,也可以是一个独立的平台。AAA 平台再次验证后,开始对该用户进行计费。

(3) 网守通过对它本身数据库的查找(网守有电话号码和相应的对照表),决定被叫号码对应的网关 B,如果没有该电话号码和网关的对照表,它将向上一级网守 C 提出请求,直到返回被叫号码对应的网关,也有可能被叫号码的地方没开通服务,网守就返回号码错误不能解析。

(4) 然后网关 A 与网关 B 建立了一条对话通道,网关 B 再呼叫电话用户 B,这样用户 A 与用户 B 的对话开始。

值得注意的是,虽然 IP 电话已在全国开通,但是 IP 电话网络技术仍处于初级阶段,一方面 IP 的关键设备之间的互通还存在一些问题,不同厂家生产的设备标准不统一;另一方面,对 IP 电话的承载网络的设计还处于初级阶段。常常会因网络拥塞或使用过渡带宽而使服务质量下降。因此,进行合理的网络设计讲一步提高 IP 电话的服务质量是一个亟待解决的问题。

3.3 移动电话网

移动电话网由移动交换局、基站、中继传输系统和移动台组成。

移动交换局和基站之间通过中继线相连,基站和移动台之间为无线接入方式,移动交换局又和本地电话网中的市话局相连组成移动通信网,如图 3.18 所示。

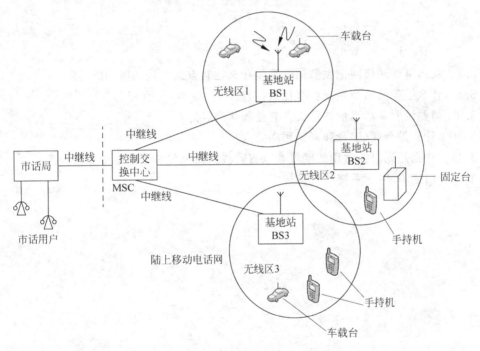

图 3.18 移动通信网的组成示意图

移动电话网分为模拟移动电话系统和数字移动电话系统,模拟移动电话系统已被淘汰,正在广泛使用的是 GSM(Global System for Mobile Communication)数字移动电话系统以及 CDSM(Code Division Multiple Access)移动通信系统。

目前我国的 GSM 电话采用 3 级网结构,全国设立了 8 个一级移动汇接中心,相互之间为网状网,各省为二级汇接中心,移动业务本地网设立本地汇接中心,形成 3 级网。

习题

3.1   电话网常采用的拓扑结构有哪些?

3.2   简要说明我国电话网的等级制结构和各级交换中心的职能。

3.3   什么是路由? 基干路由、低呼损直达路由、高效直达路由和最终路由各有什么特点?

3.4   路由选择的主要原则有哪些?

3.5   什么是动态无级路由选择? 它的优点是什么? 实现的条件有哪些?

3.6   如图 3.19 所示,A、B、C、D 为 4 个交换端局,E、F 为汇接局,根据路由选择规则,A→B、C→D 应如何选择路由?

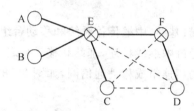

图 3.19   题 3.6 示意图

3.7   我国电话通信网记发器信令采用什么控制方式? 是如何构成的?

3.8   什么是随路信令系统? 有什么特点?

3.9   简要说明参考当量的意义。它是如何测定的?

3.10   什么是杂音、串音和衰减频率失真?

3.11   什么是误码? 常用的度量参数有哪些? 在全程参考连接中如何分配?

3.12   简述 IP 电话系统的关键技术。

第4章

通信网的支撑网

随着通信网络技术的迅速发展,网络结构日趋复杂。为了使网络结构简化,便于分析,把对网络运行起支持作用的一些功能从业务网中分离出来组成独立的一类网络,这就是通信网的支撑网(辅助网)。目前支撑网主要有三大类:信令网、数字同步网和管理网,这三大支撑网络从3个不同的方面对通信网进行支持,使业务网更能可靠地运行,并且能提高网络的利用率。

本章主要介绍三类支撑网中的发展、特点、组成、作用、组网方式、功能结构,还简要介绍了我国三类支撑网的组成及组网结构。

4.1 信令网

4.1.1 No.7信令系统的发展及特点

1. No.7信令系统的发展

在电话网一章中已看到,随着交换技术及传输网络的数字化发展,公共信道信令方式已成为通信网信令信息传递的主要方式。No.7信令系统是一种国际性的标准化公共信道信令系统,是ITU-T关于公共信道信令系统的系列规范,早在1980年4月,CCITT(现ITU-T)第Ⅳ研究组就已通过并公布了No.7信令系统的Q.700系列建议书,目前已经过了3个研究期,提出了黄皮书(1980年版)、红皮书(1984年版)和蓝皮书(1985年版)3个版本的建议书,基本上完成了电话网、电路交换数据网和ISDN基本业务的应用建议。

我国也以ITU-T发布的No.7信令系统的系列建议为基础,于1984年制定了中国2号信令系统,它完全与No.7信令兼容,且适合于我国通信网的公共信道信令系统。

2. No.7信令系统的特点及应用

No.7信令系统是一种国际性的标准化的通用的公共信道信令系统,其主要特点如下:

(1)最适合于由数字程控交换机和数字传输设备所组成的综合数字通信网。

(2)能满足现在和将来传送呼叫控制、遥控、维护管理信令及处理机之间事务处理信息的要求。

(3)提供了使信令按正确的顺序传送又不致丢失和重复的可靠方法。

(4)可用于国际网和国内网。

No.7 信令系统能满足多种通信业务的要求,目前的主要应用如下:

(1) 传送电话网的局间信令。

(2) 传送电话交换数据网的局间信令。

(3) 传送综合业务数字网的局间信令。

(4) 在各种运行、管理和维护中心传递有关的信息。

(5) 在业务交换点和业务控制点之间传送各种控制信息支持各种类型的智能业务。

(6) 传送移动通信网中与用户移动有关的各种控制信息。

No.7 信令系统能够支持如此广泛的业务,其主要原因是它采用了功能模块化结构。No.7 信令系统由一个公共的消息传递部分和各种应用部分组成,在公共的消息传递部分上可以叠加各种各样的应用部分。

4.1.2　No.7 信令系统基本功能结构及消息格式

1. No.7 信令系统基本功能结构

No.7 信令系统的基本功能结构框图如图 4.1 所示,它由消息传递部分(Message Transfer Part,MTP)和多个不同的用户部分(User Part,UP)组成。其用户部分包括电话用户部分(TUP)、数据用户部分(DUP)和 ISDN 用户部分(ISUP)。

图 4.1　No.7 信令系统基本功能结构框图

消息传递部分的主要功能是作为一个消息传递系统,为正在通信的用户功能体之间提供信令信息的可靠传递。每个用户部分都包括其特有的用户功能或与其相关的功能。典型的功能有电话的呼叫处理、数据呼叫处理、网络管理、网络维护及呼叫计费等。

在 No.7 信令系统功能结构的基础上按功能级进一步划分可画出图 4.2 所示的功能结构图。

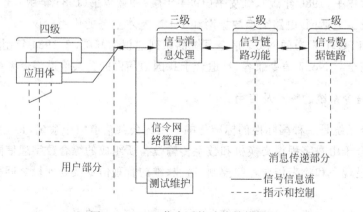

图 4.2　No.7 信令系统功能结构框图

消息传递部分分成 3 个功能级：第一级为信号数据链路功能级；第二级为信号链路功能级；第三级为信号处理和信令网络管理功能级；第四级为用户部分功能级。

国际标准化组织提出的 OSI 参考模型是用于计算机之间的相互通信所遵守的标准体系。No.7 信令系统也是局间处理机间的通信系统，所以也适合于采用 OSI 参考模型。事实上，No.7 信令系统的 4 个功能级就是参照 OSI 参考模型而划分的，它是 OSI 参考模型的具体应用。No.7 信令系统的前 3 级，即消息传递部分和用户部分的信号连接控制部分相当于 OSI 参考模型的前 3 层，称做网络业务部分，No.7 信令系统的第四级，即用户部分功能级，则对应于 OSI 模型的 4～7 层。下面就 4 级功能简述如下：

（1）信号数据链路功能级（Signaling data link level）。

信号数据链路功能级是用于信号的双向传输通路，由采用同一数据速率在相反方向工作的两个数据通路组成。它完全符合 OSI 模型的物理层（第一层）的定义要求，它规定了信号数据链路的物理、电气和功能特性及其连接的方法。本功能级是对信号数据链路提供传输手段，它包括一个传输通道和接入此通道的交换功能，它终结于数字交换机，为信令端点提供接口。例如在 PCM30 路基群传输通道中就是一个时隙，速率为 64kb/s。它的帧格式应是数字交换机或 PCM 设备规定的帧格式。

（2）信号链路功能级（Signaling link level）。

信号链路功能级相当于 OSI 模型的数据链路层（第二层）。它定义了在一条信号链路上信令消息的传递和其传递有关的功能和过程。其主要功能是保证在相邻的信号点（Signaling Point，SP）和信号转换点（Signaling Transfer Point，STP）之间，或者是在 STP 之间无差错地按序传送信息。信令链路功能级中传送的信息单元称为消息单元。根据功能不同，消息可分为消息信号单元（Message Signal Unit，MSU）、链路状态信号单元（Link Status Signal Unit，LSSU）和插入信号单元（Fill-In Signal Unit，FISU）。为了保证信息单元的可靠传送，信令链路功能级要提供其定界、定位、差错检测和出错重发控制、流量控制等基本功能。

（3）信号处理和信令网管理功能级（Signaling network level）。

这一级和信号连接控制部分一起相当于 OSI 模型的第三层，即网络层。它定义了在信令点（SP）之间进行消息传递和与此有关的功能和过程，这些功能和过程对每一条信令链路都是公共的，它与信令链路的工作无关。

信令消息处理主要用于确保源信令点的用户部分所发出的信令消息能传送到目的地的信令点上相应的用户部分，为此，它需要提供信令选路、消息鉴别和消息分配功能。

信令网管理功能是当信令链路或者信令点发生故障时，或者在发生链路拥塞时，能作出相应的处理，以便维护信令业务和恢复正常。为此，它需要提供信令业务管理功能、信令链路管理功能和信令路由管理功能。其中信令业务管理功能可以将信令业务从一条链路或路由转移到另一条不同的链路上，还可以在发生拥塞时减轻特定链路或路由上的业务负荷。信令链路管理功能主要用于故障链路的恢复和链路的激活或去激活。而信令路由管理则主要用于分配信令网的状态信息，以达到某一条信令路由禁止传递或允许传递的目的。

（4）用户部分功能级（User part level）。

用户部分功能级也称为业务分系统功能级。它主要包括对不同分系统的信令信息的处理功能，完成对各分系统的信令信息（标记、地址码、信令长度等）的编码及信令信息的分析处理。

对于不同的用户模块面向不同的应用,如电话用户部分(Telephone User Part,TUP)、数据用部分(DUP)和ISDN用户部分(ISUP)等。

值得注意的是,随着No.7信令系统在通信网中广泛采用,为适应通信网的演变以及与计算机技术的相互融合,ITU-T已在原有的4层(或4级)结构的基础上提出了新的7层结构。有关这方面的内容请参考文献[8]。

2. No.7信令系统的基本消息格式

在No.7信令系统中,消息是以信令单元的方式传递的,信令消息是有关呼叫、管理事物等信息的组合,由消息传递功能部分作为一个整体进行传递。在No.7信令系统中,消息采用不等长度的信令单元方式传输,这就要求对每一信令单元的开头都有一个标记符,以表示前一个信令单元的结束和本信令单元的开始。标记符由8bit组成,码型为01111110。而信令单元的长度是8的整数倍。

由于信令信息的来源不同,故组成信令单元的格式也不同,信令单元的组成有3种基本格式,如图4.3所示。这3种基本格式的用途显然是不同的。

MSU(Message Signal Unit)表示信息信令单元,由用户产生的长度可变的消息信令单元,用于传递用户部分所产生的消息,如图4.3(a)所示。

LSSU(Link State Signal Unit)表示链路状态信令单元,根据链路状态提供状态信令单元,用于提供链路状态信息(如正常、故障等)及完成链路的恢复和接通等,如图4.3(b)所示。

FISU(Fill-In Signal Unit)表示插入信令单元,当链路上没有消息信令单元或链路状态信令单元传送时,就要用"插入信令单元"来填补,以便接收端提取时钟信号,如图4.3(c)所示。

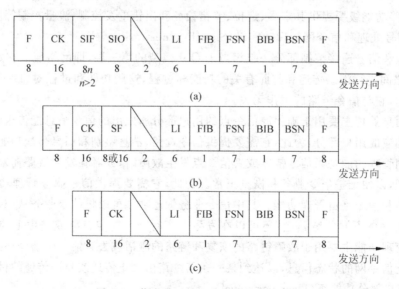

图4.3　信令单元的3种基本格式示意图

MSU是用户信息,长度可变,出现差错时要重发,而LSSU和FISU是控制信息,长度固定,不能重发。

3 种基本格式中各个字段的含义说明如下：

F(Flag)：8 位标记符。

CK(ChecK Bit)：差错校检码，长度为 16b，采用 X.25 建议的 16 位循环码校验位(CRC)，用来验证信令信息传送过程中是否产生差错。

SIF(Signaling Information Field)：信令信息字段，长度为 8bit 的整数倍，由标号码、标题码、信息类别、消息表示语等组成，用于传送信令信息的内容。对于不同的用户部分或同一用户部分的不同消息，其 SIF 的长度和构成是不同的。ITU-T 起初规定最长为 62 字节，加上 SIO 正好是 63 字节。但随着 ISDN 的发展，1988 年将 62 字节扩展为 272 字节，但 LI 的最大值仍为 63，因此超过 62 字节时 LI 的值均为 63。各种用户的 SIF 的构成请参考文献[8]。

SIO(Service Information Octet)：8b 业务信息码，用来区分不同业务。其中前 4b 作业务指示码，例如 0100 表示电话业务，0101 表示 ISDN 业务；后 4 位作业务字段，目前只用 2b，如 00 表示国际信息，10 表示国内信息。

SF(Status Field)：链路状态字段。由 8b 或 16b 组成。用于识别与初始定位、定位丢失、正常定位、紧急定位及处理机故障等有关链路状态信令的传递。

LI(Long Indicator)：长度指示码。为 6b，其数值用来表示 LI 到 CK 之间的字节数（每个字节为 8b），以识别是 3 种格式中的哪一种格式，当 LI＝0 时，信令单元为填充信令单元(FISU)。当 LI＝1 或 2 时，信令单元为状态信令单元(LSSU)。当 LI＝1～63 时，信令单元为消息信令单元(MSU)。

FIB(Forward Indicator Bit)：1b 前向指示码。它与 BIB(后向指示码)配合完成信令单元的重发，在无差错工作期间，它具有与收到的 BIB 位相同的状态，当收到 BIB 比特变换时，说明消息信令单元在发送传输过程中有差错，并要求重发。在重发时，将 FIB 比特反相，使其与 BIB 比特一致，直至出现新的错误为止。

FSN(Forward Sequence Number)：前向序号码，为 7b。在发送侧，每个信令单元都分配一个前向序号码（按 0～127 顺序编号），用以校验与控制信令单元发送的顺序，以保证信令单元按正确顺序发送，在接收端用以检测信令单元的顺序，并作为证实功能的一部分。

BIB(Backward Indicator Bit)：1b 的后向指示码。当收到差错信令单元时，将发送的下一个信令单元的 BIB 反相，以此通知发端，要求重发该有错单元，一直保持到下一次发现差错为止，若未发现差错，BIB 比特位将保持不变。

BSN(Backward Sequence Number)：后向序号码，长度为 7b。表示被证实信令单元的序号，或者说是由接收端向发送端回送的一个正在被证实的消息信令单元的序号。当出现重发请求时，BSN 用于指出开始重发的序号。

4.1.3 No.7 信令网的组成及网络结构

在电话交换机采用数字程控交换机并采用 No.7 信令系统之后，除原有的电话网外还有一个寄生、并存的起支撑作用的专门传送信令的 No.7 信令网。该信令网除了传送电话的呼叫控制等电话信令外，还可以传送其他如网络管理和维护等方面的信息。所以，No.7 信令网实际上是一个载送各种信息的数据传送系统。

1．信令网的组成及工作方式

1）基本组成

信令网由信令点（Signaling Point，SP）、信令转换点（Signaling Transfer Point，STP）及连接它们的信令链路（Signaling Link，SL）组成。SP 是信令消息的源点和目的地，是具有信令消息处理能力的业务点，它可以是用户和交换中心，也可以是各种特服中心，如运行、管理、维护中心等。STP 是将一条信令链路上的信令消息转发至另一条信令链路上的信令转接中心。在信令网中，信令转接点可以是只具有信令消息转送功能的信令转接点，称为独立信令转接点，也可以是具有用户部分功能的信令转接点，即具有信令点功能的信令转接点，此时称为综合信令转接点。信令链路是信令网中连接信令点的最基本的部件，目前主要是64kb/s 和 2Mb/s 的数字链路。

2）信令系统的工作方式

在信令网中，信令点之间可采用直连工作方式和准直连工作方式，直连工作方式就是两个交换局之间的信令消息通过一段直达的公共信道信令链路来传送，而且该信令链路是专为连接两个交换局的电话群服务的。而准直连工作方式是两个交换局的信令消息通过两段或两段以上串接的公共信道信令链路来传送，并且只允许通过预定的路由和信令转接点（STP）。两种工作方式如图 4.4 所示。

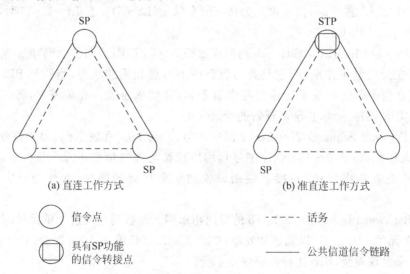

图 4.4　直连和准直连工作方式示意图

如果信令点间采用直连工作方式构成的信令网，称为直连信令网，如果信令点间采用准直连工作方式，则称为准直连信令网，由于直连信令网中未引入信令转接点，故也称为无级信令网，准直连信令网中采用信令转接点，故也称为分级信令网。

2．No.7 信令网的基本结构

1）No.7 信令网的基本结构

No.7 信令网与电话网一样，分为无级网和分级网两大类。两类结构的信令网示意图如图 4.5 所示。

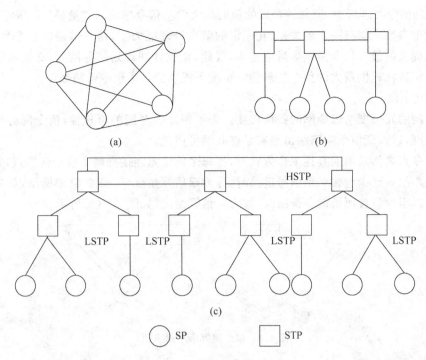

图 4.5　信令网的结构示意图

从图 4.5 中可以看出无级信令网是一种网状网,如图 4.5(a)所示,它具有信令路由多、信令消息传递时延短的优点,但当信令点数量比较大时,它需要信令链路数量很大,如果有 n 个信令点,则需要有 $\frac{1}{2}n(n-1)$ 条信令链路,因此限于技术和经济上的原因,这种无级网应用较少。

分级信令网是使用信令转接点的信令网,按其等级可划分为二级信令网和三级信令网,如图 4.5(b)和图 4.5(c)所示。三级信令网是由两级信令转换点(即 HSTP(高级信令转换点)和 LSTP(低级信令转换点))和 SP 构成。

二级信令网比三级信令网结构简单一些,且具有经过信令转接点少和信令传递时延小的优点,通常在信令网容量可以满足要求的条件下,都采用二级信令网。但当对信令网容量要求较大的国家,若信令转接点可以连接的信令链路数量受到限制而不能满足信令网容量要求时,就必须采用三级信令网。当然,在分级信令网中,若信令点上的信令业务量足够大时,也可以设置直连信令链路,以减少信令转换点的业务负荷,提高信令传递的可靠性。

2)信令网结构的选择

目前,大多数国家都采用分级信令网,具体采用二级信令网还是三级信令网,主要取决的因素有以下几个:

(1)信令网容纳的信令点数量。

信令网容纳的信令点的数量包括预测的各种交换局和特服中心的数量以及其他专用通信纳入公共网的交换局及各种数字设备节点。

(2)信令转换点设备的容量。

信令转换点容量可用两个参数来表示:一是该信令转接点可以连接的信令链路的最大

数量；二是信令处理能力，即每秒可以处理的最大消息信令单元的数量(MSU/s)。

这两个参数之间有一定的关系，在一定的信令处理能力下，信令链路的信令负荷越大，实际可能提供的最大信令链路数量就越小，因此，在设计和规划信令网时，必须根据信令链路的负荷核算在提供最大的信令处理能力情况下提供的最大信令链路数量。

（3）冗余度。

信令网的冗余度指信令网的备份程度。为了保证信令网的可靠性，信令网必须具有足够的冗余度，以保证信令链路路由组有足够高的可用性。

在信令点之间采用准直连工作方式时，当每个信令点连接到两个信令转接点，并在每一个信令链路组内至少包含一条信号链路时，称为双倍冗余度，如图 4.6(a)所示，如果每个信令链路组内至少包含两条信令链路时，称为 4 倍冗余度，如图 4.6(b)所示。

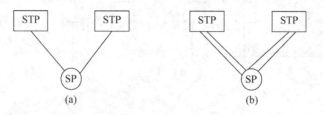

图 4.6　信令网冗余度示意图

信令网的冗余度越大，其建设费用越高，而且在采用同样信令转接点设备组网时，信令网的容量就会减小。因此，应从技术和经济合理方面综合考虑来选取信令网的冗余度。

3）信令网容量的计算

信令网容量是指信令网内所能容纳的信令点的数量。由前述可知，信令网容量与信令网结构及信令转接点设备容量有关，还与所选取的信令网的冗余度有关。

（1）二级信令网的容量。

二级信令网的容量与所采用的连接方式有关。这里假定二级信令网中信令转接点间为网状连接方式，信令点与信令转接点的连接为星状连接方式，并选 4 倍冗余度的信令网，其连接示意图如图 4.7 所示。

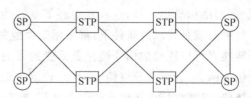

图 4.7　二级信令网冗余度结构示意图

若假设信令转接点 STP 的数目为 n_1，每个 STP 所允许连接的最大信令链路数为 l，则该二级信令网所能容纳的信令点的数目，即二级信令网的容量 n_2 应为

$$n_2 = \frac{n_1}{4}[l - (n_1 - 1)] \tag{4-1}$$

式中　$n_1 - 1$——每个 STP 用于 STP 间互联所需要的信令链路数；

$[l - (n_1 - 1)]$——每个 STP 可用于连接 SP 的信令链路数；

$n_1[l - (n_1 - 1)]$——n_1 个 STP 所能连接的 SP 的个数；

$\dfrac{n_1}{4}[l-(n_1-1)]$——考虑 4 倍冗余度的二级信令网所能连接的 SP 数目,即二级信令网的容量。

(2) 三级信令网的容量。

一个典型的三级信令网冗余度结构如图 4.8 所示。

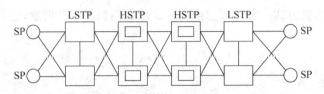

图 4.8　三级信令网冗余度结构示意图

图 4.8 中,若三级信令网的结构为:

- HSTP 间为网状连接。
- LSTP 至 HSTP 间以及 SP 至 LSTP 间均为星状连接。
- 信令网采用 4 倍冗余度,而每个 SP 要与两个 LSTP 相连,每个 LSTP 要连至两个 HSTP,并且每个信令链路组要包含两条信令链路。
- 每个 HSTP 和 LSTP 可连接的信令链路数均为 l。
- HSTP 数量为 n_1,LSTP 和 SP 数量分别为 n_2 和 n_3。

则三级信令网所能容纳 SP 的总数,即信令网的容量为

$$n_3 = \frac{n_2}{4}(l-3) = \frac{n_1}{16}[l-(n_1-1)](l-3) \tag{4-2}$$

由式(4-2)可以看出,只要取一定数值的 l 值和 n_1 值时所构成的三级信令网的容量是很大的,一般情况下都是能满足要求的。

4) 信令网中的连接方式

信令网中的连接方式是指信令转接点之间的连接方式及信令点与信令转接点之间的连接方式。

(1) STP 间的连接方式。

对分级信令网的 STP 间的连接方式的基本要求是在保证信令转接点信令路由尽可能多的同时,信令连接过程中经过的信令转接点转接次数应尽可能的少。符合这一要求且得到实际应用连接方式有网状连接方式和 A、B 平面连接方式。

网状连接的特点是各个 STP 间都设置直达信令链路,在正常情况下 STP 间的信令连接可不经过 STP 的转接,但为了信令的可靠性,还需设置迂回路由,这种网状连接方式可靠性高,且信令连接的转接次数少;但经济性差,当信令转接点数量是 n 时,则要求有 $n/2(n-1)$ 条信令链路。

A、B 平面连接方式是网状网的一种简化形式,它的主要特点是在 A、B 两个平面内部的各个 STP 间采用网状网相连接,而在 A 平面和 B 平面之间则把成对的 STP 相连接。在正常情况下,同一平面内的 STP 间信令连接不经过 STP 转接。在故障情况下,需经由不同平面 STP 连接时,再经过 STP 转接。这种方式除正常路由外,也需设置迂回路由,显然转接次数比网状连接时要多。

我国从组网的经济性状态,在保证信令网可靠性的前提下,HSTP 间的连接也是采用 A、B 平面的连接方式。

(2) SP 与 STP 间的连接方式。

SP 与 STP 间的连接方式可分为分区固定连接(或称配对连接)和随机自由连接(或称接业量大小连接)两种方式。

① 分区固定连接方式。分区固定连接方式示意图如图 4.9 所示,这种连接方式的主要特点如下:

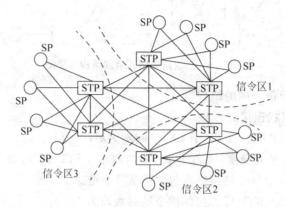

图 4.9　分区固定连接方式示意图

a. 每一信令区内的 SP 间的准直连连接必须经过本信令区的两个 STP 的转接。这是保证信令可靠转接的双倍冗余。

b. 两个信令区之间的 SP 间的准直连连接至少需经过两个 STP 的两次转接。

c. 当某一个信令区的一个 STP 有故障时,该信令区的全部信令业务负荷都转到另一个 STP。如果某一信令区两个 STP 同时故障,则该信令区的全部信令业务中断。

d. 采用分区固定连接时,信令网的路由设计及管理方便。

② 随机自由连接方式。随机自由连接方式示意图如图 4.10 所示。这种连接方式的主要特点如下:

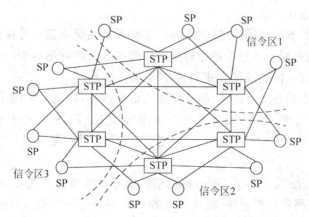

图 4.10　分区随机自由连接方式示意图

a. 随机自由连接是按信令业务负荷的大小采用自由连接的方式,即本信令区的 SP 根据信令业务负荷的大小可以连接其他信令区 STP。

b. 每个 SP 需接至两个 STP(可以是相同信令区,也可以是不同的信令区),以保证信令可靠转接的双倍冗余。

c. 当某一个 SP 连接至两个信令区的 STP 时,设 SP 在两个信令区的准直连连接可以只经过一次 STP 的转接。

d. 随机自由连接的信令网中 SP 间的连接比固定连接时灵活,但信令路由设计和管理较为复杂。

4.1.4　我国公共信道信令网

我国公共信道信令网(也称中国 2 号信令网)采用三级冗余结构,且在 HSTP 间连接采用 A、B 平面连接方式,信令点与 STP 之间的连接采用分区固定连接方式或随机自由连接方式。

1. 我国公共信道信令网的结构

如上所示,我国公共信道信令采用三级信令网结构,这是根据我国目前电话网的结构和容量并考虑今后的发展而决定的。我国的三级结构信令网是由长途信令网和大、中城市本地网的信令网组成的。其中,大、中城市本地信令网为二级结构信令网,相当于全国三级信令网的第二级(LSTP)和第三级(SP),并采用 A、B 平面连接方式,我国公共信道信令网连接结构示意图如图 4.11 所示。

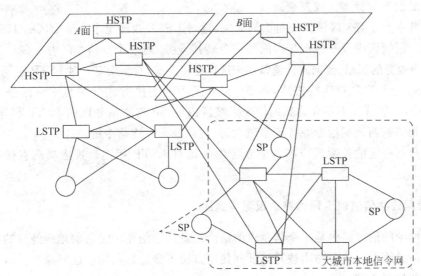

图 4.11　我国公共信道信令网连接结构示意图

如图 4.11 所示,HSTP 负责转接它所汇接的 LSTP 和 SP 的信令消息。由于 HSTP 的信号负荷较大,故应尽量采用独立的信令转接点方式,而 LSTP 负责转接本信令区各 SP 的信令消息,它既可以采用独立的信令转换点,也可采用综合的信令转换点方式,根据本地网的业务量大小而定。

各级信令转接点间及信令点间的连接方式如下:

（1）HSTP 间采用 A、B 平面连接方式，这样既能保证一定的可靠性，又能降低费用。

（2）LSTP 与 HSTP 间采用分区固定的连接方式。

（3）各信令区内的 LSTP 间采用网状连接。

（4）本地信令网中 SP 至 LSTP 的连接根据情况可以采用随机自由连接方式，也可采用分区固定连接方式。

（5）未采用二级信令网结构的中、小城市的信令网中的 SP 至 LSTP 间的连接采用分区固定连接方式。

（6）信令网的连接中，每个信令链路组至少应包括两条信令链路。

2. 我国公共信道信令网的组网原则

为保证我国公共信道信号网的安全、可靠运行，特制定了以下组网原则：

（1）各分信令区的 LSTP 只与所属主信令区（我国共划分了 33 个主信令区）的 HSTP 相连，不同分信令区内的 LSTP 间不连接；不同的分信令区业务经 HSTP 转接，每一主信令区的 HSTP 除负责信令点到其他主信令的信令业务转接外，还负责本主信令区内各分信令区间的信令转接业务。

（2）LSTP 与 HSTP 的连接方式：一种方式是 LSTP 以分区固定连接方式连接 A、B 平面内成对的 HSTP；另一种方式是按话务流量、流向采用随机自由连接方式。

上述两种方式的第一种方式便于信令网络的路由设置及管理，第二种方式是信令业务的流量与流向，以最少的转换次数为最好的网络形式，能节省设备投资和加快接续速度，但信令路由的设置和管理比较复杂。

（3）当一个分信令区设置一对 LSTP 时，这对 LSTP 要连至本主信令区的 HSTP，同时负责处理本汇接区内及其他汇接区间的信令转接业务，若一个分信令区内有多对 LSTP 时，应根据信令业务的流量、流向及传输条件来选择连接方式，并至少有一对 LSTP 连至 HSTP。

（4）SP 与 LSTP 的连接方式，各 SP 按分区固定连接方式分别与本分区信令成对的 LSTP 连接，一般情况下不允许其他信令汇接区内的 SP 与本信令区的 LSTP 相连，如果不同信令区相邻的两地间信令业务流量较大时，可以开设直连信令链路。

同一分信令区的长途局应与本信令区内的每对 LSTP 相连。长途局应直接与 HSTP 相连。

3. 我国公共信道信令网的路由设置与选择

信令网中的信令路由是一个信令点的信令消息到达信令消息目的地所经过的各个信令点的信令消息路径。信令路由按其特征和使用方法可分正常路由和迂回路由。信令路由的分类示意图如图 4.12 所示。

1）正常路由

正常路由是指未发生故障情况下正常的信令业务流的路由。据我国三级信令网结构和网络组织，正常路由有下述两种：

（1）当信令网中的一个信令点具有多个信令路由时，如果有直达的信令链路，则应将该信令路由作为正常路由，如图 4.12(a)所示。

（2）当信令网中一个信令点的多个信令路由都是采用准直连方式经过信令转接点转接

的信令路由时,正常路由为该信令路由组中最短路由,若采用负荷分担时,该信令路由都为正常路由,如图 4.12(b)和图 4.12(c)所示。

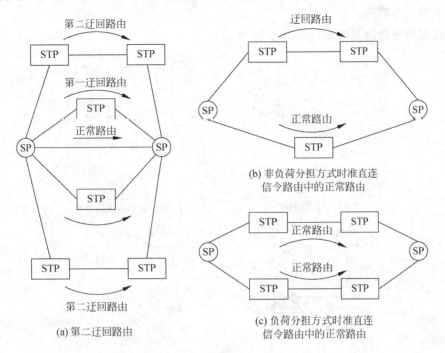

(a) 第二迂回路由

(b) 非负荷分担方式时准直连信令路由中的正常路由

(c) 负荷分担方式时准直连信令路由中的正常路由

图 4.12 信令路由分类示意图

2) 迂回路由

因信令链路故障正常路由不能传送信令业务流而选择的其他路由为迂回路由。迂回路由都是经过信令转接点的准直连路由。迂回路可以设置一个也可以设置多个,当有多个迂回路由时,应按经过信令转接点数,由小到大依次分为第一迂回路由、第二迂回路由等。

我国公共信道信令网的信令设置原则如下:

(1) HSTP 与所辖信令区内的 LSTP 间设置直连链路,要求双路由、双链路,以保证信令网的安全运行。

(2) 信令路由中每个信令链路的平均信令业务负荷在正常情况下为 0.2Erl(爱尔兰)。

(3) 两个信令点(SP)间电路群足够大时,可设置直达信令链路,即采用直连工作方式。

(4) 路由设置中应避免设置三角路由,谨防信令消息的死循环,即在两个信令点(SP)间设置直达路由时,应注意在设置路由数据时首先选择直达路由,当直达路由故障时再选择准直连的转接路由。

(5) 信令链路尽可能与同步网的同步链路设在不同的传输系统中,并选择优质传输通路设置信令链路。

我国公共信道信令网中信令路由选择的一般原则如下:

(1) 信令路由选择的规则是先选择正常路由,当正常路由不能使用时,再选择迂回路由。

(2) 信令路由中具有多个迂回路由时,首先选拔优先级最高的第一迂回路由,当第一迂回路由故障不能使用时,再选择第二迂回路由,以此类推。

（3）在正常或迂回路由中，若有几个同一优先等级的多个路由，且它们之间采用负荷分担方式，则每一个路由承担整个信令负荷的$1/N$，若某一个路由故障时，应及时将信令业务倒换到其他信令路由。

上述路由选择原则的示例如图 4.13 所示。

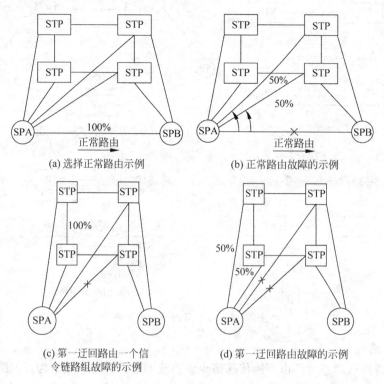

(a) 选择正常路由示例

(b) 正常路由故障的示例

(c) 第一迂回路由一个信令链路组故障的示例

(d) 第一迂回路由故障的示例

图 4.13　信令路由选择原则示例图

我国公共信道信令网的信令设置原则如下：

在正常情况下，SPA 至 SPB 的全部信令业务都经直达的正常的路由传送，如图 4.13(a)所示。

当正常路由发生故障时，优先选择第一迂回路由，即转接次数最少的路由，如图 4.13(b)所示。若采用负荷分组方式工作，则两个第一迂回路由各分担 50% 信令业务。

若第一迂回路由有一个信令链路组故障，则全部信令业务都由另一个信令链路分担，如图 4.13(c)所示。

若第一迂回路由的两个信令链路组都发生故障，且正常路由也是故障状态，则全部信令业务将由第二迂回路由承担，并按负荷分担原则，每个信令链路各分担 50% 的信令业务，如图 4.13(d)所示。

4.1.5　信令业务负荷和信令链路的设置

信令链路负荷使每个方向在信令链路功能级上每条信令链路忙时负荷的信令业务量，它由每条信令链路每秒传送的信令单元的数量确定。信令单元不包括重发的消息信令单元、填充信令单元和链路状态信令单元。

有关规范规定,在 64kb/s 信令链路上传送 TUP 或 ISUP 消息时,一条信令链路的正常负荷为 0.2Erl,最大负荷为 0.4Erl;当传送 INAP、OMAP 和 MAP 消息时,一条信令链路的正常负荷为 0.4Erl,最大负荷为 0.8Erl。每条 2Mb/s 高速信令链路的业务量最大不超过 0.4Erl。

由于信令链路的负荷能力直接关系到各 SP 点对信令链路的需求,下面根据 2005 年版《No.7 信令网工程设计规范》(YD-T 5094—2005),介绍 No.7 各种业务的信令链路负荷以及信令链路数计算方法。

1. No.7 信令链路的计算

(1) No.7 信令业务正常负荷的计算,即

$$A_1 = \frac{eM_{c1}L_1C}{B_wT_1} \tag{4-3}$$

式中 A_1——No.7 信令业务正常负荷(Erl);

e——话路的平均话务负荷(Erl/电路);

C——局间的电话话路数;

M_{c1}——一次呼叫平均消息单元数,MSU/呼叫;TUP 消息暂定为本地呼叫 5.5MSU/双向,即 2.75MSU/单向;长途呼叫 7.3MSU/双向,即 3.65MSU/单向;ISUP 消息暂定为 8.2MSU/双向,即 4.1MSU/单向;

L_1——平均消息单元的长度,B/MSU;

TUP 消息暂定为 18B/MSU;

ISUP 消息暂定为 30B/MSU。

T_1——呼叫平均占用时长,s,本地呼叫取 60s,长途呼叫取 90s;

B_w——信令链路的带宽,B/s,当采用 64kb/s 信令链路时,此数值为 8000,即 64 000/8;若考虑插零操作,此数值为 7757;当采用 2Mb/s 信令链路时,此数值为 240 467。

(2) INAP 部分业务负荷的计算,即

$$A_2 = \frac{\text{CAPS}L_2M_{c2}}{B_w} \tag{4-4}$$

式中 A_2——信令智能网业务的正常负荷(Erl);

CAPS——智能网业务的每秒试呼次数;

M_{c2}——一次智能网呼叫平均消息单元数,MSU/呼叫,电话卡业务呼叫暂定为 15MSU/双向;被叫集中付费业务呼叫暂定为 10MSU/双向;虚拟专用网业务暂定为 10MSU/双向;

L_2——平均信息单元的长度,B/MSU,暂定为 100B/MSU。

(3) 若采用 No.7 信令传送网管信息,有

$$A = (1+X) \cdot \left(\sum A_1 + \sum A_2 \right) \tag{4-5}$$

式中 A——No.7 信令业务正常负荷(Erl);

X——处理管理消息所应增加的负荷百分比,暂定为 5%。

（4）若考虑过负荷情况，有

$$B = (1+Y) \cdot A \tag{4-6}$$

式中　A——No.7 信令业务正常负荷（Erl）；

　　　B——No.7 信令业务过负荷（Erl）；

　　　Y——电话网过负荷百分比，由电话网参数确定。

（5）信令链路组中信令链路数，即

$$N = \frac{\sum B}{A_r}（按 2^n 取定） \tag{4-7}$$

式中　N——信令链路组的信令链路数（个）；

　　　B——No.7 信令业务过负荷（Erl）；

　　　A_r——每条信令链路每方向取定的负荷（Erl）。

（6）应用举例。

例 4.1　假设某固话端局到其他各局的话路数为 5550 条，该信令点到其他信令点信令业务全部经过两个 LSTP 进行负荷分担传送，而且 ISUP 信令链路与 TUP 信令链路各占 50%，考虑需要传送网管信息和信令业务过负荷，计算这个信令点与单个 LSTP 之间的实际要开的信令链路数。

解：话路的平均话务负荷 e 按经验取值，即 0.7Erl/电路，其他参数按规定取值，代入式（4-3）得 TUP 业务负荷为

$$\begin{aligned}
A_1 &= \frac{e M_{c1} L_1 C}{B_w T_1} \\
&= \frac{0.7 \times 2.75 \times 18 \times (5550 \times 50\%)}{7757 \times 60} \\
&= 0.2066(\text{Erl})
\end{aligned}$$

ISUP 业务负荷为

$$\begin{aligned}
A_2 &= \frac{0.7 \times 4.1 \times 30 \times (5550 \times 50\%)}{7757 \times 60} \\
&= 0.5134(\text{Erl})
\end{aligned}$$

考虑同时传送网管信息，处理网管信息所应增加的负荷百分比取值 5%，则将上述计算结果代入公式得

$$\begin{aligned}
A &= (1+X) \cdot \left(\sum A_1 + \sum A_2 \right) \\
&= (1+0.05) \times (0.2066 + 0.5134) \\
&= 0.756(\text{Erl})
\end{aligned}$$

再考虑信令业务过负荷，电话网过负荷百分比 Y 按经验取值 25%，将上述计算结果代入式（4-6）得

$$\begin{aligned}
B &= (1+Y) \cdot A \\
&= (1+0.25) \times 0.756 \\
&= 0.945(\text{Erl})
\end{aligned}$$

每条信令链路每方向的负荷按经验取值定为 0.2Erl，考虑负荷分担，由此代入式（4-7）可得信令链路数为

$$N = \frac{\sum B}{A_r} (按 2^n 取定)$$

$$= (0.945 \times 0.5)/0.2 = 2.3625$$

计算结果按 2 的 n 次方取值,可知这个信令点与单个 LSTP 之间实际要开的信令链路数为 4,计算完毕。

2. 信令网的编号计划

为了便于信令网的管理,国际和各国的信令网是彼此独立的,并采用分开的信令点编码计划。

1) 国际信令网的编号计划

CCITT 在 Q.708 建议中规定了国际信令网信令点的编码计划。

国际信令网的信令点编码位长为 14 位二进制数,编码容量为 $2^{14} = 16\ 384$。采用三级的编码结构,具体格式见表 4.1。

表 4.1 国际信令网信令点编码格式

NML	KJIHGFED	CBA
大区识别	区域网识别	信令点识别
信令区域网编码(SANC)		
国际信令点编码(ISPC)		

在表 4.1 所示的格式中,NML 用于识别世界编号大区,K~D 8 位码识别世界编号大区内的区域网,CBA 3 位码识别区域网内的信令点。NML 和 K~D 两部分合起来成为信令区域网编码(SANC)。每个国家应至少占用一个 SANC。SANC 用 Z-UUU 的十进制表示,即十进制数 Z 相当于 NML 比特,UUU 相当于 K~D 比特。我国被分配在第 4 号大区,大区编码为 4,区域编码为 120,所以中国的 SNAC 编码为 4~120。美国的 SNAC 编码为 3~020,法国为 2~016。

2) 我国国内网的信令点编码

我国国内信令网采用 24 位二进制数的全国统一的编码计划,信令点编码的格式如表 4.2 所示。每个信令点编码由 3 部分组成,每部分占 8 位二进制数。高 8 位为主信令区编码,原则上以省、自治区、直辖市为单位编排。

表 4.2 我国国内网信令点编码格式

8	8	8
主信令区	分信令区	信令点

表 4.2 所列为我国国内网信令点编码格式,中间 8 位为分信令区编码,原则上以省、自治区的地区、地级市及直辖市的汇接区和郊县为单位编排。应尽可能将 HSTP、国际局及 DCI 级长话局以及连到 HSTP 上的各种特种服务中心分别分配一分信令区编码。

最低 8 位用来区分信令点。国际局、国内长话局、市话汇接局、市话端局、市话支局、农话汇接局、农话端局、农话支局、移动通信的交换局、直拨 PABX、各种特种服务中心、信令点转接点及信令网关等其他信令点应分配信令点编码。

由于主信令区、分信令区、信令点编码分别占 8 位二进制数,所以主信令区编码容量为 256 个,每个主信令区下最多可有 256 个分信令区,每个分信令区下又可有 256 个信令点。总的编码容量足以满足目前和未来的需要。

3) 国际信令点

国际出入口交换局(INTS,简称国际局)既是国内信令网的信令点(NSP),又是国际信令网的信令点(ISP),同时被分配了国内信令点编码和国际信令点编码。在国际电话接续的过程中,国际局根据网络表示语(NI)识别两种信令点编码,并完成信令点编码和 No.7 信令方式技术规范的转换。

4.2 数字同步网

随着通信网络数字化的发展,网络同步技术已成为通信发展的重要技术之一,为了提高通信网的可靠性,实现全网的同步,作为通信网的三大支撑网之一的数字同步网近年来得到了迅速的发展。

4.2.1 同步的基本概念

在数字通信网中,数字信号的接收、复用和交换过程中都要实现同步,同步是保证通信质量的必要技术措施,同步是指通信双方的定时信号频率相等且相位保持某种特定关系。

任何数字通信系统都是以某种数据格式来传输数据的,例如在 PCM 通信系统中,是以帧的形式传输数据,它又可以分为位同步(比特同步)、帧同步和网同步 3 种情况。

(1) 位同步是指通信体双方定时的脉冲信号频率相等且相位保持某种特定关系。在程控交换机中要进行时隙交换,在数字复接设备中,需要把低速的数字信号复接成较高速率的群路信号,在数字传输设备中需要对接收到的信号进行判决。在这些数字信号交换、复接和接收过程中,位同步是保证这些过程顺利进行的前提;否则,若定时信号偏差太大,就会造成码元的增加或减少、码元的重叠、误码的产生等。由此可见,在数字通信设备中,位同步是保证通信质量的关键。

(2) 帧同步是指通信体双方的帧定时信号的频率相同且保持一定的相位关系。帧同步的作用是在同步复用的情况下,能正确地区分每一帧的起始位置,从而确定各路信号的相应位置并正确地把它们区分开来。

实现帧同步的方法是在信息码流中插入帧同步码来实现的,帧同步码组是一组特定的码组,在接收端通过检测电路来检测这一特定的码组,并以此作为基准信号来控制本地定时信的产生。

帧同步和复帧同步是以位同步为基础的,只有在位同步的前提下,才有可能实现帧同步和复帧同步。

(3) 网同步是指网络中各个节点的时钟信号的频率相等且保持一定的相位关系,也就是多个节点之间的时钟同步,使之整个数字网同步。

随着数字通信技术的迅速发展,在通信网络中运行的数字设备种类越来越多,数字信号以更高的速率进行交换和传输,时钟信号的频率偏差和相位偏移所造成的影响也越来越明显和严重,对于各个节点之间的时钟信号的同步的需求也就越来越迫切,因此,建立一套较完整的同步网络给通信网提供较为准确的定时信号是非常必要的。

4.2.2 滑码及滑码率的计算

1. 滑码的产生

由上述可知,在数字网中,为了准确地进行时隙交换、复接和接收,从各个节点来的数字信号流的一帧中的首位和末位应在同一时间内开始和结束,即各个节点的信号之间必须帧定位。由于各个局之间的频率存在偏差,加上传输介质延时的影响,要做到这一点是很难的。为解决这个问题,一般在接收信号入口设置缓冲器,通过对脉冲同时读出,来吸收来自不同节点信号的相位差别,如图 4.14 所示。

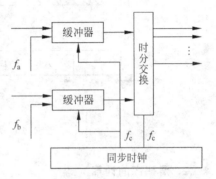

图 4.14 中,f_a、f_b 分别为缓冲器的写入时钟频率,是从 PCM 码流中提取的脉冲信号,而 f_c 则为读出时钟频率,是本地时钟源信号。当 f_a、f_b 和 f_c 之间的误差积累到一定程度时,在数字信号流中产生滑码。而产生滑码的快慢及滑动一次丢失的码元数,取决于时钟频率之间的差别及缓冲器存储容量的大小。

图 4.14 数字网节点输入设置缓冲器的示意图

首先以缓冲器的容量为 1b 为例来讨论滑码的产生。

当 $f_a > f_c$ 时,随着时间的推移,误差的积累将会造成存储器溢出所产生一次漏读现象,这时将丢失一个码元,如图 4.15(a)所示。

当 $f_a < f_c$ 时,随着时间的推移,误差的积累将会造成存储器重读而产生一次重读现象,这时将增加一个码元,如图 4.15(b)所示。

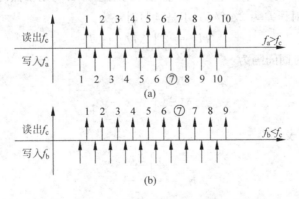

图 4.15 缓冲器容量 1b 时的滑码示意图

这种数码的丢失或增加则称为滑码,滑码是一种数字网的同步损伤,影响通信质量,当滑码速率过大时会使通信中断。

为了减小滑动的次数和防止帧失步,一般缓冲存储器的容量取为一帧或大于一帧,这时产生一次滑码丢失或增加一帧码字,这种滑码一次丢失或增加一个整帧的码元常称为滑帧,曲于滑码一次丢失或增加的码元数是确定的,也常称其为受控滑码。图 4.16 表示出了滑帧的示意图。

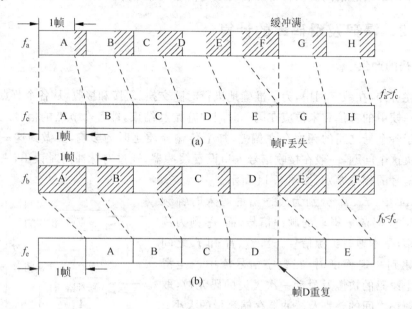

图 4.16 增加或丢失 1 帧的滑帧示意图

2. 滑码率的计算

如前所示,数字网中各节点的时钟频率的偏差是引起滑码的主要原因。设时钟周期为 T,缓冲器长度为 N,则当读写时差 T_d 的绝对值大于某一值 NT 时就产生滑码。因此,滑码的速率就是读写时差超过阈值的速率。

设基准频率为 f,实际频率与基准频率之间的偏差为 Δf,则节点时钟频率的相对误差为 $\Delta f/f$,最大的相对误差为 $2\Delta f/f$。于是读写时差为

$$NT_0 = 2 \left| \Delta f/f \right| \cdot T_s \tag{4-8}$$

则两次滑码之间的时间间隔为

$$T_s = \frac{NT_0}{2 \left| \dfrac{\Delta f}{f} \right|} = \frac{N}{2 \left| \dfrac{\Delta f}{f} \right| \cdot f} \tag{4-9}$$

因此滑码速率 R_s 可表示为

$$R_s = \frac{2 \left| \dfrac{\Delta f}{f} \right| \cdot f}{N} \tag{4-10}$$

当输入信号流为 PCM 基群信号流,且缓冲存储器容量为一帧时,即丢失或增加的码元数 N 为 256b 时,式(4-10)可改写为

$$R_s = 2 \left| \frac{\Delta f}{f} \right| \cdot F_s$$

式中　F_s——PCM 基群的帧频,等于 8kHz。

由上述可见,当信号速率和缓冲存储器容量一定时,两个时钟的相对频差是影响滑码速率的主要因素,表 4.3 列出了 2048kb/s 码率时,滑码一次丢失或增加一个整帧时,时钟准确度与滑码间隔时间的关系。

表 4.3 时钟准确度与滑码间隔时间的关系

时钟准确度	发生一次滑码时间间隔	每小时发生滑码次数	每天发生滑码次数
$\pm 10^{-11}$	72.3 天	5.76×10^{-4}	0.0138
$\pm 10^{-10}$	7.2 天	5.76×10^{-3}	0.138
$\pm 10^{-9}$	17.4h	5.76×10^{-2}	1.38
$\pm 10^{-8}$	1.7h	5.76×10^{-1}	13.8
$\pm 10^{-7}$	10.4m	5.76	138
$\pm 10^{-6}$	1.0m	57.6	1380

3. 滑码速率对通信系统的影响

在数字网中,一定的滑码速率对不同的电信业务,如语音、数据、图像的影响不同,编码方法不同,滑码的影响也不同,编码的冗余度越高,滑动损伤的影响就越小。

(1) 对 PCM 编码的语音信号,即对电话业务的影响,由于对语音信号的 PCM 编码冗余度较高,因此,对滑动的敏感度很低。对语音通路,一次滑码将会在解码后的语音信号中产生一次轻微的"喀呖"声,每分钟一次的滑码率不会产生很大的影响,5 次/min 以内的滑码是允许的。

(2) 对于随路信令,滑动将导致 5ms 的短时中断,在重新实现复帧定位后,才能沟通正确的随路信令通路。对公共信道信令系统,5ms 的中断时间不会使信令传输中断,因为有检错重发,滑动的发生只能使电话信号产生微小的时延,而对网络的信令信号功能一般没有太大的影响。

(3) 对于数据传输,在故障发生时可用纠错码检出受到影响的数据块,一经检出就重新发送这些数据块最终表现为产生了一定的时延。若将几条低速数据通路复接成 64kb/s 数字流,滑动会引起数据帧定位信号的丢失,若没有采取特殊的防护措施,则从滑动发生到发现帧定位丢失的这段时间内,数据通路内的信息将被错误地传送。

对数据通路,滑动一次 64kb/s 的通路相当于丢失或重复 1 个字节或 8b,造成 1 个误码秒或两个误码秒。按 ITU-T 的建议,对固定长度分组数据的滑动阈值约为每小时 1 次;对可变长度分组数据的滑动阈值约为每小时 0.3 次。

(4) 滑动对传真的影响取决于编码技术,一次滑动将使扫描线的余下部分稍有移动。这就是说,一次滑动就能破坏整条扫描线甚至整个画面,从而必须重新传输。

(5) 在数字数据链路上,由于滑动发生时数据必须重发,故降低了数据传送的质量,由于滑动会造成严重的通信质量降低,对加密数据而言,因每次滑动都要求加密密码重新传送,这就严重影响了信息的传送,并降低了加密的可靠性。如果要求无效时间小于 1‰～5‰,则每小时可以允许滑动发生 1～7 次。

4. 滑码率的分配

ITU-T 对于 64kb/s 的国际数字连接的滑动率的指标如表 4.4 所示。

表 4.4　64kb/s 国际连接或承载通路滑动性能指标

性能级别	平均滑码率	一年中的时间比率/%
a	24h 内≤5 次	>98.9
b	24h 内>5 次,1h 内≤30 次	<1.0
c	1h 内>30 次	<0.1

表 4.4 所列的滑码率性能考虑了满足 ISDN 中一个 64kb/s 数字连接上的电话及非语音业务的要求,而且参照 27 500km 长的标准数字假想参考连接的规定。27 500km 长的标准数字假想参考连接包括 5 个国际局、6 个国内长途局和 2 个市话局。

表 4.4 中的滑动性能指标级别分为 a、b、c 3 个级别,若工作在 a 级,各种业务质量可以保证,工作在 b 级时,某些业务质量将变差,但可勉强工作,在 c 级范围内工作时,虽然业务可保持,但质量严重下降,所以认为是不允许的。

对于表 4.4,给出的滑码率的全程性能指标,应分配给链路的每一个部分,在分配时,应考虑滑码发生时对各个部分的影响是不同的,即分配给国际中继链路的指标要少,国内链路为其次,而分配给本地链路的为最多,因为在本地链路上的滑动只带有局部的影响。ITU-T 建议的分配比例如表 4.5 所示。

表 4.5　全程滑码指标在链路中的分配　　　　　　　　　　　　　　　(%)

HRX 连接中的部分	各部分滑码分配百分比	不同性能级别 1 年允许的时间百分比		
		a 级	b 级	c 级
国际部分	8.0	99.912	0.08	0.008
国内长途部分	6.0	99.934	0.06	0.006
市内部分	40.0	99.56	0.4	0.00
全程	100*	98.9	1.0*	1.0*

*：补列的数据。

4.2.3　数字网同步的方法

目前提出的网同步的方式有两大类,即准同步方式和同步方式。同步又可分为主从同步、等级主从同步、外基准同步和互同步方式,互同步又可分为单端控制法和双端控制法,各种同步方法如图 4.17 所示。

1. 准同步方式

准同步方式是网络中各节点的时钟信号是相互独立的,且互不控制。各节点依靠采用高精度的时钟彼此工作接近于同步状态。准同步网中常用的时钟为稳定度很高的原子钟(如铯钟、铷钟),它的频率精度优于 $\pm 10^{-11}$。由于网中各节点的时钟是相互独立的,因而,滑码是不可避免的,但由于采用高精度的时钟,使得滑码的频率保持在可以接受的范围内,例如采用铯钟,当码流为基群速率时,滑码率为每 72 天滑动一次。同时,为了提高可靠性,一般设置 3 台原子钟,使其处于自动切换状态。

准同步方式中为保证滑码的速率要求,要采用高精度的时钟源,而高精度的时钟源代价

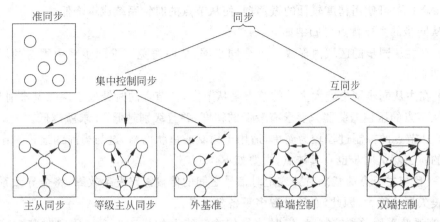

图 4.17 各种同步方法示意图

高(比如原子钟不仅价格昂贵,而且寿命较短),因此,一般只有在国际通信网和大国的国内一级通信网中才使用。

2. 主从同步方式

主从同步是在目前通信网中得到广泛应用的一种同步方式。这种方式是在一个交换节点设立一高精度的基准时钟,通过传输链路把此基准时钟信号送到网中各个从节点,各个从节点利用锁相环技术把本地时钟频率锁定在基准时钟频率上,从而实现网内各节点之间的时钟信号同步。主从同步网中时钟的传输可以呈现星状结构或树状结构。当基准时钟到各个从节点均有直达链路时,传输链路是星状结构。当基准时钟到有些从节点没有直达链路时,传输采用逐级传递方式,传输链路是树状结构。

等级主从同步是为改善可靠性而采用的一种同步方式。在这种方式中,交换局的时钟精度都有一个等级,当基准时钟失效时采用次一等级的时钟作为主时钟,传送到各个局的时钟信息都带有等级识别信息。显然,这是以复杂性换取可靠性的一种同步方式。

从节点时钟系统的基本结构是一个带有变频振荡器的数字锁相环,如图4.18所示。从较高一级来的定时信号输入到相位比较器,锁相环中的变频振荡器根据比较器的输出产生新的时钟信号。

图 4.18 主从同步中锁相环示意图

从节点的时钟系统有下述 4 个方面的作用:

(1) 产生时钟信号供给本节点的数字设备。

(2) 当输入的时钟信号失效时,能继续输出稳定的时钟信号(即工作在保持状态)。

(3) 通过滤波器能滤除从高一级节点送来的时钟信号中所含的高频噪声分量。

(4) 避免由于时钟输出线路的改换而引起的相位跳跃。

主从同步方式与目前的电话网的等级制结构相适应,很容易形成一个全同步网,由于从节点的时钟跟踪基准时钟状态,因而从节点的压控振荡器(Voltage Controlled Crystal

Oscillate,VCO)可使用精度较低的振荡器,使从节点的时钟系统成本降低。

主从同步的主要优点可归纳如下:

(1) 在主从同步的区域内形成一个全同步网,从而避免了准同步网中固有的周期性滑动和波动。

(2) 在主从同步网中绝大多数的节点是从节点,从节点的时钟处于跟踪基准时钟状态,因而对从节点的压控振荡器只要求有较低的精度,并且级别越低,要求就越低。

(3) 从节点的控制过程较为简单,适用于树状或星状网络,这与当前的通信网络的结构是一致的。当然从同步也有其缺点,主要如下:

① 一旦与主节点的基准时钟或定时信号之间的传输链路发生故障,将会导致系统或局部系统丧失同步能力,因此,必须设置多重备份设备。

② 当系统采用单端控制时,定时信号传输链路上的扰动将会导致定时基准信号的扰动,这会在一定程度上影响时钟同步的稳定性。

在主从同步网中采用的锁相环有紧耦合和松耦合两种。

紧耦合锁相环是指普通的锁相环,即当锁相环正常工作时,它的输出时钟信号紧紧跟随基准时钟信号频率,而当基准时钟信号不复存在时,锁相输出信号与原基准信号不再存在依赖关系,因而偏离了基准频率。可见,紧耦合锁相环的输出信号频率紧紧地与基准信号的频率耦合在一起。

松耦合锁相环是指采用微机控制的具有频率记忆功能的锁相环,这种锁相环中,依靠微处理机根据统计平均规律建立虚拟基准源,虚拟基准源具有存储输入基准信号频率信息的功能,因此,一旦基准时钟信号丢失,锁相环仍能按照存储的基准时钟信号继续工作相当长的时间。一般可在数天之内仍能使从节点维持同步的精度要求,因此,这种具有记忆功能松耦合锁相环在通信网中(尤其是高等级网中)得到了广泛的应用。

3. 互同步方式

在互同步网中,交换节点无主从之分,每一个节点都有自己的时钟源,但这些时钟源都是受控的,在网内各局相互连接时,它们的时钟是相互影响、相互控制的,各局都设置多输入端的加权控制锁相环电路,在各局时钟的相互控制下,如果网络参数选择适当,则全网的时钟频率可以达到一个统一的稳定的频率,从而实现网内时钟的同步。

网中各个节点相互控制和相互影响的结果就可使全网稳定到一个统一频率。当然,各个节点接入的时钟链路不一定为两个,可为多个。一个典型的单个局互同步方式构成的时钟系统如图 4.19 所示。图中虚线框中为多输入锁相环电路框图。

互同步方式的同步网虽然对各个节点的时钟源要求比较低,但其结构复杂,易引起网络自激,随着高精度时钟源成本的降低,这种同步方式较少被采用。

4.2.4　时钟源

目前数字同步主要采用主从同步方式,在主从同步网中,时钟源可分两大类:一类是提供基准信号的基准时钟源;另一类是受上级时钟控制的受控时钟源,对这两类时钟源的要求不同,其组成和性能参数也是不同的。

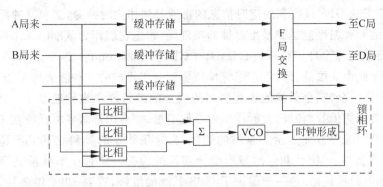

图 4.19　互同步方式中一个局的时钟系统构成框图

1. 基准时钟源

在数字同步网中,高稳定的基准时钟源是全网最高级的时钟源,其指标要求是长期频率偏离低于 $\pm10^{-11}$。符合这一要求的基准时钟源目前主要有铯原子钟组和美国卫星全球定位系统(GPS)。

1) 铯原子钟基准时钟源

铯原子钟是利用铯原子的固有特性,根据能级跃迁的谐振特征,产生固定的谐振频率。其振荡频率为 9 192 631 770 Hz,这个频率当然不能直接使用,利用一个相位锁定环路把输出为 5MHz 的高稳定石英晶体振荡器锁定于这个谐振频率上,再经过 2.048MHz 处理器和接口电路,输出一组定时基准信号,其标称频率为 2.048MHz,也可以根据需要输出 64kHz、1MHz、5MHz 和 10MHz 的信号。

为了提高可靠性,通常需要用 3 套铯钟及其相应的配套装置组成基准时钟源,其组成原理框图如图 4.20 所示,系统由 3 套独立的铯振荡器、频率变换装置、频率测量比较装置和倒换开关组成。3 套铯钟可独立工作,由频率测量单元进行比较或采用 3 中取 2 的大数判决方式任选一套铯钟组为基准时钟源,当某一路不符合要求时,可自动切换到另一路输出上去。

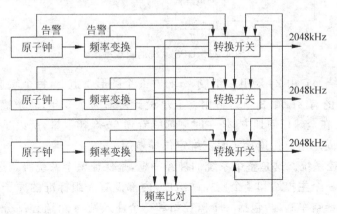

图 4.20　基准时钟源组成原理框图

2) GPS 接收设备

基准时钟源的另一个提供者是 GPS(Global Positioning System)系统接收设备。这些系统利用跟踪于从 GPS 接收到的定时信息的铷或晶体作为时钟源,这种时钟源虽然是受控时钟源,但它的时钟精度能达到基准时钟的精确度,常把它们作为基准时钟来看待。

GPS 是导航卫星全球定位系统(Navistar Global Positioning System)的英文缩写。它是在 1973 年年底由美国陆、海、空三军等单位协调分工提出的一种能为海军船、空军飞机和陆地车辆用户提供全球、全天候的连接实时的服务的高精度三维导航系统。1991 年,在海湾战争期间,美国凭借着当时已发射在轨的导航卫星,使多国部队各军兵种在定位、导航、授时及测绘、后勤运输等方面显示了卓越的性能,为这场战争的胜利立下了汗马功劳。战争中,GPS 的抗干扰性、保密性和低故障也受到实际的检验。使它在军事及民用方面受到各国政府和商业界的重视,并进一步促进了 GPS 系统的发挥,直到 1994 年 7 月,美国才最后完成了目前在轨的能覆盖全球的 24 颗 GPS 导航卫星的发射工作,并从军用转到军民两用。从而促使世界各国军事和民用有关方面的大力地开发和研制适于各类应用的 GPS 接收机,促成了近年来 GPS 技术的迅速发展,例如我国的北斗星卫星定位系统。

GPS 由空间系统、地面监控系统和用户接收定位设备 3 部分组成,如图 4.21 所示。

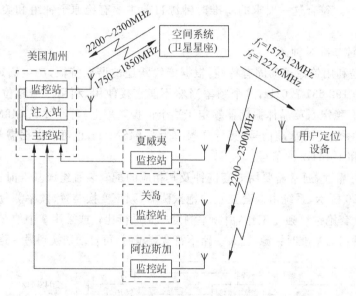

图 4.21　GPS 系统的组成框图

(1) 空间系统。它由 24 颗卫星组成,分布在 6 个圆形轨道上,每个轨道有 4 颗卫星,实际供给用户使用的有 21 颗,3 颗为备用。卫星设计寿命为 7.5 年,轨道高度在 2000km 以上,周期为 12h。在全球任何地方,任一时刻都能看到 6～8 颗卫星,所以足以提供给全球任一地点的移动和固定用户作连接实时三维定位导航用。

(2) 地面监控系统。这是整个系统的神经中枢,是保证整个系统协调运行的核心,地面监控系统主要由一个主控站和 4 个监控站组成,内部设有一组标准的原子钟。主控站设在美国的加州范登堡空军基地,包括一个监控站和一个注入站,4 个监控站分别位于美国的夏威夷、阿拉斯加和关岛,都是无人值守站,负责对卫星跟踪测轨,以 2200～2300MHz 频率接收卫星的测试数据,进行轨道预报,并收集当地气象及大气和对流层对信号的传播时延数据,连同时钟修正、轨道预报参数一起传输给主控站。主控站设有工作人员,负责接收、处理来自各监控站的资料,完成卫星星历和原子钟计算,产生向空间卫星发送更新的导航资料,这些资料送到注入站,利用 S 频段(1750～1850MHz)向卫星发射,由于卫星上的原子钟有足够的精确度,所以导航资料需要每天更新一次。实际上,主控站在计算处理资料过程中也常常使用空军卫星控制和海军水面武器中心对卫星监控后发来的资料,使更新的导航资料更为精确。

(3) 用户定位设备。它由无线接收机、带软件的数据处理器和控制、显示部分组成,可对在轨道运行卫星进行选择、数据采集、加工处理、运算和存储。用户接收机只要收到 4 颗卫星发来的导航信号,便可测量伪距离和伪距离变化。经数据处理后,即可得到三维位置、速度和时间数据。三维位置用以地心为直角坐标系表示,可以换算成其他坐标系和地理的经纬,高度显示在接收机的屏幕上。持有这种定位接收机的移动用户,凭借所显示的资料,便可以进行自我定位导航。由于各类军事和民用的要求不同,有机载式、弹载式、星载式、航载式和车载式等,其精度、移动体的移动速度和加速度、抗干扰性能、价格等也各不相同。因此,许多国家的厂商都在竞相研制开发,使之形成了适用于各种不同场合、不同指标和不同精度要求的各种类型的用户接收设备。

GPS 系统能对地面移动目标实现比较精确的定位。当移动用户站同时接收到 4 颗卫星发来的信号,根据导航的电文便能辨认出哪一颗卫星在什么时间所发的信号及该卫星所在的位置。此外,由于移动用户站在地面或近地空间地点相对地心的三维空间有 3 个未知数,且移动站本身的时钟与 GPS 系统准精密时钟还有一时差未知数。这样,4 颗卫星的已知三维位置和时间与移动未知的三维位置和时差,便构成了一个有 4 个未知数的联立方程组,GPS 接收机利用软件程序解此方程组,即得到移动台的三维坐标,也可以变换成其他坐标系统或经纬度和高度供输出或显示,从而使移动台获得了它在地球表面的确切位置,这种位置信号在一般接收机里可每秒更新一次,从而可实现对地面或近地面移动目标的定位。

GPS 系统在通信网中的应用主要是利用 GSP 系统的时钟系统。GPS 系统能提供跟踪世界协调时的精确时钟,提供的时钟和世界协调时的性能相比在 1s 的时间内,时间误差控制在 50ns 范围内,因此,GPS 系统除了能够精确定位外,还可以作为精密时间的世界资源,从 GPS 接收机收到的时钟信号具有足够的精确度,在通信网的同步系统中作为本地的基准时钟信号。

我国数字同步网中所使用的接收设备是为通信领域中专用的多通道 GPS 接收机,它不仅能提供 GPS 的 1pps 精度定位服务时间信号,10MHz 的频率基准信号还能提供跟踪 GPS 的通信专用的 E1、T1 信号输出,通过采用数字滤波电路平滑滤除时钟信号的抖动分量,同时使用多道接收即动态平衡方法,使 GPS 信号长期稳定性和机内晶体钟或铷钟的短期稳定性相结合,可滤除大部分由于实施选择性供应(SA)所增加的误差,选择性供应是在 GPS 信号中加入的干扰信号,使输出时钟信号校准精度优于 $\pm 10^{-11}$,时间同步性能优于 25ns,已经达到了通信网中对基准信号的要求,广泛使用于基准同步节点和一些偏远地区通信网中。

2. 受控时钟源

在数字网中的受控时钟源是指输出时钟信号频率和相位都被锁定在更高等级的时钟信号上,也就是说,受控时钟源输出的时钟是受高等级的时钟信号所控制的。在主从同步网中受控时钟源也称从时钟。受控时钟源的核心部件是锁相环路,受控时钟源构成框图如图 4.22 所示。

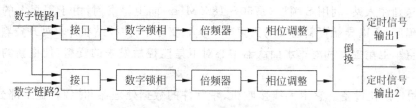

图 4.22　受控时钟源构成框图

为了保证从节点时钟的可靠性和准确性,通常是由 2～3 个锁相环构成时钟系统,对这 2～3 个锁相环的输出是通过频率监测或采用大数判决方式选择准确度最好的经倒换开关倒换输出。各部分的组成及作用简述如下:

1) 输入接口

输入接口为接收输入基准信号的输入接口单元,它可以从高一级时钟源直接接收时钟信号,也可以从接收的数字信息流中提取时钟信号作为基准信号输入到锁相环路,以使锁相环路时钟信号与输入的基准时钟信号同步。

锁相环路又称锁相振荡器,其基本构成如图 4.23 所示,它是由相位检测器、环路滤波器及压控振荡器组成。另外,为了配合外基准频率和压控振荡器的频率变换,使输入相位检测器的两个频率相等,还需要设置分频器,如图中的 $1/N$ 和 $1/M$ 分频器。

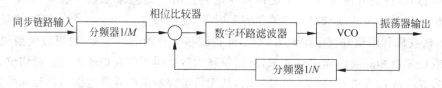

图 4.23　锁相环振荡器构成框图

(1) 相位检测器。相位检测器用于检测或比较输入基准信号与本地压控振荡器 (Voltage Controlled Oscillator, VCO)输出信号之间的相位差,并将其相位差的变化转换为电压信号的变化,而后经环路滤波器滤除其高频分量,使其输出平滑,用以控制 VCO 的输出频率和相位。

(2) 环路滤波器。环路滤波器是具有低通特性的积分器,其主要参数是环路时间常数,它决定了对相位检测器输出信号高频分量的滤除及低频抖动的平滑程度。环路时间常数 (τ_{loop})与低频抖动平滑截止频率 f_c 的关系是

$$f_c = \frac{1}{2\pi\tau_{\text{loop}}} \tag{4-11}$$

由此可见,τ_{loop} 越长,截止频率越低。为了滤除低频抖动,希望 τ_{loop} 大一些,但是为了使环路的"捕捉"时间短一些,又希望 τ_{loop} 小一些,因此,环路滤波宜采用环路时间常数 τ_{loop} 可变的滤波器,在"捕捉"时使 τ_{loop} 变小,以实现快速"捕捉",而在正常跟踪时使 τ_{loop} 变大一些,以便更好地滤除输出信号的相位波动。

(3) VCO。它是一种在一定范围内输入电压控制下,可改变其输出信号的频率和相位的振荡器。当外基准时钟信号与 VCO 输出信号的相位差稳定在一个很小的数值,即接近于零时,则环路进入锁定状态,这时 VCO 的输出频率锁定在输入基准频率值上。

VCO 应具有较高的稳定度,通常采用晶体振荡器来实现,也可以用铷钟来实现,根据对

时钟应用重要性的要求,应采用不同精度的晶体振荡器,并设有备用装置,故障时可自动倒换,也可根据需要人工倒换。

锁相环路中的 VCO 应具有以下 4 种工作方式:

① 快捕工作方式。当锁相环路开始加入外同步基准时钟信号后,应首先进入快捕工作状态,即应变为有较小的环路时间常数,以便使 VCO 的调节加快,能在较短时间内将振荡输出频率调整到接近外同步基准信号的频率。

② 跟踪工作方式。当 VCO 的输出频率与外同步基准信号频率相差小到规定数值范围内,锁相环路即转入跟踪方式,此时环路时间常数应增大,振荡器跟踪输入信号频率变化,进入正常工作状态。

③ 保持工作状态。当外同步信号中断时,锁相振荡器能依靠记忆电路中存储的时钟信号作为比较基准,工作在同步信号中断前的状态。

④ 自由工作方式。当系统失去定时基准信号,也失去记忆信号时,能按照其晶体振荡器本身的频率振荡工作。

2) 倍频链

对窄带锁相环要求环路中的 VCO 具有较好的稳定性,因此,窄带锁相环中的 VCO 振荡频率不能太高,但是,为了保证 VCO 输出信号在倒换过程中引起的相位不连续性的影响不太大,又要求相位调整器的输出频率必须足够高,为此,在窄带锁相环和相位调整器之间需插入一个倍频链。

3) 相位调整

相位调整的功能主要是保证在倒换过程中相位保持连续的要求,它主要是由一个分频链组成,是由主用输出信号同备用输出信号相位比较调整的分频链来实现相位调整功能。

4) 倒换

倒换电路用于实现输出时钟的主、备用之间的自动切换功能。

3. 时钟的技术指标

1) 抖动

抖动是指数字信号相对于理想位置的瞬时偏离。瞬时的含义是指相位振荡的频率大于或等于 10Hz,10Hz 的限制意味着对抖动通过等效单极点高通滤波器(其极点频率为 10Hz)进行测量。

偏离包括超前和滞后,是指定时信号以它自身的频率围绕着理想位置前后摆动,表征偏离有幅度和频率两个参数,幅度表示实际位置偏离理想位置的大小,频率表示相位变化的速率,偏离的幅度通常用 UI(单位为 ns、ms)来表示,UI 表示一个比特的脉冲宽度,在 PCM 基群 2048kb/s 的 TI 系统中,UI 等于 488ns,对于偏离的频率,以 10Hz 为界限,10Hz 以上的偏离为抖动,10Hz 以下的偏离为漂移。单一频率信号的定时抖动示意图如图 4.24 所示。

图 4.24(a)表示数据脉冲偏离它的理想位置,其前沿的变化范围从 $+\theta \sim -\theta$。图 4.24(b)所示为用示波器测量得到的实际波形。图 4.24(c)是一条记录抖动的函数曲线,代表相位随时间变化,它反映了抖动的幅度和抖动频率的大小。

在数字网中,抖动是传输损伤中最麻烦的问题之一,像模拟网中的噪声一样,数字网中的抖动会随数字信号的传输距离的增加而增加,也会随着运行环境复杂度的增加而增加,在

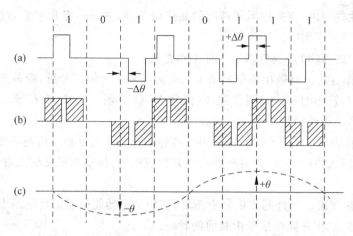

图 4.24　定时信号的抖动示意图

实际的系统中抖动不是单一频率,而是由很多频率分量组成的复合波形。

抖动主要有两种类型:一种是系统性抖动;另一种是待时性抖动,前者是由再生中继器在恢复数字脉冲信号时产生的,将随着通过多个再生中继器而形成积累,而后者是在信号复接和解复过程中产生的,在信号复接过程中由于要加入或去掉其中的开销比特,在信号流中产生了间隙和等待时间,这些间隙形成了相位的移动,从而形成了抖动。

由 SDH/SONET 系统中的指针调节也将产生抖动,这种调节使得脉冲信号移动 8UI 之多,每发生一次调节,一次群信号产生一次对应的相位跃变,因此,SDH 系统不适宜用于传输基准定时信号。

2) 漂移

漂移是数字信号相对于理想位置的缓慢偏离,缓慢是指其相位振荡的频率小于 10Hz,而 10Hz 意味着漂移是通过极点频率为 10Hz 的等效低通滤波器进行测量的。漂移通常用最大时间间隔误差(MTIE)、时间方差(TVAR)、时间偏差(TDEV)进行衡量。

漂移主要是由组成时钟源的元器件温度变化而引进的,温度升高,漂移会增大,尤其是受时钟源中的压控振荡器,它直接影响受控时钟源的精度。因此,在受控时钟源中,VCO 常采用恒温槽来减少温度变化对时钟精度的影响,以减少漂移,从而提高受控时钟源的精度。

3) 时钟的准确度和稳定度

时钟频率准确度是衡量时钟信号频率相对于理想值或定义频率值(以世界协调时 UTC 为标准的频率值)的长期偏离或符合程度的技术指标,它可表示为

$$时钟准确度 = \frac{f - f_\mathrm{d}}{f_\mathrm{d}}$$

式中　f——时钟实际频率值;

f_d——时钟理想或定义的频率值。

从上式可以看出,时钟的准确度也就是时钟的相对误差,是衡量时钟准确程度的一个常用指标。常用来表征对时钟的要求,如对基准时钟的要求为相对误差小于 1×10^{-11}。

时钟的稳定度是衡量时钟随时间变化的另一技术指标,当考察时钟稳定度时,仍可用上述公式来估算,但公式中的 f_d 表示时钟的期望值而不是理想值。

一般来说,准确度用来衡量时钟在自由运行模式下的性能指标,而稳定度则用来衡量时

钟在保持模式下的性能指标。

4）时间方差 TVAR

时间方差 TVAR 是衡量时钟信号漂移的一个指标,考察的是某一频谱范围内的时钟信号相位变化的均方值。该项指标的测量是让相位噪声信号通过一带通滤波器,带通滤波器的高端截止频率为观察时间 t_1 的倒数。低端截止频率为高端的 1/10。

时间偏差 TDEV 是时间方差的均方根值,表示为

$$\text{TDEV} = (\text{TVAR})^{\frac{1}{2}} \tag{4-12}$$

在实际应用中经常使用的是时间偏差 TDEV,其量纲为时间,用 ns 来表示,用来考察相位噪声的频谱分量。

5）时间间隔误差

时钟的准确度是一个长期平均值,不足以反映时钟随时间变化的规律,因此引入了时间间隔误差(Time Interval Error,TIE)这一指标。

时间间隔误差 TIE 定义为在一段特定的时间间隔内,给定的时钟信号相对于理想时钟信号的时间延迟。时间间隔误差常用 ns、μs 或单位时间间隔 UI 表示。时间间隔误差定义的示意图如图 4.25 所示。

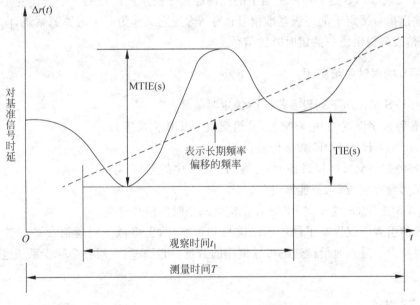

图 4.25　TIE 及 MTIE 示意图

在 t_1 秒内的时间间隔误差是指在此期间(t_1)的结束时刻($t+t_1$)测得的时延值 $\Delta T(t+t_1)$ 与在起始时刻(t)测得的时延值 $\Delta T(t)$ 之差,即

$$\text{TIE}(t) = |\Delta T(t+t_1) - \Delta T(t)| \tag{4-13}$$

时间间隔误差与频率准确度的关系是

$$\text{TIE}(t) = \int^{(t+t_1)} \frac{\Delta f(t)}{f} \text{d}t \tag{4-14}$$

当时间间隔足够长时,即有

$$\lim_{t_1 \to \infty} \frac{\Delta f(t)}{f} = \frac{\Delta f}{f} \qquad (4\text{-}15)$$

此时：

$$\text{TIE} = \frac{\Delta f(t)}{f} t_1 + \Delta T \qquad (4\text{-}16)$$

式中　$\Delta f/f$——长期频率偏移；

　　　ΔT——相位漂移。

由上式可见,时间间隔误差把频率偏移和相位漂移这两个量对定时时钟系统的影响统一起来。

最大时间间隔误差 MTIE 是在观察时间 t_1 内出现的时间间隔误差 TIE 的最大值。图 4.25 中表示出了 TIE 和 MTIE 之间的关系。

4.2.5　通信楼综合定时供给系统

随着数字通信技术的发展,局内各种数字通信设备不断增加,在这种多数字通信设备的环境中,解决同步问题的有效方法是引入综合定时供给系统(Building Integrated Timing Supply,BITS)。BITS 是一种承上启下的能沟通整个同步网的设备。一方面受上一级时钟的控制,输出信号锁定于上一级基准信号;另一方面它又作为一个时钟源系统,向局内的各种数字通信设备提供统一的定时时钟信号。

1. BITS 的时钟供给范围

目前 BITS 可以向下列设备提供时钟定时信号：

(1) 各种数字设备(如电路交换、分组交换、ATM 交换等)。

(2) 各种 PDH 和 SDH 数字传输设备。

(3) 各种数字交叉连接设备(如传输网、DDN 中的 DXC 等)。

(4) 7 号信令网设备、智能网设备。

(5) 向下级 BITS 或专用 BITS 提供定时基准时钟信号专线。

BITS 的引入不仅提高了同步的准确性和可靠性,也降低了对通信设备时钟准确度的要求,同时减少了进入通信枢纽的传输链路的数量,而且有利于对整个同步系统进行维护和管理。

2. BITS 组成

BITS 主要由以下 4 个部分组成：输入基准控制单元、内置时钟源、输出部分、告警和管理部分,组成框图如图 4.26 所示。

1) 输入基准控制单元

输入基准信号控制单元的基本功能是接收外同步基准信号并实施对接收的基准信号进行处理,以提取系统所需要定时基准信号供给时钟单元。

输入基准信号一般为 2~4 个,大多数 BITS 系统都装有 GPS 系统和无线导航系统 (Lqran-c)接收设备。

对输入基准信号控制单元的基本要求如下：

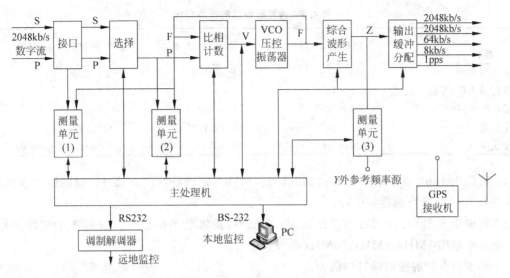

图 4.26 BITS 组成框图

(1) 应设置两个基准信号输入单元,一主一备,当主用发生故障时应能自动倒换,并在需要时也可进行人工控制倒换。

(2) 基准信号输入接口一般为 4 个,即要求有 2.048Mb/s 或 2.048MHz 的信号接口,有的可根据需要设置 5MHz 或其他类型的外同步基准信号的接口。

(3) 应对输入的基准设置优先顺序。

(4) 应具有对输入基准信号的监测功能,监测的项目应包括信号中断、帧失步、双极性破坏及频率偏差等。

(5) 当部分或全部基准信号故障或中断时应能发出告警信号。当全部基准信号故障或中断时应能使时钟系统进入保持方式工作,并当输入信号恢复正常时,时钟系统应能重新进入基准同步方式。

(6) 在基准信号输入控制单元设备用"大数判决"方法对输入基准信号进行管理,即对输入的基准信号进行监测和比较,对不满足阈值要求的信号删除,对满足阈值要求的用"大数判决"方式择优作为基准信号。

2) 内置时钟单元

内置时钟单元是 BITS 系统的核心部件,用以产生各类所需时钟。根据同步网的要求,BITS 系统的内置时钟可分为 3 级。

(1) 加强型 2A 级,为受控铷钟。

(2) 加强型 2B 级,为高稳定度的晶体振荡器。

(3) 加强型 3 级,为晶体振荡器。

这 3 级时钟源的性能指标如表 4.6 所示。

3) 输出部分

可提供符合 ITU-TG.703 建议的 2048kHz 信号。

可提供符合 ITU-TG.703 建议的 2048kb/s 定时信号。

可输出 4kb/s、8kb/s、64kb/s、256kb/s、384kb/s、512kb/s、768kb/s、2048kb/s,逻辑电平符合 RS243 标准的数字信号。

表 4.6　内置时钟源的性能指标

种类 特性	加强型 2A 时钟	加强型 2B 时钟	加强型 3 级时钟
振荡器类型	铷钟振荡器	高精度晶振	普通晶振
保持能力(频率稳定度)	$\leqslant 8.0\times10^{-11}$	$\leqslant 1\times10^{-9}$	$\leqslant 1\times10^{-8}$
最低准确度	$\leqslant 5.0\times10^{-9}$	$\leqslant 1.0\times10^{-7}$	$\leqslant 5.0\times10^{-7}$
牵引范围	$\pm 1.6\times10^{-8}$	$\pm 4.0\times10^{-7}$	$\pm 4.6\times10^{-6}$
相位瞬变	$<150\text{ns}$　$t_1\leqslant1000\text{s}$	$<150\text{ns}$　$t_1\leqslant1000\text{s}$	$<150\text{ns}$　$t_1\leqslant1000\text{s}$

可输出 4kb/s、8kb/s、64kb/s、256kb/s、384kb/s、512kb/s、768kb/s、2048kb/s,逻辑电平符合 RS422 标准的数字信号。

可输出 4.8kb/s、9.6kb/s、19.2kb/s、56kb/s,逻辑电平符合 RS232 标准的定时信号。根据需要输出 1MHz、5MHz、10MHz 等模拟信号。

要求具有扩展输出接口的能力。

4) 维护和管理部分

对输入基准信号具有监测功能,实时监测基准信号丢失、帧失步、循环冗余校验、双极性破坏等。

对输出信号的某些参数(如最大时间间隔误差、时间方差等)进行测量并能送出测试报告。

通过专用接口与运行的网管系统相连,通过网管系统实现故障管理、性能管理和配置管理等。

4.2.6　我国数字同步网的网络结构及组网原则

我国数字同步网目前采用分布式多基准方案,即在全国设置若干个基准时钟,其标称频率相等,频率偏移限制在规定范围内,以设立的基准时钟为中心,划分同步区,在同一同步区内采用主从同步,在不同的同步区之间采用准同步。采用这种方式缩小了同步区的范围,缩短了定时信号的传输距离,减少了信号的传输损伤,提高了时钟的准确度和可靠性。

1. 我国数字同步网的结构

由上述可知,我国数字同步网采用分区等级主从同步方式,每一个区内按照时钟性能可划分为 4 级。数字同步网的这种等级结构与通信网等级结构相适应,其框图如图 4.27 所示。

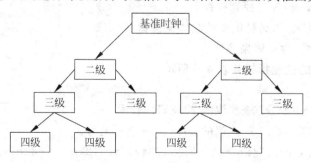

图 4.27　我国等级主从同步网框图

　　主从同步网的基本功能是应能准确地将同步信息从基准时钟向同步网内的各下级或同级节点传递,通过主从同步方式使各从节点的时钟与基准时钟同步,各级的时钟准确度要求是不同的。各级的时钟要求及组成简述如下:

　　第一级:基准时钟一般采用铯原子钟组实现,并配有 GPS 接收系统。

　　第二级:具有保持功能的高稳定度时钟,设置于长途交换中心 DC1 的 BITS 系统,属于 A 类。它通过同步链路直接与基准时钟相连。设置于长途交换中心 DC2 的 BITS 系统的时钟属于 B 类,它通过同步链路受 A 类时钟控制,间接地同步于基准时钟。

　　第三级:具有保持功能的高稳晶体时钟,通过同步链路受控于二级时钟并与之同步,一般设置于汇接局和本地端局。

　　第四级:一般晶体时钟,通过同步链路受第二级时钟控制并与之同步。第四级时钟设置在远端模块、数字终端设备和数字用户交换设备。

　　全国的数字同步网的结构如图 4.28 所示,网络主要由基准时钟源、通信枢纽楼的 BITS 系统和同步信号分配链路组成,为网内的主要通信设备提供统一时钟。

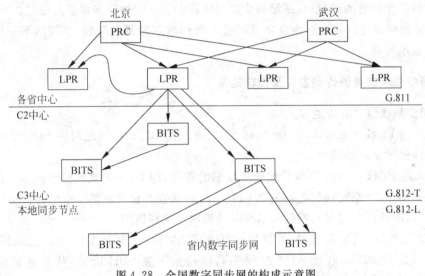

图 4.28　全国数字同步网的构成示意图

网络的具体组织如下:

　　(1) 我国目前采用分布式多基准时钟源方式(Primary Reference Clock,PRC),在北京设立一个基准时钟,向北方地区提供时钟源,在武汉设有一个基准时钟,向中南地区提供基准时钟源。在上海设有一个基准时钟,向东南地区提供基准时钟源,在兰州设立一个基准时钟,向西北地区提供基准时钟源。

　　(2) 各省中心和自治区首府以上的城市都设置可以接收 GPS 信号和 PRC 信号的二级基准时钟,称为地区级基准时钟(Local Primary Reference,LPR)。当 GPS 信号正常时,各省中心的二级时钟以 GPS 信号为主构成 LPR,当 GPS 信号故障或降质时各省的 LPR 则转为经地面数字电路跟踪 PRC,实现全网同步。

　　(3) 在有些大区中心及一些边远省中心的 BITS 上增加两部 GPS 接收机,使其升级为 LPR,以进一步提高整个同步网准确性和可靠性。

　　(4) 省内的 DC1 和 DC2 交换中心及本地的同步节点均设置相应的通信楼综合定时供

给系统(BITS)。

2. 我国数字同步网的组网原则

在规划和设计数字同步网时,必须考虑到地域和网络业务等情况,一般应遵循下列 5 条原则:

(1) 在同步网内应避免出现同步定时信号传输的环路,任何环路的形成都将造成定时基准信号的丢失,同时由于正反馈出现造成定时信号的不稳定。为了避免产生时钟链路的环路,定时基准信号的分配应形成树状结构。

(2) 选择可用度最高的传输系统传送同步定时基准信号,并应尽量缩短同步定时链路的长度,以提高可靠性。

(3) 主、备用定时基准信号的传输应设置在分散的路由上,以防止主、备用定时基准传输链路同时出现故障。

(4) 同步网中同步性能高低(即同步时钟的稳定度和准确度)的决定因素之一就是通路上介入时钟同步设备的数量,应尽量减少定时链路中介入时钟同步设备的数量。

(5) 受控时钟应从其高一级设备或同级设备获取定时基准时钟,不能从下一级设备中获取定时基准时钟。

3. 同步基准信号的传送方式及传输链路

1) 同步基准信号的传送方式

(1) 采用 PDH 2.048Mb/s 专线,即在上、下级的 BITS 系统之间用 PDH 2.048Mb/s 专用链路传送同步基准信号。

(2) 采用 PDH 2.048Mb/s 传输业务信息的链路,即上、下级交换机已同步于该楼内的 BITS 时,利用上、下级交换机之间的 2.048Mb/s 传送业务信息流的中继电路传送同步定时基准信号,这时的同步定时基准信号是经时钟提取电路提取的。

(3) 采用 SDH 传输系统时,是利用 SDH 线路的传送定时基准信号的上级 SDH 设备已同步于该局的 BITS,通过 STM-N 线路码传送到下级 SDH 设备,从信息系统中提取 2.048Mb/s 的时钟信号作为本级 BITS 的同步基准信号。

2) 同步基准信号传输链路的选择原则

(1) 根据同步网的拓扑结构,按照时钟信号分配网络同步基准信号的传输应是自上而下的按级传输,在某些情况下可以同级传输作为备用同步传输链路,但在任何情况下,如主备用倒换或网络结构调整等,都不应使基准同步信号传输链路形成环路。

(2) 在同步网中的二、三及四级节点接收上一级的同步基准信号的传输链路除主用外,至少应有一条备用链路,而且主备用链路应设在不同路由及不同的传输系统。

(3) 在有条件情况下,一级主基准时钟源 PRC 至二级节点之间应使用专用的链路传送同步定时基准,以保证其稳定性和可靠性。

(4) 应选择故障少、误码率低、距离短、复用器及中间再生中继器少的传输系统作为同步定时基准信号传输链路,因为传输过程中的复用器和再生中继器都会增加定时信号的抖动。

(5) 传输系统的选择顺序是地下光缆传输系统、数字微波传输系统、架空光缆传输系统、对称电缆数字传输系统。

（6）采用 SDH 的光传输传送同步定时基准信号时，不能采用分支单元中的一次群链路作为同步定时基准传输链路，因为分支单元的指针调整将引起相位跃变，会导致定时时钟信号产生抖动和漂移，应采用 SDH 的光传输系统中 STM-N 信号传送同步定时信息。

4.3　管理网

通信网络处于迅速的发展和变化之中，与之相配套的网络管理技术的发展尤为重要。电信网对公众提供服务的优劣，一方面与电信网的基础设施有关，另一方面与电信网的管理有关，因此建设完整、先进和统一的网络管理系统，对电信网络进行全面的、有效的管理，从而提高网络的运行效率，提高对公众的服务质量，这是在网络建设过程中必须充分重视的一个方面。

4.3.1　管理网的基本概念

1. 网络管理

1）网络管理的含义

网络管理是实时或近实时地监视网络运行，必要时采取控制措施，以达到在任何情况下，最大限度地使用网络一切可以利用的设备，使其尽可能多的通信得以实现。

由此可见，电信网络管理的目标是最大限度地利用电信网络资源，提高网络运行质量和效率，向用户提供良好的服务。为了实现这一目的，除应设置对于各种电信业务网的电信管理系统外，还应设置针对网络设备的监控和维护系统。因此，网络管理系统应包括业务管理、网络控制和设备监控和维护。

任何通信业务网的建设，都是根据业务量的发展，在保证一定的服务质量的前提下进行网络规划和设计的。为了节省网络建设费用，一般地，业务负荷在等于或低于设计的负荷值且当网络中通信设备正常运行的情况下，能为用户提供良好的服务。但是当出现过大的业务负荷或者发生重大的故障时，网络就不能有效地承受加入的负荷，就会造成服务质量的下降，严重时甚至会造成网络混乱。发生这种情况的原因往往是多方面的，主要有下面 3 个方面的因素。

（1）网络内部因素。交换系统或传输系统发生故障、路由调度或维护工作失误等，会使网络的负荷过大。

（2）网络外部因素。局部地区出现一些突发事件、举行大型的活动等使局部网络通信业务量急剧增加，会出现负荷大大超出设计负荷量。例如，电话呼叫大量增加，阻塞率增大，反复无效的重拨会使电话网中阻塞率进一步提高，如果不采取措施来控制，就会使网络出现严重的阻塞现象。

（3）综合因素。人为或自然灾害破坏了部分网络，使局部网络瘫痪，也会出现异常大的业务负荷。

因此，必须设置电信网络管理系统，及时发现异常负荷的出现并采取措施，以保证电信网能可靠、有效地运行。

2) 网络管理技术的发展

网络管理技术随着网络的发展不断演进,传统的网络管理思想是将整个网络分成不同的"专业网"进行分别管理,如分成用户接入网、信令网、交换网、传输网等分别进行管理。如图4.29所示,这种管理中心对不同的"专业网络"设置不同的监控中心,这些监控管理中心只对本专业网络的设备及运行情况监控和管理。由于这些监控管理中心往往属于不同的部门,缺乏统一的管理目标。另外,这些专业网络往往又使用了仅用于专业网内的专用管理系统,有时还可能在同一专业网内由于设备制式不同而采用不同的管理系统,故这些系统之间很难互通,因此造成各中心不能共享数据和管理信息,而且在一个专业网内出现的故障或降质还可能影响到其他专业网的性能。采用这种专业网络管理方式会增加对整个网络故障分析和处理的难度,将导致故障排除缓慢和效率低下。

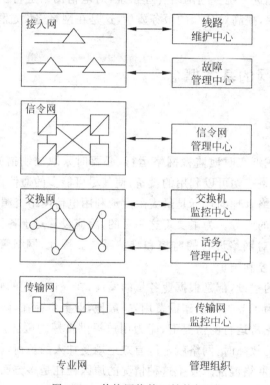

图 4.29　传统网络管理结构框图

为了解决传统网络管理方法的缺陷,现代网络管理系统采用系统控制的观点,把整个电信网络看作一个由一系列传送业务的互相连接的动态与系统构成的模型。网络管理的目标就是通过实时监控各个系统资源,以确保端到端用户业务的质量。

电信网络管理的发展与电信网络及业务的发展息息相关。电信网络及业务向智能化、综合化、标准化、宽带化、个人化方向的发展决定了电信网络管理也必然向标准化、综合化、智能化、自动化、分布式方向发展。

为了适应电信网络及业务当前和未来发展的需要,ITU-T 于 20 世纪 80 年代末提出了电信管理网(TMN)的概念,TMN是具有标准结构、接口和协议的管理网,实施对整个电信网络的操作、管理和维护。

2．TMN 的基本概念

ITU-T 在 M.3010 中指出：电信管理网的基本概念是提供一个有组织的网络结构，以取得各种类型的操作系统之间、操作系统与电信设备之间的互联。它是采用商定的具有标准协议和信息的接口进行管理信息交换的体系结构，提出 TMN 体系结构的目的是支撑电信网和电信业务的规划、配置、安装、操作及组织。

从上述定义可以看出，TMN 的基本概念可有两个方面的含义：一方面，TMN 是一组原则和为实现此原则定义的目标而制定的一系列的技术标准和规范；另一方面，TMN 是一完整的、独立的管理网络，是各种不同应用的专门管理系统按照 TMN 的标准接口互连而成的网络，这个网络在有限的点上与电信网接口，与电信网的关系是管理网与被管理网之间的关系。

3．TMN 的组成

TMN 由操作系统（Operating System，OS）、工作站（Work Station，WS）、数据通信网（Data Communication Network，DCN）、网元（Network Element，NE）组成，其构成示意图如图 4.30 所示。其中操作系统和工作站组成网络管理中心，对整个电信网进行管理；网元是网络中的通信设备，可以是交换设备、传输设备、交叉连接设备、复用设备、信令设备等；数据通信网则提供传输网管的数据通道。

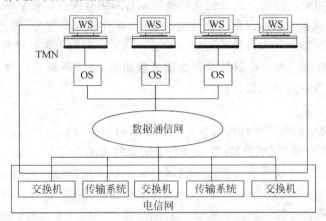

图 4.30　TMN 组成示意图

TMN 是电信支撑网的一种，对于电信网的运行担负着管理和指挥功能。TMN 是一种独立网络，通过一组标准接口来实现电信网的信息交换，但 TMN 对电信网又有一定的依赖性，TMN 中的数据通信通道往往要借助于电信网来建立，因此两者又有一定程度的重叠。TMN 与开放系统互联（OSI）的系统管理概念密切相关，TMN 的通信协议栈是以 OSI 的分层参考模型为基础的，所以 TMN 是应用 OSI 模型的一个典型例子。此外，TMN 中采用了面向对象的设计方法，通过被管对象的管理来实现对通信资源的管理，并且 TMN 中采用了管理者/代理的概念，通过代理来实现对被管对象的管理，因此 TMN 是应用 OSI 系统管理概念来对网络物理资源、逻辑资源进行管理的网络。

4．TMN 的功能

电信管理网的目标是要最大限度地利用电信网络资源，提高网络的运行质量和效率，向用户提供良好的电信服务。电信管理网是建立在基础电信网络和业务之上的管理网络,是实现各种电信网络与专业管理功能的载体。建设电信管理网的目的,就是要加强对电信网及电信业务的管理,实现运行、维护、经营、管理的科学化和自动化。

与 TMN 相关的功能一般分为两部分,即 TMN 的一般功能和 TMN 应用功能。TMN的一般功能是对 TMN 应用功能的支持。

TMN 的一般功能是传送、存储、安全、恢复、处理及用户终端支持等。

TMN 的应用功能是指 TMN 为电信网及电信业务提供的一系列管理功能,主要分为以下 5 个方面。

1) 性能管理功能

性能管理是提供对电信设备的性能和网络或网络单元的有效性进行评价,并提出评价报告的一组功能,网络单元是指电信设备和支持网络单元功能的支持设备组成,并有标准接口,如交换设备、传输设备、复用器、信令终端等。

ITU-T 对性能管理已有定义的功能包括以下 3 个:

① 性能监测功能。性能监测是指通过对网络中的设备进行测试,来获取关于网络运行状态的各种性能参数值,对于各种不同类型的网络,可以监测各种不同的性能参数,如对交换网可监测接通率、吞时量、时间延迟等,对传输网可监测误码率、误码秒百分数、滑码率等。

② 性能分析功能。性能分析是指在对通信设备采集有关性能参数的基础上,创造性能统计日志,对网络或某一具体设备的性能进行分析,如存在异常现象,则产生性能告警并分析其原因,同时对当前性能和以前的性能参数进行比较以预测未来的趋势。

③ 性能控制功能。性能控制是设置性能参数阈值,当实际性能参数超出阈值,则进入异常情况,从而采取措施来加以控制。

2) 故障管理功能

故障管理是对电信网的运行情况异常和设备安装环境异常进行监测、隔离和校正的一组功能。ITU-T 对故障(或维护)管理已经有了定义的功能有以下 3 个:

① 故障检测功能。故障检测是指在对网络运行状态进行监视的过程中检测出故障信息,在检测到故障后,发出故障告警信息,并通知故障诊断和故障修复部分来进行处理。

② 故障诊断定位功能。故障诊断定位功能是首先启用一备份的设备来代替出故障的设备,然后启动故障诊断系统对发生故障的部分进行测试和分析,以便能够确定故障的位置和故障的严重程度,启动故障恢复部分排除故障。在引入故障诊断专家系统后,可提高故障诊断的准确性,更充分地发挥网络管理功能。

③ 故障恢复功能。故障恢复是在确定故障的位置和性质以后,启用预先定义的控制命令来排除故障,这种修复过程适用于对软件故障的处理;对硬件故障,需要维修人员去更换故障管理系统指定设备中有故障的硬件。

3) 配置管理功能

配置管理是网络管理的一项基本功能,它对网络中的通信设备和设施的变化进行管理,如通过软件设定来改变电路群的数量和连接。从网管信息模型的角度来讲,就是对网络管理对象的创建、修改和删除。

在其他几个管理功能中,对网络中的设备和设施进行控制时,需要利用配置管理功能来实现。例如,在性能管理中启动一些电路群来疏散过负荷部分的业务量,在故障管理中需要启用备份设备来代替已损坏的通信设备等。

4）计费管理功能

计费管理功能可以采集用户使用网络资源的信息，如通话次数、通话时间、通话的目的地等信息，然后一方面把这些信息存入用户账目日志以便查询，另一方面把这些信息传送到资费管理模块，以使资费管理部分根据预先确定的用户费率计算出费用。也就是说，它对电信业务收费过程提供支持。另外，计费管理功能还要支持费率调整、用户查询、根据服务管理规则调整某一功能。

5）安全管理功能

安全管理功能是保护网络资源，使网络资源处于安全运行状态。安全是多方面的，如进网安全保护、应用软件访问的安全保护、网络传输信息的安全保护等。

安全管理中一般要设置权限、口令、判断非法的条件，利用设置的权限、口令、判断非法的条件对非法入侵者进行防卫，以达到保护网络资源，使网络能安全、正常运行的目的。

5. TMN 的主要特点及使用效益

TMN 是一个高度强调标准化的网络，这种标准化体现在 TMN 的体系结构和接口标准上，基于 TMN 标准的电信管理网中，每一个系统的设计都遵循开放体系标准，系统的内部功能实现是面向对象的，因此系统软件具有良好的重用性，可以克服传统管理网的弊端。

TMN 是一个演进的网络，它是在各专业网络管理的基础上发展起来的统一的、综合的管理网络。TMN 的出发点是建立一个各种网络管理系统互联的网络，管理各种各样的电信网络。包括：监视、调整、减少人工干预；解决接口的标准问题；实现管理不同厂家的设备；减小由于新技术的引进对管理系统带来的根本性改变，以达到一种逐渐演进的目的。

可见使用 TMN 的效益是明显的，主要表现在以下几点：

（1）增加了网络管理功能的自动化。

（2）提高了网络资源的利用率。

（3）提供了共同协议的专有设备的标准化及国际标准化设计的接口。

（4）可以方便地存取预先收集到的网络管理、计费等信息。

（5）增强了网络设计能力和更准确的规划。

（6）能提供经济的传送信息的手段，降低了支持系统的费用。

4.3.2 电信管理网的结构

1. TMN 逻辑分层结构

TMN 主要从 3 个方面界定电信网络的管理，即管理层次、管理功能和管理业务，这一界定方式称为 TMN 的逻辑分层体系结构，具体划分如图 4.31 所示。

TMN 采用分层管理，将电信网络的管理应用功能划分为 4 个层次：事务管理层（Business Management Layer，BML）、业务管理层（Service Management Layer，SML）、网络管理层（Network Management Layer，NML）和网元管理层（Element Management Layer，EML）。TMN 同时采用 OSI 系统管理功能定义，提出在前一节中已讨论过的电信网络管理的基本功能：性能管理、配置管理、账务管理、故障管理和安全管理。管理业务域是支持电

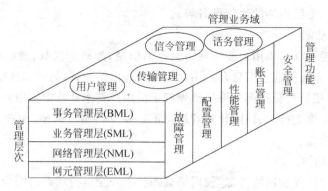

图 4.31 TMN 逻辑分层结构示意图

信的操作维护和业务管理,TMN 定义了多种管理业务,包括用户管理、话务管理、传输管理、信令管理等。TMN 管理分层的 4 个层次的主要功能如下:

1) 事务管理层

事务管理层是 TMN 的最高层功能管理层,这一层的管理通常是由高层管理人员介入。主要的管理功能包括业务预测、规划、网络的规划、设计、资源的控制和效益的核算等。

2) 业务管理层

业务管理层的主要功能是满足和协调用户的需求;按照用户的需求来提供业务,对服务质量进行跟踪以及对服务质量的情况提供报告等。接收从网络管理层传来的信息,与网络管理进行交互,与上面的事务管理层进行交互,与服务提供者进行交互。

3) 网络管理层

网络管理层的功能是对由网元互联组成的网络进行管理,包括网络连接的建立、维持和拆除、网络级性能的监视和网络级故障的发现和定位。通过对网络的控制来实现对网络的调度和保护,同时与上面的业务管理层进行交互。

4) 网元管理层

TMN 中的网元应满足下述 4 个条件:

① 是制造商提供的一个基本通信单元。

② 具有特定的功能集和对应的接口。

③ 位于某一确定的位置。

④ 对于信息传送具有一个确定的地址。

网元管理层对各个网元进行管理,包括收集和预处理网元的相关数据、在上面的网络管理层和下面的网元之间提供网关功能及对各个网元进行协调和控制。

2. TMN 的体系结构

TMN 构成的目标是使运营者对网络事件反应所需的时间达到最短,优化管理信息,充分考虑控制的区域分布,以及强化对业务运营的支撑力度和提高服务质量。

TMN 的体系结构包括 3 个方面,即 TMN 的功能体系结构、TMN 的信息结构和 TMN 的物理结构。

1) TMN 的功能体系结构

TMN 的功能体系结构是从逻辑上描述 TMN 内部的功能分布,使得任意复杂的 TMN

通过各种功能模块的有机组合实现其管理目标。在 TMN 功能体系结构中,引入了一组标准的功能模块和有可能发生信息交换的参考点。这些功能模块与参考点的连接就构成了TMN 的功能体系结构。TMN 中已经定义的功能模块有操作系统功能(Operation Systems Function,OSF)模块、中介功能(Mediation Function,MF)模块、工作站(Work Station Function,WSF)模块、网元功能(Network Element Function,NEF)模块、Q 适配器功能(Q-Adapter Function,QAF)模块、数据通信功能(Data Communication Function,DCF)模块。TMN 中的参考点是功能模块的分界点,通过这些参考点来识别在这些功能块之间交换信息的类型。为此,引入的参考点有 q、f、x 以及与外界相关的 g 和 m 参考点。这些功能模块之间的连接关系及参考点的位置如图 4.32 所示。

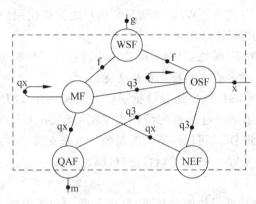

图 4.32 TMN 的功能体系结构示意图

(1) TMN 功能模块。

① 操作系统功能(OSF)模块。OSF 可对与电信管理、监视及控制有关的信息进行存储和处理,即通过 OSF 对电信网和电信业务进行管理和规划。对应 TMN 的管理层又可分为事务管理 OSF、业务管理 OSF、网络管理 OSF 和网元管理 OSF,与管理分层的对应关系如图 4.33 所示。

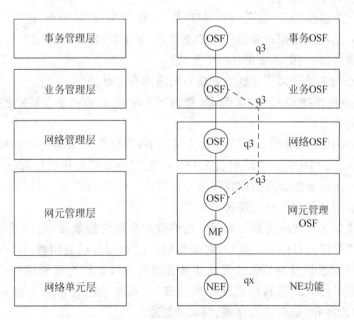

图 4.33 TMN OSF 与管理分层对应关系示意图

② 中介功能(MF)模块。MF 使具有不同参考点的功能模块之间能够互相沟通,即 MF 模块提供一组网关和中继功能。MF 除具有信息传送、协议转换、消息转换、地址映射、路由选择等功能外,还具有信息处理及对收到的信息进行存储、适配、过滤和压缩的功能。

③ 网元功能(NEF)模块。在 TMN 中网元是被监视和控制的对象,NEF 使得网元能和管理系统之间进行通信。近年来,网元的智能化程度逐步提高,网元功能的范围也逐步扩大,部分的 OSF 和 MF 的功能已逐渐渗透到 NEF 中。网元的例子包括交换系统、数字交叉连接系统(DXCS)、分插复用器(ADM)、终端复用器(TM)、数字环路载送系统(DCL)等。网元功能包括协议转换、消息转换、地址映射、路由选择、数据收集、自愈功能、故障定位、NE 告警分析、进行数据传送计费和保价倒换等。

④ 工作站功能(WSF)模块。WSF 在信息和用户之间提供用户友好界面,即把网络信息从"F"接口格式转换为"G"接口格式。

⑤ Q 适配器功能(QAF)模块。QAF 模块用来连接 TMN 实体和非 TMN 实体,即在 TMN 参考点和非 TMN 参考点之间提供转换功能。

⑥ 数据通信功能(DCF)模块。通过数据通信功能模块在 TMN 功能模块之间实现信息互换。DCF 的主要作用是通过信息的传送来实现 OS/OS、OS/NE、NE/NE、WS/OS 和 WS/NE 之间的通信,因此 DCF 可以由不同类型的信道来支持,它可以是点对点链路、局域网络(LAN)、广域网络(WAN)、嵌入式运行通道(EOC)等。

(2) TMN 中的参考点。

TMN 中的参考点是功能模块的分界点,它表示两个功能模块之间进行信息交换的概念上的点。TMN 有 3 类不同的参考点,即 q 参考点、f 参考点和 x 参考点。

① q 参考点用来连接 OSF、QAF、CMF 和 NEF,连接可以直接进行,也可以通过 DCF 进行(图 4.32 未画出 DCF 模块)。通常将连接 NEF 和 MF、QAF 和 MF 以及 MF 和 MF 的参考点称为 qx 参考点,而将连接 NEF 和 OSF、QAF 和 OSF、MF 和 OSF 以及 OSF 和 OSF 之间的参考点称为 q3 参考点。

② f 参考点指通过 DCF 连接 OSF、MF、WSF 和 WSF 的参考点。

③ g 参考点是指连接用户和工作站的参考点,处于 TMN 之外。此时,尽管 TMN 信息可以经 g 参考点传递,但仍不属于 TMN 范畴。

④ x 参考点指连接 TMN 和别的管理型网络的参考点。

⑤ m 参考点指连接 QAF 和非 TMN 管理网的参考点,也处于 TMN 之外。

2) TMN 的信息结构

TMN 信息结构是以面向目标的方法为基础的,主要是用来描述功能模块之间交换的管理信息的特征。TMN 的信息结构引入 OSI 模型中的管理者和代理者(Manager/Agent)的概念。强调在面向事务处理的信息交换中采用面向目标的方法。TMN 的信息结构主要包括管理信息模型及管理信息交换两个方面。

管理信息模型是对网络资源及其所支持的管理活动的抽象表示。在信息模型中,网络资源被抽象为被管理的目标或对象,如终端复用器(TM)、分插复用器(ADM)、数字交叉连接(DXC)、ATM 交换机及通信软件等这些被管理的资源都称为被管理的目标或对象。在模型中决定了以标准方式进行信息交换的范围,在模型中通过信息交换和控制就实现了 TMN 的各种管理操作,如信息的存储、提取和处理。

管理信息交换涉及 TMN 的 DCF 和消息通信功能（Message Communication Function，MCF），其主要是接口规范及协议栈。

电信管理是一种信息处理的应用过程。按照 ITU-T 的 X.701 建议中系统管理模型的定义，每一种特定的管理应用都具有管理者和代理者两方面的作用。在管理者和代理者面前，网络资源可以用被管理目标信息库（Management Information Base，MIB）的形式表示。代理者直接操纵被管理目标，管理者通过公共管理信息服务器（Common Management Information Service，CMIS）实施管理操作。管理者、代理者与管理目标之间的关系如图 4.34 所示。

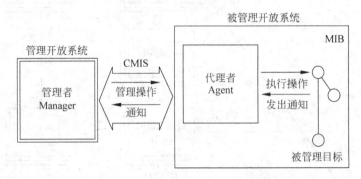

图 4.34　管理者、代理者、被管理目标之间的关系示意图

管理信息模块的标准已在 ITU-T 的 X.720-X.725 建议中作出以下的规定：

① X.720（管理信息模型）描述了对被管理资源进行分类和表示的概念和方法。

② X.722（被管对象定义准则 GDMO）规定了定义管理信息的符号。

③ X.721（管理信息定义）和 X.723（通用管理信息）包含了在 GDMO 中预先定义的管理信息库。

④ X.724（管理信息结构的要求和准则）规定了 OSI 系统管理的实行者对相关的管理信息结构提出的要求和准则。

⑤ X.725（通用关系模型）规定了为被定义的管理信息确定关系而采用的符号。

3) TMN 的物理结构

TMN 的物理结构就是为实现 TMN 的功能所需要的各种物理配置的结构。也就是说，通过在物理系统中构造模块来实现某一组功能。功能模块是从功能划分的角度来进行区分的，而物理构造模块则从某一功能的实现的角度来进行划分。这些物理构造模块在一般情况下和功能模块之间表现为一一对应的关系，但也不排除在实际的执行过程中，一个物理模块包含多个功能模块，或者一个功能模块的功能分散在各个物理模块之中，TMN 的物理结构则由物理构造模块和接口组成，如图 4.35 所示。

（1）TMN 的物理构造模块。

① 网络单元（NE）。它是由执行 NEF 的电信设备（或者是其中一部分）和支持设备组成。它为电信用户提供相应的网络服务功能，如多路复用、交叉连接、交换等。

② 操作系统（OS）。属于 TMN 的构件，它处理用来监控电信网的管理信息，是执行 OSF 的系统，一般可用小型机或工作站实现，用于性能监测、故障检测、配置管理的管理功能模块可以驻留在该系统上。

③ 中介设备（MD）。它是 TMN 的构件，是执行 MF 的设备，主要完成 OS 与 NE 间的

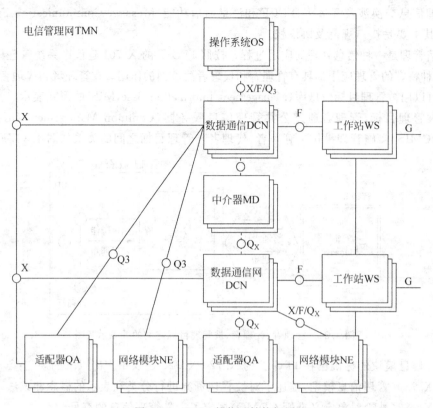

图 4.35　TMN 的物理结构框图

中介协调功能,用于在不同类型的接口之间进行管理信息的转换。

④ 工作站(WS)。属于 TMN 的构件,是执行 WSF 的设备,主要完成 f 参考点信息与 q 参考点信息显示格式间的转换功能。它为网管中心操作人员进行各种业务操作提供进入 TMN 的入口,这些操作包括数据输入、命令输入及监视操作信息。

⑤ 数据通信网(DCN)。它也属于 TMN 的构件,它为其他 TMN 部件提供通信手段。 DCN 是 TMN 的支持 DCF 的通信网;主要实现 OSI 参考模型的低 3 层功能,而不提供第 4 列第 7 层功能,DCN 可以由不同类型的子网(如 X.25 或 DDN 等)互联而成。

(2) TMN 的接口。

TMN 的功能模块通过参考点来区分,在物理结构中功能演变为物理构造模块,参考点 演变为接口,物理构造模块通过接口进行连接,每一接口都有相应的协议栈,协议栈规定通 过接口传送的数据单元的格式及数据单元的传送过程,对于接口的标准化也就是对协议的 标准化,TMN 中的接口有 Q、F、G、X、M。其中 Q 接口分为 Q1、Q2 和 Q3 接口,目前 Q1 和 Q2 已合并为 Qx 接口,分别叙述如下。

① Q3 接口是 TMN 中 OS 和 NE 之间的接口。通过这个接口,NE 向 OS 传送相关的 信息,而 OS 对 NE 进行管理和控制,该接口连接较复杂的网元设备,支持 OSI 7 层通信协 议。该接口也就是计算机和通信设备之间的接口,是 TMN 中最重要的接口。

② Qx 接口是 TMN 中 MD 和 NE 之间的接口。该接口支持操作和维护功能 (Operation Administration Maintenance, OAM)的一个子集,它连接较简单的网络设置以

及利用较简单的协议栈。

③ X 接口是两个 TMN 和 OS 之间的接口。该接口支持一组 TMN 和其他 TMN 之间 OS 到 OS 的连接功能,也支持 TMN 和其他类型管理网络之间 OS 到 OS 的连接功能。

④ F 接口是 WS 和 OS 或 WS 和 MD 之间的接口,该接口支持一组工作站和实现 OS 功能、中介功能的物理模块的连接功能。

⑤ G 接口是 TMN 中工作站和用户之间的接口,存在于 TMN 之外,支持图形界面、多窗口显示菜单生成技术。

⑥ M 接口是 QA 和 TMN 被管系统之间的接口。通过 M 接口,能够通过 TMN 环境对非 TMN 网元进行管理。

3. TMN 组网结构及设备配置

1) TMN 组网结构及设备

上面所讨论的 TMN 物理体系结构是从技术角度描述一个 TMN 内部的结构组成。从应用角度来看,TMN 的目标是将电信网上运行的专业网的网络管理系统互相连接起来构成一个统一的综合网络管理系统,即把各种专业网,如电话网、数据网、移动通信网、传输网、分组交换网、同步网、信令网等不同的网络和业务的管理都纳入到统一的 TMN 管理范畴。要实现 TMN 综合管理的目标必须要考虑到各种不同管理目的的 OS 之间的互联,各种不同的业务网的网络管理系统各为 TMN 的一个子网,子网与子网的互联随管理业务的需要而设置一种逻辑上的连接,从而形成一个综合的网络管理系统,其结构示意图如图 4.36 所示。

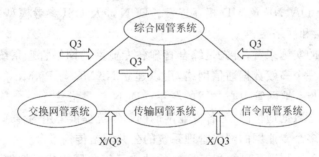

图 4.36 按子网划分的 TMN 结构框图

由上述可见,TMN 网络结构就是指那些实现不同的管理业务的 OS 之间互联形式以及具有同一种管理业务的 OS 在不同的管理地域上的组网形式。这就是说,TMN 的网络结构还与所管理的业务网及其网络管理系统的结构有关。例如,我国电话网的网络结构可分为骨干网、省内二级网和本地网 3 级。电话网的网络管理系统也分为 3 级,即全国网管中心、省级网管中心和本地网管中心,这 3 级网管中心以逐级汇接的方式连接,分级网络管理结构如图 4.37 所示。为与网络管理系统相对应,比较合适的管理网的结构也应是一种 3 级结构的网络,这 3 级结构网络的拓扑形式可以是树状的、星状的或网状的,具体结构则需视管理信息的传送需要而定。

TMN 的设备配置是由 TMN 的物理结构所决定的。构成 TMN 的一般物理结构中有 OS、MD、WS、Q 适配器和网络单元 5 种组件。其中,OS、MD 和 WS 一般都是由通用计算机来实现的。实现 OS 的计算机要求服务器具有高速处理能力和较强的 I/O 吞吐能力。实

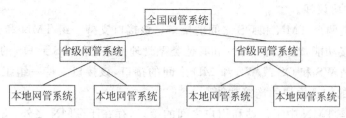

图 4.37　分级网络管理结构框图

现 WS 的计算机,则侧重要求 F 接口功能的实现,负责人—机界面,尤其要求有较强的图文用户接口(GVI)方面的处理功能。实现 MD 的计算机则要强调其通信服务器的功能。同时兼备 Q 适配器的功能,Q 适配器与 NE 的接口是非 TMN 标准的,它是接口转换器件。NE 的主要功能是实现相应的电信业务,但有一部分应属于 TMN 范畴,这一部分主要是 TMN 的接口部分硬件和实现代理者功能的软件。另外,TMN 的设备还应包括那些为了构成 TMN 专用的 DCN 所需要的网络互联设备。

2) TMN 的数据通信网(DCN)

TMN 是收集、处理、传递和存储有关电信网维护、操作和管理信息的一种综合手段,为电信主管部门管理电信网起支撑作用的网络。TMN 可以提供一系列的管理功能,并为各种类型的操作系统通过标准接口传送信息,还能为操作系统与电信网各部分之间通过标准接口提供通信联系。

TMN 系统组成中的 DCN 负责管理信息的传递,具有选路、转接和互通的功能。它位于 OS 之下,与各个 QA、NE 及 MD 相互连接。DCN 涉及 OSI 参考模型的下 3 层功能,即物理层、数据链路层和网络层。

从电信管理网的实施来看,首先是综合管理各专业网的网络管理系统。对各专业网的管理系统都需要有一个高效数据通信网络,用以建立 NNMC 与 PNMC 的网络系统之间的联系,以及 PNMC 与本地网管中心之间的联系。DCN 就是指建立一个从全国网管中心到各省网管中心的综合数据通信网,为各专业网的网管系统提供公用的传送管理信息的平台,即建立一个可支撑多个专业网的网络管理系统的公共网络传输平台。

具体的 DCN 可以由一系列的相互连接的独立子网共同构成。例如,可以利用现有的电话网、分组交换网及数字数据网等。

对 DCN 的基本要求如下:

(1) 快速的通信能力,按需要指配带宽。

(2) 较大的吞吐量与处理能力。

(3) 时延小(端到端的时延小于 40ms)。

(4) 有自动切换迂回路由,避免阻塞。

(5) 自动校验纠错(误比特率小于 1×10^{-6})。

(6) 可用度在 95% 以上。

(7) 具有多种路由与网管功能选择,可支持多种协议,如 DDN、X.25、X.28、X.75、FR 及 ATM 等。

(8) 支持对 DCN 本身的网络管理功能。

为确保 DCN 的可靠性、安全性、有效性及可扩展性,并综合考虑我国数据通信技术及网络发展情况,DCN 的组网方案将以计算机广域网为基础模型,网络设备主要由路由器和各级网管中心的局域网组成。

根据管理网的等级结构及其电信网的连接关系,DCN 网中的信息流基本为汇集型,数据由下向上传送,即各省网管中心向全国网管中心传送数据,但有少部分上级向下级传送的指令性数据等。各省网管中心之间基本上不传递信息,只在必要时传递少量信息。据此,全国网管系统 DCN 的网络结构为从全国网管中心到各省网管中心之间采用直连的辐射状结构,如图 4.38 所示。

各省网管中心也可在本省范围内构成一个以该中心为集中点的辐射状结构的 DCN,这就使整个 DCN 可由多级辐射状系统重叠而成。

由上述 DCN 拓扑结构可以看出,TMN 实际上就是由多个远距离、不同地理位置上的局域网互联而成的网络,也就是一个广域网;或者说是借助于广域网把多个 NE、OS 等互联起来。

由于电信网的日益复杂,网络管理显得尤为重要,对传递管理信息的 DCN 也提出了很高的要求,DCN 必须具备延迟少、高效性等特点,以满足管理信息接近实时的要求,以适应管理网发展的需要。

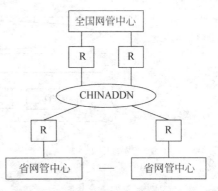

图 4.38　DCN 网络拓扑结构示意图

根据 DCN 的功能要求并结合我国数据通信发展的情况,我国采用 CHINADDN 的骨干 DXC 网作为全国网管系统 DCN 的传输通路。

4.3.3　我国电信网管理系统及向 TMN 演进

1. 概述

目前我国电信网络的组成按专业划分可分为传输网、固定电话交换网、移动电话交换网、数字数据网、分组交换数据网、数字同步网、No.7 信令网、电信管理网及新发展起来的计算机互联网等,这些不同专业网络也都有各自的网络管理系统,并对其各自专业网络运行和业务都起着一定的管理和监控作用。

为提高我国电信网络的管理水平,为更适应于向 TMN 发展和过渡,电信主管部门制定了一系列技术标准体系和规范。目前关键的问题是进一步完善专业网络管理的过程中要充分考虑 TMN 的相关标准及接口,以便能尽快实施向具有综合管理能力的 TMN 目标过渡。

2. 固定电话交换网的网络管理系统

固定电话交换网的网络管理系统可分为长途电话网络管理系统和本地电话网的网络管理。

1) 长途电话网络管理系统

1996 年邮电部电信总局软件中心按照 TMN 的概念开发了我国第一套长途电话网络管理系统。这套系统的管理范围是我国长途网,该系统的主要功能是话务管理,是属于 TMN 网络管理层的 OS。

该长途电话网的网管系统为二级,通过骨干 DCN 实现国家和省级两级网管中心的广域网连接,形成一个统一的管理网络,网络结构示意图如图 4.39 所示,该系统在北京设一个国家网络管理中心,在全国各个省会及直辖市设立省级网管中心,实现对全国长途自动电话网的交换系统的监视与控制。管理系统与交换机的连接通过长途接口机实现。

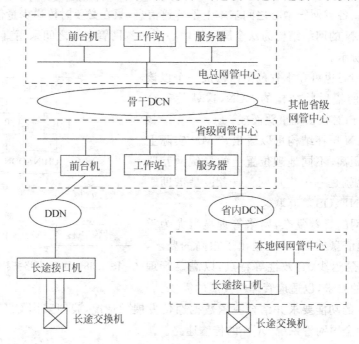

图 4.39　长途电话网网管系统结构示意图

随着管理体制和网络等级结构的变化,将来也可向上一级网过渡。

(1) 话务管理的主要任务。

话务管理的目标就是要使网络达到尽可能高的呼叫接通率,提高网络的运行质量和效率,向用户提供良好的通信服务。因此,网络管理系统话务管理的主要任务如下:

① 监测网络运行状态。

② 收集全网话务流量、流向数据。

③ 分析网络接通率,提供分析报告。

④ 对网络出现过负荷和拥塞时,实施话务控制和网络控制。

(2) 话务管理系统可实现的管理功能。

① 告警管理功能。实时地监测长途电话网络和交换设备的重大故障和告警,对告警进行屏幕显示,形成统计报表。收集交换机的 E1 端口告警,对照交换电路静态数据库和传输链路静态数据库,确定传输故障的系统和区段。

② 性能管理功能。面向运行话务网络管理,周期地(15min/1h)采集交换网的话务负荷、流量、流向数据,对每个周期的数据做超阈值处理,对严重的超阈值数据(全阻、接通率为零等)做进一步分析,找出重大的网络事件,并自动告警提示。通过话务数据分析,确定服务质量,必要时实施一定的话务控制措施,对重大的网络事件做话务疏通。

③ 配置管理功能。系统可提供交换局数据的管理功能,在网管中心可集中管理和实施

交换机的目的码数据和路由数据的修改集中实施电路资源的调度,通过现场工作人员的配合,提供对网络电路的调整功能。

④ 网络管理系统自身的维护和管理功能。

2) 本地电话网的网络管理和集中监控系统

本地电话网的网管和集中监控系统的主要功能是实现本地电话网网管和交换机的集中操作与维护。本地电话网络管理和集中监控系统应与长途电话网网络管理系统的省级网管中心相连,以形成全国网管中心、省网管中心及本地网管中心 3 级结构逐级汇接的网络管理方式。

按电信主管部门颁布的《本地电话网网管与集中监控系统总体技术要求》,本地电话网网管系统应采用客户/服务器体系结构,该系统通过计算机网络收集各专业监控系统的网管与告警数据,监测全网运行,合理安排路由,及时发现并解决网内的问题。

本地电话网络管理和集中监控系统应有的功能如下:

(1) 面向网元层的故障管理、性能管理、配置管理、计费管理和安全管理。在现行体制下应管理所有位于该本地网范围内的交换机,包括故障集中告警、故障定位、软件版本管理、配件管理、业务流程处理、派工单管理等。

(2) 本地网交换设备网络层管理功能,包括话务管理、局数据管理、路由管理。

(3) 交换监控系统是上层管理系统的基础,它向网络管理层和业务管理层提供接口和服务,如文件和命令转发、计费信息的转发、用户数据的创建与修改等。

3. 传输网的监控和管理

传输监控网的应用目标是对数字传输设备进行集中监控。传输网是电信的基础网,对传输网的管理范围可分为对准同步数字系列(PDH)网络的管理、对同步数字系列(SDH)网络的管理和对用户接入网的管理。

1) 传输网的监控与管理的功能

传输网的监控与管理的主要功能如下:

(1) 性能监视与控制功能。对传输链路及传输设备性能进行监测,如光纤传输系统的运行状态、误码秒、严重误码秒、光中继复用设备的运行状况等进行监测,根据监测结果进行性能控制。如进行业务量及业务流量的控制,DXC 和 ADM 通路倒换的控制等。

(2) 故障管理功能。对告警信息的收集、处理、显示及故障定位等。

(3) 配置管理功能。在传输网中撤除或增加某一设备时,自动配置传输电路、设置设备初始数据、进行保护倒换等。

2) 传输网的监控与管理系统的结构

目前,我国长途传输的线路设置为国家一级干线和省内二级干线,故传输管理网也分为二级,即全国监控中心和省监控中心,具体物理配置及结构如图 4.40 所示。

我国现行传输系统设备主要有两大类:一类是准同步数字系列(PDH);另一类是同步数字系列(SDH)。当前 SDH 系统发展较快,预计不久的将来会成为我国传输系统设备的主流设备,传统的 PDH 技术正逐步被 SDH 技术所取代。

3) PDH 系统监控与网管

从当前传输技术的发展上看,PDH 技术有逐步被 SDH 取代的趋势,但从实际应用而

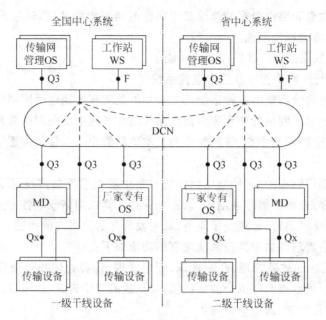

图 4.40　传输监控系统的物理配置及结构框图

言,PDH 系统又起着相当重要的过渡作用,尤其在高层网,如 No.7 信令网、智能网等的数字传输手段全靠 PDH 系统。因此,加强对 PDH 子网的监控和管理仍然是网络管理中一项重要的任务。但是由于 PDH 传输系统的帧结构中可用于监控和管理的开销比特比较少;加上 PDH 设备的网管接口功能较少,从而限制了 PDH 传输网的网管系统的发展。另外,PDH 技术是在 TMN 概念提出之前就发展起来,各个厂家的 PDH 传输系统都带有各自集中监控设备,这些监控系统一般都很不规范。要建立统一的监控和管理系统,就要增加接口,对其协议进行转换。为此,电信管理部门已制定了全国 PDH 光缆一级干级网管系统技术规范,作为开发 PDH 监控系统的依据。

4) SDH 管理网

SDH 数字传输网是我国目前电信网最重要的基础设施,是服务于现在和未来的主要传输网络。SDH 的特点之一就是帧结构中具有丰富的可用监控和管理的开销比特,这为对 SDH 设备进行全面的、智能的管理打下了基础。另外,SDH 技术是在 TMN 原则提出以后才发展起来的,设备自身具有很强的网管功能,尽管各个厂商对 ITU-T 有关 SDH 设备的遵守较好,但不同厂商所提供的设备在管理模型上还是有很大差别的。针对这种情况,我国电信主管部门提出分两部走的策略。第一步,先完善 SDH 设备中有关网管方面的进网要求规范,对厂家的网元管理器提出功能要求,充分利用已有厂商的网元或子网管理系统解决当前维护、管理工作的急需;第二步,结合干线网 DXC 系统引入的情况,立足国内自主开发兼容管理多厂商设备的 SDH 网络层管理系统。

SDH 在传输网及支持结构的管理上是高度自动化的。根据 ITU-T 建议 G.831,SDH 网的一般管理功能可以分为 3 类。

(1) 不同网络运营者管理的网络之间的自动配合能力,这些能力必须是标准化的。

(2) 由不同厂家设备组网,但由一家网络运营者管理的网络应简化操作能力,这些能力是应该标准化的。

（3）能够使网络具有运行最佳化的能力，这些能力有可能在单元管理区域内被规定。

4. No.7 信令网的监控系统

我国 No.7 信令网为 3 级结构，即 SP、LSTP 和 HSLP，对应我国 3 级信令网结构，信令网的监控分为两级，即全国中心为一级，省中心为二级，其物理配置如图 4.41 所示。

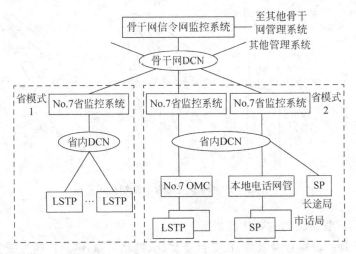

图 4.41　No.7 信令网监控网结构框图

建立 No.7 信令网监控系统的目的是对全国 No.7 信令网进行集中监测与控制，在网管中心系统实现对 No.7 信令网的故障管理、配置管理、性能管理及安全管理等。

故障管理包括实时显示网上当前的告警信息、对告警信息进行处理等。

配置管理包括创建/删除信令链路、信令链路组、创建/删除信令路由、信令路由组、闭塞/解闭信令链路、信令链路组、闭塞/解闭信令路由、改变信令路由的优先级别、显示信令网资源等。

性能管理是指信令产生的性能计数器的信息、以图形和文本方式显示信令网的话务负荷情况、对各种阈值进行监测等。

5. 数字同步网的网管与监控

数字同步网的网管系统对支撑数字同步网的正常运行起着重要作用，如 BITS 设置、GPS 设备、被同步的设备及定时链路等进行监测和控制，以保证网络的正常运行；对整个网络的同步性能进行定时测试和评估，对每一条同步传输链路的可靠性和质量进行测试和定量评估。

数字同步网网管系统，通过对同步链路和同步时钟设备进行全网的监控管理，保证同步网的性能和可靠性。与我国 4 级主从同步方式的网络等级结构相对应，同步网管系统为 3 级结构。可分为全国网管中心（SNM）和省级网管中心（SRM）。SNM 和 SRM 组成的网管网络管理着全国数字同步骨干网和省内网，当本地数字同步网达到一定规模时也可设立本地网管中心（SLM），它由同步时钟节点（PRC、LPR、BITS）及连接链路构成。数字同步网网管系统网络结构如图 4.42 所示。图中的所有链路都采用 X.25 SVC 链路，即分组交换型虚电路,在分组网暂时达不到的地方,用 PSTN 作为补充的通信手段。

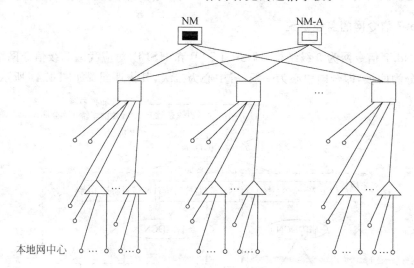

图 4.42　数字同步网网管系统结构示意图

数字同步网网管系统的主要功能如下:

(1) 故障管理。设备自身故障、设备性能劣化、链路故障、链路传输性能降质、链路定时性能降级等。

(2) 性能管理。最大时间间隔误差(MTIE)、时间偏差(TDEN)、频率偏差($\Delta f / f$)、原始相位等数据的收集、整理、储存和曲线处理。

(3) 配置管理。设备内部冗余配置中的主备倒换,对输入信号判决阈值的设置和修改,对定时参考输入信号的分析和强制倒换。

(4) 安全管理。操作级别的管理,口令的设置、修改和保护,对运行中的软件模块设防。

6. 移动通信网网管系统

全国移动通信网网络管理系统实行 3 级管理系统结构,如图 4.43 所示。

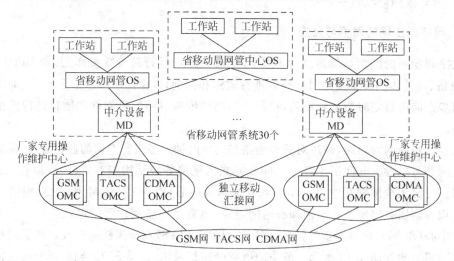

图 4.43　全国移动电话网网络管理系统组成框图

第一级为全国移动网网络管理系统,其中心设置于国家移动通信局,第二级为省级移动通信网网管系统,每省设置一个移动通信网管理中心,第三级为操作维护中心(OMC),设置在省内适当城市,其数量依据省内移动交换系统的数量、基站的设置情况而定。

OMC操作维护系统的主要功能是对所辖移动交换设备和基站设备进行集中监控、测试、修改局数据,并完成故障的修复。

省移动网络管理系统上连全国移动网管系统,下接省内各操作维护中心(OMC),监视全省移动通信网的运行状态、对数据进行处理、形成业务报表、对网络故障告警数据进行采集、显示、定位等。

全国移动通信网管中心监控全国移动通信网运行状态,完成最高层网络协调工作,实时接收各省管理系统处理后的各种数据、质量参数信息,处理生成全国话务分析报告,对全国网络的基站、交换机(MSC)、OMC、省管理系统的布局集中显示,并通过该系统对全网的电路进行调配,对各种数据进行修改,充分发挥全网的综合通信能力。

7. 计算机互联网的网络管理

计算机互联网是一个开放互联系统。遵守同一体系结构的计算机网络可以互相连接和通信,要求网络管理系统能够管理不同厂商的各种不同类型的计算机产品,要求网管系统采用一个基于同一体系结构的,能够记录被管对象及其状态的网络管理协议,在互联网的管理中这个协议就是简单网络管理协议(Simple Network Management Protocol,SNMP)。

对互联网的管理功能主要有以下几个方面:

(1) 差错管理。管理系统定时查询被管对象的状态,检测差错和故障,并加以纠正。

(2) 性能管理。监视网络和管理体系本身的性能,如监视时间延迟、某条通信线路的利用率及对性能数据分析和监测。

(3) 配置管理。增加或删除网络的设备,包括硬件和软件,增删网络的被管对象,自动修改设备的配置,动态维护、配置数据库等。

(4) 安全管理。引入安全管理机制,包括非法侵入检测、访问控制(对登录的用户身份进行验证)、安全控制、管理,以保证网络的安全性。

(5) 管理系统功能。管理网络能提供的各种服务。

8. 专业网络管理网的综合化和向 TMN 的过渡

TMN 只解决电信网管理功能和结构划分的原则、接口的标准和规范,并不涉及网管和运行支持系统的任何具体功能的实施。

网管系统的实现途径是从网元管理到网络管理。综合的方式是先发展专业网的网管功能,然后在相应的管理层次上实现综合。综合网管的 OS 是一个与各专业网管平行的 OS,它与各专业网管系统按标准的规范和接口交换管理信息,形成一个综合的管理界面,实质性的网络管理功能仍然在各个专业网管系统上实现,因此,需要首先实现专业网络的网管功能,再利用 TMN 的原则实现多专业网的网管综合。

TMN 的核心目标是实现管理系统间以管理系统与电信设备网元之间互连和相互控制操作,利用开放式分布处理技术对电信设备实现集中管理。各种电信设备网元以上的网管系统只要它是符合 TMN 的基本原则、遵守公认的标准协议和接口标准、能相互交换管理信息的都可以认为是 TMN 目标网的一部分。在各种专业网管系统之上的综合平台也只能认为是 TMN 架构中的一个 OS。综合网管的 OS 的实现就较为简单,只解决那些需要综合处理的管理功能和综合的图形用户接口(GUI)界面。

尽管 TMN 及相关标准对管理系统的结构及功能要求日渐明确,但是,从传统的管理向 TMN 标准应用的过渡不是短期的,而是一个逐步演进的过程,只有当各类电信设备及电信业务的管理系统都按照 TMN 的标准去发展时,才能最终演变为一个完整的符合国际标准的电信管理网。

习题

4.1　什么是共路信令系统? 共路信令系统有何特点?

4.2　No.7 信令系统的发展过程是什么?

4.3　简述 No.7 信令系统的基本结构及功能级结构。

4.4　简述 No.7 信令系统的信令单元格式以及各字段的用途。

4.5　简述信令网中的连接方式及其特点。

4.6　简述我国 No.7 信令网的网路结构及与电话网的对应关系。

4.7　简述我国 No.7 信令网的组网原则。

4.8　简述我国 No.7 信令网的路由设置与选择方法。

4.9　假设某固话端局到其他各局的话路数为 10 000 条,该信令点到其他信令点信令业务全部经过两个 LSTP 进行负荷分担传送,而且 ISUP 信令链路与 TUP 信令链路各占 50%,考虑需要传送网管信息和信令业务过负荷,若采用 2Mb/s 传输链路,计算这个信令点与单个 LSTP 之间的实际要开的信令链路数。

4.10　什么是数字网的网同步? 在数字网中为什么要实现同步?

4.11　在数字通信网中滑码是如何产生的? 对通信有什么影响?

4.12　实现网同步有哪几种方式? 各有何特点?

4.13　基准时钟性能参数有哪几项? 其基本含义是什么?

4.14　说明 BITS 的基本构成及各构成部分的基本功能是什么?

4.15　简要说明我国数字同步网的网络结构及同步等级的划分。

4.16　试举例说明我国数字同步网的组成。

4.17　什么是通信网管理? 通信网络管理的目的是什么?

4.18　简要说明 TMN 的基本概念。

4.19　TMN 的主要功能是什么?

4.20　简要说明 TMN 的层次功能结构和逻辑分层的体系结构。

4.21　简要说明 TMN 物理结构中的物理配置。

4.22　简要说明我国长途电话网网络管理系统的基本功能。

4.23　简要说明我国移动通信网网管系统的结构及各级网管中心的主要功能。

第5章 智能网原理

随着现代通信网技术的迅速发展,为便于快速提供新业务,在原有的网络上迅速发展起来了一种附加网络——智能网,它是现代通信技术与计算机技术紧密结合的产物,本章主要介绍智能网的概念和特点、原理、功能、结构及主要业务。

5.1 智能网的概念和特点

5.1.1 智能网概念

智能网(Intelligent Network,IN)是在原有通信网络的基础上为快速提供新业务而设置的附加网络结构。其目的在于使电信业经营者能经济、有效地提供客户所需的各类电信新业务,使客户对网络有更强的控制功能,能够方便、灵活地获取所需的信息。

通信需求的不断增长以及新技术在通信网中的广泛应用,促使电信网得到了迅速的发展。通信网络由单纯地传递和交换信息,逐步向存储和处理信息的智能化方向发展。

电信网中的"智能"是相对而言的。当电话网中采用了程控交换机以后,电话网也就具有了一定的智能。它除了具有比间接控制的机电式交换机更为完善的公共控制及译码功能外,还具有诸如缩位拨号、呼叫转移等多种智能。但是,单独由程控交换机作为交换节点而构成的电话网还不是智能网。智能网与现有交换机中具有智能功能是不同的概念。

借助先进的 No.7 信令网和大型集中式数据库的支持,智能网的最大特点是将网络的交换功能与控制功能相分离,把电话网中原来位于各个端局交换机中的网络智能集中到新设的功能部件——由中小型计算机组成的智能网业务控制点上,而原有的交换机仅完成基本的接续功能。

智能网能够快速、方便、灵活、经济、有效地生成和实现各种新业务。它不仅可以为现有的电话网(PSTN)服务,为公众分组交换数据网(PSPDN)、窄带综合业务数字网(ISDN)服务,还可以为宽带综合业务数字网和移动通信服务,智能网的应用范围如图 5.1 所示。

5.1.2 智能网特点

智能网的提出不仅在于现在能向用户提供诸多的业务,同时也着眼于未来,也能方便、经济、快速地向用户提供新的业务。智能网通过把交换与业务分离,建立集中的业务控制点

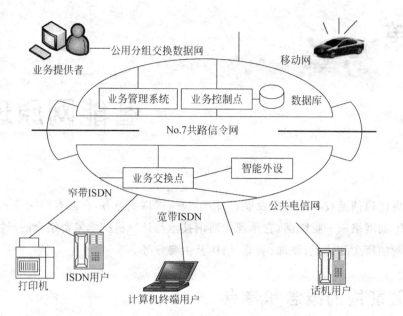

图 5.1　智能网的应用范围示意图

和数据库,从而进一步建立集中的业务管理系统和业务生成环境来达到上述目标。

智能网的特点如下:

① 有效地使用信息处理技术。

② 有效地使用网络资源。

③ 网络功能的模块化。

④ 重复使用标准的网络功能来生成和实施新的业务。

⑤ 网络功能可在物理实体中灵活地分配。

⑥ 通过独立于业务的接口,网络功能间实现标准的通信。

⑦ 业务用户可以控制由用户所规定的业务属性。

⑧ 业务使用者可以控制由使用者所规定的业务属性。

⑨ 标准化的业务逻辑。

这些特点同时也是智能网的目标,即依靠独立于业务的功能块、功能实体间的标准通信,有效地利用已有资源,快速、简便、灵活地提供各种新业务。

5.1.3　智能网的发展背景

随着社会、经济和科学技术的不断发展,人们对信息的需求量日益增大,各种用户对电信业务的需求也变得越来越复杂,这就要求电信网能迅速而灵活地向用户提供多种电信业务。传统的做法是:用户特性控制集中于每一个交换机中,每增加一项新业务,网中全部交换机就需要增加一款软件。由于交换机数量十分庞大,而且其类型多种多样,每种交换机的结构、软件、设计方法等各不相同。可以设想,每增加一种新业务,必须要求网中全部交换机软件进行修改,不但工作量大,而且由于对业务规范理解的不一致,异种交换机间新业务互通经常会出现各种问题。因此,传统的新业务提供方法成本很高,可靠性差,而且需要较长时间。

　　智能网技术正是为克服这些缺点应运而生的。其基本思想是：交换机仅完成最基本的接续功能，而所有增值业务的形成均有另一个附加网络——智能层（智能网）来完成，如图5.2所示。

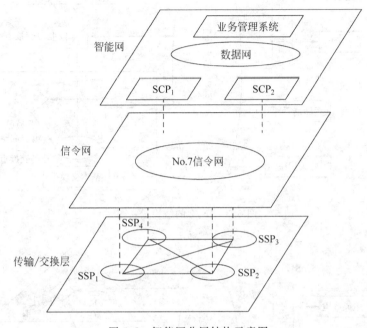

图5.2　智能网分层结构示意图

　　同时，技术的进步也促进了智能网的产生和发展。首先，智能网是计算机与通信的结合。它使得电信事业受益于计算机的发展；其次，数据库技术的发展为各种业务所需的数据处理提供了条件；No.7信令系统的推广使用，更为智能网的发展准备了所需要的网络基础。

　　通过智能网，运营公司可以最优地利用其网络，加快新业务的生成；可以根据用户各自的需要来设计业务，向其他业务提供者开放网络，增加收益，保护用户的投资。

5.1.4　智能网的演变和发展状况

　　自1967年美国首先开放了"免费电话"——800号业务以后，智能业务在世界各国逐渐得到了发展。在20世纪80年代初期Bell系统解体后，新组建的7家地区控股公司及贝尔通信研究公司，由于业务发展的需要，明确地提出了建设智能网的设想，即IN/2方案，如图5.3所示。

　　根据当时的情况，IN/2方案涉及面很广，在短期内不能实现，于是推出了IN/1＋方案，如图5.4所示，以期在几年内即可得到实施。

　　由于对IN/1＋方案的性能有所怀疑，因此，IN/1＋计划实际并未实施。1988年由Bellcore发起，几个地区通信公司、交换机厂商与计算机软硬件供应商组织了一个智能网论坛MVI。通过MVI的努力，从1989年开始制定高级智能网版本0标准（AIN Release 0），并于1991年实施。目前北美智能网均按此标准执行。

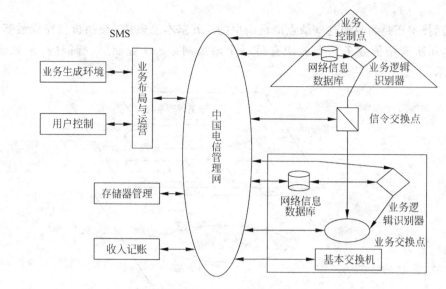

图 5.3　IN/2 的结构示意图

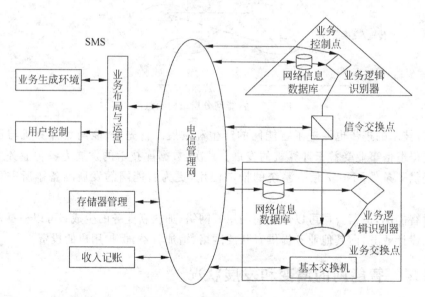

图 5.4　IN/1＋的结构示意图

ITU-T 1992 年的白皮书才正式有了关于智能网的建议。考虑到网络的发展和满足智能网的发展目标要很多年,智能网作为一个新的体系应从现有的网络开始引入,同时考虑到智能网目标今后的演进,智能网在实际运行中的经验、新技术的出现和市场的发展,因此关于智能网的建议采用阶段性标准的方法逐步标准化。有关智能网的 ITU-T 建议,是一组 Q.12XY 系列建议。其中,X 代表是哪一个阶段标准,Y 表示该标准的具体方面,如表 5.1 所示。

为了能适应和推进智能网技术的发展及应用,我国原邮电部电信传输所于 1995 年提出中国智能网应用规程(China-Intelligent Network Application Protocal,C-INAP)。

表 5.1　智能网国际建议一览表

项　目	建 议 号	建 议 名 称
一般原理	Q.1200	智能网标准的构成
	Q.1201	智能网结构原理
	Q.1202	智能网业务层结构
	Q.1203	智能网全局功能层结构
	Q.1204	智能网分布功能层结构
	Q.1205	智能网物理层结构
	Q.1208	接口标准(一般原理)
	Q.1209	智能网用户手册
能力集 1(CS-1)	Q.1211	CS-1 智能网入门
	Q.1213	CS-1 智能网的全局功能层
	Q.1214	CS-1 智能网的分布功能层
	Q.1215	CS-1 智能网的物理层
	Q.1218	CS-1 智能网的接口标准
	Q.1219	CS-1 智能网的用户手册
	Q.1290	智能网定义中所用术语汇编

5.1.5　智能网的体系结构

智能网一般由业务交换点(SSP)、业务控制点(SCP)、信令转移点(STP)、智能外设(IP)、业务管理系统(SMS)、业务生成环境(SCE)等几部分组成,组成框图如图 5.5 所示。

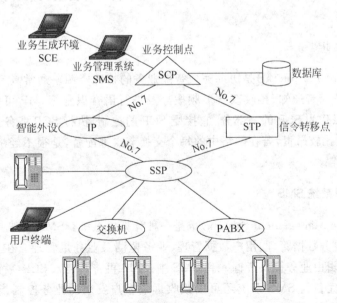

图 5.5　智能网体系结构示意图

1. 业务交换点 SSP

SSP(Service Switching Point)是连接现有 PSTN 以及 ISDN 与智能网的连接点,提供

接入智能网功能集的功能。SSP 可检出智能业务的请求,并与 SCP 通信;对 SCP 的请求作出响应,允许 SCP 中的业务逻辑影响呼叫处理。从功能上讲,一个业务交换点应包括呼叫控制功能(Call Control Function,CCF)和业务交换功能(Service Switching Function,SSF)。在我国目前不采用独立的 IP(智能外设)的情况下,SSP 还应包括部分的专用资源功能(Specialized Resource Function,SRF)。呼叫处理功能接收和识别智能业务呼叫,并向业务控制点报告,同时接受业务控制点发来的控制命令。业务交换点一般以数字程控交换机为基础,再配以必要软硬件以及 No.7 公共信道信令网接口。

2. 业务控制点 SCP

SCP(Service Control Point)是智能网的核心构件,它存储用户数据和业务逻辑。SCP 的主要功能是接收 SSP 送来的查询信息并查询数据库,进行各种译码;同时,SCP 能根据 SSP 上报来的呼叫事件启动不同的业务逻辑,根据业务逻辑向相应的 SSP 发出呼叫控制指令,从而实现各种智能呼叫。智能网所提供的所有业务的控制功能都集中在 SCP 中,SCP 与 SSP 之间按照智能网的标准接口协议进行通信。SCP 一般由小型机、高性能微机和大型实时高速数据库组成,要求 SCP 具有高度的可靠性,每年的服务中断时间不得超过 3min。因此,在智能网系统中 SCP 的配置至少是双备份的。

3. 信令转移点 STP

STP(Signaling Transfer Point)实质上是 No.7 信令网的组成部分,它是将信令消息从一条信令链路转到另一条信令链路的信令点。在智能网中,STP 用于沟通 SSP 与 SCP 之间的信号联络,其功能是转换 No.7 信令。STP 通常为分组交换机,在网中的配置是双备份的。

4. 智能外设 IP

IP(Intelligent Peripheral)是协助完成智能业务的特殊资源。通常具有各种语音功能,如语音合成、播放录音通知、接收双音多频拨号及进行语音识别等。IP 可以是一个独立的物理设备,也可以作为 SSP 的一部分,它接受 SCP 的控制,执行 SCP 业务逻辑所指定的操作。IP 设备一般比较昂贵,若在网络中的每个交换节点都配备,是很不经济的,因此在智能网中将其独立配置。

5. 业务管理系统 SMS

SMS(Service Management System)也是一种计算机系统。SMS 一般具有 5 种功能,即业务逻辑管理、业务数据管理、用户数据管理、业务监测及业务量管理。在业务生成环境中创建的新业务逻辑由业务提供者输入到 SMS 中,SMS 再将其装入 SCP,就可在通信网上提供该项新业务。完备的 SMS 系统还可以接收远端客户发来的业务控制指令,修改业务数据,从而改变业务逻辑的执行过程。一个省级智能网一般只配置一个 SMS。

6. 业务生成环境 SCE

SCE(Service Creation Environment)的功能是根据客户的需求生成新的业务逻辑。

SCE 为业务设计者提供友好的图形编辑界面。客户利用各种标准图元设计出新业务的业务逻辑,并为其定义好相应的数据。业务设计好后,需要首先通过严格的验证和模拟测试,以保证其不会给电信网已有业务造成不良影响。此后,SCP 将新生成业务的逻辑传送给SMS,再由 SMS 加载到 SCP 上运行。

一种新业务的创建和加载过程如图 5.6 所示。

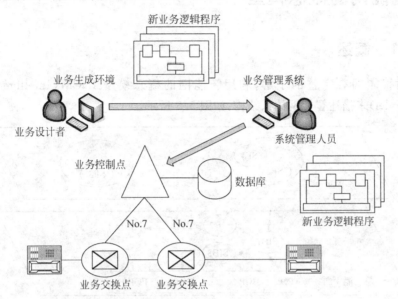

图 5.6 新业务的创建和加载过程示意图

图 5.6 中各个步骤简单说明如下:

① 设计新业务。

② 向 SMS 传送设计好的新业务。

③ 系统管理员发命令,向 SCP 加载新业务逻辑程序。

④ 客户开始使用新业务。

下面以 800 号业务为例,说明智能网的工作原理,如图 5.7 所示。

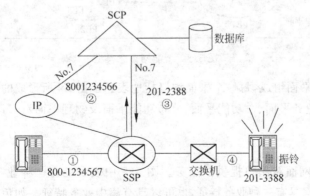

图 5.7 800 号业务实现原理示意图

图 5.7 中各步骤说明如下:

① 主叫用户拨打 800 号业务号码。

② SSP 向 SCP 查询 800 号号码。

③ SCP 各 SSP 送译码结果(真正被叫号码)。

④ 连接主、被叫,振铃。

5.2　智能网的概念模型

5.2.1　概述

为了对智能网有完整的了解,利用智能网的概念模型 INCM(Intelligent Network Concept Model)来描述智能网体系结构,如图 5.8 所示。

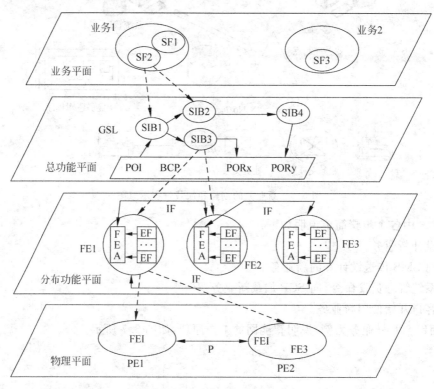

图 5.8　智能网概念模型

INCM 由 4 个平面组成,每一个平面均概括地表达了由 IN 所形成的网络在不同平面所提供的能力,即从业务平面、总功能平面、分布功能平面及物理平面对 IN 进行了描述。

1. 业务平面

它反映了智能网面对用户提供的服务。图 5.8 中表示的每一种业务均由业务特征组成。一种业务可以只具有一种业务特征,也可以具有集中业务特征。如免费电话业务至少需要两个业务特征:其一是一个号码(One Number);其二为反向计费(Reverse Charging)。由被叫集中计费,主叫用户无须付费。

2. 总功能平面

总功能平面反映了智能网所具有的总的功能。它包括的功能部分有基本呼叫处理部分 BCP(Basic Call Processing)、业务独立构件 SIB(Service Independent Building Block)、BCP 和 SIB 之间的起始点 POI(Point Of Initiation)与返回点 POR(Point Of Return)。由图 5.8 可知,在业务平面中的一个业务特征需要总功能平面中几个 SIB 来实施。

3. 分布功能平面

它是在智能网中如何分布这些功能的一种模型。在分布功能平面上有各种不同的功能实体 FE(Function Entity),每一个功能实体可以完成各种功能实体动作 FEA(Function Entity Actions),而各个 FEA 可以由一个或多个 EF(Elementary Function)来完成。每个 SIB 可以由一串特定的 FEA 来实现,并且在不同 FE 的 FEA 中形成信息流,以配合不同 FEA 之间的协调动作。例如,分布功能平面包含的功能实体可以有呼叫控制接入功能 OCAF、呼叫控制功能 CCF、业务交换功能 SSF、业务控制功能 SCF、业务数据功能 SDF、专用资源功能 SRF、业务管理功能 SMF、业务管理接入功能 SMAF 及业务生成环境功能 SCEF。

4. 物理平面

在智能网中所有的这些网络功能将在各个物理实体中实施,一个功能实体可能要在多个物理实体中实施,也可能几个功能实体在一个物理实体中实施,如业务交换点 SSP、智能外设 IP、业务控制点 SCP、业务管理系统 SMS 及业务生成环境 SCE 等物理实体。

5.2.2　业务及业务特征

业务是电信运营部门为满足用户对通信的需求而提供的通信能力。任何一种业务都具有它本身的业务特色,体现在用户使用业务时所感受到的最基本的业务单元中。这个基本业务单元称为业务特征。此业务特征也表示网络向用户提供的业务能力。

一个业务由一个或几个业务特征组成。此外,还可以选择所需要的其他业务特征来加强某种业务,以提供更丰富的能力。就电话业务而言,这就对应于在基本电话业务的基础上增加一些满足用户要求的性能或者说是具有一些特色的电话业务。

为了使网络迅速地开发出新业务,适应用户需求和占领业务市场,根据 ITU-T Q.1200 系列建议,在智能网第一阶段中明确了 25 种 IN 目标业务,以及 38 种 IN 目标业务特征,如表 5.2 和表 5.3 所示。

表 5.2　能力集 1 的业务

序号	缩写名	业　务　名	序号	缩写名	业　务　名
1	ABD	缩位拨号	5	CF	呼叫转移
2	ACC	记账卡呼叫	6	CRD	重选呼叫路由
3	AAB	自动更换记账	7	CCBS*	遇忙呼叫完成
4	CD	呼叫分配	8	CON*	会议呼叫

序号	缩写名	业　务　名	序号	缩写名	业　务　名
9	CCC	信用卡呼叫	18	SCP	遇忙/无应答时可选呼叫前转
10	DCR	按目标选择路由			
11	FDM	跟我转移	19	SPL	分摊计费
12	FPH	被叫集中付费	20	VOT	电话投票
13	MCI	恶意呼叫识别	21	TCS	终端来话筛选
14	MAS	大众呼叫	22	UAN	通用接入号码
15	OCS	发端去话筛选	23	URT	通用个人通信
16	PRM	附加费率	24	UDR	按用户的规定选路
17	SEC	安全阻止	25	VPN	虚拟专用网

表 5.3　能力集 1 的业务属性

序号	缩写名	业　务　属　性	序号	缩写名	业　务　属　性
1	ABD	缩位拨号	20	DUP	提醒被叫用户
2	ATT	话务员	21	FDM	跟随转移
3	AUTC	验证	22	MAS	大众呼叫
4	AUTZ	鉴权码	23	MMC	汇聚式会议电话*
5	ABC	自动回叫*	24	MWC	多方呼叫*
6	CD	呼叫分配	25	OFA	网外接入
7	CF	呼叫转移	26	ONC	网外呼叫
8	SCF	遇忙/无应答时的选择呼叫前移	27	ONE	一个号码
			28	ODR	由发端位置选路
9	GAP	呼叫间隙	29	OCS	发端去话筛选
10	CHA*	具有通知的呼叫保持*	30	OUP	提醒主叫用户
11	LIM	呼叫限制	31	PN	个人号码
12	LOG	呼叫记录	32	PRMC	附加计费
13	QUE	呼叫排队	33	PNP	专用编号计划
14	TRA*	呼叫转移*	34	REVC	反向计费
15	CUG	闭合用户群	35	SPLC	分摊计费
16	COC*	协商呼叫	36	TCS	终端来话筛选
17	CPM	客户进行管理	37	TDR	按时间选路
18	CRA	客户规定的记录通知	38	CW	呼叫等待
19	CGR	客户规定的振铃			

注：表 5.2 和表 5.3 中有标号 * 的业务和业务属性在 CS-1 中部分支持。

5.2.3　智能业务简介

1. ACC——计账卡呼叫

ACC(Account Card Calling)业务,一般也被称为 300 号业务。ACC 业务允许用户在任何一部话机上进行呼叫,并把费用计在规定的账号上。ACC 业务按照记账卡的特征(付费方式)分为 4 类:A 类用户(按月付费用户);B 类用户(预先付费用户);C 类用户(一次性付费用户)和 D 类用户(类似 C 类用户,但是不需要密码)。

除了把呼叫的费用记在记账卡的账号上外,ACC 业务还具有依目的码进行限制、限值指示、密码设置、连续进行呼叫、卡号和密码输入次数的限制、修改密码、防止欺骗、语音提示和收集信息、查询余额、缩位拨号、修改缩位拨号、功能键等业务特征。

2．FPH——被叫集中付费

FPH(Free Phone)业务实际上是一项反向收费业务,使用该业务的用户作为被叫接受来话并支付通话的全部费用。该业务允许用户利用一个集中付费的号码,设置若干个终端,分布在不同地区(可以是局部地区,也可能是全国范围,甚至可以跨越国家),提供该业务的用户对这种业务支付话费。由于这些呼叫对主叫是免费的,所以,也称为免费电话。

FPH 业务除了具有由业务用户支付话费的特征外,还具有遇忙/无应答呼叫前移、呼叫阻截、语音提示、按时间选择路由、密码接入、按照发话位置选择路由、呼叫分配、同时呼叫次数的限制、呼叫次数的限制等业务特征。

3．VOT——电话投票

VOT 业务是给社会上提供的一种征询意见或民意测验的服务。需要进行民意测验的企事业单位、商业部门等,可作为业务用户申请一个或多个电话投票的号码,用以通过电话网调查大众对某些事的意见。被调查的用户可以拨打电话投票号码,拨通后根据录音通知的提示,按相应数字的键盘发表他的意见。

网络对每个投票号码的呼叫次数和用户意见信息进行分类统计。业务用户可随时通过终端和 DTMF(Dual Tone Multi-Frequency)双音多频话机查询自己业务的统计信息。

此外,表达不同意见的投票号码可以重新再分配,而且对这些特殊号码可以用不同的费率来进行计费。VOT 业务具有大众呼叫、向发端用户提示、发端呼叫筛选、呼叫记录、最大呼叫次数限制、客户资料管理、客户录音通知、反向计费等业务特征。

4．VPN——虚拟专用网

VPN(Virtual Private Network)是通过公用网来提供专用网的特性和功能。VPN 业务的用户可以利用公用网的资源建立一个非永久性的专用网,即利用公用网的用户线和一些交换设备,构成一个能在一个用户群内进行相互通信的网络,该网络即称为虚拟专用网。它含有专用编号计划(Private Numbering Plan,PNP)、呼叫前移、呼叫保持等专用网的能力。

虚拟专用网主要是机关、企业、团体的 PABX 利用公用网资源连成专用网,也可以允许以单个用户方式进入 VPN。

VPN 业务具有网内呼叫、网外呼叫、远端接入、记账呼叫、呼叫前移、缩位拨号、鉴权码、闭合用户群、可选的网外呼叫阻截、可选的网内呼叫阻截、VPN 话务员坐席/自动呼叫分配、话务员登录、话务员撤销、呼叫转移更改、语音提示、同时呼叫次数的限制等业务特征。

5．UPT——通用个人通信

UPT(Universal Personal Telecommunication)业务是一种移动性的服务,用户使用一个唯一的个人通信号码(Personal Communication Number,PCN),可以接入任何一个网络

并能跨越多个网络进行通信。个人通信号码能按用户的要求,翻译成相应的通信号码并进行路由选择,将来话接到他所指定的地方。

该业务实质是一种移动业务,用户能发起和接受任意类型的呼叫,并可通过唯一的、独立于网络的个人号码接受任意呼叫;还可跨越多重网络,在任意的网络—用户接口接入。呼叫不受地理位置的影响,但可能会受到终端能力和网络能力的影响。

通用个人通信来话服务由 4 个核心的业务特征和 6 个可选的业务特征组成。4 个核心的业务特征包括验证、跟我转移、个人号码和分开记账。6 个可选的业务特征包括呼叫记录、用户资料管理、用户自录通知、提醒被叫用户、向发端用户提示和按时间选路由。

6. WAC——广域 CENTREX

WAC(Wide Area CENTREX)业务是在市话交换机上将部分用户划分为一个基本用户群,为用户提供用户小交换机的功能;同时还具有一些特有的电信网业务功能。CENTREX 的业务范围只限于本地。广域 CENTREX 业务是一种把 CENTREX 和 VPN 结合在一起的一种业务,即通过 VPN 把若干分散在全省内的 CENTREX 交换机连成一个网。该 VPN 覆盖范围可以是本地的,也可以是长途的,以供这些机关、企业等专用网内开放业务。

本地的电话通信及一些本地的特殊功能主要通过 CENTREX(可本局和跨局)功能解决;长途的电话通信通过 VPN 业务解决。针对 WAC 应用的特殊性,所使用的 VPN 的功能与标准的 VPN 相比是有所缩减的,是一种简式的 VPN。其业务特征主要有网内呼叫(基本功能)、网外呼叫(基本功能)、呼叫前转(可选功能)、话务员(可选功能)、话务员登录(可选功能)、话务员撤销(可选功能)、呼叫转移更改(可选功能)、语音提示(基本功能)、可选的网外呼叫阻截(可选功能)、可选的网内呼叫阻截(可选功能)等。

7. MAS——大众呼叫

MAS(Mass Calling)业务提供一种类似热线电话的服务。它最主要的特征是具有在瞬时高额话务量情况下防止网络拥塞的能力。当用户从电视、广播和报纸上广告得知,在某一段特定时间内呼叫一个指定电话号码有中奖机会时,即可能出现大众呼叫业务和瞬时大话务量。

节目主办者作为业务用户,可以向电信部门申请一个热线电话号码。在每次拨通这一个号码时,系统将呼叫者接到节目主持人热线电话;或者拨通这一号码后,呼叫者将听到一段录音通知,要求呼叫者输入一个数字以表示他对某个问题的意见或偏好,系统把这个数字记录下来并进行积累;该业务终止时,电信部门可向业务用户提供大众对该问题各种意见的详细情况。

MAC 业务具有大众呼叫、向发端用户提示、呼叫分配、发端呼叫筛选、呼叫限制、呼叫间隙、呼叫记录、按发端位置选路由、按时间选路由、业务用户录音通知、呼叫排队等业务特征。

8. NP——号码流动

NP(Number Portability)业务可向用户提供以下服务:当用户申请一个普通电话以后,移机任何地方(可以跨局)而不用更改电话号码。NP 业务具有移机不改号、改号通知、有效期和语音提示等业务特征。

5.3　智能呼叫处理

5.3.1　概述

　　智能网的基本思想是将交换功能与控制功能分开,简化交换机的各软件,使其完成基本的接续功能。业务交换节点 SSP 是连接现有 PSTN 以及 ISDN 与智能网的连接点,提供接入智能网功能集的功能。具体怎样来根据智能业务的逻辑完成呼叫的接续步骤,则完全听从业务控制点 SCP 的命令。为了实现交换功能与控制功能分开的思想,SSP 需要在呼叫处理过程中增设一些检出点和控制点。检出点可以将呼叫过程中发生的各种事件向 SCP 报告,并等待 SCP 的进一步控制命令。而控制点则接受 SCP 的控制命令,实现对呼叫过程的控制。

　　在智能网体系结构中,SSP 包括 SSF、CCF、CCAF、SPF 功能;SCP 包括 SCF、SDF 功能;SMS 包括 SMF、SMAF 功能;SCE 包括 SCEF 功能。而 SSP、SCP、SMS 和 SCE 这几部分协同完成智能呼叫的处理。智能呼叫处理模型包括 SSF/CCF 处理模型、SRF 处理模型、SCF 处理模型、SDF 处理模型、SMF 处理模型等。本节主要讨论 IN 基本呼叫模型,即 SSF/CCF 处理模型,其他部分的内容可参阅《中国智能网设备业务交换点(SSP)技术规范》(YDN 047—1997)和《智能网应用规程》(INAP)。

5.3.2　IN 基本呼叫模型

1. SSF/CCF 模型中的主要组成成分

　　SSF/CCF 模型主要包括:基本呼叫管理 BCM(Basic Call Manager);IN 交换管理 IN-SM(IN-Switching Manager);特征兼容性管理 FIM(Feature Interactions Manager)/呼叫管理 CM(Call Manager);BCM 与 IN-SM 的关系;BCM 和 IN-SM 与 FIM/CM 的关系及在 SSF/CCF 提供的功能上的分离。图 5.9 表示对主叫或被叫用户单端业务逻辑处理实例 SLPI(Service Logic Processing Instance)的 SSF/CCF 模型。

　　下面对图 5.9 所示各个部分作以简要说明:

　　(1) 基本呼叫管理(BCM)。BCM 不是一个功能实体,它是交换机一部分的抽象,它提供基本呼叫和连接控制去建立用户的通信通路,并把通信通路连接起来。它可检出基本呼叫和连接控制时间,这些时间会导致 IN 业务逻辑实例的调用,或者这些事件是应当报告的以激活 IN 业务逻辑实例。它管理支持基本呼叫和连接控制的 CCF/SSF 资源。BCM 也实现基本呼叫状态模型 BCSM 和检出数据点(Data Point,DP)的处理。检出 DP 的处理是 BCM 的实体,它与 FIM/CM 相互作用。

　　(2) IN 交换管理(IN-SM)。IN-SM 是 SSF 中的一个实体,它在为用户提供 IN 业务特性的过程中与 SCF 接口。它可为 SCF 提供关于 SSF/CCF 呼叫/连接处理动作的可识别的观点,并可为 SCF 提供到 SSF/CCF 功能和资源的接入。它还检测 IN 呼叫/连接事件(这些事件应当报告,以激活 IN 业务逻辑实例),管理支持 IN 业务逻辑实例的 SSF 资源。IN-SM

与 FIM/CM 相互作用。

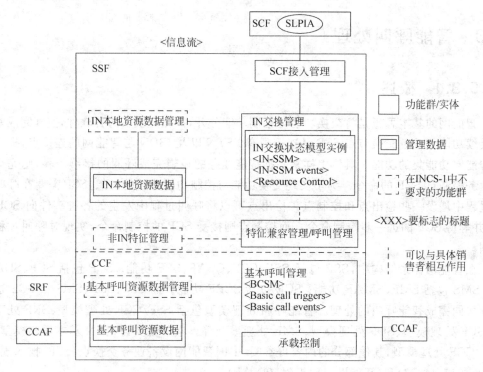

图 5.9　主叫或被叫用户单端 SLPI 的 SSF/CCF 模型图

（3）特征相互关系的管理（FIM）和呼叫管理（CM）。FIM/CM 是 SSF 的一个实体，它提供支持在一个单一呼叫中存在 IN 业务逻辑实例与非 IN 业务逻辑实例的多个实例被激活。FIM/CM 在 IN 与非 IN 业务逻辑实例的多个实例之间判优的能力有待进一步研究。FIM/CM 综合了这些与 BCM 和 IN-SM 相互作用的机制，在一个单一呼叫中对于 SSF 内部的呼叫/业务处理为 SSF 提供了一个统一的观点。

（4）BCM 与 IN-SM 的关系。这个关系围绕着 BCM 与 IN-SM 通过 FIM/CM 相互作用。与此相互作用相关的信息流在外部是不可见的，在 CS-1 阶段也是没有标准化的。但是为了说明基本呼叫、连接处理以及 IN 呼叫/连接处理是如何相互作用的，需要理解此关系。

（5）BCM 和 IN-SM 与 FIM/CM 的关系。这个关系围绕着 BCM 和 FIM/CM 之间的相互作用，和 IN-SM 与 FIM/CM 之间的相互作用。与这些相互作用相关的信息流在外部是不可见的，在 CS-1 阶段也是没有标准化的。但是为了统一 BCM、IN-SM 和 FIM/CM，需要理解此关系。

（6）SSF/CCF 的功能分离。SSF/CCF 中处理和资源功能上的分离为 IN CS-1 提供了一种控制业务逻辑实例相互作用的方式。这种功能的分离用于分离与主叫方相关的单端业务逻辑实例和与同一呼叫的被叫方相关的单端业务逻辑。IN CS-1 范围内 SSF 中没有控制分离的 SSF 主叫方处理与 SSF 被叫方处理间的业务特性之间相互作用的功能。

2. SSF/CCF 模型动作的典型顺序

下面将描述一个 SSF/CCF 模型动作的典型顺序，来说明主要模型成分的功能及其关系。这个流程给出了这样一个例子——IN-SSM 的一个新的实例被激活以便为用户提供一个 IN 业务特性。在本流程开始前，没有 IN 业务逻辑或非 IN 业务逻辑激活，SCF 与 SSF/CCF 之间没有存在的关系。

(1) 一个用户通过 CCAF 和 SSF/CCF 通信请求建立一个呼叫，BCM 产生一个 BCSM 去表征要求的基本呼叫控制功能以建立和保持用户的呼叫。

(2) 呼叫建立过程中，在与该用户呼叫相关的 BCSM 中检出事件。

(3) BCM 在 BCSM 中的一个 DP 处理此事件，确定是否该事件应该报告（也就是决定是否配置了 DP 并且满足 DP 标准）。如果应该报告，就向 FIM/CM 发送一个 BCSM 事件指示（向 FIM/CM 报告此事件）及检出事件时 BCSM 的状态。如果 BCM 需要得到如何继续处理的指令，BCSM 的处理停留在此 DP 点直至收到指令；否则 BCM 就继续正常的 BCSM 处理。这样，可能有以下 3 种情况：

① BCM 确定事件不应该报告，BCSM 处理继续（如未配置 TDP）。

② BCM 确定事件应该报告，但不需要进一步的指令，则 BCSM 处理继续（如配置 TDP-N）。

③ BCM 确定事件应该报告并需要进一步的指令（如配置 TDP-R），BCSM 处理保持悬置，并在接收到指令之前可以继续检出附加事件。

(4) IM/CM 接收和处理 BCM 事件指示，确定事件是由 IN 业务逻辑实例还是由非 IN 业务逻辑实例来处理，同时也要确定是由业务逻辑实例的新的实例来处理还是由现有激活的实例来处理。

(5) 假定该 BCM 事件由新的 IN 业务逻辑实例来处理，FIM/CM 发送一个 IN 事件指示至 IN-SM，报告该事件及检出该事件的 BCSM 的状态，并指示要调用 IN 业务逻辑的一个新实例。

假定 BCM 事件是由非 IN 业务逻辑实例的新实例来处理，则 FIM/CM 发送一个非 IN 事件指示，向非 IN FM 报告该事件及检出该事件的 BCSM 的状态，并指示要调用一个 IN 业务逻辑的新实例。非 IN FM 接收并处理非 IN 事件，并调用想要的非 IN 业务逻辑实例。非 IN FM 执行非 IN 业务逻辑实例，并向 FIM/CM 发送非 IN 控制请求（为实现此业务特征，这是必要的，这样一个非 IN 的业务逻辑实例的后续信息流的处理在此例中不予说明）。

(6) IN-SM 接收并处理 IN 事件指示。假定调用 IN 业务逻辑实例的新实例，IN-SM 产生一个 IN-SSM 的新实例，以便以 SCF 的业务逻辑处理程序（Service Logic Processing Programs）可接入的方式来表达用户呼叫和连接的状态（如用 BCSM 事件和相关信息，以及诸如支路和连接点等"对象"来表示）。然后（通过 SCF 接入管理）向 SCF 发送 SSF 信息流提供 IN-SSM 的当前状态。

(7) SCF 接收并处理 SSF 信息流，假定要调用 IN 业务逻辑的一个新实例，SCF 调用可实现所希望的业务性能的 SLP 实例（SLPI）。向 SLPI 提供 IN-SSM 的当前状态。SLPI 发送一个 SCF 信息流至 SSF 去请求 IN-SSM 状态，以此去实现 IN 业务性能。SCF 信息流还可指示应向 SLPI 报告的一组事件（即它指示此业务逻辑实例应配置的一组 BCSM 和 IN-SSM EDPs）。

(8) IN-SM（通过 SCF 接入管理）接收 SCF 信息流并处理它，以按请求去操作 IN-SSM 的状态。这样，它产生一个至 FIM/CM 的 IN 控制请求，它也监视在请求中指示的 IN-SSM 事件（如果有）。

（9）FIM/CM 接收和处理 IN 控制请求，并根据其他激活的业务逻辑实例确定它是否有效，然后向 BCM 发送一个 BCM 控制请求去通知它需完成的功能及需监视的 BCSM 事件。

（10）BCM 接收和处理 BCM 控制请求，操作一个或多个 BCSM 以满足该请求。在操作 BCSMs 中，它完成相应的承载控制和资源控制功能。BCM 也监视在 BCM 控制请求中所指示的 BCSM 事件（如果有）。BCSM 处理如果被暂停，现在恢复。

（11）如果 BCM 在一个 BCSM 中检出一个 BCSM 事件，则重复（3）步以向 FIM/CM 发送一个 BCSM 事件指示。

（12）FIM/CM 重复（4）步，确定如何处理该事件，在此情况下，该事件用于一个已经激活的 IN 业务逻辑实例，它向 IN-SM 发送一个 IN 事件指示，指出该事件是用于一个现存的 IN 业务逻辑实例。

（13）IN-SM 按照（6）步接收和处理 IN 事件指示，与（6）步比有以下不同之处：假定该事件是用于 IN 业务逻辑已存在的实例，由于由已存在的 IN-SSM 实例来表征，IN-SM 更新现有的 IN-SSM 的状态，以反映用户连接的状态，并通过 SSF 信息流向 SCF 报告该事件和目前 IN-SSM 的状态。没有新的 IN-SSM 实例产生。

（14）SCF 按照（7）步接收和处理 SSF 发来的信息流，与（7）步比有以下不同之处：假定该事件是用于 IN 业务逻辑已存在的实例，由于由现有的 SLPI 来支持，它把 SSF 发来的信息流的内容传到现有的 SCLPI，不调用 SCP 的新实例。然后 SLPI 重复（7）步的动作，向 SSF 发送一个 SCF 信息流，以请求 IN-SM 去操作 IN-SSM 状态，指示感兴趣的下一组 EDPs（如果有）。

（15）重复（8）～（14）步直至 IN 业务逻辑实例终止。当 SLPI 不再对任何 EDPs 感兴趣时，或者 SSF/CCF 处理进展到可遇到 EDP 点之外的范围是，IN 业务逻辑实例终止。

5.4　智能网应用协议

5.4.1　概述

智能网是一个分布式系统，它通过智能网节点中的各个功能实体（如 SCF、SSF 等）之间互相传递消息来协作共同完成智能业务。ITU-T 将智能网各功能实体之间的信息流用一种高层通信协议的形式加以规范定义，即为智能网的标准接口协议——INAP（Intelligent Network Application Protocol）智能网应用规程。该接口协议在 ITU-T 建议了各个功能实体接收到信息流之后必须遵守的操作过程。例如，在接收到某条信息流之后，功能实体应当执行什么样的操作，之后应转换到什么样的状态等。只要功能实体之间传输的信息格式是标准的，大家对信息流的意义具有同样的理解，不同厂商的设备就能实现互通。

另外，智能网的实现是以 No.7 信令网和大型集中数据库为基础的。No.7 信令网为智能网各节点之间的联系提供了通信手段，智能网功能实体之间的标准信息流是通过 No.7 信令网来传送的。No.7 信令基本结构如图 5.10 所示。

图 5.10 没有给出 No.7 信令结构的所有细节，但它指出了关于 OSI（开放系统互联）7 层模型与信令 4 层模型之间的关系。其中与智能网有紧密联系的是 OSI 模型中应用层上

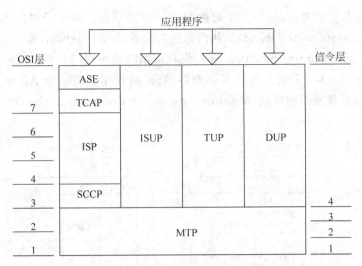

图 5.10　No.7 号信令的基本结构示意图

的"事务处理能力应用部分(Transaction Capability Application Part,TCAP)"。智能网应用程序通过调用 TCAP 原语来传送智能网的标准信息流。图中的字母缩写含义如下:

ASE(Application Service Element)——应用业务单元。

TCAP(Transaction Capability Application Part)——事务处理能力应用部分。

ISP(Inter-Service Part)——中间服务部分。

ISUP(ISDN User Part)——ISDN 用户部分。

SCCP(Signalling Connection Control Part)——信号连接控制部分。

TUP(Telephone User Part)——电话用户部分。

DUP(Data User Part)——数据用户部分。

MTP(Message Transfer Part)——消息转移部分。

5.4.2　INAP 协议的体系结构

智能网应用规程 INAP 是基于 OSI 7 层模型的应用层协议,用以支持在 CS-1 阶段 SSF、SCF、SDF、SRF 4 个应用实体 AE(Application Entity)间的相互作用。

在概念上,可以将应用过程 AP(Application Process)分为非通信对象和通信对象两类。应用实体 AE 即应用层的实体是 AP 的一个通信对象。

应用实体 AE 可能相当复杂。为说明 AE 之间如何通信,有时需要把 AE 细分为多个子对象,并分析这些子对象如何和它们的对等对象进行通信。例如,一个 AE 可以细分为一个或多个应用业务单元 ASE(Application Service Element)。ASE 是 AE 的基本子对象,其中"基本"的含义是指它不能再进一步地分离。ASE 相对于 AE 起到了端口(Port)即业务访问点(Service Access Point,SAP)的作用。

在两个应用实体通信之前,它们彼此间首先要建立应用联系,而应用上下文是应用联系的一个重要属性,它定义了一组规则,制约两个 AE 在整个应用联系中的通信,尤其是规定了在应用联系中使用的 ASE。

INAP 应用规程体系结构如图 5.11 所示。假如某 AE 调用牵涉多个应用联系,可以把

AE 调用细化成若干子对象,每一个子对象对应一应用联系。这些子对象称为单个联系对象 SAO(Single Association Object)。从内部组成来看,SAO 包括单个联系控制功能 SACF(Single Association Control Function)和一组在应用联系的应用上下文(Context)中使用的 ASE。SACF 在 SAO 中实质上起到了协调各 ASE 的作用。当一个 AE 调用中含有多个 SAO 时,需要多重联系控制功能(Multiple Association Control Function,MACF)来协调这些 SAO。

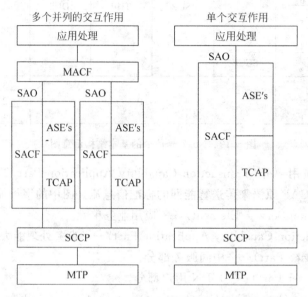

图 5.11   INAP 应用规程体系结构

MACF—多重联系控制单元;ASE—应用业务单元;SCCP—信令连接控制部分;MTP—信息传递部分;SACF—单个联系控制单元;TCAP—事务处理应用部分;SAO—单个联系对象

在 INAP 协议中包括了 SACF/MACF 规则、应用实体 AE 间传送的操作的规定及每一个应用实体所采取的动作的规定。

INAP 规定了 SSF、SCF、SRF 间发送信息的程序和 TCAP 原语。在正常操作情况下,INAP 作为 TC 用户只使用由 TCAP 提供的结构化对话,当两个物理实体之间发送信息时,可使用以下几个原语:

① 建立一个对话:TC 用户发送 TC—BEGIN 请求原语。

② 维持一个对话:TC 用户发送 TC—CONTINUE 请求原语。

③ 不再维护对话:TC 用户发送 TC—END 请求原语。

与 SSP—SCP 的接口相关的 AE—SSF 应用实体的定义以其功能模型,与 SCF—SSF/SRF/SDF 的接口相关的 AE—SCF 应用实体的定义以其功能模型,与 SRF—SCF 的接口相关的 AE—SRF 应用实体的定义以其功能模型,这些应用实体程序在 INAP 标准协议中都有详细的描述,是智能网开发所必须遵循的,这里不再引用。

5.4.3   INAP 的描述方法

INAP 采用 ITU-TX.208 建议的抽象语法表示法 1(Abstract Syntax Notation-1,ASN-1)来

描述。有关 ASN-1 是如何描述协议的请参考 ITU-T 相关标准。

5.4.4 INAP 操作

1．INAP 操作及其类别

① 类别 1：成功和失败都报告。

② 类别 2：仅报告失败。

③ 类别 3：仅报告成功。

④ 类别 4：成功和失败都不报告。

在 INAP 规程中，根据开放业务的需要选用 35 种操作。操作与信息流对应关系如表 5.4 所示。

表 5.4　INAP 操作及其类别

信　息　流		操　作	类　别
Activate Service Filtering	激活业务过滤	Same	1
Activity Test	激活测试	Same	3
Activity Test Response	激活测试响应	Return Result from Activity Test	3
Apply Charging	申请计费	Same	2
Apply Charging Report	申请计费报告	Same	2
Assist Request Instruction	辅助请求指令	Same	2
Call Gap	呼叫间隙	Same	4
Call Information Report	呼叫信息报告	Same	4
Call Information Request	呼叫信息请求	Same	2
Cancel Status Report Request	取消状态报告请求	Same	2
Connect Information	收集信息	Same	2
Connect	连接	Same	2
Connect to Resource	连接到资源	Same	2
Continue	继续	Same	4
Disconnect Forward Connection	切断前向连接	Same	2
Establish Temporary Connection	建立临时连接	Same	2
Event Notification Charging	计费事件通知	Same	4
Event Report BCSM	BCSM 事件报告	Same	4
Furnish Charging Information	提供计费信息	Same	2
Initiate DP	启动 DP	Same	2
Initiate Call Attempt	启动试呼	Same	2
Release Call	释放呼叫	Same	4
Request Charging Event Notification	请求通知计费事件	Same	2
Request Report BCSM Event	请求报告 BCSM 事件	Same	2
Request Status Report	请求状态报告	Request Curren Status Request First Status Match Report Change Report	

信　息　流		操　　作	类　别
Reset Timer	重设定时器	Same	2
Select Facility	选择设备	Same	2
Send Charging Information	发送计费信息	Same	2
Service Filtering Response	业务过滤响应	Same	4
Status Report	状态报告	Same	4
Assist Request Instruction from SRF	来自 SRF 的辅助请求指令	Assist Request Instruction	2
Cancel Announcement	取消通知	Cancel	2
Collected User Information	收集的用户信息	Return Result from Prompt and Collect User Information	1
Play Announcement	播送通知	Same	2
Prompt and Collect User Information	提示并收集用户信息	Same	1
Specialized Resource Report	专用资源报告	Same	4

2. 同类 ASEs 所含 INAP 操作

① SCF activation ASE(SCF 激活 ASE)——Initial DP。

这个操作用来在一个 TDP 之后指示业务的请求。

② SCF/SRF activation of assist ASE(SCF/SRF 激活辅助 ASE)——Assist Request Instructions。

这个操作用于当 SSF 或 SRF 要有辅助请求程序时要向 SCF 发送。

③ Assist connection establishment ASE(建立辅助连接 ASE)——Establish Temporary Connection。

这个操作用于在一段限定的时间内建立到资源的连接。

④ Generic disconnect resource ASE(基本切断资源 ASE)——Disconnect Forward Connection。

这个操作用来切断一个前向临时连接或是到一个资源的连接。

⑤ Non-assisted connection establishment ASE(非辅助连接建立 ASE)——Connect to Resource。

这个操作用来将一个呼叫由 SSP 连接到 SRF 的物理实体。

⑥ Connect ASE(连接 ASE)——Connect。

这个操作用来请求 SSF 执行呼叫处理动作,即选路由或前转到规定的目的地。

⑦ Call handling ASE (呼叫处理 ASE)——Release Call。

这个操作用来解释一个现有呼叫在任何阶段的所有呼叫方。

⑧ BCSM event handling ASE (BCSM 事件处理 ASE)——Request Report BCSM Event。

这个操作用来通知 SCF 一个与呼叫相关的事件。

⑨ SSF call processing ASE (SSF 呼叫处理 ASE)。

——Collect Information。

这个操作用来请求 SSF 执行发端基本呼叫处理动作,以提示主叫用户目的地信息,然后根据规定的编号计划收集目的地信息。

——Continue。

这个操作用来请求 SSF 继续处理为等待 SCF 指令而事先在检出点悬置起来的呼叫。

⑩ SCF call initiation ASE (SCF 启动呼叫 ASE)。

——Initiate Call Attempt。

这个操作用来请求 SSF 根据 SCF 提供的地址信息去生产一个新的呼叫到一个呼叫方。

⑪ Charging ASE (计费 ASE)。

——Apply Charging。

这个操作用来使 SCF 和 SSF 的计费机制进行相互作用。

——Apply Charging Report。

SSF 用此操作向 SCF 报告所发生的由 SCF 在"Apply Charging"操作中所请求的计费事件。

⑫ Traffic Management ASE (话务量管理 ASE)。

——Call Gap。

这个操作用来请求 SSF 降低发送到 SCF 的某些业务的呼叫请求的速率。

⑬ Service Management ASE(业务管理 ASE)。

——Activate Service Filtering。

当 SSF 接收到这个操作,不用对每个被检测到的呼叫都向 SCF 请求,而是以一种特殊的方式处理到目的地的呼叫。

——Service Filtering Response。

这个操作用来向 SCF 发送以前在"Activate Service Filtering"操作中规定的计数器值。

⑭ Call Report ASE (呼叫报告 ASE)。

——Call Information Report。

这个操作用来将一个呼叫所规定的呼叫信息送给 SCF。

——Case Information Request。

这个操作用来请求 SSF 记录一个呼叫所规定的信息。

⑮ Specialized Resource Control ASE (专用资源控制 ASE)。

——Play Announcement。

这个操作用来向用户播送通知。

——Prompt and Collect User Information。

这个操作用来与用户相互作用以收集信息。

——Specialized Resource Report。

这个操作是对"Play Announcement"操作的响应,即当通知完成后发送。

⑯ UserData Manipulation ASE(用户数据操作 ASE)。

——Query。

这个操作用来查询 SDF 中的数据。

——Update Data。

这个操作用来修改 SDF 中的数据。

⑰ Cancel ASE(取消 ASE)。

——Cancel。

这个操作取消以前相关的操作。可以取消以下操作：Play Announcement、Prompt and Collect User Information。

还有"计费事件处理 ASE"、"定时器 ASE"、"账单 ASE"、"状态报告 ASE"、"信令控制 ASE"、"差错编码 ASE"等，这里不再叙述。

5.5　智能网计费系统

智能网计费是指除了由通常的基本呼叫处理实现的计费以外，再涉及任何特殊的计费特性时（如特殊费率、反向计费、分割计费等），要对呼叫确定特殊的计费处理。它公用于提供智能业务性能的呼叫，不请求智能功能辅助的呼叫计费不在此范围内。

作为一种特殊的计费手段，智能网的计费操作可以在一个业务/业务性能事例中多次使用。它可以按主叫账号、被叫账号、通过收集用户信息的账号卡和信用卡以及付费电话的方式进行计费。此外，还可以为各种信息元进行计费，比如为电路方式的承载信息、分组或消息、特殊资源功能(SRF)（通知、语音消息储存等）以及所用的业务控制功能等进行计费处理。

5.5.1　智能网计费体系结构

在智能网中，计费是一个复杂的过程，根据不同的具体要求可能会有不同的计费体系。一个完整的计费体系结构如图 5.12 所示。

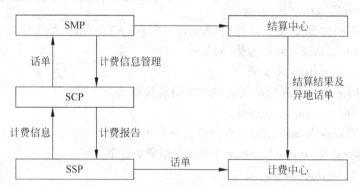

图 5.12　计费体系结构示意图

SSP：生成智能话单，将计费报告送到 SCP 以及将生成的话单送到本地的计费中心。

SCP：控制 SSP 的计费。

SMP：向 SCP 发送计费管理信息，并将异地话单传到结算中心进行结算处理。

结算中心：对各地产生的话单进行话费分摊等处理后将话单分拣，连同结算结果发给相关计费中心。

计费中心：结合各种话单，包括非智能呼叫话单、本地智能话单、结算话单（从结算中心送来的话单）形成最后的用户收费信息以便向用户收费。

图 5.12 所示为一个完整的计费体系。在具体应用中，如果不需要业务结算，如本地业务等，那么就没有必要让 SCP 将话单传递给 SMP，再由 SMP 传递给结算中心。

SSP、SCP 和 SMP 要有能力对计费数据进行管理，包括与用户相关的计费数据和公用计费信息,如计费类别等。

SCP 与 SSP 计费信息流程可参阅《中国 INAP 规范》,具体话单格式可参阅"设备规范"。

5.5.2 智能网计费体系中的接口

1. SSP 与 SCP 的接口

对于智能呼叫,在得到 SCP 指令以后,SSP 来完成呼叫的接续。相应地,在计费方面,也是由 SCP 决定是否上费、计费类别及计费相关信息,SSP 负责具体记录。图 5.13 表示了 SCP 与 SSP 之间的信息流和功能实体的动作。

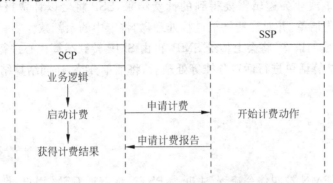

图 5.13　SCP 与 SSP 之间的计费操作接口

SCP 的动作是启动一个"申请计费"动作,这个动作的结果是 SCP 向 SSP 发送一个"申请计费"的信息流,即请求 SSP 去产生一个账单记录。此时,SSP 接收和分析"申请计费"请求并按照"申请计费"请求的指示开始计费,当 SSP 的一个计费动作结束后,向 SCP 提供"申请计费报告",将计费结果送到 SCP。

2. SSP 与计费中心的接口

SSP 根据 SCP 的计费要求进行计费,得到智能网的原始话单,该话单格式根据上级业务主管部门对智能网话的最新规定产生。智能网的原始话单存储于可读写光盘中向计费中心提交,由计费中心结合各种话单,包括非智能呼叫话单、本地智能话单、结算语音(从结算中心送来的话单)形成最后的用户收费信息以便向用户收费。

3. SCP 与 SMP 的接口

SCP 收到 SSP 的"申请计费报告"后,将话单提取并送到 SMP,以便用户在 SMAP 进行话单查询等操作。SMP 收到 SCP 的话单后,将需要进行结算的话单送到结算中心。SCP 和 SMP 之间的话单传送格式,目前没有相应的规范,传送格式采用自定义接口。

4. SMP 与结算中心的接口

SMP 将需要进行结算的话单,如异地呼叫、漫游呼叫等话单传到结算中心进行结算。目前,SMP 和结算中心的接口还没有形成相应的规范。

5.5.3 智能网计费过程

在智能网的呼叫处理中,SSP 根据 SCP 指令来完成接续、放音等对呼叫的控制。所以,在计费方面,也是由 SCP 根据业务的指示,决定是否计费,并通过向 SSP 发送的计费操作通知 SSP 进行计费。在计费操作中包含和计费相关的计费信息,SSP 根据这些计费信息监视计费情况,并生成话单,这就是话单的生成过程。

对于话单的处理流程会随着业务的需求而有所不同。

SSP 对于生成的话单会传给本地的计算中心处理。

对于异地话单或业务逻辑需要得到的计费结果,SSP 将会以计费报告的形式上报给 SCP。由 SCP 生成话单,并对计费结果进行处理,如将卡中的余额减少等。

在 SCP 中生成的语音,将会上传给 SMP,再由 SMP 转到结算中心进行结算处理。

结算中心将结算话单进行话费分摊等处理后,将话单分拣,连同结算结果发给相关计费中心。

习题

5.1　论述 VPMN 被叫信令流程(主叫为 PSTN 或普通 GSM 用户,且主叫属于网外号码组)。

5.2　简要说明智能网的基本概念。

5.3　简要说明业务交换点 SSP 的基本功能。

5.4　简要说明业务控制点 SCP 的基本功能。

5.5　简要说明固定电话网智能化改造的基本思想。

5.6　简要说明智能网的特点。

5.7　分布功能平面(DFP)的主要作用是什么?

5.8　说明 SIB 运行时需要哪两种参数?

5.9　结合智能网的功能说明 800 号业务的实现过程。

5.10　简述智能网计费系统的组成结构。

第6章

IP通信网

随着通信和计算机技术的不断发展,各种业务将不断走向融合,早期的 MSTP 平台将逐渐被全网 IP 化和全业务 IP 化的 IP over OTN 所取代。这一变化是伴随着数据业务的迅猛增长而不断发展的,作为承载数据业务的宽带 IP 城域网日益成为技术焦点,网络的发展逐渐走向层次结构的模糊化和网络的扁平化,这些都为 IP 宽带网络的发展提供了良好的发展契机。宽带 IP 城域网是连接核心网和接入网的纽带,是现阶段最具活力的网络技术之一,它是数据骨干网和长途电话网在城域范围内的延伸和覆盖,是传统语音业务与基于 IP 技术业务的融合。它是传统电信网与新兴数据网络的交汇点,是传统网络向 CN2 演进的平台。

本章重点介绍有关计算机网络在汇聚层的相关应用和技术,本章内容主要包括:

- 计算机网络基本概念;
- 宽带 IP 网络概述;
- 宽带 IP 城域网的骨干传输技术;
- 宽带 IP 网络的接入技术;
- IP 协议及地址规划;
- IP 网络路由选择协议。

6.1 计算机网络

6.1.1 计算机网络概述

1. 计算机网络的概念

将若干台具有独立功能的计算机通过通信软件(操作系统和网络协议)、通信设备及传输媒体互联起来,以达到资源共享为目的,实现计算机间信息传输与交换的网络称为计算机网络。这阐明了计算机网络的构成及用途。

2. 计算机网络的形成与发展

随着 1946 年世界上第一台电子计算机 ENIAC 问世,在此后的 10 多年时间内,由于价格很昂贵,计算机数量极少。早期计算机网络主要是为了解决这一矛盾而产生的,其形式是将一台计算机经过通信线路与若干台终端直接连接,以达到共享硬件资源的目的,这种方式可看作局域网的雏形。

今天的 Internet,是由美国国防部高级研究计划局(ARPA)逐步商用化后形成的。最早的大型计算机网络是美国国防部高级研究计划局开发的 ARPANET 网络,它是冷战时期美苏争霸的产物,后来逐渐演变成为今天为大家所熟知的"互联网"。

现代计算机网络的许多概念和方法,如分组交换技术都来自 ARPANET。ARPANET 不仅进行了租用线互联的分组交换技术研究,而且做了无线、卫星网的分组交换技术研究工作,其结果催生了 TCP/IP 体系结构的问世,也是今天计算机网络的主流体系结构,1977—1979 年,ARPANET 推出了目前形式的 TCP/IP 体系结构和协议。1980 年前后,ARPANET 上的所有计算机开始了 TCP/IP 协议的转换工作,并以 ARPANET 为主干网建立了初期的 Internet。1983 年,ARPANET 的全部计算机完成了向 TCP/IP 的转换,并在 UNIX (BSD4.1)上实现了 TCP/IP。ARPANET 在技术上最大的贡献就是 TCP/IP 协议的开发和应用。两个著名的科学教育网 CSNET 和 BITNET 先后建立。1984 年,美国国家科学基金会(NSF)规划建立了 13 个国家超级计算中心及国家教育科技网。随后取代了 ARPANET 的骨干地位。1988 年 Internet 开始对外开放。

计算机网络的发展主要经历了以下几个阶段。

(1) 第一代计算机网络。

第一代计算机网络是在 20 世纪 50 年代发展起来的,它是面向终端的计算机网络,如图 6.1 所示。

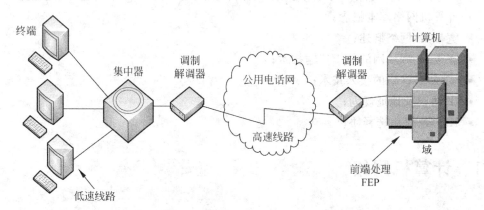

图 6.1　面向终端的计算机网络示意图

由图 6.1 可见,这种面向终端的计算机网络是利用传统电话网实现主机与终端之间数据信息的传输与交换,其优点是投资少、实现简易和使用方便。由于传统电话网络采用的是模拟传输系统,而计算机网络是基于数据业务的数字通信系统,因此二者之间采用调制解调设备进行互联。但由于电话网是为传输电话信号而设计的,利用它传输数据信号有诸多的弊端,这种互联方式增加了网络的处理时延,同时也使得网络的带宽受到极大的限制。同时造成传输速率低、传输差错率高、线路接续时间长、传输距离受限制以及接通率低、不易增加新功能等缺陷。为了改进这些缺点,引出了第二代计算机网络。

(2) 第二代计算机网络。

第二代计算机网络是以通信子网为中心的计算机网络,这里的通信子网是基于分组交换的数字数据网络,如图 6.2 所示。

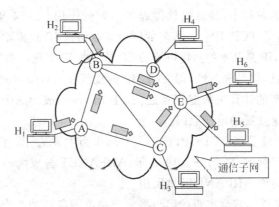

图 6.2 分组交换网示意图

分组交换网络提出了基于"存储—转发"模式的数据转发机制,与传统电话网相比它建立的是基于"面向无连接"的交换方式,这种交换方式极大地提高了系统的传输效率和信道的利用率,但是系统数据传输的可靠性较第一代计算机网络有明显的不足。这种计算机网络比第一代的面向终端的计算机网络的功能扩大了许多。最早的分组交换网是美国的分组交换网 ARPANET,它是 1969 年 12 月投入运行的(当时仅 4 个节点)。由于分组交换具有线路利用率高、可靠性好、不同类型的终端可相互通信等优点,但系统的实时性较差,不适合对实时性要求高的业务。此后几年里,分组交换网在世界各地迅速发展起来。

(3) 第三代计算机网络。

第三代计算机网络是体系结构标准化的计算机网路。

计算机网络是个非常复杂的系统,计算机之间相互通信涉及许多复杂的技术问题。为了设计这样一个复杂的系统,早在最初的 ARPANET 设计时就提出了分层的方法。分层就是将完成计算机通信全过程的所有功能划分成若干层,每一层对应一些独立的功能。这样,就可将庞大而复杂的问题转化为若干较小的局部问题,而这些较小的局部问题就比较易于研究和处理。

1974 年美国 IBM 公司公布了它研制的系统网络体系结构(System Network Architecture,SNS,网络体系结构就是计算机网络的各层功能及其协议的集合)。不久,各种不同的网络体系结构相继出现。

为了使不同体系结构的计算机网络能够互联,国际标准化组织于 1977 年成立了专门机构研究体系结构标准化的问题,不久,该机构就提出了著名的开放系统互联参考模型(OSI),这是一个能使各种计算机在世界范围内互联成网的标准框架。从此,计算机网络走上了标准化的轨道。体系结构标准化的计算机网络称为第三代计算机网络。

(4) 互联网时代。

20 世纪 70 年代,ARPANET 已经有了几十个计算机网络,但是每个网络只能在网络内部的计算机之间互联通信,不同计算机网络之间仍然不能互通。为此,ARPA 又设立了新的研究项目,支持学术界和工业界进行有关的研究。研究的主要内容就是想用一种新的方法将不同的计算机局域网互联,形成"互联网"。研究人员称为 Internetwork,简称 Internet。这个名词就一直沿用至今。随着全球范围内计算机通信需求的日益增长,20 世纪 80 年代末期美国开始发展互联网,而进入 20 世纪 90 年代,计算机网络已成为互联网时代。

在研究实现互联的过程中,计算机软件起了主要的作用。1974 年,出现了连接分组网络的协议,其中就包括了 TCP/IP——著名的网际互联协议 IP 和传输控制协议 TCP。这两个协议相互配合,其中,IP 是基本的通信协议,TCP 是帮助 IP 实现可靠传输的协议。TCP/IP 有一个非常重要的特点,就是开放性,即 TCP/IP 的规范和 Internet 的技术都是公开的。目的就是使任何厂家生产的计算机都能相互通信,使 Internet 成为一个开放的系统。这正是后来 Internet 得到飞速发展的重要原因。

ARPA 在 1982 年接受了 TCP/IP,选定 Internet 为主要的计算机通信系统,并把其他的军用计算机网络都转换到 TCP/IP。1983 年,ARPANET 分成两部分:一部分军用,称为 MILNET;另一部分仍称 ARPANET,供民用。

1986 年,美国国家科学基金组织(NSF)将分布在美国各地的 5 个为科研教育服务的超级计算机中心互联,并支持地区网络,形成 NSFNET。1988 年,NSFNET 替代 ARPANET 成为 Internet 的主干网。NSFNET 主干网利用了在 ARPANET 中已证明是非常成功的 TCP/IP 技术,准许各大学、政府或私人科研机构的网络加入。1989 年,ARPANET 解散,Internet 从军用转向民用。

Internet 的发展引起了商家的极大兴趣。1992 年,美国 IBM、MCI、MERIT 3 家公司联合组建了一个高级网络服务公司(ANS),建立了一个新的网络,称为 ANSNET,成为 Internet 的另一个主干网。它与 NSFNET 不同,NSFNET 是由国家出资建立的,而 ANSNET 则是 ANS 公司所有,从而使 Internet 开始走向商业化。

1995 年 4 月 30 日,NSFNET 正式宣布停止运作。而此时 Internet 的骨干网已经覆盖了全球 91 个国家,主机已超过 400 万台。在最近几年,互联网更以惊人的速度向前发展,很快就达到了今天的规模。互联网是全球最大的、开放的、由众多网络互联而成的计算机互联网,或者说是网络的网络。互联网意味着全世界采用统一的网络互联协议,即采用 TCP/IP 协议的计算机都能互相通信,所以说,互联网是基于 TCP/IP 协议的网间网。

3. 计算机网络的分类

(1) 按网络覆盖的范围划分

按网络覆盖的范围可将计算机网络分成广域网、局域网、城域网、个域网和家域网 5 类。

① 广域网(Wide Area Network,WAN)内,通信的传输装置和介质由电信部门提供,其作用范围通常为几十到几千千米,可遍布一个城市、一个国家乃至全世界。广域网有时也称为远程网(Long Haul)。

② 局域网(Local Area Network,LAN)是局部区域网络,它一般由微型计算机通过高速通信线路相连(速率一般为 1Mb/s 以上)。局域网通常由一个部门或公司组建,在地理位置上限制在较小的范围(一般为 0.1～10km),如一栋楼房或一个单位。

③ 城域网(Metropolitan Area Network,MAN)的作用范围在广域网和局域网之间(一般是一个城市),作用距离为 5～50km,传输速率在 1Mb/s 以上。城域网实际上就是一个能覆盖一个城市的扩大的局域网。

④ 个域网(Personal Area Network,PAN)是随着无线通信技术的应用在个人所携带的设备之间组建一个微型的计算机网络,应用类型有穿戴计算机的各个部分之间信息传递时起作用的网络。

⑤ 家域网(Home Area Network,HAN)与个域网类似,只是覆盖范围比个域网稍大。其主要是在终端智能化的今天将家庭中各种智能终端通过无线微网络进行互联以达到资源共享的效果。

个域网和家域网都是采用无线通信技术来实现近距离智能终端或非智能终端的互联互通,是计算机网络终端小型化、移动化的发展产物。

(2) 按网络的所有权性质划分

根据网络的所有权性质,可将计算机网络分成公用网和专用网。

公用网(Public Network)也称为公众网,是由国家电信部门组建的网络。网络内的传输和转接装置可供任何部门使用,它在服务层面上具有普遍性的特征。可连接众多的计算机和终端。所有愿意按运营商规定缴纳费用的个人都可以使用这个公用网,公用网是为全社会所有人提供服务,它属于国家电信基础设施。

专用网(Private Network)是某个部门为本单位的特殊业务工作的需要而建造的网络。这种网络不向本单位以外的人提供服务,即不允许其他部门和单位使用,如军队、铁路、电力等系统均有本系统的专用网。

(3) 按网络的拓扑结构划分

按照网络中各节点位置和布局的不同,计算机网络可分为树状拓扑结构网络、总线状拓扑结构网络、环状拓扑结构网络、星状拓扑结构网络和网状拓扑结构网络等5种网络类型。

常用的网络拓扑结构主要是总线状、环状和星状拓扑结构。

广域网基本上采用网状型拓扑结构,一般用不完全连接网状结构。

在选择拓扑结构时,主要考虑的因素有安装的相对难易程度、重新配置的难易程度、维护的相对难易程度、通信介质发生故障时受到影响的设备情况。

还可将网络分为集中式网络、分布式网络和分散式网络。集中式网络又称为星状网,在一个集中式网络里,所有的信息流必须经过中央处理设备(即中心节点),链路都从中心节点向外辐射,这个中心节点的可靠性基本上决定了整个网络的可靠性。分散式网络是集中式网络的扩展,它是星状网与格状网的混合物。分散式网络的可靠性比集中式网络有所提高。分布式网络是格状网,其中任何一个节点至少和其他两个节点直接相连。分布式网络的可靠性是最高的。现在一些网络把主干网络做成分布式的,而非传统主干网做成集中式的。

4. 计算机网络交换技术

交换是判定节点间如何创建连接的网络逻辑拓扑结构的一个组件。交换机就是负责管理网络交换的硬件。应了解交换的两种基本方法,即电路交换、分组交换。每种网络传输系统都依靠这些交换机制的一种。

1) 电路交换。

在电路交换中,两个网络节点在开始传输数据之前必须建立一个连接。这种连接需要一定的带宽,并且直到用户结束了两个节点之间的通信时才释放带宽。当节点保持连接状态时,所有的数据沿着最初由交换机选择的相同的路径传输。例如,当放置一条电话线时,呼叫通过一条电路交换连接。

当两个站点保持连接时,电路交换独占了一段带宽,这并不是一种经济的技术。然而,有些网络应用不能容忍重组数据包所花费的时间延迟,如实时电视或电话会议,这些应用程序可以通过这种专用通道来实现。电路交换常用于以下的联网技术中：异步传输模式(ATM)、拨号、ISDN 和 T1。

2）分组交换。

（1）分组交换技术。分组交换技术是为适应计算机通信而发展起来的一种先进的点对点，或是点对多点的数据通信技术。它采用 STDM（统计时分多路复用）和分组（Packet）技术，不仅可以将大的数据拆分成小的数据块，以便于在窄带线路中传输，而且还可以为终端提供动态的线路接入，大大提高了线路的利用率和传输效率。分组交换技术可以满足不同速率、不同类型的终端；终端与计算机；计算机与计算机；以及局域网之间的相互通信，从而实现资源的共享。分组交换技术产生于 20 世纪 60 年代，是针对数据通信的特点而开发的一种信息交换技术。分组交换与电路交换相比较在信道利用率、处理突发性业务及差错控制方面都具有很强的优势，因此，分组交换比电路交换更适合数据通信系统的要求，具有更高的效率，并可以实现在多个用户之间实现资源共享。目前，传统的分组交换技术虽然有些过时，但分组交换是各种数据交换的基础，因此牢固地掌握分组交换的原理和技术对掌握其他数据交换技术有着非常重要的意义。

分组交换的基本思想是把用户要传送的数据信息分成若干个较小的数据块，即分组包（Packet），每个分组包的长度都比较短，并且具有统一的格式，每个分组包内部都有一个头部文件，该文件具有控制分组包和选择路由的能力，通常将该文件称为分组头。分组头的作用是用于标识是由哪一个用户发出的，是第几个数据分组，并记录有发送的目的地址等信息。分组包在网络中以"存储—转发"的方式进行传输。由于每个分组在网络中传送时都要经过若干个节点才能到达目的地，当节点收到分组包时首先对分组进行暂存，然后检查分组包在传输的过程中是否出现差错，分析分组头中的选路信息，进行路由选择，并在所选的路由上进行排队，等到所选路由空闲才转发到下一个节点或目的终端。

分组交换中每个分组的大小是影响分组是否能够实现的关键，分组越小，系统的冗余量（分组中的控制信息等）在整个分组中所占的比例就越大，这些虽然增强了整个系统控制能力，但系统的信息传输效率却降低了；反之分组越大，数据在传输过程中出错的概率也越大，反馈重传的次数也增加了，同样会影响系统的传输效率。

如果需要在两个节点之间传送多个分组包，而每个分组包又都是独立传输和选择路由，因此，虽然每个分组包要传送的目的地相同，但在网络传输的过程中可能会走不同的路径，具有不同的时延，所以发端按序发送的多个分组包可能以不同的顺序到达接收端，为了保证数据的完整性和可读性，发端需要对每个分组进行编号，而收端在接收完毕后要对分组进行重新排序。这样就需要接收端具有存储和重新排序的能力。

分组交换是目前应用最广泛的交换技术。分组交换可动态地分配线路，提高了线路的利用率。采用分组交换技术的通信网称为分组交换网。

（2）分组交换网。分组交换技术是随着计算机技术一起发展起来的。早在 1964 年就提出了分组交换的概念，真正推动分组交换技术发展的是 ARPANET 网。由于 ARPANET 的成功，极大地促进了分组交换技术进入公用数据网，并最终形成分组交换公用数据网（Packet Switched Public Network，PSPDN）。1976 年 3 月，CCITT 发布了基于分组交换的 X.25 协议，使得分组交换网的接口得以规范化。同年 8 月，美国建成了全球第一个公用分组交换网——Telenet。

分组交换网可以满足不同速率、不同型号的终端与终端、终端与计算机、计算机与计算机以及局域网间的信息资源共享。分组交换网以数据通信为基础利用其网络平台向用户提供了大量增值业务,如大家熟知的互联网业务就是分组交换的典型应用。

分组交换网的优点是实现了在一条物理电路上同时开放多条虚拟的逻辑链路,为多个用户同时共享通信资源提供了可能。同时,分组交换网具有动态路由功能和误码检错功能及安全保密性高等特点。

(3) 分组交换网工作原理。分组交换与电路交换不同之处在于它采用虚电路(或数据报)技术,这种技术能够实现多个用户按需共享网络资源。在分组交换网络中进行数据交换的两终端之间并没有直接的物理连接,只是一种逻辑上的虚拟连接。在虚拟线路中,为每个分组建立一个专门路径,然后每个分组沿各自的路径通过网络传送,在目的地,分组被重新组装成原始格式。此外,地址信息的正确与否是通信成功的关键,因此,每个通信节点都须进行差错控制。

分组交换技术从本质上说也是一种复用技术,但它与时分复用(TDM)技术不同,它是一种动态复用方式,通过对来自不同终端的数据分组进行"标记"后交织传输,在接收端可以通过"标记"将用户数据分开。这就是分组交换网使用的统计时分多路复用(STDM)技术。分组交换网采用 STDM 技术在线路上传送各个分组,每个分组都带有"标记"信息,使多个连接可以同时按需进行资源共享,因此提高了信道的利用率。由于不同用户的数据信息使用的标记不同,所以在一条共享物理线路上就形成了逻辑上分离的多条信道,如图 6.3 所示,在高速复用线上形成了为 3 个用户传输信息的逻辑子信道,用逻辑信道号(LCN)标识。分组交换中每次终端呼叫时,需要根据当时的资源动态分配 LCN。同一个终端可同时通过网络建立多个数据通路,它们彼此之间通过 LCN 进行区分。每个终端,每次可以分配不同的 LCN,但在同一次呼叫过程中,来自某个终端的数据具有相同的 LCN。

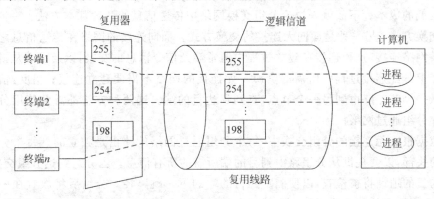

图 6.3　逻辑信道划分示意图

由于 STDM 技术需要缓存来存储数据信息,所以会产生附加的随机时延和数据丢失的可能。另外,用户发送数据的时间是随机的,若多个用户同时发送数据,会出现竞争排队,引起排队处理时延;当排队的数据很多时,一旦缓冲器溢出,则会导致数据的丢失。

(4) 分组交换网的组成。分组交换网一般由分组交换机、网络管理中心、远程集中器、分组拆装设备、分组终端/非分组终端和传输线路等基本设备组成。

① 分组交换机。分组交换机实现了数据终端与交换机之间的接口协议和交换机间的

信令协议,并以存储一转发方式提供分组网的服务,与网络管理中心协同完成路由选择、监测、计费、控制等功能。分组交换机中包括 3 个部分,即交换单元、接口单元、控制单元。交换单元的作用是把信息从某个输入端口送到某个输出端口。接口单元包括用户线路接口单元和中继线路接口单元,用户接口单元负责连接用户终端设备,中继线路接口单元用来连接后续网络。整个接口单元的功能包括用户线的监控、分组的组合与分解、差错控制、传输控制和规程控制等。控制单元是交换机的核心,用于完成整个数据交换系统的控制,包括呼叫控制、流量控制、路由选择等。

② 网络管理中心(NMC)。分组交换网的网络管理中心是一个软件管理系统,它的主要功能包括网络配置管理、用户管理、路由选择管理、网络监控、故障告警和计费管理等。

③ 远程集中器(RCU)。远程集中器负责接入分组终端和非分组终端,具有规程变换功能,它的作用是将每个终端集中起来接入分组交换机的中、高速线路中。

④ 分组拆装设备(PAD)。PAD 设备实际上是一个规程变换器,各种不同的规程的终端都通过 PAD 设备统一转换成 X.25 规程,PAD 为不同规程的设备之间相互通信提供了一个平台。

⑤ 分组终端和非分组终端(PT&NPT)。分组终端是具有支持 X.25 协议接口的终端设备,此类终端能够直接接入分组交换网的数据终端设备。而非分组终端不支持 X.25 协议接口,因此,这类终端必须通过 PAD 才能接入分组交换机,并与其他终端进行通信。

⑥ 传输线路。传输线路是构成有线网络的重要组成部分。传输线路按连接对象不同可分为用户传输线和中继传输线;按传输的信号类型又可分为数字传输线、模拟传输线及光传输线。

(5) 数据报与虚电路。分组交换网在动态的基础上提供源和目的端的互联。资源通常只在需要的时候被分配给信息流。按照这种方式资源在一组用户间共享,从而得到较高的效率和较低的成本。下面就来讨论分组交换网络中传送信息的两种基本方法:一种是面向连接的交换方式;另一种是面向无连接的交换方式。面向连接的网络在传送信息之前需要建立一条网络连接,这种连接在建立过程中通常涉及信令消息的交换,以及沿着从源到目的端的路径上分配连接过程中所需的资源。无连接的网络不需要建立连接;相反,信息分组独立地从一个节点路由到另一个节点,直到到达目的端。这两种方法都需要使用分组交换机来引导分组通过网络。

在数据报或无连接的分组交换中,每个分组通过网络的路由是独立的。每个分组有一个附带的头部,以便提供从分组路由到目的端所需的所有信息。当分组到达分组交换机时,头部中的目的地址将被检查,以便确定到目的端的下一跳路径。分组后将放置在一个队列中等待,直到给定的传输线可用。由于每个分组的路由彼此不相关,所以以从相同源到相同目的端的分组可能经过不同的路径通过网络,如图 6.4 所示。

数据报服务具有以下特点:

① 用户之间通信之前不需要建立连接,通信结束后也不需要拆除连接,可以直接传输数据,并且对短报文通信效率比较高。

② 网络中的交换节点根据分组地址自由选路,可以有效避开网络中的拥塞链路和节点,因此网络的健壮性较好。对于分组包来说,数据报方式比虚电路方式更为可靠,如果某个节点出现故障,分组可以通过其他节点的链路传送。

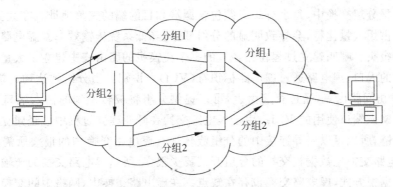

图 6.4 数据报分组交换示意图

③ 数据报方式的缺点是分组的到达不按顺序,目的端需要重新对分组进行排序,由于每个分组在选路时彼此独立,因此每个分组的分组头要包含详细的目的地址信息,这样就造成分组和节点的处理开销较大,整个系统的传输效率下降。

④ 数据报适用于短报文的数据通信业务,如询问/响应型业务等。

虚电路分组交换在传送分组之前需要在源端和目的端之间建立一条固定的路径,通常称为虚电路或虚连接,如图 6.5 所示。同电路交换一样,虚电路的建立过程通常在任何分组可以通过网络之前进行。与电路交换中的电路驻留于物理层不同,虚电路建立在网络层。

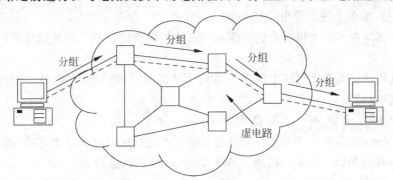

图 6.5 虚电路分组交换示意图

虚电路的建立过程首先确定通过网络的一条路径,然后通过交换"连接请求"和"连接确认消息"来设置交换机的参数,如图 6.6 所示。分组所经过路径上的每个交换机都需要交换信令消息来建立虚电路。如果一个交换机没有足够的资源来建立一条虚电路,该交换机转而使用一个连接拒绝消息来响应连接请求消息,于是建立过程失败。与数据报方法不同的是,虚电路分组交换可以保证分组的次序,因为属于同一个源/目的对的分组流经相同的路径。

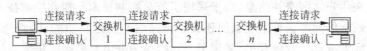

图 6.6 呼叫建立过程中的信令消息交换示意图

在数据报分组交换中,每个分组必须包含源端和目的端的完整地址。在大型网络中,这些地址信息占用大量比特,会导致明显的分组开销,降低系统传输效率。虚电路分组交换可以使用缩略报头。呼叫建立过程在路径上的多个交换机的路由表中建立了大量的表项。在每个交换机的入口,虚电路通过虚电路标识符(VCI)来识别。当分组到达输入端口时,根据头部的 VCI 访问路由表,通过查路由表,可以提供分组将被转发到的输入端口和将在下一个交换机的输入端口使用的 VCI。由于虚电路交换在呼叫建立过程中已经建立了一个通过网络的指针链,所以可以引导连接中的分组流传送。虚电路交换中的报头所需的比特数较少,使得虚电路交换比数据报交换的分组开销要少很多,所以虚电路交换的传输效率高。然而相对于数据报方式,虚电路交换也存在缺点。在虚电路交换中,网络中的交换机需要维护经过交换机的分组流的有关信息,因此交换机所需要的状态信息量会随着分组流的数量增加而迅速增加。当虚电路交换出现故障时,所有受影响的连接都必须重新建立。

虚电路交换方式具有以下特点:

① 虚电路的路由选择采用面向连接的交换方式,仅在呼叫建立阶段进行路由选择,此过程称为虚呼叫;后续的数据传输过程中,路由不再改变,因此大大减少了不必要的控制和处理开销。

② 虚电路交换分组流到达目的端不需要重新排序,减小了交换的时延。

③ 虚电路建立后,每个分组头中不再需要记录详细的目的地址,而只需用 VCI 来区分各个呼叫信息,减少了每个分组的额外开销。

④ 虚电路是由多段逻辑信道级联而成,因此,逻辑信道是基于段来划分的,而虚电路则是端到端的。

⑤ 虚电路的缺点是当网络中线路设备发生故障时,可能导致虚电路中断,必须重新建立连接才能恢复传输。

⑥ 虚电路分为两种:交换虚电路(Switched Virtual Circuit,SVC)和永久虚电路(Permanent Virtual Circuit,PVC)。交换虚电路是在每次呼叫时建立虚电路,连接建立完毕后,属于同一呼叫的数据分组均沿这一虚电路传送,传送结束后,拆除连接。永久虚电路则是网络为运营者建立的固定的虚电路连接。PVC 一般适用于业务量较大的集团用户。

(6)分组交换网的优、缺点。分组交换是一种端到端之间进行大容量数据传输的有效方法,分组交换将信息分成较小的分组进行存储、转发,动态分配线路的带宽。其主要优点是线路利用率高。

① 分组交换机的优点。

a. 线路效率高。在分组交换中,由于采用了"虚电路"技术,使得在一条物理线路上可同时提供多条虚拟通路,并可由多个呼叫和用户动态地共享,也就是常说的 STDM。

b. 传输质量高。分组交换网采用存储—转发机制,提高了网络处理能力,数据还能够以不同的速度在用户之间交换信息,由于采用了流量控制技术和拥塞控制技术,使得交换网中一般不会造成网络拥塞。分组交换网还具有很强的差错控制功能,因而分组在交换网内传输的差错率大大减低。可以看出,采用了上述措施的分组交换网的传输质量大大提高。

c. 网络的可靠性高。在分组交换网中,每个分组采用动态路由算法,即每个分组独立选择路由。当网络中的节点或链路发生故障时,分组能够自动选择迂回路由避开故障点,因此不会造成通信中断。

d. 安全性能强。分组交换网具有路由迂回功能,可靠性和误码率低,都使得网络的安全性能得以增强。

e. 便于不同类型终端相互通信。分组交换网中具有规程转化功能,因此,当不同类型终端进网时,网络能够提供协议转换,使不同码型、不同协议的终端能够相互通信。

f. 传输时延小,经济性好。分组交换网中的时延很小,能够满足会话型通信对实时性的需求。由于分组交换采用 STDM 技术,线路利用率高,使得分组交换的传输费用与距离无关,因此分组交换网是一种经济实惠的信息传输手段。

g. 网络管理能力强。分组交换网提供了强大的管理功能,对全网设备进行管理。

② 分组交换网的缺点。

a. 传输速率低。分组交换网所提供的用户端口速率一般不大于 64kb/s,主要适用于交互式短报文;不适合多媒体通信,不能满足高速局域网互联的需求。

b. 平均传送时延较高。

c. IP 数据包传送时效率低。

因为 IP 数据包的长度比 X.25 分组的大得多,所以用分组交换网传送 IP 数据包,会产生很大的开销。因此不适用于 IP 数据包传送。

(7) 分组交换网的应用。分组交换网的系统利用率高,传输质量好,因此其经济性能较好。在很多通信系统中被广泛采用。分组网可以为用户提供多种联网应用,为各种用户提供了良好的通信环境。

分组交换网的出现为数据传输提供了新的途径,因为其具有成本低、组网灵活、易于实现、适应性强、可满足不同用户的速率需求等特点,被许多部门所接受。分组交换网广泛应用于银行系统,通过局域网把总行的局域网同各分行的局域网汇成一个广域网,使总行能在规定时间内采集到全部分行的各种信息数据,从而方便了整个系统的管理,并提高了整体的工作效率。

分组交换网为网络用户提供了一个通信平台,各种信息提供者可将各种信息库接到分组网上,客户则可以通过分组交换网这个通信平台访问所需的信息,如熟知的电子商务、电子图书馆等领域,用户通过分组交换平台可以感受到资源共享的乐趣。同时分组交换网在许多社会部门都有广泛的应用,如电子汇兑、交通运输、水文数据采集、户籍管理和商业POS 系统等。

随着人们对信息量需求的增大,分组交换网提供了很多增值业务,最常见的有电子邮件、电子数据交换、电子签名、信息检索、可视图文和虚拟专网等。这些功能大大提高了工作效率和财经系统的信息安全性。此外,由于分组交换网提供差错控制功能,保证了数据信息在网络中传输的可靠性,因此分组交换网被广泛应用于商业系统中,如常见的银行系统POS 机的信息验证等。分组交换网在现代社会的生产生活中发挥着其特有的作用。

6.1.2 局域网基本概念

1. 局域网的概念

局域网(Local Area Network,LAN)是指在某一区域内由多台计算机互联成的计算机组。一般是方圆几千米以内。局域网可以实现文件管理、应用软件共享、打印机共享、工作组内的日程安排、电子邮件和传真通信服务等功能。局域网是封闭型的,可以由办公室内的两台计算机组成,也可以由一个公司内的上千台计算机组成。

局域网的特点如下:

(1) 局域网分布于较小的地理范围内,往往用于某一群体,如一个单位、一个部门等。

(2) 局域网一般不对外提供服务,保密性较好,且便于管理。

(3) 局域网的网速较快,现在通常采用100Mb/s的传输速率到达用户端口,1000Mb/s的传输速率用于骨干的网络链接部分。

(4) 局域网投资较少,组建方便,使用灵活。

2. 局域网的组成

局域网的硬件由以下3部分组成:

(1) 传输介质。局域网常用的传输介质是双绞线,包括屏蔽双绞线(STP)和非屏蔽双绞线(UTP)、同轴电缆和光纤。另外,也可使用无线电波、红外线甚至是利用 LED 灯光携带数据信息来覆盖家庭或小区域,以 Ad-Hoc 方式组网进行数据传输,此类局域网称为无线局域网。

(2) 工作站和服务器。工作站指的是计算机或设备(DTE),服务器是局域网的核心,它可向各站提供用户信息和资源共享服务。早期的工作站采用胖终端的模式接入服务器,使得系统的维护成本和升级成本较高,这种工作站与服务器的工作方式称为 C/S(客户机/服务器)方式。现在的局域网中主要采用的是瘦终端方式接入服务器,称此类工作方式为 B/S(浏览器/服务器)方式,这种结构将服务器的功能进行了强化,而对客户机的性能没有特殊要求,使得组网的灵活性和适应性得到增强,但系统对服务器的性能、稳定性、并发通信的能力要求较高。

(3) 通信接口。它是工作站和服务器与局域网之间的数据通信接口。随着接入方式的不断演进,接口设备的种类也在不断推陈出新,构成通信接口的设备一般有网络适配器、通信接口装置或通信控制器等,接口方式也分为无线、有线两种,其中有线又分为电缆和光纤。

为了使网络正常工作,除了网络硬件外,还必须有相应的网络协议,如 TCP/IP、OSI、IEEE 等,网络应用软件和网络操作系统也是构成网络必不可少的重要部分,它们共同构成完整的计算机网络系统。

3. 局域网的分类

局域网可从不同的角度分类。

(1) 按传输介质分类。

如果根据采用的传输介质不同,局域网可分为有线局域网、无线局域网两类。

(2) 按用途、速率分类。

如果根据用途和速率的不同,局域网可分为局域网和快速以太网两类,其中局域网的传输速率较低,一般在 $1 \sim 20$Mb/s。而快速以太网的传输速率则可到 $100 \sim 1000$Mb/s 或更高,有些采用光纤接入的局域网的速率甚至会达到 Gbit 级。

(3) 按是否共享带宽分类。

局域网可分为共享式局域网和交换式局域网。这两种局域网对传输介质的占用方式不同,共享式局域网采用各站点共享传输介质的带宽;而交换式局域网则采用各站点独享传输介质的带宽。后者的处输速率较前者大很多。

(4) 按拓扑结构分类。

如果按拓扑结构的不同进行分类,局域网有星状网、总线状网、环状网、树状网等,其中用得比较多的是星状、总线状和环状。其中,环状拓扑较多用于城域网中,其采用光纤自愈环技术来提高网络的可靠性。

4. 局域网的参考模型

局域网所采用的标准是 IEEE 802 标准。IEEE 指的是美国电气和电子工程师学会,它于 1980 年 2 月成立了 IEEE 计算机学会,即 IEEE 802 委员会,专门研究和制订有关局域网的各种标准。

IEEE 802 委员会规定的局域网参考模型如图 6.7 所示,为了比较对照,将 OSI 参考模型画在旁边。

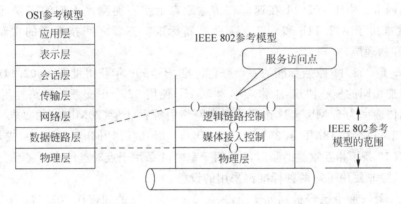

图 6.7 局域网参考模型示意图

由于网络层的主要功能是进行路由选择,而局域网不存在中间交换,不要求路由选择,也就不单独设网络层。所以局域网参考模型中只包括 OSI 参考模型的最低两层,即物理层和数据链路层。但值得指出的是,进行网络互联时,需要涉及 3 层甚至是更高层功能。

(1) 物理层。

物理层的主要作用是处理机械、电气、功能和规程等方面的特性,确保在通信信道上二进制位信号的正确传输。其主要功能包括信号的编码与解码,同步前导码的生成与去除,二进制位信号的发送与接收,错误校验(CRC 校验),提供建立、维护和断开物理连接的物理设施等功能。

(2) 数据链路层。

在 ISO/OSI 参考模型中,数据链路层的功能简单,它只负责把数据从一个节点可靠地传输到相邻的节点。在局域网中,多个站点共享传输介质,在节点间传输数据之前必须首先解决由哪个设备使用传输介质,因此数据链路层要有介质访问控制功能。由于介质的多样性,所以必须提供多种介质访问控制方法。为此 IEEE 802 标准把数据链路层划分为两个子层,即逻辑链路控制(Logical Link Control,LLC)子层和介质访问控制(Media Access Control,MAC)子层。LLC 子层负责向网际层提供服务,它提供的主要功能是寻址、差错控制和流量控制等；MAC子层的主要功能是控制对传输介质的访问，不同类型的LAN，需要采用不同的控制方法，并且在发送数据时负责把数据组装成带有地址和差错校验段的帧，在接收数据时负责把帧拆封，执行地址识别和差错校验。

　　尽管将局域网的数据链路层分成了LLC和MAC两个子层，但这两个子层是都要参与数据的封装和拆封过程的，而不是只由其中某一个子层来完成数据链路层帧的封装及拆封。在发送方，网络层下来的数据分组首先要加上DSAP(Destination Service Access Point)和SSAP(Source Service Access Point)等控制信息在LLC子层被封装成LLC帧，然后由LLC子层将其交给MAC子层，加上MAC子层相关的控制信息后被封装成MAC帧，最后由MAC子层交局域网的物理层完成物理传输；在接收方，则首先将物理的原始比特流还原成MAC帧，在MAC子层完成帧检测和拆封后变成LLC帧交给LLC子层，LLC子层完成相应的帧检验和拆封工作，将其还原成网络层的分组上交给网络层。802.11是IEEE最初制定的一个无线局域网标准，主要用于解决办公室局域网和校园网中用户与用户终端的无线接入，业务主要限于数据存取，速率最高只能达到2Mb/s。目前，3COM等公司都有基于该标准的无线网卡。由于802.11在速率和传输距离上都不能满足人们的需要，因此，IEEE小组又相继推出了802.11b和802.11a两个新标准。三者之间技术上的主要差别在于MAC子层和物理层。

　　802.11a是802.11原始标准的一个修订标准，于1999年获得批准。802.11a标准采用了与原始标准相同的核心协议，工作频率为5GHz，使用52个正交频分多路复用副载波，最大原始数据传输率为54Mb/s，这达到了现实网络中等吞吐量(20Mb/s)的要求。如果需要的话，数据率可降为48Mb/s、36Mb/s、24Mb/s、18Mb/s、12Mb/s、9Mb/s或者6Mb/s。802.11a拥有12条不相互重叠的频道，8条用于室内，4条用于点对点传输。它不能与802.11b进行互操作，除非使用了对两种标准都采用的设备。

　　由于2.4GHz频带已经被到处使用，采用5～6.5GHz的频带让802.11a具有更少冲突的优点。然而，高载波频率也带来了负面效果。802.11a几乎被限制在直线范围内使用，这导致必须使用更多的接入点；同样还意味着802.11a不能传播得像802.11b那么远，因为它更容易被吸收。

　　尽管2003年世界无线电通信会议让802.11a在全球的应用变得更容易，不同的国家还是有不同的规定支持。美国和日本已经出现了相关规定对802.11a进行了认可，但是在其他地区，如欧盟，管理机构却考虑使用欧洲的HIPERLAN标准，而且在2002年中期禁止在欧洲使用802.11a。在美国，2003年中期联邦通信委员会的决定可能会为802.11a提供更多的频谱。在52个OFDM副载波中，48个用于传输数据，4个用于副载波(Pilot Carrier)，每一个带宽为0.3125MHz(20MHz/64)，可以是二相移相键控(BPSK)、四相移相键控(QPSK)、16-QAM或者64-QAM。总带宽为20MHz，占用带宽为16.6MHz。符号时间为$4\mu s$，保护间隔$0.8\mu s$。实际产生和解码正交分量的过程都是在基带中由DSP完成的，然后由发射器将频率提升到5GHz。每一个副载波都需要用复数来表示。时域信号通过逆向快速傅里叶变换产生。接收器将信号降频至20MHz，重新采样并通过快速傅里叶变换来重新获得原始系数。使用OFDM的好处包括减少接收时的多路效应，增加了频谱效率。

　　802.11a产品于2001年开始销售，比802.11b的产品还要晚，这是因为产品中5GHz的组件研制成功太慢。由于802.11b已经被广泛采用了，802.11a没有被广泛采用。再加上 802.11a 的一些弱点,和一些地方的规定限制,使得它的使用范围更窄了。802.11a 设备厂商为了应对这样的市场匮乏,对技术进行了改进(现在的 802.11a 技术已经与 802.11b 在很多特性上都很相近了),并开发了可以使用不止一种 802.11 标准的技术。现在已经有了可以同时支持 802.11a 和 802.11b,或者 802.11a、802.11b、802.11g 都支持的双频、双模式或者三模式的无线网卡,它们可以自动根据情况选择标准。同样,也出现了移动适配器和接入设备能同时支持所有的这些标准。

在 802.3 协议中的 CSMA/CD 冲突检测机制已经很难运用在 802.11 协议中,所以在802.11 中对 CSMA/CD 进行了一些调整,采用了新的协议 CSMA/CA 或者 DCF(Distributed Coordination Function)来实现冲突检测和尽可能避免冲突。

IEEE 802.11,1997 年,原始标准(2Mb/s,工作在 2.4GHz)。

IEEE 802.11a,1999 年,物理层补充(54Mb/s,工作在 5GHz)。

IEEE 802.11b,1999 年,物理层补充(11Mb/s,工作在 2.4GHz)。

IEEE 802.11c,符合 802.1D 的媒体接入控制层桥接(MAC Layer Bridging)。

IEEE 802.11d,根据各国无线电规定做的调整。

IEEE 802.11e,对服务等级(Quality of Service,QoS)的支持。

IEEE 802.11f,基站的互连性(Inter-Access Point Protocol,IAPP),2006 年 2 月被IEEE 批准撤销。

IEEE 802.11g,2003 年,物理层补充(54Mb/s,工作在 2.4GHz)。

IEEE 802.11h,2004 年,无线覆盖半径的调整,室内(Indoor)和室外(Outdoor)信道(5GHz 频段)。

IEEE 802.11i,2004 年,无线网络的安全方面的补充。

IEEE 802.11j,2004 年,根据日本规定做的升级。

IEEE 802.11l,预留及准备不使用。

IEEE 802.11m,维护标准;互斥及极限。

IEEE 802.11n,2009 年 9 月通过正式标准,WLAN 的传输速率由目前 802.11a 及 802.11g 提供的 54Mb/s、108Mb/s,提高到 300Mb/s 甚至高达 600Mb/s。

IEEE 802.11k,2008 年,该协议规范规定了无线局域网络频谱测量规范。该规范的制订体现了无线局域网络对频谱资源智能化使用的需求。

IEEE 802.11r,2008 年,快速基础服务转移,主要是用来解决客户端在不同无线网络AP 间切换时的延迟问题。

IEEE 802.11s,2007 年 9 月,拓扑发现、路径选择与转发、信道定位、安全、流量管理和网络管理。网状网络带来一些新的术语。

IEEE 802.11w,2009 年,针对 802.11 管理帧的保护。

IEEE 802.11y,2008 年,针对美国 3650～3700MHz 的规定。

5. 传统以太网

最早出现的常规局域网 LAN 是传统以太网,它属于共享式局域网,即各站点共享带宽。传统以太网的拓扑结构通常采用总线型,各站点共享总线。

将传输介质的频带有效地分配给网上各站点的用户的方法称为介质访问控制。传统以太网的介质访问控制方法采用的是载波监听和冲突检测(CSMA/CD)技术。

CSMA(Carrier Sense Multiple Access)代表载波监听多路访问。它是"先听后发",也就是各站在发送前先检测总线是否空闲,当测得总线空闲后,再考虑发送本站信号。

CD(Collision Detection)表示冲突检测,即"边听边发",各站点在发送信息帧的同时,继续监听总线,当监听到有冲突发生时(即有其他站也监听到总线空闲,也在发送数据),便立即停止发送信息。

传统以太网具体包括以下4种:

(1) 10BASE 5(粗缆以太网)。

粗缆以太网采用直径为10mm的50Ω同轴电缆作为传输介质,网络结构是总线状的,其传输速率为10Mb/s。BASE表示基带传输,5表示其传输的最大距离为500m。

(2) 10BASE 2(细缆以太网)。

细缆以太网使用廉价的R9-58 50Ω细同轴电缆作为传输介质,网络结构是总线状的,其传输速率为10Mb/s。BASE表示基带传输,2表示其传输的最大距离为185m。

(3) 10BASE-T(双绞线以太网)。

10BASE-T以太网采用非屏蔽双绞线将站点以星状拓扑结构连到一个集线器上,其传输速率为10Mb/s,BASE表示基带传输,T表示双绞线。

图6.8中的集线器为一般集线器(简称集线器),它就像一个多端口转发器,每个端口都具有发送和接收数据的能力。但一个时间只允许接收来自一个端口的数据,可以向所有其他端口转发。当每个端口收到终端发来的数据时,就转发到所有其他端口,在转发数据之前,每个端口都对它进行再生、整形,并重新定时。集线器往往含有中继器的功能,它工作在物理层。

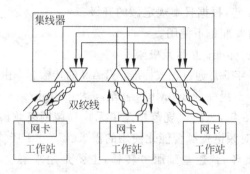

图6.8　BASE-T拓扑结构示意图

采用一般集线器连接的以太网物理上是星状拓扑结构,但从逻辑上看是一个总线状网(一般集线器可看成是一个总线),各工作站仍然竞争使用总线。所以这种局域网仍然是共享式网络,它也采用CSMA/CD规则竞争发送。

(4) 10BASE-F(光缆以太网)。

光缆以太网采用单模或多模光缆作为传输介质,其传输速率为10Mb/s,BASE表示基带传输,F表示采用光纤传输。也是星状拓扑结构。

传统以太网由于系统的传输效率较低,容易在传输数据时产生数据冲突,也容易形成某个终端不断连续传输信息致使其他终端无法通信的现象。因此,在现在的局域网中基本不采用传统以太网进行组网。

6. 快速以太网

随着个人计算机处理能力的增强,计算机网络应用的普及,用户对计算机网络的宽带化需求日益增加,传统以太网10M的传输速率已经远远不能满足要求。于是,快速以太网便应运而生。常见的快速以太网有100BASE-T快速以太网、千兆位以太网、10Gb/s以太网等。

100BASE-T快速以太网的标准是IEEE 802.3u,千兆位以太网的标准是IEEE 802.3z和IEEE 802.3ab,10Gb/s以太网的标准是IEEE 802.3ae。这几种快速以太网采用与10BASE-T完全相同的帧格式,而且技术向后兼容。

100Mb/s快速以太网标准分为100BASE-TX、100BASE-FX、100BASE-T4 3个子类。

100BASE-T是一种使用5类数据级无屏蔽双绞线或屏蔽双绞线的快速以太网技术。它使用两对双绞线,一对用于发送数据,另一对用于接收数据。在传输中使用4B/5B编码方式,信号频率为125MHz。符合EIA 586的5类布线标准和IBM的SPT 1类布线标准。使用同10BASE-T相同的RJ-45连接器。它的最大网段长度为100m。它支持全双工的数据传输。

100BASE-FX是一种使用光缆的快速以太网技术,可使用单模和多模光纤(62.5μm和125μm),多模光纤连接的最大距离为550m。单模光纤连接的最大距离为3000m。在传输中使用4B/5B编码方式,信号频率为125MHz。它使用MIC/FDDI连接器、ST连接器或SC连接器。它的最大网段长度为150m、412m、2000m或更长,直至10km,这与所使用的光纤类型和工作模式有关,它支持全双工的数据传输。100BASE-FX特别适合于有电气干扰的环境、较大距离连接或高保密环境等情况下的使用。

100BASE-T4是一种可使用3、4、5类无屏蔽双绞线或屏蔽双绞线的快速以太网技术。它使用4对双绞线,3对用于传送数据,1对用于检测冲突信号。在传输中使用8B/6T编码方式,信号频率为25MHz,符合EIA 586结构化布线标准。它使用与10BASE-T相同的RJ-45连接器,最大网段长度为100m。

7. 交换式以太网

(1) 交换式以太网的概念。

随着计算机性能的提高及通信量的骤增,传统局域网已经越来越超出了自身的负荷,交换式以太网技术应运而生,大大提高了局域网的性能。交换式以太网是所有站点都连接到一个以太网交换机上,以太网交换机英文名为SWITCH,也有人翻译为开关、交换机或称交换式集线器,如图6.9所示。

以太网交换机具有交换功能,它的特点是:所有端口平时都不连通,当工作站需要通信时,以太网交换机能同时连通许多对端口,使每一对端口都能像独占通信媒体那样无冲突地传输数据,通信完成

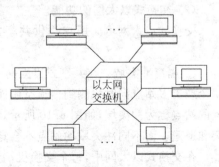

图6.9　交换式以太网示意图

后断开连接。由于消除了公共的通信媒体,每个站点独自使用一条链路,不存在冲突问题,可以提高用户的平均数据传输速率,即容量得以扩大。与现在基于网桥和路由器的共享媒体的局域网拓扑结构相比,网络交换机能显著地增加带宽。交换技术的加入,就可以建立地理位置相对分散的网络,使局域网交换机的每个端口可平行、安全、同时地互相传输信息,而且使局域网可以高度扩充。

从网桥、多端口网桥到交换机。局域网交换技术的发展要追溯到两端口网桥。桥是一种存储转发设备,用来连接相似的局域网。从互联网络的结构看,桥是属于 DCE 级的端到端的连接;从协议层次看,桥是在逻辑链路层对数据帧进行存储转发;与中继器在第一层、路由器在第三层的功能相似。两端口网桥几乎是和以太网同时发展的。

以太网交换技术(SWITCH)是在多端口网桥的基础上于 20 世纪 90 年代初发展起来的,实现 OSI 模型的下两层协议,与网桥有着千丝万缕的关系,甚至被业界人士称为“许多联系在一起的网桥”,因此现在的交换式技术并不是什么新的标准,而是现有技术的新应用而已,是一种改进了的局域网桥,与传统的网桥相比,它能提供更多的端口(4~88)、更好的性能、更强的管理功能及更便宜的价格。现在某些局域网交换机也实现了 OSI 参考模型的第三层协议,实现简单的路由选择功能,目前很热的第三层交换就是指此。以太网交换机又与电话交换机相似,除了提供存储转发(Store and Forword)方式外,还提供了其他的桥接技术,如直通方式(Cut Through)。

交换式以太网的工作原理很简单,它检测从以太端口来的数据包的源和目的地的 MAC(介质访问层)地址,然后与系统内部的动态查找表进行比较,若数据包的 MAC 层地址不在查找表中,则将该地址加入查找表中,并将数据包发送给相应的目的端口。

交换式以太网技术的优点在于交换式以太网不需要改变网络其他硬件,包括电缆和用户的网卡,仅需要用交换式交换机改变共享式集线器,节省用户网络升级的费用。可在高速与低速网络间转换,实现不同网络的协同。目前大多数交换式以太网都具有 100Mb/s 的端口,通过与之相对应的 100Mb/s 的网卡接入到服务器上,暂时解决了 10Mb/s 的瓶颈,成为网络局域网升级时的首选方案。它同时提供多个通道,比传统的共享式集线器提供更多的带宽,传统的共享式 10Mb/s/100Mb/s 以太网采用广播式通信方式,每次只能在一对用户间进行通信,如果发生碰撞还得重试,而交换式以太网允许不同用户间进行传送。例如,一个 16 端口的以太网交换机允许 16 个站点在 8 条链路间通信。特别是在时间响应方面的优点,使得局域网交换机备受青睐。它以比路由器低的成本却提供了比路由器宽的带宽、高的速度,除非有上广域网(WAN)的要求;否则,交换机有替代路由器的趋势。

(2)交换式以太网的功能。

交换式以太网可向用户提供共享式局域网不能实现的一些功能,主要包括以下几个方面:

① 隔离冲突域。在共享式以太网中,使用 CSMA/CD 算法来进行介质访问控制。如果两个或更多站点同时检测到信道空闲而有帧准备发送,它们将发生冲突。一组竞争信道访问的站点称为冲突域,如图 6.10 所示。显然同一个冲突域中的站点竞争信道,便会导致冲突和退避。而不同冲突域的站点不会竞争公共信道,它们则不会产生冲突。

在交换式以太网中,每个交换机端口就对应一个冲突域,端口就是冲突域终点。由于交换机具有交换功能,不同端口的站点之间不会产生冲突。如果每个端口只连接一台计算机站点,那么在任何一对站点间都不会有冲突。若一个端口连接一个共享式局域网,那么在该端口的所有站点之间会产生冲突,但该端口的站点和交换机其他端口的站点之间将不会产生冲突。因此,交换机隔离了每个端口的冲突域。

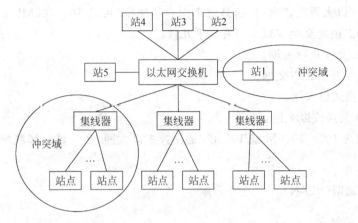

图 6.10 冲突域示意图

② 扩展距离限制。交换机可以扩展 LAN 的距离。每个交换机端口就是不同的 LAN,因此每个端口都可以达到不同 LAN 技术所要求的最大距离,而与连到其他交换机端口LAN 的长度无关。

③ 增加总容量。在共享式 LAN 中,其容量(无论是 10Mb/s、100Mb/s 还是 1000Mb/s)是由所有接入设备分享。而在交换式以太网中,由于交换机的每个端口具有专用容量,交换式以太网总容量随着交换机的端口数量而增加。所以交换机提供的数据传输容量比共享式LAN 大很多。

④ 数据率灵活性。对于共享式 LAN,不同 LAN 可以采用不同的数据率,但连接到同一共享式 LAN 的所有设备必须使用同样的数据率。而对于交换式以太网,交换机的每个端口可以使用不同的数据率,所以可以以不同数据率部署站点,非常灵活。

(3) 以太网交换机的分类。

以太网交换机按所执行的功能不同,可以分成两种。

① 二层交换。如果交换机按网桥构造,执行桥接功能,由于网桥的功能属于 OSI 参考模型的第二层,所以此时的交换机属于二层交换。二层交换是根据 MAC 地址转发数据,交换速度快,但控制功能弱,没有录入有选择功能。

② 三层交换。如果交换机预备路由功能,而路由器的功能属于 OSI 参考模型的第三层,此时的交换机属于三层交换。三层交换是根据 IP 地址转发数据,具有路由选择功能。三层交换是二层交换与路由功能的有机结合。

第二层和第三层交换及其与路由器方案的竞争,如前所述,局域网交换机是工作在 OSI第二层的,可以理解为一个多端口网桥,因此传统上称为第二层交换;目前,交换技术已经延伸到 OSI 第三层的部分功能,即第三层交换,第三层交换可以不将广播封包扩散,直接利用动态建立的 MAC 地址来通信,似乎可以看懂第三层的信息,如 IP 地址、ARP 等,具有多路广播和虚拟网间基于 IP、IPX 等协议的路由功能,这方面功能的顺利实现得力于专用集成电路(ASIC)的加入,把传统的由软件处理的指令改为 ASIC 芯片的嵌入式指令,从而加速了对包的转发和过滤,使得高速下的线性路由和服务质量都有了可靠的保证。目前,如果没有上广域网的需要,在建网方案中一般不再应用价格昂贵、带宽有限的路由器。

（4）交换式以太网的种类。

目前交换式以太网的速率(指的是每个用户的速率)可从 10～100Mb/s、1000Mb/s,甚至达到 10Gb/s。由此交换式以太网有以下几种：

① 10Mb/s 交换式以太网。

② 100Mb/s 交换式以太网。

③ 千兆交换式以太网。

④ 10Gb/s 交换式以太网。

目前,工作在 100～1000M 或 10Gb/s 的交换式以太网,在局域网和城域网中已经得到广泛应用。

8. 虚拟局域网(VLAN)

1) VLAN 的概念

交换技术的发展,允许区域分散的组织在逻辑上成为一个新的工作组,而且同一工作组的成员能够改变其物理地址而不必重新配置节点,这就是用到的虚拟局域网技术(VLAN)。用交换机建立虚拟网就是使原来的一个大广播区(交换机的所有端口)逻辑地分为若干个"子广播区",在子广播区里的广播封包只会在该广播区内传送,其他的广播区是收不到的。VLAN 通过交换技术将通信量进行有效分离,从而更好地利用带宽,并可从逻辑的角度出发将实际的 LAN 基础设施分割成多个子网,它允许各个局域网运行不同的应用协议和拓扑结构,对这部分详细内容感兴趣的读者可以参考 IEEE 802.10 的规定。VLAN 大致等效于一个广播域,即 VLAN 模拟了一组终端设备,虽然它们位于不同的物理网段上,但是并不受物理位置的束缚,相互间通信就好像它们在同一个局域网中一样。VLAN 从传统 LAN 的概念上引申出来,在功能和操作上与传统 LAN 基本相同,提供一定范围内终端系统的互联和数据传输。它与传统 LAN 的主要区别在于"虚拟"二字。即网络的构成与传统 LAN 不同,由此也导致了性能上的差异。

交换式局域网的发展是 VLAN 产生的基础,VLAN 是一种比较新的技术。

2) 划分 VLAN 的好处

（1）VLAN 的技术特点。

虚拟局域网的覆盖范围不受距离限制。例如,100BASE-T 以太网交换机与站点之间的传输距离为 100m,而虚拟局域网的站点可位于城市的不同区域,或不同省市甚至不同国家。

虚拟局域网建立在交换网络的基础上,交换设备包括以太网交换机、ATM 交换机等。

一个 VLAN 能够跨越多个交换机,一个 VLAN 是一个逻辑的子网。它与一个物理的子网是有区别的。一个物理的子网由一个物理缆线段上的设备所构成。一个逻辑的子网是由被配置为该 VLAN 成员的设备组成。这些设备可以位于交换区块中的任何地方。

虚拟局域网较普通局域网有更好的网络安全性。在普通共享式局域网中,安全性很难保证,因为用户只要插入到一个活动端口就能访问网段,容易产生广播风暴。而虚拟局域网能有效地防止网络的广播风暴,因为一个 VLAN 的广播信息不会送到其他 VLAN,一个

VLAN 中的所有设备都是统一广播域的成员。如果一个站点发送一个广播,该 VLAN 的所有成员都将接受到这个广播。这个广播将被不是同一 VLAN 成员的所有端口或设备过滤掉。

(2) VLAN 的优势。

任何新技术要得到广泛支持和应用,肯定存在一些关键优势,VLAN 技术也一样,它的优势主要体现在以下几个方面:

① 增加了网络连接的灵活性。借助 VLAN 技术,能将不同地点、不同网络、不同用户组合在一起,形成一个虚拟的网络环境,就像使用本地 LAN 一样方便、灵活、有效。VLAN 可以降低移动或变更工作站地理位置的管理费用,特别是一些业务情况有经常性变动的公司使用了 VLAN 后,这部分管理费用大大降低。

② 控制网络上的广播。VLAN 可以提供建立防火墙的机制,防止交换网络的过量广播。使用 VLAN,可以将某个交换端口或用户赋予某一个特定的 VLAN 组,该 VLAN 组可以在一个交换网中或跨接多个交换机,在一个 VLAN 中的广播不会送到 VLAN 之外。同样,相邻的端口不会收到其他 VLAN 产生的广播。这样可以减少广播流量,释放带宽给用户应用,减少广播的产生。

③ 增加网络的安全性。因为一个 VLAN 就是一个单独的广播域,VLAN 之间相互隔离,这大大提高了网络的利用率,确保网络的安全保密性。人们在 LAN 上经常传送一些保密的、关键性的数据。保密的数据应提供访问控制等安全手段。一个有效和容易实现的方法是将网络分段成几个不同的广播组,网络管理员限制了 VLAN 中用户的数量,禁止未经允许而访问 VLAN 中的应用。交换端口可以基于应用类型和访问特权来进行分组,被限制的应用程序和资源一般置于安全性 VLAN 中。

④ 提高网络的整体性能。网络上大量的广播流量对该广播域中节点的性能会产生消极影响,可见广播域的分段有利于提高网络的整体性能。

⑤ 成本效率高。如果网络需要,VLAN 技术可以完成分离广播域的工作,而无须添置昂贵的硬件。

⑥ 网络安全性好。VLAN 技术可使得物理上属于同一个拓扑,而逻辑拓扑并不一致的两组设备的流量完全分离,保证了网络的安全性。

⑦ 可简化网络的管理。

3) 划分 VLAN 的方法

VLAN 在交换机上的实现方法,可以大致划分为六类。

(1) 基于端口划分的 VLAN。

这是最常应用的一种 VLAN 划分方法,应用也最为广泛、最有效,目前绝大多数 VLAN 协议的交换机都提供这种 VLAN 配置方法。这种划分 VLAN 的方法是根据以太网交换机的交换端口来划分的,它是将 VLAN 交换机上的物理端口和 VLAN 交换机内部的 PVC(永久虚电路)端口分成若干个组,每个组构成一个虚拟网,相当于一个独立的 VLAN 交换机。

对于不同部门需要互访时,可通过路由器转发,并配合基于 MAC 地址的端口过滤。对某站点的访问路径上最靠近该站点的交换机、路由交换机或路由器的相应端口上,设定可通过的 MAC 地址集。这样就可以防止非法入侵者从内部盗用 IP 地址从其他可接入点入侵的可能。

从这种划分方法本身可以看出,这种划分方法的优点是定义 VLAN 成员时非常简单,只要将所有的端口都定义为相应的 VLAN 组即可。适合于任何大小的网络。它的缺点是如果某用户离开了原来的端口,到了一个新的交换机的某个端口,必须重新定义。

(2) 基于 MAC 地址划分 VLAN。

这种划分 VLAN 的方法是根据每个主机的 MAC 地址来划分,即对每个 MAC 地址的主机都配置它属于哪个组,它实现的机制就是每一块网卡都对应唯一的 MAC 地址,VLAN 交换机跟踪属于 VLAN MAC 的地址。这种方式的 VLAN 允许网络用户从一个物理位置移动到另一个物理位置时,自动保留其所属 VLAN 的成员身份。由这种划分的机制可以看出,这种 VLAN 的划分方法的最大优点就是当用户物理位置移动时,即从一个交换机换到其他的交换机时,VLAN 不用重新配置,因为它是基于用户,而不是基于交换机的端口。这种方法的缺点是初始化时,所有的用户都必须进行配置,如果有几百个甚至上千个用户的话,配置是非常累的,所以这种划分方法通常适用于小型局域网。而且这种划分的方法也导致了交换机执行效率的降低,因为在每一个交换机的端口都可能存在很多个 VLAN 组的成员,保存了许多用户的 MAC 地址,查询起来相当不容易。另外,对于使用笔记本电脑的用户来说,他们的网卡可能经常更换,这样 VLAN 就必须经常配置。

(3) 基于网络层协议划分 VLAN。

VLAN 按网络层协议来划分,可分为 IP、IPX、DECnet、AppleTalk、Banyan 等 VLAN 网络。这种按网络层协议来组成的 VLAN,可使广播域跨越多个 VLAN 交换机。这对于希望针对具体应用和服务来组织用户的网络管理员来说是非常具有吸引力的。而且,用户可以在网络内部自由移动,但其 VLAN 成员身份仍然保留不变。

这种方法的优点是用户的物理位置改变了,不需要重新配置所属的 VLAN,而且可以根据协议类型来划分 VLAN,这对网络管理者来说很重要,另外,这种方法不需要附加的帧标签来识别 VLAN,这样可以减少网络的通信量。这种方法的缺点是效率低,因为检查每一个数据包的网络层地址是需要消耗处理时间的(相对于前面两种方法),一般的交换机芯片都可以自动检查网络上数据包的以太网帧头,但要让芯片能检查 IP 帧头,需要更高的技术,同时也更费时。当然,这与各个厂商的实现方法有关。

(4) 根据 IP 组播划分 VLAN。

IP 组播实际上也是一种 VLAN 的定义,即认为一个 IP 组播组就是一个 VLAN。这种划分的方法将 VLAN 扩大到了广域网,因此这种方法具有更大的灵活性,而且也很容易通过路由器进行扩展,主要适合于不在同一地理范围的局域网用户组成一个 VLAN,不适合局域网,主要是效率不高。

(5) 按策略划分 VLAN。

基于策略组成的 VLAN 能实现多种分配方法,包括 VLAN 交换机端口、MAC 地址、IP 地址、网络层协议等。网络管理人员可根据自己的管理模式和本单位的需求来决定选择哪种类型的 VLAN。

(6) 按用户定义、非用户授权划分 VLAN。

基于用户定义、非用户授权来划分 VLAN,是指为了适应特别的 VLAN 网络,根据具体的网络用户的特别要求来定义和设计 VLAN,而且可以让非 VLAN 群体用户访问

VLAN,但是需要提供用户密码,在得到 VLAN 管理的认证后才可以加入一个 VLAN。

6.1.3　计算机网络网际互联设备

实际中常常要将局域网、城域网及广域网相互联在一起,即网络互联。网络互联需要网间连接设备。路由器是应用最广泛的网间连接设备,它在网络层实现网络互联,可实现网络层、数据链路层和物理层协议转换。

1. 路由器的基本功能

为了实现不同逻辑子网之间的通信,路由器具备路由器选择和分组转发两个最基本的功能。路由器选择让路由器知道如何将数据分组转发到目的端、沿着哪一条路径进行转发。分组转发是沿着路由选择所确定的最佳路由,将分组从源主机一跳一跳地转发到目的主机,也就是每一个路由器数据分组从路由器的接收端口传送到其相应的输出端口,由路由待批和分组转发共同完成端到端的数据传送。路由器具有以下一些基本功能:

1) 路由选择

路由选择就是路由器依据目的 IP 地址的网络地址部分,通过路由选择算法确定一条从源节点到达目的节点的最佳路由。

在实际的互联网络环境中,任意两个主机之间的传输链路上可能会经过多个路由器,它们之间也可以有多条传输路由。因而,所经过的每一个路由器都必须知道它应该往哪儿转发数据才能把数据传送到目的主机。为此,路由器需要确定它的下一跳路由器的 IP 地址,即选择到达下一个路由器的路由。再按照选定的下一跳路由器的 IP 地址,将数据包转发给下一跳路由器。通过这样一跳一跳地沿着选好的路由转发数据分组,最终把分组传送到目的主机。由此可见,路由选择的核心就是确定下一跳路由器的 IP 地址。路由选择实现的方法:路由器使用路由协议建立网络的拓扑结构图,以建立路由选择和转发的基础。同时,路由选择算法根据各自的判断原则(如网络带宽、时延、负载、路由器跳数等因素),为网络上的路由产生一个权值。一般来说权值越小,路由越佳。然后,路由器将最佳路由的信息保存在一个路由表中。当网络拓扑发生变化时,路由协议会重新计算最佳路由,并更新路由表。路由表中的信息告诉每一台路由器应该把数据包往哪儿转发、转发给谁。实际上,路由表指出的是路由器转发数据的最佳路由。由此可见,路由器的路由选择功能是极为重要的,它决定着数据分组能否正确地从源主机传送到目的主机。因此,路由器路由选择功能的实现,关键在于建立和维护一个正确、稳定的路由表,路由表是路由选择的核心。

路由表的内容主要包括目的网络地址、下一跳路由器地址和目的端口等信息。另外,每一台路由器的路由表中还包含默认路由的信息。路由器涉及 OSI-RM 的低三层。当分组(包括 X.25 分组、IP 数据报等)到达路由器,先在组合队列中排队,路由器依次从队列中取出组,查看分组中的目的地址,然后再查路由表。一般到达目的站点前可能有多少条路由,路由器应按照某种路由选择策略,从中选出一条最佳路由,将分组转发出去。

当网络拓扑结构发生变化时,路由器还可自动调整路由表,并使所选择的路由仍然是最佳的。这一功能还可很好地均衡网络中的信息流量,避免出现网络拥挤现象。

2) 能支持多种协议的路由选择

有一种多协议路由器,它能支持多种协议,如 IP、X.25 协议等。因此,路由器不仅能进行局域网之间互联,还能连接局域网和广域网。

3) 流量控制

在网桥中虽然设有缓冲区,以缓和发送站所在局域网与接收站所在局域网速率不匹配的矛盾,但不具有流量控制功能。而在路由器中则不仅具有更大容量的缓冲区,而且还能控制收发双方间的数据流量,使两者更加匹配。

4) 分段和重新组装功能

由路由器所连接的多个网络,它们所采用的分组大小可能不同,路由器具有分段和重组功能。

5) 网络管理功能

路由器是连接多种网络的汇集点,网络之间的信息流都要通过路由器,因此用路由器来监视网络中的信息流动、监视网络中设备的工作以及对它们进行管理。

2. 路由器的用途

路由器是互联网的主要节点设备。路由器通过路由决定数据的转发。转发策略称为路由选择(Routing),这也是路由器名称的由来(Router,转发者)。作为不同网络之间互联的枢纽,路由器系统构成了基于 TCP/IP 的国际互联网络 Internet 的主体脉络,也可以说,路由器构成了 Internet 的骨架。它的处理速度是网络通信的主要瓶颈之一,它的可靠性则直接影响着网络互联的质量。

路由器的主要作用包括以下 3 个方面:

(1) 实现网络的互联和隔离。

路由器工作在 OSI 模型中的第三层,即网络层。路由器利用网络层定义的"逻辑"上的网络地址(即 IP 地址)来区别不同的网络,实现网络的互联和隔离,保持各个网络的独立性。路由器不转发广播消息,而把广播消息限制在各自的网络内部。发送到其他网络的数据先被送到路由器,再由路由器转发出去。

IP 路由器只转发 IP 分组,把其余的部分挡在网内(包括广播),从而保持各个网络具有相对的独立性,这样可以组成具有许多网络(子网)互联的大型的网络。由于是在网络层的互联,路由器可方便地连接不同类型的网络,只要网络层运行的是 IP 协议,通过路由器就可互联起来。

(2) 根据 IP 地址来转发数据。

网络中的设备用它们的网络地址(TCP/IP 网络中为 IP 地址)互相通信。IP 地址是与硬件地址无关的"逻辑"地址。路由器只根据 IP 地址来转发数据。IP 地址的结构有两部分:一部分定义网络号;另一部分定义网络内的主机号。目前,在 Internet 网络中采用子网掩码来确定 IP 地址中网络地址和主机地址。子网掩码与 IP 地址一样也是 32bit,并且两者是一一对应的,并规定:子网掩码中数字为"1"所对应的 IP 地址中的部分为网络号,为"0"所对应的则为主机号。网络号和主机号合起来才构成一个完整的 IP 地址。同一个网络中的主机 IP 地址,其网络号必须是相同的,这个网络称为 IP 子网。

通信只能在具有相同网络号的 IP 地址之间进行,要与其他 IP 子网的主机进行通信,则必须经过同一网络上的某个路由器或网关(Gateway)出去。不同网络号的 IP 地址不能直接通信,即使它们接在一起也不能通信。

路由器有多个端口,用于连接多个 IP 子网。每个端口的 IP 地址的网络号要求与所连接的 IP 子网的网络号相同。不同的端口为不同的网络号,对应不同的 IP 子网,这样才能使各子网中的主机通过自己子网的 IP 地址把要求出去的 IP 分组送到路由器上。

(3) 选择数据传送的线路。

在网络通信过程中,选择通畅快捷的近路,能大大提高通信速度,减轻网络系统通信负荷,节约网络系统资源,提高网络系统畅通率,从而让网络系统发挥出更大的效益。

路由器的主要工作就是为经过路由器的每个数据帧寻找一条最佳传输路径,并将该数据有效地传送到目的站点。由此可见,选择最佳路径的策略即路由算法是路由器的关键所在。为了完成这项工作,在路由器中保存着各种传输路径的相关数据:路由表(Routing Table),供路由选择时使用。路由表中保存着子网的标志信息、网上路由器的个数和下一个路由器的名字等内容。路由表可以是由系统管理员固定设置好的,也可以由系统动态修改,可以由路由器自动调整,也可以由主机控制。

事实上,路由器除了上述的功能外,还具有数据包过滤、网络流量控制、地址转换等功能。另外,有的路由器仅支持单一协议,但大部分路由器可以支持多种协议的传输,即多协议路由器。由于每一种协议都有自己的规则,要在一个路由器中完成多种协议的算法,势必会降低路由器的性能。因此,用户购买路由器时,需要根据自己的实际情况,选择自己需要的网络协议的路由器。

(1) 局域网之间的互联。

利用路由器进行同构型局域网(从应用层到 LLC 子层相对应的层次采用相同的协议,而 MAC 子层和物理层中的对应层次可遵循不同的协议,称为同构型局域网)的互联,可解决网桥所不能解决的问题,而且路由器可互联的数目比网桥的要多。但不足之处在于路由器互联是在网络层上实现的,会造成较大的时延。

(2) 局域网与广域网(WAN)之间的互联。

局域网与 WAN 互联时,使用较多的互联设备是路由器。路由器能完成局域网与 WAN 低 3 层协议的转换。路由器的档次很多,其端口数从几个到几十个不等,所支持的通信协议也可多可少。图 6.11 所示为一个局域网通过路由器与 WAN 相连,此时的路由器 R1 和 R2 只需支持一种局域网协议和一种 WAN 协议。如果某路由器能支持多种局域网协议和一种 WAN 协议,便可利用该路由器将多种不同类型的局域网连接到某一种 WAN 上。

图 6.11　利用路由器实现局域网与 WAN 的互联示意图

其实,局域网与广域网之间的互联主要是为了实现通过广域网对两个异地局域网进行互联。用于连接局域网的广域网可以是分组交换网、帧中继网或 ATM 网等。

3. 路由器的基本类型

从不同的角度划分,路由器有以下几种类型:

(1) 按能力划分,可分为中高端路由器和中低端路由器。背板交换能力不小于 50Gb/s 的路由器称为高端路由器,而背板交换能力在 50Gb/s 以下的路由器称为低端路由器。

(2) 按结构划分,可分为模块化结构路由器和非模块化结构路由器。中高端路由器一般为模块化结构,低端路由器则为非模块化结构。

(3) 按位置划分,可分为核心路由器与接入路由器。核心路由器位于网络中心,通常使用高端路由器,是模块化结构。它要求快速的包交换能力与高速的网络接口。接入路由器位于网络边缘,通常使用中低端路由器,是非模块化结构。它要求相对低速的端口以及较强的接入控制能力。

(4) 按功能划分,可分为通用路由器与专用路由器。一般所说的路由器为通用路由器。专用路由器通常为实现某种特定功能对路由器接口、硬件等做专门优化。

(5) 按性能划分,可分为线速路由器和非线速路由器。若路由器输入端口的处理速率能够跟上线路将分组传送到路由器的速率,则称为线速路由器,否则是非线速路由器。一般高端路由器是线速路由器,而中低端路由器是非线速路由器。但是,目前一些新的宽带接入路由器也有线速转发能力。

6.2　宽带 IP 城域网概述

6.2.1　宽带 IP 城域网的概念

城域网是指介于广域网和局域网之间,在城市及郊区范围内实现信息传输与交换的一种网络。从历史上看,城域网(MAN)最初产生于局域网互联和数据新业务发展的需要,以后随着形势的变化逐渐发展成为各类不同背景新兴运营公司的区域性多业务通信网,传统电信运营公司也开始在其相应的局间中继网范围大量建设类似的多业务区域性通信网。近来城域网已经成为社会和业界关注的热点和竞争要点。

从基本特征看,城域网是一种主要面向企事业用户的、最大可覆盖城市及其郊区范围的、可提供丰富业务和支持多种通信协议的公用网,实际是一种带有某些广域网特点的本地应用型公用网络。可以说城域网的关键特征是公用多业务网,由此带来了一系列有别于其他网络的特点。城域网既不同于局域网,又不同于广域网。城域网与局域网的主要区别首先是网络性质不同,局域网是企事业专用网,而城域网是面向公用网应用和多用户环境的,因此有严格的要求;其次是传输距离的扩展,典型局域网的传输距离为数公里,而城域网范围可扩展到 50~150km;最后是业务范围的扩展,典型局域网通常主要提供数据业务,而城域网的业务范围不仅有数据,还有语音和图像,是全业务网络。

城域网与广域网或长途网的主要区别首先是容量,广域网或长途网要求很高的容量,而城域网只需中等容量即可;其次是覆盖距离的缩小,典型广域网或长途网的传输距离可达数千公里;再有是支持的客户层信号不同,广域网或长途网目前只支持 SDH,将来预计也只有 SDH 和以太网,而城域网需要支持各种客户层信号,而且要能很快地提供客户层信号所需的带宽；最后是允许的成本不同，广域网或长途网的高容量可由成千上万的大量用户共享，因而可以允许较高的成本，而城域网不行。特别是城域网的成本关键是节点，而非线路，而长途网恰好相反。

近几年来，随着骨干网容量和接入网容量的大幅度提升，网络的容量瓶颈已经逐渐转移到城域网，特别是电子商务、关键企事业业务（如外联网、主机托管、存储域网、灾难恢复等）的外包、局域网互联、POP 间或 POP 内的互联、高速数据传送、上网浏览、点播电视和会议电视等新旧业务和应用的发展进一步促进了城域网的发展。

总地来看，城域网是高度竞争和开放的网络环境，受用户和应用驱动，基本特征是业务类型多样化，业务流向流量的不确定性。它不仅是传统广域网与局域网的桥接区或传统长途网与接入网的桥接区，也是底层传送网、接入网与上层各种业务网的融合区，还是传统电信网与数据网的交叉融合地带乃至未来的三网融合区，因而各种不同背景的技术在此碰撞交融，往往会在复杂的融合过程中产生新的衍生体。多样化将是城域网有别于长途网的重要特点，而丰富的应用是城域网能持续发展的原动力。

突破带宽的瓶颈。目前城域网的主要问题，首先是带宽瓶颈。在其用户侧，由于低成本吉比特以太网的出现和发展，局域网的速率上了一个大台阶。在其长途网侧，由于高密度 WDM 技术的发展，容量已经扩展了几个量级。目前商用化系统的容量已达 1.6TB，中间的城域网/接入网成为全网的带宽瓶颈。其次是城域网存在多个重叠的网络。一方面，目前多数运营公司通过 SDH 和电路交换机提供语音和专线业务，而通过 SDH 和分离的帧中继、ATM 和 IP 网提供数据业务，分离的网络和网络技术往往需要分离的网管系统和人员，以及不同的配置和计费系统，导致高设备成本、高运行成本以及费时耗力的业务提供；另一方面，用户必须通过不同的接入技术和线路获取不同的业务，不仅麻烦，而且费用高。再有，目前城域网底层多数采用 SDH 作传送平台，利用这种为电话业务设计的 SDH 固定带宽来传送突发数据业务时不仅效率低下，而且改变带宽往往意味着改变物理接口甚至改变了业务类型，进而常常不得不重新设计和重新建设网络。

IP 城域网是电信运营商或互联网服务提供商（ISP）在城域范围内建设的城市 IP 骨干公用数据通信网络。它主要面向商企公众用户，可提供丰富业务，支持多种通信协议，基于 IP 数据网络设备，以高带宽互联。国内 IP 宽带城域网一开始经常是作为运营商 IP 骨干网在各个城市的延伸节点，作为互联网的一部分为用户提供基于 IP 的部分业务，如互联网接入。后因业务发展、设备的扩容和网络的优化逐步形成具有多层次和单独 AS 域的完整 IP 宽带网络。宽带 IP 城域网是面向各类用户提供宽带接入的数据通信网络。

宽带 IP 城域网是以宽带 IP 交换技术和 ATM、SDH、WDM 等技术相结合的产物，为实现向普通用户提供宽带数据通信服务，曾陆续出现了 IP over ATM、IP over SDH、IP over WDM、EPON、GPON 等宽带技术。宽带 IP 城域网利用 MSTP 技术将数据、语音、视频等业务进行融合向用户提供基于高带宽、多功能、多业务接入的城域多媒体通信网络。

IP 城域网一般是"基础设施"、"应用系统"和"信息系统"3 个方面内容的综合。其中基础设施包括数据交换设备、城域传输设备、接入设备和业务平台设备。应用系统由基本服务和增值服务两部分组成，这些服务如同高速公路上的各种车辆，为用户运载各种信息。信息系统包括环绕科技、金融、教育、财政和商业等数据的各种信息系统。由此可见，IP 城域网就是要打造一个全业务 IP 化的宽带数据通信平台。

6.2.2　宽带 IP 城域网的分层结构

为了便于网络的管理、维护和扩展，网络必须有合理的层次结构。宽带 IP 城域网的网络结构通常分为 3 层：核心层、汇聚层和接入层。宽带 IP 城域网分层结构示意图如图 6.12 所示。

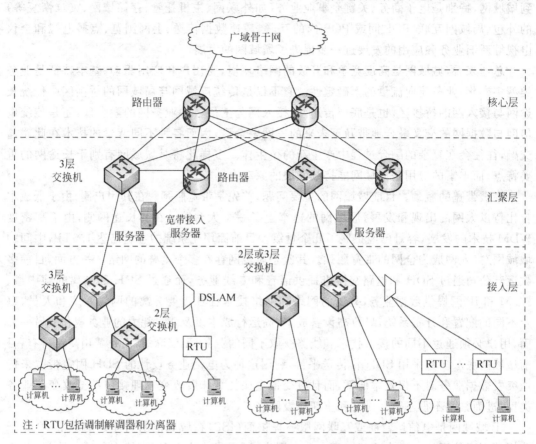

图 6.12　宽带 IP 城域网分层结构示意图

1．核心层

核心层的主要作用是负责进行数据的快速转发以及整个城域网络路由表的维护，同时实现与 IP 广域骨干网的互联，提供城市的高速 IP 数据出口。

核心层的设备一般采用高端路由器。其网络结构（重点考虑可靠性和可扩展性）为核心节点间原则上采用网状或半网状连接。

2．汇聚层

1）功能

汇聚层的功能主要包括以下内容：

（1）汇聚接入节点，解决接入节点到核心节点间光纤资源紧张的问题。

（2）实现接入用户的可管理性，当接入层节点设备不能保证用户流量控制时，需要由汇聚层设备提供用户流量控制及其他策略管理功能。

（3）除基本的数据转发业务外，汇聚层还必须能够提供必要的服务层面的功能，包括带宽的控制、数据流 QoS 优先级的管理、安全性的控制、IP 地址翻译 NAT 等功能。

2）典型设备

汇聚层的典型设备有高中端路由器、3 层交换机以及宽带接入服务器等。

有关高中端路由器和 3 层交换机的概念此前已做过介绍。下面来看看宽带接入服务器的功能。

宽带接入服务器主要负责宽带接入用户的认证、地址管理、路由、计费、业务控制、安全和 QoS 保障等。

3）网络结构

核心层节点与汇聚层节点采用星状连接，在光纤数量可以保证的情况下每个汇聚层节点最好能够与两个核心层节点相连。

汇聚层节点的数量和位置的选定与当地的光纤和业务开展状况相关，一般在城市的远郊和所辖县城设置汇聚层节点。

3. 接入层

接入层的作用是负责提供各种类型用户的接入，在有需要时提供用户流量控制功能。

接入层节点可以根据实际环境中用户数量、距离、密度等的不同，设置一级或级联接入。常见的接入技术如下：

（1）传统 ATM 技术。

这种技术具有较好的流量和带宽控制能力，也能较好地支持实时性业务，由于只是将其应用于网络外围接入层中，因此它的许多缺点，如 VC 数目过多的问题已不复存在，且有利于开展多样性服务和有利于计费和管理；但由于只使用到它的复用功能，并没有使用其复杂的信令和交换，因而从价格上讲是比较昂贵的，各运营商应根据自己的实际情况和网络业务定位加以选择。

（2）DDN/FR/SDH 技术。

这类技术作为宽带 IP 网、以太网接入形式的补充，弥补了城域网覆盖面短期内不足的问题，因而可成为选择之一。但由于传统运营商已具备了一个覆盖面几乎无所不及的基础数据网络（DDN/FR/ATM）和 SDH 传输网络，所以只需要将宽带 IP 城域网与其互联即可达到目的。DDN/FR 接入的弱点不仅带宽较窄、采用铜线接入等，更重要的是其固定、半固定的带宽分配限制了计费方式的多样性和灵活性，且价格昂贵，不被普通家庭所喜欢。ATM 和 SDH 主要针对大型集团用户的特殊需求，数量不是特别多。新兴运营商可根据需要小规模地建立这类网络。

（3）以太网技术。

这种技术具有光纤到大楼、小区之后采用 UTP 5 类线分配的特点，所以具备高性能、高质量、高速率、高稳定性、技术成熟、共享性能好，又特别适合于突发性数据业务等特点，因而可作为城域网的主要接入层技术。但它的不足之处是用户隔离方法较为烦琐且广播包较多，只有通过细致的网络规划和管理以及选择高性能设备来弥补。

（4）ADSL 接入技术。

ADSL 技术的主要优点是可以充分利用现有的铜缆资源实现下行 9～10Mb/s 和上行

几百 b/s 速率的接入手段。定位在为零散分布用户或不计划改造现有双绞线布线计划的小区/大厦用户,提供高速接入。

目前 ADSL 大多依靠 ATM 技术接入到服务器或路由器(ATM over ADSL),而各省也已具备一定规模的 ATM 网络,因而这种技术主要作为 ATM 技术的接入和延伸,目前并没有作为 IP 城域网的主要接入手段。由于上行端口的以太网技术(Ethernet over ADSL)和设备正在逐渐成熟之中,所以在已建立了城域网的节点处可通过此类设备接入到城域网,以避免耗费过多的光纤资源和 ATM 网络的追加投资。也可采用在城域网设备上提供 ATM 端口与 ADSL 连接的方法,但该方法在接入宽带接入服务器时存在着中断的问题,即不能全程二层与接入服务器建立 PPP 连接,需要重新开发软件,但若作为专线接入(永远在线)是可行的。

(5) 本地多点分配业务系统(LMDS)技术。

LMDS 属于双向宽带无线接入技术,主要为用户快速、廉价地提供高速、高质量的双向数据接入服务。LMDS 作为一种光纤无法到达时的补充接入手段是比较好的,但应仅作为辅助性和临时性接入手段。

(6) 综合接入技术(设备)。

综合接入技术(设备)是采用同一套局端(远端)接入设备提供 DDN/FR/ATM/PSTN/ISDN/LAN/SDH 等多种接入业务的技术(设备)。这种技术(设备)对于不具有独立的 DDN/FR/ATM/SDH 网的运营商是一种较好的选择,但对传统电信运营商来说,会在个别小的新建节点采用(节省成本),但不会大量采用。因为目前综合接入产品在功能上还不能完全满足要求,特别是在宽带和支持 VLAN、VPN 业务方面,设备的成熟性也有待测试和试验。

6.3 宽带 IP 城域网的骨干传输技术

目前骨干网技术突飞猛进,针对不同的运营环境有 ATM、GE、POS、DPT 等多种技术供运营商选择。对于运营商来说,首先要综合考虑技术的发展趋势、技术特点、技术成熟性和标准化。例如,万兆以太网技术尽管会是未来城域网的发展趋势,但是就目前技术发展程度而言,GE 无论是在技术成熟度、标准化方面,还是在价格等方面都是一个更合适的选择。其次,对运营商来说要对所建城域网现在和将来要开放什么业务,面对的重点用户群是谁等有一个清晰的目标,这样才能更好地选择合适的技术。总地来说,要建设一个可运营、可管理的电信级宽带 IP 城域网,采用什么技术是一个非常复杂的决策过程。宽带 IP 城域网的骨干传输技术指的是核心层和汇聚层的传输技术,主要有 IP over ATM、IP over SDH、IP over DWDM 和千兆以太网。

6.3.1 IP over ATM

1. 传统的 IP over ATM

1) IP over ATM 的概念

IP over ATM(POA)是 IP 技术与 ATM 技术的结合,它是在 IP 路由器之间(或路由器与交换机之间)采用 ATM 网进行传输,其网络结构如图 6.13 所示。IP over ATM 的基本原理和工作方式为:将 IP 数据包在 ATM 层全部封装为 ATM 信元,以 ATM 信元形式在信道中传输。当网络中的交换机接收到一个 IP 数据包时,它首先根据 IP 数据包的 IP 地址通过某种机制进行路由地址处理,按路由转发。随后,按已计算的路由在 ATM 网上建立虚电路(VC)。以后的 IP 数据包将在此虚电路 VC 上以直通(Cut-Through)方式传输而不再经过路由器,从而有效地解决了 IP 路由器的瓶颈问题,并将 IP 包的转发速度提高到交换速度。用 ATM 来支持 IP 业务有两个必须解决的问题:其一是 ATM 的通信方式是面向连接的,而 IP 是不面向连接的,要在一个面向连接的网上承载一个不面向连接的业务,有很多问题需要解决,如呼叫建立时间、连接持续期等;其二是 ATM 是以 ATM 地址寻址的,IP 通信是以 IP 地址来寻址的,在 IP 网上端到端是以 IP 寻址的,而传送 IP 包的承载网(ATM网)是以 ATM 地址来寻址的,IP 地址和 ATM 地址之间的映射是一个很大的难题。

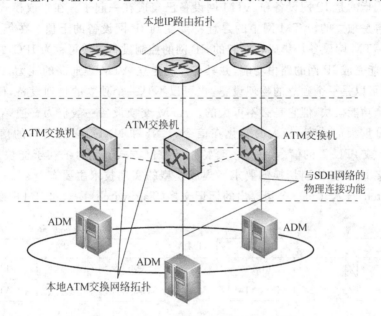

图 6.13　IP over ATM 的网络结构示意图

2) IP over ATM 的分类

(1) 按 ATM 信令角度分类。

用 ATM 来承载 IP 业务,从目前来看有相当好的前景,因而在这方面提出了许多解决方案,从大类来说,可以分为两类:一类为叠加模式,如图 6.14 所示;另一类为集成模式,如图 6.15 所示。

叠加模式指的是 IP 网的寻址是叠加在 ATM 寻址的基础上的,通俗地说,在叠加模式中 ATM 的寻址方式是不变的,IP 地址在边缘设备中映射成 ATM 地址,IP 据此传向另一端边缘设备。叠加模式的最大特点是在 ATM 网中不论是用户网络信令还是网络间信令均不变,对 ATM 网来说 IP 业务只是它承载的业务之一,ATM 的其他功能照样存在而不受影响。叠加模式最典型的有局域网仿真(LANE)、经典的在 ATM 上传送 IP(Classical IP Over ATM,CIPOA)和 ATM 上的多协议(Multiprotocol Over ATM,MPOA)等。但该技术对组播业务的支持仅限于逻辑子网内部,子网间的组播需通过传统路由器,因而对广播和

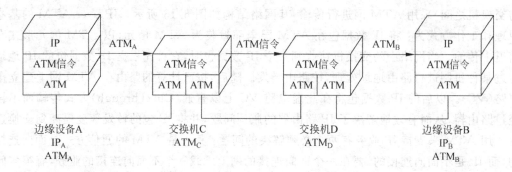

图 6.14　叠加模式示意图

多发业务效率较低。

　　集成模式指的是 IP 网设备和 ATM 网设备已集成在一起了。在集成模式中,ATM 网的寻址已不再是独立的,ATM 网中的寻址将要受到 IP 网设备的干预。在集成模式下,IP 网的设备和 ATM 网设备是集成在一起的,IP 网的控制设备一般可称为 IPC,它具有传统路由器的功能,能完成 IP 网的路由功能,并具有控制建立 ATM 虚通路的能力,IPC 是一个逻辑功能块,它可以是一个独立的物理设备,也可以不是一个独立的物理设备,而是 ATM 交换机中的一个功能模块,但它是必不可少的。ATM 交换设备一般仍为普通 ATM 交换机,但它也有十分重大的改变,最大的变化在信令(UNI 和 NNI),它们之间的信令已不再是 ATM Forum 或 ITU-T 的信令,而是一套特别的控制方式。其目的在于能快速建立连接,以满足无连接 IP 业务快速切换的要求。集成模型的实现技术主要有 Ipsilon 公司提出 IP 交换(IP Switch)技术、Cisco 公司提出的标记交换(TagSwitch)技术和 IETF 推荐的 MPLS 技术。

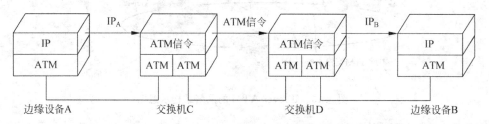

图 6.15　集成模式示意图

　　(2) 从网络整体的性能角度分析。

　　叠加模式和集成模式的分类法是按 ATM 信令来分类的,不能反映网络的整体性能。从网络整体的性能角度出发来考虑,ATM 可以有两种方法来支持 IP over ATM。

　　① ATM 作为链路。使用 ATM 的永久性虚通路将地域上分离的路由器连接起来,在这里 ATM 的永久性虚通路取代了传统的专线,这种工作方式即为 ATM 作为链路来承载 IP 业务。在这种工作方式中,ATM 只是作为链路将若干路由器连起来,它不参与 IP 网的寻径功能。因而这种 IP 网在本质上仍是一个路由器网,它不改变 IP 网的整体性能只是提高了某些部分的传输速率而已。

　　② ATM 作为网络。另一种方法是 ATM 网以网络形式来支持 IP over ATM。在这种场合,ATM 参与了 IP 网的寻径功能,由于 ATM 的寻径及其他指标均要大大优于普通路由

器,因而以网络形式来支持 IP 网(IP over ATM),可以在网络性能方面大大提高 IP 网的性能,不仅提高了传输速率也大大缩短了传输时延,以网络形式来支持 IP 网(IP over ATM)的最合理算法是 MPLS。MPLS 是一种拓扑驱动的算法,它和无连接的 IP 传输非常适应。基于 MPLS 算法的 ATM 上的 IP 网是一种很好的 IP 网的组织形式,可构成一个用于物理通信平台多业务同时应用的一种十分理想的格局,并且能从整体上提高 IP 的性能。

3) IP over ATM 的分层结构

IP over ATM 将 IP 数据包首先封装为 ATM 信元,以 ATM 信元的形式在信道中传输;或者再将 ATM 信元映射进 SDH 帧结构中传输,其分层结构如图 6.16 所示。

图 6.16 中,IP 层提供了简单的数据封装格式;ATM 层重点提供端到端的 QoS;SDH 层重点提供强大的网络管理和保护倒换功能;DWDM 光网络层主要实现波分复用以及为上一层的呼叫选择路由和分配波长。但是由于 IP 层、ATM 层、SDH 层等各层自成一体,都分别有各自的复用、保护和管理功能,且实现方式又大有区别,所以实现起来不但有功能重叠的问题,而且有功能兼容困难的问题。

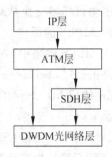

图 6.16　IP over ATM 的分层结构示意图

4) IP over ATM 的优、缺点

(1) 优点。

IP over ATM 的主要优点如下:

① ATM 技术本身能提供 QoS 保证,具有流量控制、宽带管理、拥塞控制及故障恢复能力,这些是 IP 所缺乏的,因而 IP 与 ATM 技术的融合,也使 IP 具有了上述功能。这样既提高了 IP 业务的服务质量,同时又能够保障网络的高可靠性。

② 适用于多业务,具有良好的网络可扩展能力,并能对其他几种网络协议(如 IPX 等)提供支持。

(2) 缺点。

IP over ATM 的分层结构有重叠模型和对等模型两种。

传统的 IP over ATM 分层结构属于重叠模型。重叠模型是指 IP 协议在 ATM 上运行,IP 的路由功能仍由 IP 路由器来实现,ATM 仅仅作为 IP 的底层传输链路。

重叠模型的最大特点是对 ATM 来说 IP 业务只是它所承载的业务之一,ATM 的其他功能照样存在并不会受到影响,在 ATM 网中不论是用户网络信令还是网络访问信令均统一不变。所以重叠模型 IP 和 ATM 各自独自地使用自己的地址和路由协议,这就需要定义两套地址结构及路由协议。因而 ATM 端系统除需要分配 IP 地址外,还需分配 ATM 地址,而且需要地址解析协议(Address Resolution Protocol,ARP),以实现 MAC 地址与 ATM 地址或 IP 地址与 ATM 地址的映射,同时也需要两套维护和管理功能。

基于上述这些情况导致 IP over ATM 具有以下缺点:

① 网络体系结构复杂,传输效率低,开销大。

② 由于传统的 IP 只工作在 IP 子网内,ATM 路由协议并不知道 IP 业务的实际传送需求,如 IP 的 QoS、多播等特性,这样就不能够保证 ATM 实现最佳的传送 IP 业务,在 ATM 网络中存在着扩展性和优化路由的问题。

2．多协议标签交换(Multi-Protocol label Switching,MPLS)

1）MPLS 的概念

解决传统的 IP over ATM 存在问题的办法是采用对等模型。

对等模型是将 ATM 看成 IP 的对等层,在建立连接上采用非标准的 ATM 的地址解析协议。对等模型将 IP 层的路由功能与 ATM 层的交换功能结合起来,使 ATM 交换机变成了多协议的路由器,保留了 IP 选路的灵活性,同时使 IP 网络获得 ATM 的交换功能,提高了 IP 转发效率,因此计费容易;但是增加了 ATM 交换机的复杂性。

多协议标签交换是对等模型的最好的实现方案。

2）MPLS 的原理

在 MPLS 网络中,业务是利用标签来转发的。整个网络的节点设备分为两类,即边缘标签路由器(Label Edge Router,LER)和标签交换路由器(Label Switched Router,LSR)。由 LER 构成 MPLS 网的接入部分,LSR 构成 MPLS 网的核心部分。LER 发起或终止标签交换通道(LSR)连接,并完成传统 IP 数据包转发和标记转发功能。入口 LER 完成 IP 包的分类、寻路、转发表和 LSP 表的生成等;出口 LER 终止 LSP,并根据弹出的标签转发剩余的包。LSR 只是根据交换表完成高速转发功能,这样所有复杂功能都在 LER 内完成。

MPLS 网络对标签的处理过程如图 6.17 所示。

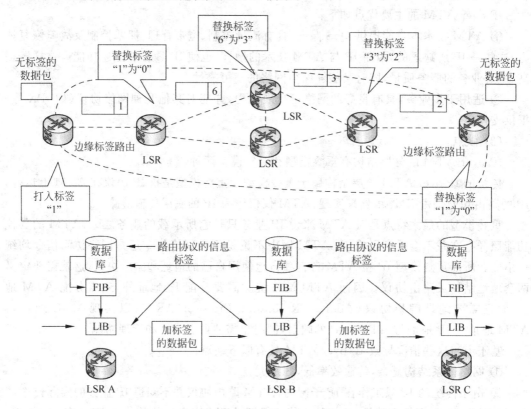

图 6.17　MPLS 网络对标签的处理过程示意图

　　具体操作过程为：在 MPLS 的入口处的边缘标签交换路由器负责为进来的业务分配标签，并把打标签后的业务送到下一跳的 LSR 中去。在业务传送过程中经过的所有 LSR 都使用标签作为索引来查找路由器，然后进一步映射为新的标签，也就是说，在 MPLS 网络中原来的路由表现在映射为标签查询表。当旧标签被新标签替换后，该业务流就被转发到新标签对应的下一跳。由此可见，任何一个标签都只具有本地意义，即当业务到达一个路由器后，旧标签就被替换而不再具有意义。当业务到达 MPLS 网络的出口处，标签被去除，业务就重新按照正常的 IP 路由转发机制来进行转发。

　　MPLS 是一种在开放的通信网上利用标签引导数据高速、高效传输的新技术，它的价值在于能够在一个无连接的网络中引入连接模式的特性。其主要优点是减少了网络复杂性，兼容现有各种主流网络技术，能降低 50% 网络成本，在提供 IP 业务时能确保 QoS 和安全性，具有流量工程能力。此外，MPLS 能解决 VPN 扩展问题和维护成本问题。MPLS 技术是下一代最具竞争力的通信网络技术。

6.3.2　IP over SDH

1. IP over SDH

1）IP over SDH 的概念

　　IP over SDH（POS）是 IP 技术与 SDH 技术的结合，是在 IP 路由器之间（或路由器与交换机之间）采用 SDH 网进行传输。具体地说，它利用 SDH 标准的帧结构，同时利用点到点传送等封装技术把 IP 业务进行封装，然后在 SDH 网中传输。IP over SDH 网络作为 IP 数据网络的物理传输网络，并使用链路适配及成帧协议（PPP）对 IP 数据包进行封装，然后按字节同步的方式把封装后的 IP 数据包映射到 SDH 的同步净荷封装（SPE）中，按其各次群相应的线速率进行连续传输，其网络结构如图 6.18 所示。

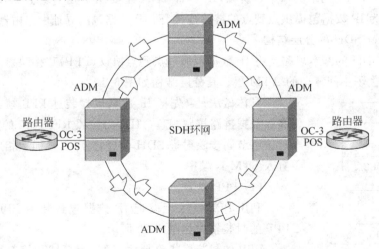

图 6.18　IP over SDH 的网络结构示意图

2）IP over SDH 与路由器的关系

　　IP over SDH 技术的实现需要高速路由器和 PPP 协议，采用的仍然是传统路由器的逐包转发方式。其基本思路是将路由计算与包的转发分开，采用缓冲技术、硬件芯片快速处理技术、以 ATM 信元交换矩阵作为路由器内部体系构架的交换路由技术,将路由器的逐包转发速度控制到与第二层交换的速度相当。它无需利用广域网上的 ATM 交换机来建立虚电路 VC。为保证路由与 SDH 设备之间的互操作性,路由器卡应支持下述 SDH 开销字节功能:

① 用于自动保护倒换(APS)的 K_1、K_2 字节,允许路由器与路由器之间、路由器与 ADM 之间进行倒换。

② 通过踪迹字节(J_1)可由路由器卡来插入和监视;差错监视字节(B_1、B_2 和 B_3)、复用段远端差错指示字节(M_1)和通道状态字节(G_1)可由路由器来插入和监视。

③ 路由器应对 SDH 的段、线路和通道进行告警和性能监视。

④ 路由器卡从 SDH 系统提取定时。

IP over SDH 中以链路方式来支付 Internet 网络,不能参与 Internet 网络的寻址。它的作用是将路由器以点到点的方式连接起来,提高点到点之间的传输速率。它并没有从总体上提高 Internet 网络的性能,这种 Internet 网络本质上仍是一个路由器网。Internet 网络整体性能的提高将取决于路由器技术是否有突破性进展,因而这种技术的核心是千兆比线速路由交换机(千兆比特高速路由器)。

目前不少网络设备公司已推出基于 IP over SDH 技术的交换路由器产品,如 Cisco 千兆位交换路由器 GSR12000、Ascend 千兆位路由转发器 GRF、Lucent 于 1998 年推出的 Packet star 千兆位路由器等。这些设备在交换功能方面引入了 ATM 技术,与传统路由器相比,在技术方面有了重大突破,表现在吞吐量大(达 60Gb/s)和传送时延小(14~40μs),为 IP over SDH 的实现奠定了基础。但是,千兆比特高速路由器在实现第 2 层交换与第 3 层选路的综合的同时,也带来了设备的复杂性。此外,这种突破性技术尚不能广泛应用于普通路由器。因而除非网络上的全部路由器都能采用千兆比特高速路由器技术,否则仍难以从整体上提高 Internet 网络的水平。所以,IP over SDH 主要用于在干线上疏导高速率数据流。SDH 网为 IP 数据包提供点到点的链路连接,而 IP 数据包的寻址由路由器来完成。

3) IP over SDH 的分层结构

IP over SDH 的基本思路是将 IP 数据包通过点到点协议(PPP)直接映射到 SDH 帧结构中,从而省去了中间复杂的 ATM 层。其分层结构如图 6.19 所示。

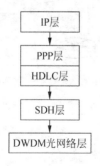

具体做法是:先将 IP 数据包封装进 PPP 帧,然后再利用高级数据链路控制规程(HDLC)按照 RFC1662 的规定组帧,最后按字节同步映射进 SDH 的虚容器中,再加上相应 SDH 开销置入 STM-N 帧中。

(1) PPP 封装。

利用 PPP 技术可以把 IP 数据包封装到 PPP 帧结构中,PPP 的封装格式如图 6.20 所示。

PPP 的封装格式包括协议域、信息域和填充域,各部分的作用如下:

图 6.19 IP over SDH 的
分层结构示意图

① 协议域(Protocol)。长度是 1~2B,它的值用来标识封装在信息域中的数据分组是采用什么协议的数据分组。

② 信息域(Information Field)。用来承载协议与中规定的数据分组。信息域的最大允

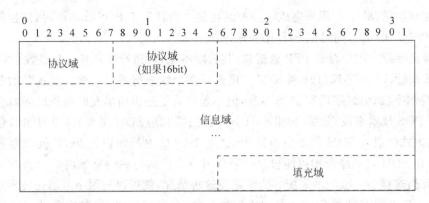

图 6.20　PPP 的封装格式示意图

许长度加上填充域的长度不能超过链路层最大允许传送单元(MTU),而通常默认的 MTU 的长度是 1500B。

③ 填充域。在利用 PPP 技术封装数据的时候,如果从上层接收到的数据分组比较小,就在该 PPP 数据包的信息域后附加一个填充域;如果从上层接收到的数据分组长度大于 MTU,那么就必须对该数据分组进行分片,即分成多个 PPP 包来传输。数据到达接收侧后,在对数据业务进行解封装以后,由上层协议负责把数据和填充比特区别开来。

(2) 组帧。

PPP 封装的数据包要利用高级数据链路控制协议来组帧,图 6.21 中给出了 HDLC 协议的帧结构。

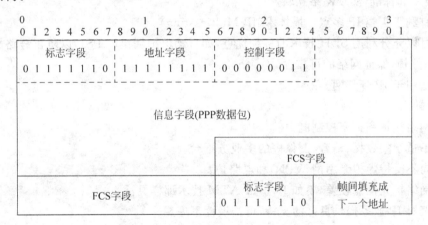

图 6.21　PPP HDLC 类的帧结构示意图

各字段的作用如下:

① 标识字段(8b)。编码为"0111 1110"(0x7E),用来表示一个帧的开始和结束。在两个帧之间只需要一个这样的标识位,它既可表示上一个帧的开始,又可表示下一个帧的结束。

② 地段地址(8b)。由于 POS 技术只能用在点到点的链路上,在使用 HDLC 时没有寻址的必要,因此在 HDLC 中就把地址域设为"全站点地址",即二进制序列"1111 1111"(0xFF)。

③ 控制字段(8bit)。用来完成一些控制功能。当其用于 POS 技术中时,该控制域的值为"0000 0011"(0x03),同时把 P/F 比特置为 0。

④ 信息字段。用于存放 PPP 数据包,其长度不变,但最长受限且应是整数个字节。

⑤ 帧校验(FCS)字段(16b 或 32b)。用来对整个帧进行差错校验。其校验的范围是地址字段、控制字段、信息字段和 FCS 本身,但不包括为了透明而填充的某些比特和字节等。

对于 POS 技术来说,分组/包组成 HDLC 帧后要利用 SDH 来承载,即 HDLC 帧利用字节同步的方式映射入 SDH 的净负荷区中,这时 HDLC 中的标识位 0x7E 就起定界帧的作用。然而在 SDH 帧的净荷中可能包含有来自用户数据的与在信息域内的标志有相同字节长度的情况,这样会导致帧的失配。为了避免这种情况,就可以利用字节填充技术来确保数据的透明。字节填充是在 FCS 计算完成后进行的,在发端把 SDH 帧净负荷区除标识字段以外的其他字段中出现的标识字节 0x7E 置换成双字节序列 0x7D、0x5E。

4) IP over SDH 的优、缺点

(1) 优点。

① IP 与 SDH 技术的结合是将 IP 数据包通过点到点协议直接映射到 SDH 帧,其中省掉了中间的 ATM 层,从而保留互联网的无连接特性,简化了 IP 网络体系结构,减少了开销,提供了更高的带宽利用率,提高了数据传输效率,降低了成本。

② 保留了 IP 网络的无连接特性,易于兼容各种不同的技术体系和实现网络互联,更适合组建专门承载 IP 业务的数据网络。

③ 将 IP 网络技术建立在 SDH 传输平台上,可以很容易地跨越地区和国界,兼容各种不同的技术和标准,实现网络互联。

④ 有利于实施 IP 多点广播技术(IP Multicasting)。

⑤ 可以充分利用 SDH 技术的各种优点,如自动保护倒换(APS),以防止链路故障而造成的网络停顿,保证网络的可靠性。

⑥ 适用于 IP 骨干网。

(2) 缺点。

① 网络流量和拥塞控制能力差。

② 不适于集数据、语音、图像等的多业务平台。

③ 尚不支持虚拟专用网(VPN)和电路仿真。

④ 网络扩充性能较差,不如 IP over ATM 技术那样灵活。

⑤ 仅对 IP 业务提供良好的支持,可扩展性不理想。

⑥ 不能像 IP over ATM 技术那样提供较好的服务质量保障,在 IP over SDH 中,由于 SDH 是以链路方式支持 IP 网络的,因而无法从根本上提高 IP 网络的性能,但近来通过改进其硬件结构,使高性能的线速路由器的吞吐量有了很大的突破,并可以达到基本服务质量保证,同时转发分组延时也已降到几十 μs,可以满足系统需求。

2. SDH 多业务传送平台

1) 多业务传送平台(Multi-Service Transport Platform,MSTP)的概念

MSTP 是指基于 SDH 的多业务传送平台,同时实现 TDM、ATM、IP 等业务接入、处理和传送,提供统一网管的多业务传送平台。它将 SDH 的高可靠性、严格 QoS 和 ATM 的统

计复用以及 IP 网络的宽带共享、统计复用 QoS 特征集于一身,可以针对不同 QoS 业务提供最佳传送方式。

以 SDH 为基础的多业务平台方案的出发点是充分利用大家所熟悉和信任的 SDH 技术,特别是其保护恢复能力和确保的延时性能,加以改造以适应多业务应用。多业务节点的基本实现方法是将传送节点与各种业务节点物理上融合在一起,构成具有各种不同融合程度、业务层和传送层一体化的下一代网络节点,把它称为融合的网络节点或多业务节点。具体实施时可以将 ATM 边缘交换机、IP 边缘路由器、终端复用器(TM)、分插复用器(ADM)、数字交叉连接(DXC)设备节点和 WDM 设备结合在一个物理实体中,统一控制和管理。

2) MSTP 工作原理

MSTP 可以将传统的 SDH 复用器、数字交叉链接器(DXC)、WDM 终端、网络二层交换机和 IP 边缘路由器等多个独立的设备集成为一个网络设备,即基于 SDH 技术的多业务传送平台(MSTP),进行统一控制和管理。基于 SDH 的 MSTP 最适合作为网络边缘的融合节点支持混合型业务,特别是以 TDM 业务为主的混合业务。它不仅适合缺乏网络基础设施的新运营商,应用于局间或 POP 间,还适合于大企事业用户驻地。而且即便对于已敷设了大量 SDH 网的运营公司,以 SDH 为基础的多业务平台可以更有效地支持分组数据业务,有助于实现从电路交换网向分组网的过渡。所以,它将成为城域网近期的主流技术之一。

这就要求 SDH 必须从传送网转变为传送网和业务网一体化的多业务平台,即融合的多业务节点。MSTP 的实现基础是充分利用 SDH 技术对传输业务数据流提供保护恢复能力和较小的延时性能,并对网络业务支撑层加以改造,以适应多业务应用,实现对二层、三层的数据智能支持。即将传送节点与各种业务节点融合在一起,构成业务层和传送层一体化的 SDH 业务节点,称为融合的网络节点或多业务节点,主要定位于网络边缘。

3) MSTP 的特点

(1) 业务的带宽灵活配置,MSTP 上提供的 10/100/1000Mb/s 系列接口,通过 VC 的捆绑可以满足各种用户的需求。

(2) 可以根据业务的需要,工作在端口组方式和 VLAN 方式。

① 端口组方式。单板上全部的系统和用户端口均在一个端口组内。这种方式只能应用于点对点对开的业务。换句话说,也就是任何一个用户端口和任何一个系统端口(因为只有一个方向,所以没有必要启动所有的系统端口,一个就足够了)被启用了,网线插在任何一个启用的用户端口上,那个用户口就享有了所有带宽,业务就可以开通。

② VLAN 方式。又分为接入模式和干线模式。

其中的接入模式,如果不设定 VLAN ID,则端口处于端口组的工作方式下,单板上全部的系统和用户端口均在一个端口组内。

如果设定了 VLAN ID,需要设定"端口 VLAN 标记"。这是因为交换芯片会为收到的数据包增加 VLAN ID,然后通过系统端口走光纤发到对端同样 VLAN ID 的端口上。例如,某个用户口 VLAN ID 为 2,则对应站点的用户端口的 VLAN ID 也应该设定为 2。这种模式可以应用于多个方向的 MSTP 业务,这时每个方向的端口都要设置不同的 VLAN ID。然后把该方向的用户端口和系统端口放置到一个虚拟网桥中(该虚拟网桥的 VLAN ID 必须与"端口 VLAN 标记"一样)。

(3) 可以工作在全双工、半双工和自适应模式下,具备 MAC 地址自学习功能。

(4) QoS 设置。QoS 实际上限制端口的发送,原理是发送端口根据业务优先级上有许多发送队列,根据 QoS 的配置和一定的算法完成各类优先级业务的发送。因此,当一个端口可能发送来自多个来源的业务,而且总的流量可能超过发送端口的发送带宽时,可以设置端口的 QoS 能力,并相应地设置各种业务的优先级配置。当 QoS 不作配置时,带宽平均分配,多个来源的业务尽力传输。QoS 的配置就是规定各端口在共享同一带宽时的优先级及所占用带宽的额度。

(5) 对每个客户独立运行生成树协议。

4) MSTP 的功能模型

MSTP 的功能模型如图 6.22 所示。

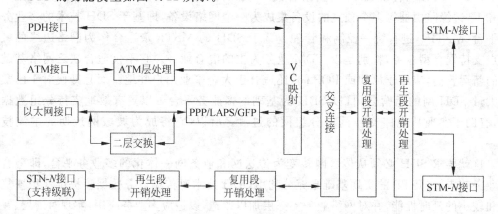

图 6.22　MSTP 的功能模型示意图

由图 6.22 可见,基于 SDH 的多业务传送设备主要包括标准的 SDH 功能、ATM 处理功能、IP/Ethernet 处理功能等,具体归纳如下:

(1) 支持 TDM 业务功能。

SDH 系统和 PDH 系统都具有支持 TDM 业务的能力,因而基于 SDH 的多业务传送节点应能够满足 SDH 节点的基本功能,可实现 SDH 与 PDH 信息的映射、复用等。

(2) 支持 ATM 业务功能。

MSTP 设备具有 ATM 的用户接口,可向用户提供宽带业务;而且具有 ATM 交换功能、ATM 业务带宽统计复用功能等。

(3) 支持以太网业务功能。

MSTP 设备中存在两种以太网业务的适配方式,即透传方式和采用二层交换功能的以太网业务适配方式。

以太网业务透传方式是指以太网接口的数据帧不经过 2 层交换,直接进行协议封装,映射到相应的 VC 中,然后通过 SDH 网络实现点到点的信息传输。支持 2 层交换功能的以太网业务适配方式是指在一个或多个用户侧的以太网物理接口与一个或多个独立的系统侧的 VC 通道之间实现基于以太网链路层的数据包交换。

5）MSTP 的优势

（1）现阶段大量用户的需求还是固定带宽专线，主要是 2Mb/s、10/100Mb/s、34Mb/s、155Mb/s。对于这些专线业务，大致可以划分为固定带宽业务和可变带宽业务。对于固定带宽业务，MSTP 设备从 SDH 那里集成了优秀的承载、调度能力，对于可变带宽业务，可以直接在 MSTP 设备上提供端到端透明传输通道，充分保证服务质量，可以充分利用 MSTP 的二层交换和统计复用功能共享带宽，节约成本，同时使用其中的 VLAN 划分功能隔离数据，用不同的业务质量等级（QoS）来保障重点用户的服务质量。

（2）在城域汇聚层，实现企业网络边缘节点到中心节点的业务汇聚，具有节点多、端口种类多、用户连接分散和较多端口数量等特点。采用 MSTP 组网，可以实现 IP 路由设备10M/100M/1000M POS 和 2M/FR 业务的汇聚或直接接入，支持业务汇聚调度，综合承载，具有良好的生存性。根据不同的网络容量需求，可以选择不同速率等级的 MSTP 设备。

（3）继承了 SDH 技术的诸多优点，如良好的网络保护倒换性能、对 TDM 业务较好的支持能力等。

（4）支持多种物理接口。由于 MSTP 设备负责多种业务的接入、汇编和传输，所以MSTP 必须支持多种物理接口。常见的接口类型有 TDM 接口（T1/E1、T3/E3）、SDH 接口（OC-N/STM-M）、以太网接口（10/100BASE-T、GE）、POS 接口等。

（5）提供集成的数字交叉连接交换。MSTP 可以在网络边缘完成大部分交叉连接功能，从而节省传输带宽以及省去核心层中昂贵的数字交叉连接系统端口。

（6）支持动态带宽分配。由于 MSTP 支持级联和虚级联功能，可以对带宽进行灵活的分配，实现对链路带宽的动态配置和调整。

（7）能提供综合网络管理功能。MSTP 提供对不同协议层的综合管理，便于网络的维护和管理。

由于 MSTP 具有以上诸多优点，因此在当前的各种城域传送网技术中是一种比较好的选择。但是 MSTP 毕竟是支持的 SDH 是硬管道传输，系统信道利用率较之软管道的 OTN具有明显的不足。因此 MSTP 仅是 IP 宽带城域网技术的过渡技术。未来是 IP 宽带城域网要实现向 IP over WDM、IP over DWDM 和 IP over OTN 的演进。可预见的是未来在 IP宽带城域网将会出现基于软管道的、业务 IP 化的大带宽数据业务，从而实现真正意义上的宽带 IP 网络。

6.3.3 IP over DWDM

1. IP over DWDM 的概念与网络结构

IP over DWDM（POW）是 IP 与 DWDM 技术相结合的标志。首先在发送端对不同波长的光信号进行复用，然后将复用信号送入一根光纤中传输，在接收端再利用解复用器将各不同波长的光信号分开，送入相应的终端，从而实现 IP 数据包在多波长光路上的传输。

构成 IP over DWDM 网络的部件包括激光器、光纤、光放大器、DWDM 光耦合器、光分插复用器（OADM）、光交叉连接器（OXC）和转发器等。在 IP over DWDM 网络中路由器通过 OADM、OXC 或者 DWDM 光耦合器直接连至 DWDM 光纤，由这些设备控制波长接入、交换、选择和保护。IP over DWDM 网络结构如图 6.23 所示。图 6.23（a）是由 OADM 构成的小型 WDM 光网络结构示意图,图 6.23(b)是由 OXC 和 OADM 构成的小型 WDM 光网络结构示意图。

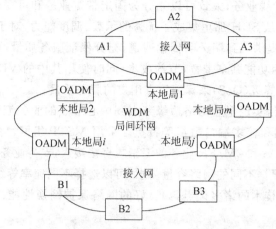

(a) 由OADM构成的小型WDM光网络结构

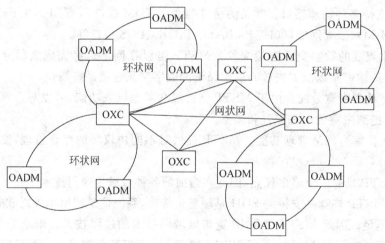

(b) 由OXC和OADM构成的小型WDM光网络结构

图 6.23　IP over DWDM 网络结构示意图

2. IP over DWDM 分层结构

IP over DWDM 分层结构如图 6.24 所示。

由图 6.24 见,IP over DWDM 在 IP 层和 DWDM 光层之间省去了 ATM 层和 SDH 层,将 IP 数据包直接放到光路上进行传输。各层功能如下:

(1) IP 层产生 IP 数据包,其协议包括 IPv4、IPv6 等。

(2) 光适配层负责向不同的高层提供光通道,主要功能包括管理 DWDM 信道的建立和拆除、提供光层的故障保护/恢复等。

(3) DWDM 光层包括光通道层、光复用段层和光传输段

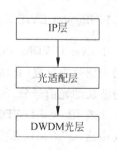

图 6.24　IP over DWDM 的
分层结构示意图

层。光通道层负责为多种形式的用户提供端到端的透明传输；光复用段层负责提供同时使用多波长传输光信号的能力；光传输段层负责提供使用多种不同规格光纤来传输信号的能力。这3层都具有检测功能，只是各自监测的对象不同。光传输段层监控光传输段中的光放大器和光中继器，而其他两层则提供系统性能监测和检错功能。

现在数据网络的速率远远低于光传输网络的速率，IP over DWDM 的关键在于如何进行数据网络层(IP层)和光网络层的适配，IP 数据以何种方式成帧并通过 DWDM 传输。

具体的适配功能包括：数据网的运行维护与管理(OAM)可以适配到光网的 OAM，数据网中特定协议呼叫可映射到光网相应的信令信息。

IP over DWDM 传输时所采用的帧格式可以是以下几种：

① SDH 帧格式。

② GE 以太网帧格式。

③ 数字包封装帧格式(跳过 SDH 层把 IP 信号直接映射进光通道，正在研究)。

相应的网络方案有 IP/SDH/DWDM 和 IP/GE/DWDM。值得注意的是，即使不使用 SDH 层，但并不排除使用 SDH 的帧结构作为 DWDM 中数据流的封装格式。

3. 优点和缺点

(1) IP over DWDM 简化了层次，减少了网络设备和功能重叠，从而减轻了网管复杂程度。

(2) 可充分利用光纤的带宽资源，极大地提高了带宽和相对的传输速率。

(3) 技术还不十分成熟，尽管目前 DWDM 已经运用于长途通信中，但只提供终端复用功能，还不能动态地完成上、下复用功能，光信号的损耗与监控以及光通路的保护倒换与网络管理配置还停留在电层阶段。

以上介绍了 IP over ATM、IP over SDH 和 IP over DWDM，下面将这3种骨干传输技术做个简单的比较，如表6.1所示。

表 6.1　3 种骨干传输技术的比较

性　　能	IP over ATM	IP over SDH	IP over DWDM
效率	低	中	高
带宽	中	中	高
结构	复杂	略简	极简
价格	高	中	较低
传输性能	好	可以	好
维护管理	复杂	略简	简单
应用场合	网络边缘多业务的汇集和一般 IP 骨干网	IP 骨干网	核心 IP 骨干网

6.3.4　千兆以太网

1. 概念

在 IP 路由器之间(或路由器与交换机之间)可以采用千兆以太网(GE)技术进行传输。千兆以太网是建立在标准的以太网基础之上的一种带宽扩容解决方案。它和传统以太网(10 BASE-T)及快速以太网(100 BASE-T)技术一样,都使用以太网所规定的技术规范,如 CSMA/CD 协议、以太网帧、全双工、流量控制等。而且千兆以太网的 QoS 服务质量可以得到保证,同时支持 VLAN。

2. 千兆以太网的优点

由于千兆以太网采用了与传统以太网及快速以太网完全兼容的技术规范,因此千兆以太网除了继承以太网的优点外,还具有以下一些优点:

(1) 升级平滑,实施容易。

(2) 传输距离较远,可达 100km。

(3) 性价比高,易管理。

(4) 原来以太网的不足,如多媒体应用和 QoS、拓扑结构不可靠及多链路负载分享、虚拟网等,随着新技术和新标准的出现已得到部分解决。

基于千兆以太网的优势,目前它已经发展成为主流网络技术。大到成千上万人的大型企业,小到几十人的中小型企业,在建设企业局域网时都会把千兆以太网技术作为首选的高速网络技术。千兆以太网技术甚至正在取代 ATM 技术,成为城域网建设的主力军。

6.4　宽带 IP 城域网的接入技术

宽带 IP 城域网的接入技术自然要采用宽带接入技术。宽带接入技术是指接入速率大于 2Mb/s,目前常用的宽带接入技术主要有 ADSL(Asymmetric Digital Subscriber Line)、HFC、FTTX+LAN、PON 和无线宽带接入等。这里重点针对 HFC、FTTX+LAN 和 PON 技术进行说明。

6.4.1　HFC

光纤同轴混合网(Hybird Fiber Coax,HFC)。HFC 在局端有前端设备进行有线电视信号处理和数据信号的桥接,主干线路使用光纤或低损耗同轴电缆传输模拟和数字载波信号,在用户小区使用同轴分配网络分配下行载波信号,汇聚上行数据载波信号。

按流向,HFC 网络上存在上行和下行两种信号,下行信号以广播的形式从前端传输到各用户家中,上行信号则是以点对点的形式从用户回传到局端。下行信号也称正向信号,上行信号也称反向信号。

HFC 网络是从有线电视网络发展而成,在有线电视出现时,网络规模较小,称为共用天线系统,网络线路一般由纯粹的同轴电缆组成。后来网络规模扩大,由于信号在电缆中的损耗较大,一般要每隔 200~300m 的距离上加入放大器中继,由于在加入放大器的同时也引入了噪声,经过多级放大器后,信号的载噪比下降到使用户的收视质量不能接受,因此靠纯粹的同轴电缆不能将信号送得太远,后来随着光纤技术的成熟,光纤被引入到有线电视网络,光纤具有损耗小、不受电磁干扰、传输带宽大等优点。

有线电视网络上原承载的业务一般只有电视和调频广播,这些业务都是单向的,只有从局端(前端)向用户的信号,而没有从用户到前端的信号,用户处于被动接受的位置。随着数据通信的发展,以及对承载网络的数据传输速率要求越来越高,人们自然想到了有线电视网络,因为有线电视网络在我国已进入了千家万户,具有广泛的接入基础,而且网络具有很高的带宽能力,十分有利于开展高速数据接入。但 HFC 网络是单向结构,也就是说,信号只能从局端向用户广播,用户不能向局端发送信号,无法实现交互式业务,因此 HFC 网络需要进行改造,使其具有双向通信能力。目前我国一些地区的 HFC 网络已开始进行了网络双向改造并实现了宽带的数据接入。

6.4.2　FTTX+LAN

1. 概念

FTTX+LAN 是指光纤加交换式以太网的方式(有时也称为以太网接入)实现用户高速接入互联网,可实现的方式是光纤到大楼(FTTB)、光纤到路边(FTTR)、光纤到户(FTTH)和光纤到桌面(FTTD)。

目前一般实现的是光纤到路边、光纤到大楼,在我国一些地区新建小区已经实现了光纤到户(FTTH)。FTTH 将光纤延伸到终端用户家里,可向家庭提供各种不同的宽带服务,如 VOD、在家购物、在家上课等,可提供更多的商机。若搭配 WLAN 技术,将使得宽带与移动结合,则可以达到未来宽带数字家庭的远景。

2. 网络结构

FTTX+LAN(以太网接入)的网络结构采用星状,如图 6.25 所示。

以太网接入的网络结构根据用户数量及经济情况等可采用图 6-25(a)所示的两极接入或图 6-25(b)所示的一级接入。

图 6-25(a)所示的以太网接入网,交换机分两级:第一级交换机采用具有路由功能的3 层交换;第二级交换机采用 2 层交换。3 层交换机上行与汇聚层节点采用光纤相连,下行与 2 层交换机相连时,若距离大于 100m,采用光纤;距离小于 100m,则采用双绞线。2 层交换机与用户之间一般采用双绞线连接。

图 6-25(b)所示的以太网接入网,交换机只有一级,采用 3 层交换或 2 层交换都可以。2 层、3 层交换机与汇聚层节点采用光纤连接,下行与用户之间一般采用双绞线连接。

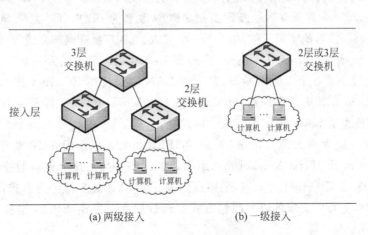

(a) 两级接入　　　　　　(b) 一级接入

图 6.25　FTTX+LAN 的网络结构示意图

6.4.3　XPON

PON(无源光网络)作为一种接入网技术,定位在常说的"最后一公里",也就是在服务提供商、电信局端和商业用户或家庭用户之间的解决方案。PON 的网络结构如图 6.26 所示。

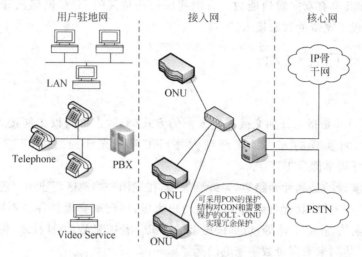

图 6.26　PON 的网络结构示意图

随着宽带应用越来越多,尤其是视频和端到端应用的兴起,人们对带宽的需求越来越强烈。在北美,每个用户的带宽需求在 5 年内将达到 20～50Mb/s,而在 10 年内将达到 70Mb/s。在如此高的带宽需求下,传统的技术将无法胜任,而 PON 技术却可以大显身手。

1987 年,英国电信公司的研究人员最早提出了 PON 的概念。下面对几种技术分别进行介绍。

(1) APON(基于 ATM 传输技术的无源光网络)是在 1995 年提出的,当时,ATM 被期望为在局域网(LAN)、城域网(MAN)和主干网占据主要地位。各大电信设备制造商也研发出了 APON 产品,目前在北美、日本和欧洲都有 APON 产品的实际应用。然而 APON 经过多年的发展,并没有很好的占领市场。主要原因是 ATM 协议复杂,APON 的推广受阻的影响,另外设备价格较高,相对于接入网市场来说还较昂贵。由于 APON 只能为用户端提供 ATM 服务,2001 年底 FSAN 更新网页把 APON 改名为 BPON,即"宽带 PON",APON 标准衍变成为能够提供其他宽带服务(如 Ethernet 接入、视频广播和高速专线等)的 BPON 标准。

在局域网领域,Ethernet 技术高速发展。Ethernet 已经发展成为一个广为接受的标准,现在全球有超过 400 万个以太网端口,95％的 LAN 都是使用 Ethernet 技术。Ethernet 技术发展很快,传输速率从 10Mb/s、100Mb/s 到 1000Mb/s、10Gb/s 甚至 40Gb/s,呈数量级提高;应用环境也从 LAN 向 MAN、核心网发展。

(2) EPON(以太网无源光网络)就是由 IEEE 802.3 工作组在 2000 年 11 月成立的 EFM(Ethernet in the First Mile)研究小组提出的。EPON 是几个最佳的技术和网络结构的结合。EPON 以 Ethernet 为载体,采用点到多点结构、无源光纤传输方式,下行速率目前可达到 10Gb/s,上行以突发的以太网包方式发送数据流。另外,EPON 也提供一定的运行维护和管理(OAM)功能。

EPON 技术和现有的设备具有很好的兼容性。而且 EPON 还可以轻松实现带宽到 10Gb/s 的平滑升级。新发展的服务质量(QoS)技术使以太网对语音、数据和图像业务的支持成为可能。这些技术包括全双工支持、优先级(p802.1p)和虚拟局域网(VLAN)。但目前 Ethernet 支持多业务的标准还没有形成,它对非数据业务,尤其是 TDM 业务还不能很好地支持。另外,和 GPON 相比,它的传输效率较低。

(3) 2001 年,FSAN 组启动了另一项标准工作,旨在规范工作速率高于 1Gb/s 的 PON 网络,这项工作被称为吉比特无源光网络 Gigabit PON(GPON)。GPON 除了支持更高的速率外,还要以很高的效率支持多种业务,提供丰富的 OAM&P 功能和良好的可扩展性。大多数先进国家运营商的代表,提出一整套"吉比特业务需求"(GSR)文档,作为提交 ITU-T 的标准之一;反过来又成为提议和开发 GPON 解决方案的基础。这说明 GPON 是一种按照消费者的准确需求设计、由运营商驱动的解决方案,是值得产品用户信赖的。

6.4.4　几种接入技术优、缺点的比较与选择

1．几种接入技术优、缺点的比较

1) 非对称数字用户线(ADSL)的优、缺点

(1) 优点。

① 可以提供高速上网的线路。

② 不需要更改和添加线路,直接使用原来的双绞铜线。

③ 可同时上网和通话,接入费用较低。

(2) 缺点。

① 对线路质量要求较高。

② 抵抗天气干扰的能力较差。

③ 宽带可扩展的潜力不大。

2) 混合光纤/同轴(HFC)接入网的优、缺点

(1) 优点。

① 成本较低。

② 频带较宽,能适应未来一段时间内的业务需求,并能向光纤接入网发展。

③ 适合当前模拟制式为主体的视像业务及设备市场,用户使用方便。

④ 与现有铜线接入网相比,运营、维护、管理费用较低。

(2) 缺点。

① 需要对 CATV 网进行双向改造。

② 漏斗噪声难以避免。

③ 当用户数多时每户可用的带宽下降。

3) FTTX+LAN 的优、缺点

(1) 优点。

① 高速传输。用户上网速率目前为 10Mb/s 或 100Mb/s,以后根据用户需要升级。

② 网络可靠、稳定。以一个小区的 FTTX+LAN 接入为例,楼宇交换机和小区中心交换机、小区中心交换机和局端交换机之间通过光纤连接,网络稳定性高、可靠性强。

③ 用户投资少,价格便宜。用户只需一台带有网络接口卡(NIC)的 PC 即可上网。

④ 安装方便。小区、大厦、写字楼内采用综合布线,用户端采用五类网线方式接入,即插即用。

⑤ 应用广泛。通过 FTTX+LAN 方式即可实现高速上网,远程办公、VOD 点播、VPN 等多种业务。

(2) 缺点。

① 五类线布线问题。五类线本身只限于室内使用,限制了设备的摆设位置,只是工程建设难度已成为阻碍以太网接入的重要问题。

② 故障定位困难。以太网接入网络层次复杂,网络层次多导致故障点增加且难以快速判断排除,使得线路维护难度大。

③ 用户隔离方法较为烦琐且广播包较多。

4) 无线宽带接入技术的优、缺点

(1) 优点。

① 铺设开通快、维护简单。

② 用户较密时成本低。

(2) 缺点。

① 抗干扰性较差。

② 传输质量较低。

5) PON 接入技术的优、缺点

(1) 相对成本低,维护简单,容易扩展,易于升级。PON 结构在传输途中不需电源,没有电子部件,因此容易铺设,基本不用维护,长期运营成本和管理成本的节省很大。

(2) 无源光网络是纯介质网络,彻底避免了电磁干扰和雷电影响,极适合在自然条件恶劣的地区使用。

(3) PON 系统对局端资源占用很少,系统初期投入低,扩展容易,投资回报率高。

(4) 提供非常高的带宽。EPON 目前可以提供上、下行对称的 1.25Gb/s 的带宽,并且随着以太技术的发展可以升级到 10Gb/s。GPON 则是高达 2.5Gb/s 的带宽。

(5) 服务范围大。PON 作为一种点到多点网络,以一种扇出的结构来节省 CO 的资源,服务大量用户。用户共享局端设备和光纤的方式更是节省了用户投资。

(6) 带宽分配灵活,服务有保证。G/EPON 系统对带宽的分配和保证都有一套完整的体系。

2. 接入技术的选择

在选择接入方式时,要综合考虑各种接入方式的优、缺点及当地的具体情况。目前已经建好的宽带 IP 城域网,几种接入方式中用得较多的是不对称数字用户线(ADSL)、FTTX+LAN、PON。ADSL 适合零散用户的接入,而 FTTX+LAN 适合用户集中地区(如小区)的接入,PON 集中宽带接入。

本节重点介绍 FTTX+LAN,它的接入方式的网络结构图前面刚做过介绍,ADSL 的接入方式的网络结构如图 6.27 所示。更详细的内容请参阅《按入网技术》等资料。

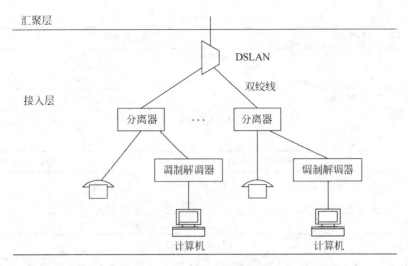

图 6.27 ADSL 接入的网络结构示意图

6.5 宽带 IP 城域网的 IP 地址规划

6.5.1 IP 地址的基本概念

互联网为每个上网的主机分配一个唯一的标识符，即 IP 地址。这里介绍的是分类的 IP 地址，分类 IP 地址包括 IPv4 协议(Internet Protocol Version 4)和 IPv6 协议(Internet Protocol Version 6)本小节只讨论 IPv4 协议。

1. IP 地址的结构

IP 地址是分等级的，其地址结构如图 6.28 所示。

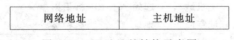

图 6.28 IP 地址的结构示意图

IPv4 协议规定地址长 32b(现在由互联网名字与号码指派公司 ICANN 进行分配)，包括：
- 网络地址(网络号)——标识连入 Internet 的网络。
- 主机地址(主机号)——标识特定网络中的主机。

IP 地址分两个等级的好处是：

(1) IP 地址管理机构在分配 IP 地址时只分配网络号，而剩下的主机号则由得到该网络号的单位自行分配，这样就方便了 IP 地址的管理。

(2) 路由器仅根据目的主机所连接的网络号来转发分组(而不考虑目的主机号)，这样就可以使路由表中的项目数大幅度减少，从而减小了路由表所占的存储空间。

2. IP 地址的类别

IP 地址分成 5 类，即 A 类到 E 类，如图 6.29 所示。

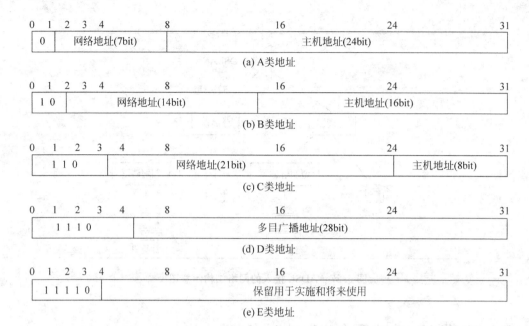

图 6.29　IP 地址的类别示意图

IP 地址格式中,前几个比特用于标识地址是哪一类,A 类地址第一个比特为 0;B 类地址的前两个比特为 10;C 类地址的前 3 个比特为 110;D 类地址的前 4 个比特为 1110;E 类地址的前 5 个比特为 11110。由于 IP 地址的长度限定于 32bit,类标识符占用位数越多,则可使用的地址空间就越小。

IP 地址中的 A 类、B 类、C 类地址为主用地址,D 类和 E 类为实验用或环回测试用地址。

互联网的 5 类地址中,A、B、C 3 类为主类地址,D、E 为次主类地址。目前互联网中一般采用 A、B、C 类地址。根据图 6.29,这 3 类地址做个归纳,如表 6.2 所示。

表 6.2　A、B、C 3 类地址比较

类别	类别比特	网络地址空间	主机地址空间	起始地址	标识网络种类	每网主机数	适用场合
A 类	0	7	24	1~126	$126(2^7-2)$	$16\,777\,214(2^{24}-2)$	大型网络
B 类	10	14	16	128~191	$16\,384(2^{14})$	$65\,534(2^{16}-2)$	中型网络
C 类	110	21	8	192~233	$2\,097\,152(2^{21})$	$254(2^8-2)$	小型网络

这里有以下几点说明。

(1) 起始地址是指前 8bit 表示的地址范围。

(2) A 类地址标志的网络种类为 2^7-2,减 2 的原因是:①IP 地址中的全 0 表示"这个(this)"网络号字段为全 0 的 IP 地址是个保留地址,意思是"本网络";②网络号字段为 127(即 0111 1111)保留作为本地软件环回测试本主机用(后面 3 个字节的二进制数字可任意填入,但不能都是 0 或 1)。

(3) 每网主机数 2^n-2,减 2 的原因是:全 0 的主机号字段表示该 IP 地址是本主机所连接到的"单个网络"地址(例如,一主机的 IP 地址为 121.10.3.5,该主机所在的网络地址就是 121.0.0.0)。而全 1 表示"所有的(all)",因此全 1 的主机号字段表示该网络上的所有主机。

(4) 实际上 IP 地址是标识一个主机(或路由器)和一条链路的接口。当一个主机同时连接到两个网络上时,该主机就必须同时具有两个相应的 IP 地址,其网络号必须是不同的。这种主机称为多接口主机。由于一个路由器至少应当连接到两个网络(这样它才能将 IP 数据包从一个网络转发到另一个网络),因此一个路由器至少应当有两个不同的 IP 地址。

另外,D 类地址不标识网络,起始地址为 224~239,用于特殊用途。E 类地址的起始地址为 240~255,该类地址暂时保留,用于进行某些试验及将来扩展之用。

3. 无类型域间选路(Classless Inter-Domain Routing,CIDR)

CIDR 是一个在 Internet 上创建附加地址的方法,这些地址提供给服务提供商(ISP),再由 ISP 分配给客户。CIDR 将路由集中起来,使一个 IP 地址代表主要骨干提供商服务的几千个 IP 地址,从而减轻 Internet 路由器的负担。

现行的 IPv4(网际协议第 4 版)的地址已经耗尽,这是一种为解决地址耗尽而提出的一种措施。它是将好几个 IP 网络结合在一起,使用一种无类别的域际路由选择算法,可以减少由核心路由器运载的路由选择信息的数量。

所有发送到这些地址的信息包都被送到如 MCI 或 Sprint 等 ISP。1990 年,Internet 上约有 2000 个路由。5 年后,Internet 上有 3 万多个路由。如果没有 CIDR,路由器就不能支持 Internet 网站的增多。CIDR 采用 13~27 位可变网络 ID,而不是 A、B、C 类网络 ID 所用的固定的 8 位、16 位和 24 位。

CIDR 对原来用于分配 A 类、B 类和 C 类地址的有类别路由选择进程进行了重新构建。CIDR 用 13~27 位长的前缀取代了原来地址结构对地址网络部分的限制(3 类地址的网络部分分别被限制为 8 位、16 位和 24 位)。在管理员能分配的地址块中,主机数量范围是 32~500 000,从而能更好地满足机构对地址的特殊需求。

CIDR 地址中包含标准的 32 位 IP 地址和有关网络前缀位数的信息。以 CIDR 地址 222.80.18.18/25 为例,其中"/25"表示其前面地址中的前 25 位代表网络部分,其余位代表主机部分。

CIDR 建立于"超级组网"的基础上,"超级组网"是"子网划分"的派生词,可看作子网划分的逆过程。子网划分时,从地址主机部分借位,将其合并进网络部分;而在超级组网中,则是将网络部分的某些位合并进主机部分。这种无类别超级组网技术通过将一组较小的无类别网络汇聚为一个较大的单一路由表项,减少了 Internet 路由域中路由表条目的数量。

4. IP 地址的表示方法

IP 地址用点分十进制表示。点分十进制 32b 的 IP 地址,以 X·X·X·X 格式表示,X 为 8bit,其值为 0~255。

点分十进制表示的好处是可以很容易地识别 IP 地址类别,提高 IP 地址的可读性。

以上介绍的是两级结构的 IP 地址,这种两极 IP 地址的缺点如下:

(1) IP 地址空间的利用率有时很低。

(2) 给每一个物理网络分配一个网络号会使路由表变得太大因而使网络性能变坏。

(3) 两级的 IP 地址不够灵活。

为了解决这些问题,互联网采用子网地址,因此 IP 地址结构由两级发展到 3 级。

5. 子网地址和子网掩码

1) 划分子网和子网地址

为了便于管理,一个单位的网络一般划分为若干子网,子网是按物理位置划分的。为了标识子网和解决两级 IP 地址的缺点,采用子网地址。

子网编址技术是指在 IP 地址中,对于主机地址空间采用不同方法进行细分,通常是将主机地址的一部分分配给子网作为子网地址。采用子网编址后,IP 地址结构变为 3 级,如图 6.30 所示。

网络地址	子网地址	主机地址

图 6.30　3 层 IP 地址结构示意图

2) 子网掩码

子网掩码是一个网络或一个子网的重要属性,其作用如下:

(1) 表示子网和主机地址位数。

(2) IP 地址和子网掩码相与可确定子网地址。

子网掩码的长度也为 32bit,与 IP 地址一样用点分十进制表示。

如果已知一个网络的子网掩码,将其点分十进制转换为 32bit 的二进制,其中"1"代表网络地址和子网地址字段;"0"代表主机地址字段。

需要注意的是,在一个划分子网的网络中可同时使用几个不同的子网掩码,这称为可变长子网掩码。

6.5.2　宽带 IP 城域网的 IP 地址规划

1. 公有 IP 地址和私有 IP 地址

公有 IP 地址是接入互联网时所使用的全球唯一的 IP 地址,必须向互联网的管理机构申请。公有 IP 地址分配方式有静态分配和动态分配两种。静态分配是给用户固定分配 IP 地址。动态分配是用户访问网络资源时,从 IP 地址池中临时申请到一个 IP 地址,使用完后再归还到 IP 地址池中。而 IP 地址池可以位于客户管理系统上,也可以集中放置在 RADIUS 服务器上。普通用户的公有 IP 地址一般采用动态分配方式。

私有 IP 地址是仅在机构内部使用的 IP 地址,可以由本机构自行分配,而不需要向互联网的管理机构申请。私有 IP 地址一般采用静态分配方式。

虽然私有 IP 地址可以随机挑选,但是通常使用的是 RFC 1918 规定的私有 IP 地址,包括:

① 10.0.0.0~10.255.255.255,一个 A 类地址包含 256 个 B 类或 65 536 个 C 类,共约 1677 万个 IP 地址。

② 172.16.0.0~172.31.255.255,一个 B 类地址包含 4096 个 C 类,约 104 万个 IP 地址。

③ 192.168.0.0~192.168.255.255,一个 B 类地址包含 256 个 C 类,约 65 536 个 IP 地址。

使用私有 IP 地址的用户在访问互联网时,需要 IP 地址转换设备(NAT)将私有 IP 地址转换为公有 IP 地址。在网络地址转换设备中,私有 IP 地址转换为公有 IP 地址可以有 3 种实现方式,即静态方式、动态方式和复用动态方式。

（1）静态转换方式是在 NAT 表中事先为每一个需要转换的内部地址创建固定的映射表，建立私有地址与公有地址的一一对应关系，即内部网络中的每个主机都被永久映射成外部网络中的某个合法的地址。这样每当内部节点与外界通信时，边缘路由器或者防火墙可以做相应的变换。这种方式用于接入外部网络的用户数比较少的情况。

（2）动态转换方式是将可用的公有地址集定义成 NAT 池（NAT Pool）。对于要与外界进行通信的内部主机，如果还没有建立转换映射，边缘路由器或者防火墙将会动态地从 NAT 池中选择一个公有地址替换其私有地址，而在连接终止时再将此地址放回。

（3）复用动态方式利用公有 IP 地址和 TCP 端口号来标识私有 IP 地址和 TCP 端口号，即把内部地址映射到外部网络的一个 IP 地址的不同端口上。TCP 协议规定使用 16 位的端口号，除去一些保留的端口外，一个公有 IP 地址可以区分多达 6 万个采用私有 IP 地址的用户端口号。由于一般运营商申请到的公有 IP 地址比较少，而用户数却可能很多，因此一般都采用复用动态方式。

2．宽带 IP 城域网的 IP 地址规则

接入互联网的用户必须使用公有 IP 地址。由于 IPv4 地址大部分已被分配，而互联网的用户数目前仍然保持着快速增长的速度，IP 地址资源紧缺问题一直是互联网发展的一个难题，随着宽带城域网的建设，这个问题将会变得更加严重。因此为了避免耗用宝贵的地址资源，城域网内不能全部采用公有 IP 地址，较好的折中方案是在网内同时使用公有地址和私有地址这两类地址。当然在公有地址有保证的前提下，宽带城域网应尽量使用公有地址。

采用两类地址的城域网结构如图 6.31 所示。

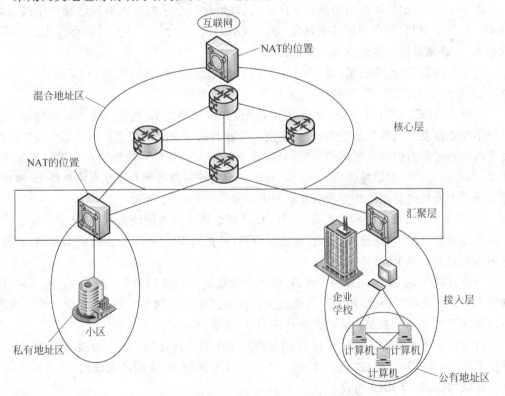

图 6.31　采用两类地址的城域网结构示意图

在图 6.31 中,核心层为混合地址域,公有 IP 地址和私有 IP 地址混合使用。核心层内部公有 IP 地址和私有 IP 地址之间不需要进行地址转换,路由设备要能够同时处理公有和私有 IP 地址路由。对于小区内个人用户,默认分配私有 IP 地址,并可访问网内宽带业务;对于企业内部网和校园网用户,一般分配若干个公有 IP 地址,至于其内部的私有 IP 地址由其自行分配。但是如果使用私有 IP 地址的用户需要访问外部资源时,由于内部网络与公共网络的相对隔离性,则需要运用 NAT 技术进行地址转换。

6.5.3　下一代 IP 技术——IPv6

下一代 IP 网络的核心技术就是 IPv6,如果要真正地了解下一代 IP 网络的体系结构,就需要从 IPv6 入手。

1. IPv6 产生的原因

1) IPv4 面临的两大危机

(1) 地址枯竭。

由于 IPv4 报头中的地址域为 32bit,虽然可提供 2^{32}(约 40 亿)个 IP 地址。但因将 IP 地址按网络规划分成 A、B、C 3 类后,加之分配上不合理,实际有效地址数远远小于 40 亿。随着 ISP 的激增,这 3 类地址很快被占满,用户可以使用的地址总数显著减少,新出现的网络难以加入互联网。

(2) 路由表急剧膨胀。

由于 IPv4 的地址体系结构是非层次化的,每增加一个子网路由器就增加一个表项,随着 ISP 数目的增长,路由表也越来越大,导致网络路由查找困难,甚至是内存溢出。如不采取措施,互联网可能在地址枯竭之前就会瘫痪。

为了暂时解决上述危机,目前引入了内部地址和无类别域间路由(Classless Inter-Domain Routing,CIDR)等技术,以此来延长 IPv4 的使用寿命。

1994 年 IEEE 以 RFC 1597 文件发布了面向内部网络的 IP 地址用法。具体地说,内部地址不作连接互联网的地址使用,因此即使一个地址被多个组织重复使用也不会发生问题。使用内部地址的组织和互联网相连时,只需在 Internet 和互联网的连接点上进行地址变换即可(内部地址和外部地址转换)。这样一来,一个组织只要得到几个互联网外部 IP 地址就能将成千上万的内部网络终端连到互联网上。

1993 年推出 CIDR 技术。它可以用比 C 类网络更小的地址块来划分 IP 子网地址。这样能更精确地分配 IP 地址,减少 IP 地址的浪费,并扩展 IP 地址可分配的网络号码,从而使更多的组织能获得 IP 地址。

另外,CIDR 将 IP 地址分为 3 块,形成 3 个层次。用户使用的 IP 地址必然包含在其所属的 ISP 地址块中。因此,用 ISP 的地址块可代表其下属的网络及用户,减少了路由表项。所以说,CIDR 具有抑制路由表增长的作用,即路由聚类功能。

内部地址和 CIDR 技术对于 IPv4 给互联网带来的危机起到了一定的缓解作用,但这两种技术不是解决 IPv4 危机的根本措施。要从根本上解决 IPv4 的两大缺陷,非得开发一个新的互联网协议,即 IPv6 协议。

2) 解决两大危机的根本措施

IPv6 是解决 IPv4 危机的根本措施。IPv6 继承了 IPv4 的优点,并根据 IPv4 多年来运行的经验进行了大幅度的修改和功能扩充。IP 协议的变化对 TCP/IP 协议栈的许多协议发生影响。IPv6 比 IPv4 处理性能更加强大和高效。IPv6 功能的改进主要体现在以下几个方面:

(1) 128bit 的地址空间。

IPv6 的 IP 地址域为 128b,拥有 2^{128} 个地址空间。理论上这一规模能够对地球表面的每一平方米提供 6.65×10^{23} 个网络地址。和 IPv4 相同,由于采用分类地址,实际可用的总数要小得多。但保守估计每平方米也有 1600 个 IP 地址。IPv6 的目标是通过 10^{12} 个网络连接 10^{15} 台计算机。

采用 IPv6 地址后,不仅每个人拥有一个 IP 地址,就连未来的电话、冰箱等每一台信息家电设备都能分到一个 IP 地址。一个人拥有 100 个 IP 地址也并非梦想。

(2) 网络地址分层结构。

IPv6 按网络结构层次化的分配地址和 IPv4 一样,IPv6 的 IP 地址分成表示特定网络的网络前缀和表示主机或服务器的主机地址两部分。如图 6.32 所示,在 128b 中高 64b 表示网络前缀,低 64b 表示主机。

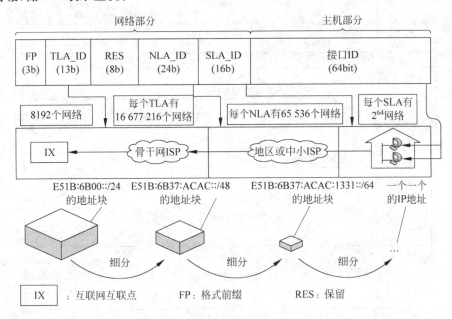

图 6.32 IPv6 按网络结构层次化的分配地址示意图

为了将网络前缀分成多个层次的网络,又将其分成 13b 的顶级聚类标识符 TLA-ID、24b 的次级聚类标识符 NLA-ID 和 16b 的站点聚类标识符 SLA-ID。首先,由管理 IPv6 的组织将某一确定的 TLA 值分配给某个骨干网的 LSP,它拥有 104b 这样巨大的地址块;其次,骨干网的 ISP 再将地址块细分,分配给各个地区/中小 ISP。用户从地区/中小 ISP 分到地址块。

(3) 高效的路由寻址效率。

IP 地址的层次化分配可减小路由器中路由表数目,从而减少了存储器的容量和 CPU

的开销,提高了表和转发 IP 分组的速度。

（4）安全功能的增强。

为支付认证、数据完整性及（可选的）数据保密,IPv6 引入"认证报头"和"封装安全净荷（ESP）"扩展头部,以此来保证信息在传输中的安全。

（5）引入即插即用功能。

在 IPv6 中加入了计算机接入互联网时可自动获取、登录必要的参数的自动配置功能、地址检索等功能。

（6）具有 QoS。

利用 IPv6 报头中的 8b 业务量等级域和 20b 的流标记域可以确保带宽,实现可靠的实时通信。

上述功能的实现有些只需利用 IPv6 报头中的目的 IP 地址;有些利用 IPv6 基本报头和扩展报头实现。

2. IPv6 的头部结构

通过 IPv4 和 IPv6 头部结构的比较（见图 6.33）,就可以看出 IPv6 在 IPv4 头部结构的基础上所作的改进。改进后的 IPv6 头部结构具有以下特点:

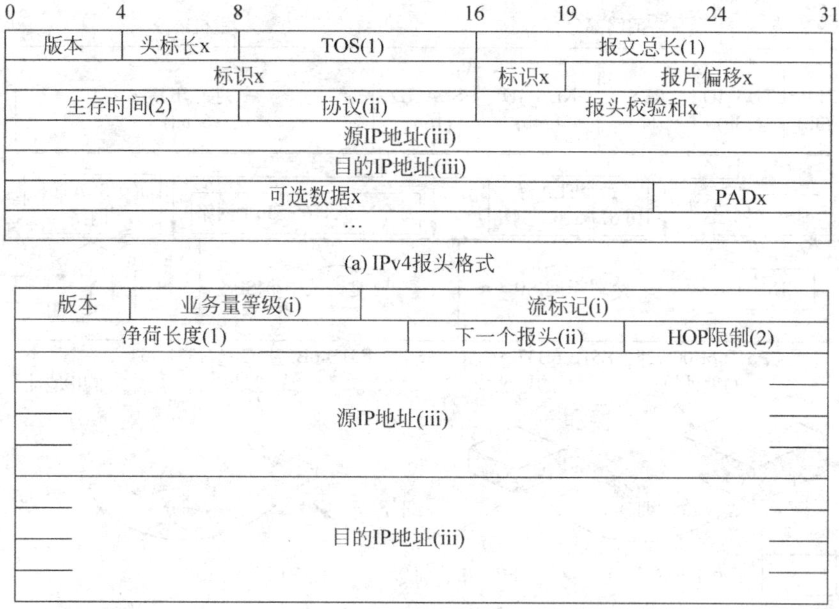

(a) IPv4报头格式

(b) IPv6报头格式

x：在IPv6报头中被删除的域
(i)~(iii)：在IPv6报头中功能被加强的对应域
(1)或(2)：在IPv6报头中功能被保留的对应域

图 6.33　IPv4 与 IPv6 的比较示意图

（1）基本头部结构固定。

在 IPv6 基本头部结构中,已经不存在 IPv4 处理特殊分组时使用的可变长度选项,头部长度是固定的,基本头部长度为 40 个字节。但头部的数目已经减少为 8 项。IPv6 是在基本头标之后加上扩展头标来处理特殊分组。

（2）地址容量的扩展。

IPv6 把 IP 地址的大小从 32b 增至 128b，可以支持更多的地址层次、更大数量的节点以及更简单的地址自动配置。

（3）头部格式的简化。

一些 IPv4 头部域被删除，IPv4 中有 10 个固定长度的域、两个地址空间和若干个选项，IPv6 中只有 6 个域和两个地址空间。这样可以减少分组的处理开销以及 IPv6 头部占用的带宽。

（4）数据流的标签。

IPv6 加入一个新的能力，使得那些发送者要求特殊处理的属于特别的传输"流"的分组能够贴上"标签"，如非默认质量的服务或者"实时"服务。

IPv6 规范中对流的定义描述为："流失指从某个源点（单目或组播的）向新宿发送的分组群中，源点要求中间路由器做特殊处理的那些分组"。换句话说，流是指源点、新宿和流标记三者分别相同的分组的集合。一个流的流标记由产生流的源来指定，它是从 1～FFFFF 的伪随机数。这样做的目的是便于路由器用流标记作为哈希值，快速查找该流在路由器中对应的表项。

（5）版本号域位置保持不变。

原本设想生成数据链路帧时进行相同的封装，使 IPv4 和 IPv6 能够共用数据链路层的驱动程序。但事实上，某些链路层帧的封装已经对 IPv4 和 IPv6 进行了区分，如以太帧。

（6）删除头标校验和。

删除了头标校验和的优点是每作一次分组的中继转发时不必进行校验和的确认和更新，缺点是不能检测出差错。但几乎所有的数据链路层和传输层都计算帧的校验和。

（7）删除各路由器的分拆成报片的处理。

IPv4 具有报片分拆/装功能，因此发信方不必考虑中继点的传输容量，能够发送很大 IP 的分组。但是，若要在只能传送小报片的网上发送大的分组，只有当全部报片到达接收方才认为分组发送成功，即使丢失了一个报片，也需重发整个分组，因此这种方式不能有效地利用网络。IPv6 利用了称为"路径 MTU 发现"的功能，由主机学习能够传送报片的最大长度。

3．IPv6 的扩展头部

在 IPv6 中，扩展报头是为了简化基本报头而导入的规范。它被用来实现 IPv4 中的选项功能、IPv6 中新增的功能及高层协议。可选的网络层信息在一个独立的头部编码，放在分组中 IPv6 头部与上层协议头部之间。有这样几个为数不多的扩展头部，每个头部由不同的"下一个头部"的值来标识，各种头部标识值如表 6.3 所示。

一个 IPv6 头部可以携带 0 个或多个扩展头部，每个扩展头部由前一个头部中的"下一个头部"字段标识，如图 6.34 所示。

目前，在 IPv6 中定义了 6 种类型的扩展头部，它们分别是逐跳选项报头、目标选项报头、路由报头、分段报头、认证报头和封装安全有效数据报头。扩展头部按照其出现的顺序被处理，在数据报中出现多个扩展报头时，扩展报头的排列顺序是有一定要求的。RFC 2460 建立的顺序是在基本头部之后按逐跳选项报头、路由报头、分段报头、认证报头

表 6.3　"下一报头"标识值

十进制数	关键字	头 标 类 型	十进制数	关键字	头 标 类 型
0	HBH	中继点选项(IPv6),保留(IPv4)	44	FH	报片头标(IPv6)
1	ICMP	ICMP 报文(IPv4)	45	IDRP	域(Domain)间寻路协议
2	IGMP	IGMP 报文(IPv4)	50	ESP	封装化安全净荷
3	GGP	网关间协议	51	AH	认证标头
4	IP	IP in IP(IPv4)封装化	58	ICMP	ICMP 报文(IPv6)
5	ST	流(Stream)	59	NuLL	无头-头标(IPv6)
6	TCP	传送控制	80	ISO-IP	ISO internet 协议(CLNP)
17	UDP	用户 IP 分组	88	IGRP	IGRP
29	ISO-TP4	ISO 传输协议第四级	89	OSPF	Open Shortest Path First
43	RH	寻路控制标头(IPv6)	255	保留	

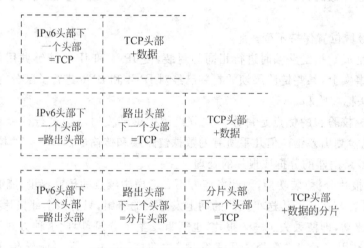

图 6.34　IPv6 头部扩展结构示意图

和封装安全有效数据报头已经目标选项报头的顺序来排列。其中,Hop-by-hop 选项报头携带了分组的传送路径中的每个节点都必须检测和处理的信息,包括源节点和目的节点。Hop-by-hop 选项头部如果存在,就必须紧跟在 IPv6 头部后面。IPv6 头部中"下一个头部"字段的值为零表示存在这个头部。如果一个头部的处理结果要求节点处理下一个头部,但是节点无法识别这个头部的"下一个头部"字段值,那么节点就应该抛弃这个分组,并且给分组的源节点发送一个 ICMP"参数存在问题的报文,ICMP 编码值为 1(遇到无法识别的'下一个头部'类型)"。ICMP 指针字段包含那个无法识别的值在原报文中的偏移量。如果节点遇到 IPv6 头部以外的其他头部中的"下一个头部"字段的值为零的情况,应做相同的处理。为了后面的头部保持 8 个比特组对齐,每个扩展头部都是 8 个 8 比特组的整数倍长。每个扩展头部的 8 比特组字段都与它们的自然边界对齐。也就是说,宽度为 n 个 8 比特组的字段放在距头部开始位置处 n 个 8 比特组的整数倍的位置上,其中,$n=1$、2、4 或者 8。

4．IPv6 地址结构

1）地址类型

IPv6 支持 3 种不同类型的网络地址，即单目、组播和任播。

(1) 单目地址。

单目地址是点对点通信时使用的地址，此地址仅标识一个接口，网络负责把对单目地址发送的分组送到该接口上。

(2) 组播地址。

组播地址表示主机组，严格地说，它标识一组接口。该组包括属于不同系统的多个接口。当分组的目的地址是组播地址时，网络尽力将分组发到该组的所有接口上。信源利用组播功能只需生成一次报文即可将其分发给多个接收者。

(3) 任播地址。

任播地址也标识接口组，它与组播的区别在于发送分组的方法。向任播地址发送的分组并未被分发给组内的所有成员，而只发往由该地址标识的"最近的"那个接口。

应当注意的是，与 IPv4 不同的是 IPv6 不采用广播地址。为了达到广播效果，IPv6 可以使用能够发往所有接口组的组播地址。

2）IPv6 地址扩展的 128bit，为表示和理解方便，设计者用冒号将其分割成 8 个 16bit 的数据组，每个数据组表示成 4 位的十六进制数。例如：

```
FFCC:BE98:7984:3223:FEEC:BC99:7755:3210
```

在每个 4 位一组的十六进制数中，如其高位为 0，则可省略。例如，将 0900 写成 900'0009 写成 90 000 写成 0。于是可以将以下 8 组 4 位数：

```
2191:0000:0000:0000:0009:0900:100C:417A
```

缩写成：

```
2191:0:0:0:9:900:100C:417A
```

为了进一步简化，规范中导入了重叠冒号的规则，即用重叠冒号置换地址中的连续 16bit 的 0。例如，将上例中的连续 3 个 0 置换后，可以表示成以下的缩写形式：

```
2191::9:900:100C:417A
```

重叠冒号的规则在一个地址中只能使用一次。例如，地址 0:0:0:BA98:3169:0:0:0 可缩写成::BA98:3169:0:0:0 或 0:0:0:BA98:3169::，不能记成::BA98:3169::。

当涉及 IPv4 和 IPv6 节点的混合环境时，有时使用 X:X:X:X:X:X:d.d.d.d 这种替代形式更为便利，其中 X 是地址中 6 个 16bit 的最高位的十六进制值，d 是 4 个 8bit 的最低位碎片的十进制值(标准 IPv4 表示法)。例如：

```
0:0:0:0:0:0:13.1.68.3
0:0:0:0:0:FFFF:229.144.52.38
```

或用压缩形式：

::13.1.68.3
::FFFF:229.144.52.38

IPv6 地址前缀的表示方法类似于 CIDR 中 IPv4 的地址前缀表示法。IPv6 的地址前缀可以利用以下符号表示：

IPv6 地址/前缀长度

其中，IPv6 地址是任一种表示法所表示的 IPv6 地址，而前缀长度是一个十进制值，指定该地址中最左边的用于组成前缀的比特数。例如，对 60bit 的前缀 52AB00000000CD3（十六进制），以下表示都是合法的：

52AB:0000:0000:CD30:0000:0000:0000:0000/60
52AB:CD30:0:0:0:0:0/60
52AB:0:0:CD30::/60

但以下的表示是非法的：

52AB:0:0:CD3/60; 52AB::CD30/60; 52AB::CD3/60。

当需要同时写出该节点的节点地址和前缀（如节点的子网前缀）时，可以通过以下方式将二者合一：

节点地址：52AB:0:0:CD30:123:4567:89AB:CDEF。
子网号：52AB:0:0:CD30::/60。

可以简写成：

52AB:0:0:CD30:123:4567:89AB:CDEF/60

3) IPv6 地址的初始分配

因为考虑到 IPv6 的地址在将来可能会有变动，因此在分配 IPv6 地址时，赋予了很大的灵活性。同 IPv4 地址一样，地址中开始几个比特确定了该地址的具体类型。组成这些前导比特的可变长度域称为格式前缀。表 6.4 列出了这些前缀的初始分配。

表 6.4　IPv6 地址的初始分配

分片用途	前　　缀	比　　率
保留	0000 0000	1/256
未分配	0000 0001	1/256
为 NSAP 分配而保留	0000 001	1/128
为 IPX 分配而保留	0000 010	1/128
未分配	0000 011	1/128
未分配	0000 1	1/32
未分配	0001	1/16
可聚类全局单目地址	001	1/8
未分配	010	1/8
未分配	011	1/8
未分配	100	1/8
未分配	101	1/8

续表

分片用途	前 缀	比 率
未分配	110	1/8
未分配	1110	1/16
未分配	1111 0	1/32
未分配	1111 10	1/64
未分配	1111 110	1/128
未分配	1111 11100	1/512
链路局域单目地址	1111 1110 10	1/1024
站点局域单目地址	1111 1110 11	1/1024
组播地址	1111 1111	1/256

IPv6 的地址分配方案支持单播地址(包括可聚类全局地址、链路局部地址和站点局部地址)以及组播地址的直接分配。同时,也为 NSAP 地址及 IPX 地址保留了空间。为了将来的使用而保留了很大一部分地址。这些地址可以用于对现存用途的扩展(如可附加的聚类地址等)或者用于新的用途。最初的分配使用了地址空间的 15%,剩余的 85% 都留作未来使用。

单目地址域组播地址的区别体现在地址的最高字节上,值为 FF(1111 1111)的就是一个组播地址,任何其他的值都是单目地址。任播地址取自单目地址空间,并且从语法上与单目地址没有区别。

4)可聚类全局单目地址

设计可聚类的全局单目地址是为了支持基于聚类的互联网服务提供商(ISP),其格式如图 6.35 所示。

3b	13b	8b	24b	16b	64b
FP	TLA ID	RES	NLA ID	SLA ID	接口 ID

图 6.35 可聚类全局单目地址结构示意图

其中:

FP(001):用于可聚类全局单目地址的格式前缀(FP)(3bit)。

RES:为将来使用而保留。

SLA ID:站点级聚类标识符。

TLA ID:顶级聚类标识符。

NLA ID:次级聚类标识符。

接口 ID:接口标识符。

5)局部使用的 IPv6 单目地址

在 RFC 2374 中定义了两种类型的局部使用的单目地址。

(1)链路局部地址。

链路局部地址如图 6.36 所示,此地址在单一链路内才有意义,它仅适用于主机连接到单个链路或一个 LAN 内的场合。设计链路局部地址的目的是为了在单个链路上寻址,如地址自动配置、邻居发现等。路由器绝不可将这种分组转发到其他链路。

10b	54b	64b
1111 1110 10	0	接口 ID

图 6.36　链路局部地址的格式示意图

（2）站点局部地址。

设计站点局部地址是为了在一个站点内进行寻址,而无需一个前缀。因此,只在站点内保证其唯一性。路由器绝不会将其转发到该站点之外。实际上,一些单位出于安全考虑或因使用自己的内部网时而采用站点局部地址。图 6.37 给出了该地址的格式。

10b	38b	16b	64b
1111 1110 11	0	子网 ID	接口 ID

图 6.37　站点局部地址的格式示意图

6）其他单目接口

（1）未指明地址。

未指明地址是用作一种临时的分组源地址,它由 16 字节的 0 构成,即 0:0:0:0:0:0:0:0或只用两个冒号(::)表示。此地址只能作为尚未获得正式地址的主机的源地址使用。如某个主机向网络申请正式的 IP 地址,在得到对该请求的应答之前,它在发送报文时将未指明地址作为源地址使用。需要注意的是,该类地址不能用作分组的信宿地址。

（2）环回地址。

如果系统需要测试自身 TCP/IP 软件的健壮性和诊断故障,可以采用环回地址向其本身发送 IPv6 分组。在 IPv6 中,环回地址为 0:0:0:0:0:0:0:1。从单个节点不可采用环回地址作为其信源地址。信宿地址为环回地址的 IPv6 分组不可发送到本节点之外,因为 IPv6 路由器绝不可转发这种分组。图 6.38 表示 IPv6 协议具有环回地址的报文的传输过程。在该图中传输层协议处理发送和接收到的报文。

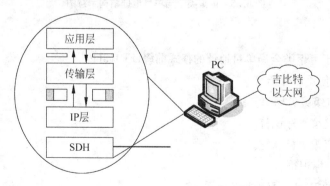

图 6.38　环回地址只用于单一系统示意图

7）内嵌 IPv4 地址的 IPv6 地址

为了支持 IPv4 向 IPv6 过渡,在 IPng 中定义了两种内嵌 IPv4 地址的 IPv6 地址,简称内嵌式 IPv4 地址。一种称为兼容 IPv4 的 IPv6 地址,另一种称为映射 IPv4 的 IPv6 地址。

(1) 兼容 IPv4 的 IPv6 地址。

将 96b 的前缀加在 32b 的 IPv4 地址前就构成了 IPv4 兼容地址。通常将两个冒号和 IPv4 的点分十进制记法结合,将地址表示成 ::1.2.3.4 的形式。图 6.39 示出这种地址的应用实例。左侧的路由器为通过 IPv4 网络传送 IPv6 报文,它利用了 IPv4 地址。因 IPv6 的目的终端拥有兼容 IPv4 的 IPv6 地址,所以路由器能够自动地对此分组提取 IPv4 的目的地址。

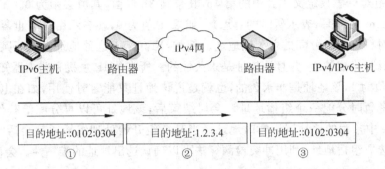

图 6.39 兼容 IPv4 的 IPv6 地址的应用实例图

(2) 映射 IPv4 的 IPv6 地址。

映射 IPv4 的 IPv6 地址虽然也被变换成标准的 IPv4 地址,但其作用与兼容 IPv4 的 IPv6 地址不同。映射 IPv4 的 IPv6 地址用于 IPv6 系统与只支持 IPv4 的系统间的通信。只要在其间的路由器能够进行地址映射,这两个系统间就能通信。图 6.40 说明了 IPv6 主机利用映射 IPv4 的 IPv6 地址与 IPv4 主机通信的方法。右侧的路由器将具有该地址的分组置换成 IPv4 格式的分组。

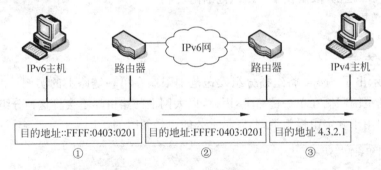

图 6.40 映射 IPv4 的 IPv6 地址的应用实例图

将 80b 的 0 和紧接其后的 16b 的 1 组成前缀置于 IPv4 地址之前就构成了映射 IPv4 的 IPv6 地址,如记做 ::FFFF:4.3.2.1。

(3) 6to4 地址。

用于运行在 IPv4 和 IPv6 两种协议的节点在 IPv4 路由架构中进行通信。6to4 是通过 IPv4 路由方式在主机和路由器之间传递 IPv6 分组的动态隧道技术。

8) 组播地址

组播是指一个源节点发送的单个数据报能够被特定的多个目标节点接收到。IPv6 的组播地址具有图 6.41 所示的格式。开始的 8b 的“1”表示该地址是一个组播地址。接在其后的依次是 4b 标志、4b 区域,最后是 112b 的组标志。

8	4	4	112
1111 1111	标志 000T	区域	组标志

图 6.41　IPv6 组播地址结构示意图

IPv6 规范对标志只定义了其中的第 4b,其余高 3b 保留,其值必须为 0。第 4 比特为 T (T 是 Transient 的缩写,表示暂时的意思)。如果 T 值为 0,就表示由具有世界性地址分配权限的组织对特定的组分配的永久性地址。例如,FF02::1 这种地址标识了某一链路上所有节点(即系统)构成的组,并且该地址是永久性的。所有的 IP 主机和路由器知道该地址。

如果 T 值为 1,该地址是非永久的,也就是说该地址只能暂时使用,如在电视会议中对所有的参加者暂时分配一个组播地址。会议结束后,该地址可以再分配给其他的组使用。现在 M Bone 中常用的地址属于暂时地址。当某个组开始处理组播通信会话时,查询会话数据库即可选取组播地址,利用冲突检测算法可以确认选出地址的唯一性。会话一结束,地址就被释放。

4bit 的区域被用来标识组播地址的有效范围,它是基于网络层次结构的,如确保发往局部地点的电视会议分组报文不会扩散到整个互联网上。RFC 2373 对该段字段的定义如下:

0:保留。

1:节点局域范围(限制在单一系统范围内)。

2:链路局域范围(限制在单一链路范围内)。

5:站点局域范围(限制在单一站点范围内)。

8:组织局域范围(限制在单一组织范围内)。

E:全局范围。

F:保留。

其他值没有定义。

图 6.42 示出了 Scope 将组播分组发送范围限制在单一链路上的实例。由于该 Scope 将分组的传送范围限制在单一链路上,因此,以太网上的路由器不会将这种分组向局域网外传送。组标识用于确定组播组类型,既是永久的也是暂时的。

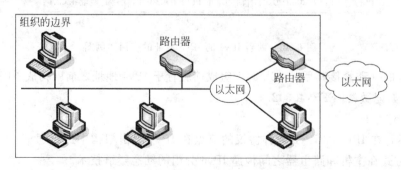

图 6.42　链路局域 Scope 的组播限制示意图

对于永久分配的组播地址,其意义独立于其 Scope 值。例如,假设"网络时钟协议 (NTP)服务器组"被分配了一个组标志位 101(十六进制)的永久组播地址,则:

FF01:0:0:0:0:0:0:101 是指与发送者在同一节点的所有 NTP 服务器。

FF02:0:0:0:0:0:0:101 是指与发送者在同一链路的所有 NTP 服务器。

FF05:0:0:0:0:0:0:101 是指与发送者在同一站点的所有 NTP 服务器。

FF0E:0:0:0:0:0:0:101 是指互联网中的所有 NTP 服务器。

对于非永久分配的组播地址,需要与给定 Scope 范围结合使用。如 FF15:0:0:0:0:0:0:101 表示在一个站点内的非永久站点局部组播地址,则该组与不同站点的相同地址的组无关,与不同 Scope 中有相同组标志的非永久组无关,与使用相同组标志的永久组无关。

需要注意的是,组播地址不能用作 IPv6 的源地址,也不能用作任何路由寻址报头。

另外,还有一种预定义的组播地址,这些组播组类似于 IPv4 中的特殊的组播地址,具有特殊含义,即保留的组播地址如表 6.5 所示。

表 6.5　保留的组播地址表

FF00:0:0:0:0:0:0:0	FF04:0:0:0:0:0:0:0	FF08:0:0:0:0:0:0:0	FF0C:0:0:0:0:0:0:0
FF01:0:0:0:0:0:0:0	FF05:0:0:0:0:0:0:0	FF09:0:0:0:0:0:0:0	FF0D:0:0:0:0:0:0:0
FF02:0:0:0:0:0:0:0	FF06:0:0:0:0:0:0:0	FF0A:0:0:0:0:0:0:0	FF0E:0:0:0:0:0:0:0
FF03:0:0:0:0:0:0:0	FF07:0:0:0:0:0:0:0	FF0B:0:0:0:0:0:0:0	FF0F:0:0:0:0:0:0:0

这些保留地址是不能分配给任何组播组的。也就是说,组标志 0 被保留,任何 Scope 都不能用它。其中几种典型的保留组播地址的意义如下:

① 节点本地局部范围全节点地址,如表 6.6 所示。组标志 1 定义了"所有 IPv6 节点"的地址。如与 Scope 1 组合,记做 FF01::1,就能标识此系统的所有节点;如与 Scope 2 组合,就能标识此链路上的所有节点。

② 节点本地局部范围全路由器地址,如表 6.7 所示。组标志 2 定义了"所有 IPv6 路由器"的地址。如与 Scope 1 组合,记做 FF01::2,就能标识此节点上的所有路由器;如与 Scope 2 或 Scope 5 组合,就能标识链路上或站点上所有的路由器。

③ FF02::1 链路本地范围全节点地址。

④ FF02::2 链路本地范围全路由器地址。

⑤ FF05::2 站点本地范围全路由器地址。

⑥ 请求的节点地址,如表 6.8 所示。

表 6.6　全节点地址表	**表 6.7　全路由地址表**	**表 6.8　请求的节点地址表**
FF01:0:0:0:0:0:0:1	FF01:0:0:0:0:0:0:2	FF02:0:0:0:0:1:FFXX:XXXX
FF02:0:0:0:0:0:0:1	FF02:0:0:0:0:0:0:2	
	FF05:0:0:0:0:0:0:2	

请求的节点组播地址是由一个节点的单目和任播地址生成的。被请求的节点组播地址是这样形成的:取(单目或任播)地址的低 24b,再加上前缀 FF02:0:0:0:0:1:FF00::/104,这样就生成了这个范围的一个组播地址。

地址范围从 FF02:0:0:0:0:1:FF00:0000 到 FF02:0:0:0:0:1:FFFF:FFFF。

例如,某个主机具有单目地址 4037::01:800:200E:8C6C,则此主机自动属于具有 FF02:1:FF0E:8C6C 地址的组播组。IPv6 地址仅在最高比特上有区别。也就是说,由于多个与不同的聚类相关联的最高比特前缀将会映射到同一个被请求的节点地址,因而就减少了一个节点必须加入的组播地址的数目。

对分配节点的每一个单目地址和任播地址,该节点都必须计算并加入与这些节点相关联的请求节点组播地址。ICMP 为进行邻居发现和重复地址检测需要使用被请求的节点地址。

9) 任播地址

IPv6 任播地址是 IPv6 特有的地址类型,它用来表示一组接口(通常属于不同的节点),其特点是发往一个任播地址的分组通过路由寻址被发往一个具有该地址的"最近"接口。这里的"最近"指的是路由寻址协议意义上的最近。

任播地址从单目地址空间中进行分配,使用单目地址的任何格式。因而,从语法上讲,任播地址与单目地址没有区别。当一个单目地址被分配给多于一个的接口时,就将其转化为任播地址。被分配具有任播地址的节点必须得到明确的配置,从而知道它是一个任播地址。任播地址的一个可能的应用是鉴别一个路由器的集合,这些路由器属于某个提供网络服务的组织。这些地址在 IPv6 路由寻址报头中作为中间地址使用,使得一个被提交的分组可以经由一个特别的聚类或聚类序列。

目前,对任播地址的使用还不成熟,但 RFC 1546 却对它使用可能带来的负面影响进行一些说明。其中有两点限定:一是在 IPv6 分组中,任播地址绝不可以用作目标地址;二是任播地址绝不可以分配给 IPv6 主机,它只能分配给 IPv6 路由器。

6.6 宽带 IP 城域网的路由选择协议

6.6.1 路由选择算法概述

路由选择算法即路由选择的方法或策略。一个路由器设备可能有两个或多个可以发送数据分组的端口。它必须有一张转发表(Forwarding Table)为每一个端口标明一个特定地址。早期路由器不和其他路由器交换网络上有关路由器的信息,因此,一个路由器通常沿着每条路径发送数据分组,分组充满网络,并且发送的一些分组在网络上无休止地循环。为了避免这些问题,路由器可以依赖人工编程把选择的路径输进设备。这被称为静态路由选择。动态路由选择是一个更好的方式,它依靠路由器收集网络信息和建立自己的路由表。路由器相互交换路由表,并且归并这些路由信息建立更新的路由表。从其他路由器上获得的信息,提供到网络上目的站点的路由中继(Hop)数或与路径相关的费用。同时,每个路由选择设备上的路由表,应该包含大体上一致的路由选择信息。

1. 路由选择算法分类

若按照其能否随网络的拓扑结构或通信量自适应地进行调整变化进行分类,路由选择算法可分为静态路由选择算法和动态路由选择算法。

1) 静态路由选择算法

静态路由选择算法就是非自适应路由选择算法,这是一种不测量、不利用网络状态信息,仅按照某种固定规律进行决策的简单的路由选择算法。

静态路由选择算法的特点是简单和开销较小,但不能适应网络状态的变化。它主要包括扩散法和固定路由表法等。

2) 动态路由选择算法

动态路由选择算法即自适应式路由选择算法,是依靠当前网络的状态信息进行决策,从而使路由选择结果在一定程度上适应网络拓扑与网络通信量的变化。

动态路由选择算法的特点是能较好地适应网络状态的变化,但实现起来较为复杂,开销也比较大。

动态路由选择算法主要包括分布式路由选择算法和集中式路由选择算法等。

(1) 分布式路由选择算法是每一节点通过定期地与相邻节点交换路由选择的状态信息来修改各自的路由表,这样使整个网络的路由选择经常处于一种动态变化的状况。

(2) 集中式路由选择算法是在网络中设置一个节点,专门收集各节点定期发送的状态信息,然后由该节点根据网络状态信息动态地计算出每个节点的路由表,再将新的路由表发送给各个节点。

2. 互联网的路由选择协议

当两台非直接连接的计算机需要经过几个网络通信时,通常就需要路由器。路由器提供一种方法来开辟通过一个网状连接的路径。路由选择协议的任务是,为路由器提供它们建立通过网状网络最佳路径所需要的相互共享的路由信息。

当一个计算机发送一个分组时,在网络上网络协议栈的每一层都附加一些信息给它。在接收方的对等层协议可以读出这些信息。这些信息类似于通信会话的某些部分。网络层的协议附加路由选择信息,这可能是通过一个网络的完整的路径或是一些指示分组应该采用那条路径的优先值。发送方添加的网络层信息只能由路由器或接收方的网络层协议读取。中继器和桥接器不能识别网络层信息,只能传送和转发分组。

1) 自治系统(Autonomous System,AS)

由于互联网规模庞大,为了路由选择的方便和简化,一般将整个互联网划分为许多较小的区域,称为自治系统。一个 AS 是一组共享相似的路由策略并在单一管理域中运行的路由器的集合。一个 AS 可以是一些运行单个 IGP(Internet Gateway Protocol,内部网关协议)协议的路由器集合,也可以是一些运行不同路由选择协议但都属于同一个组织机构的路由器集合。不管是哪种情况,外部世界都将整个 AS 看作是一个实体。

每个自治系统都有一个唯一的自治系统编号,这个编号是由互联网授权的管理机构 IANA 分配的。它的基本思想就是希望通过不同的编号来区分不同的自治系统。这样,当网络管理员不希望自己的通信数据通过某个自治系统时,这种编号方式就十分有用了。例如,该网络管理员的网络完全可以访问某个自治系统,但由于它可能是由竞争对手在管理,或是缺乏足够的安全机制,因此可能要回避它。

通过采用路由协议和自治系统编号,路由器就可以确定彼此间的路径和路由信息的交换方法。自治系统的编号范围是 1~65 535。其中 1~64 511 是注册的互联网编号,64 512~65 535 是专用网络编号。每个自治系统内部采用的路由选择协议可以不同,自治系统根据自身的情况有权决定采用哪种路由选择协议。

2) 互联网的路由选择协议的特点

(1) 属于自适应的(即动态的)。

(2) 是分布式路由选择协议。

(3) 互联网采用分层次的路由选择协议,即分自治系统内部和自治系统外部路由选择协议。

3) 互联网的路由选择协议分类

互联网的路由选择协议划分为两大类:

(1) 内部网关协议(Interior Gateway Protocol,IGP)。在一个自治系统内部使用的路由选择协议。具体的协议有 RIP 和 OSPF 等。

(2) 外部网关协议(Exterior Gateway Protocol,EGP)。两个自治系统(使用不同的内部网关协议)之间使用的路由选择协议。目前使用最多的是边界网关协议(Border Gateway Protocol,BGP)(即 BGP-4)。

注意:此处的网关实际指的是路由器。

下面分别介绍几种常用的内部网关协议、外部网关协议。

6.6.2　内部网关协议 RIP

1. RIP 的工作原理

1) 路由信息协议(Routing Information Protocol,RIP)的概念

RIP(路由信息协议)是一种分布式的基于距离矢量的路由选择协议。它要求网络中的每一个路由器都要维护从自己到其他每一个目的网络的最短距离记录。

RIP 中的"距离"(也称为"跳数")定义如下:

(1) 从一个路由器到直接连接的网络的距离定义为 1。

(2) 从一个路由器到非直接连接的网络的距离定义为所经过的路由器数加 1(每经过一个路由器跳数就加 1)。

RIP"最短距离"指的是选择具有最少路由器的路由。RIP 允许一条路径最多只能包含 15 个路由器。"距离"的最大值为 16 时即相当于不可达。

2) 路由表的建立和更新

RIP 协议路由表中的主要信息是到某个网络的最短距离及应经过的下一跳路由器地址。

路由器在刚刚开始启动工作时,只知道直接连接的网络距离(此距离定义为 1)。以后,每一个路由器只和相邻路由器交换并更新路由信息,交换的信息是当前本路由器所知道的全部信息,即自己的路由表(具体是到本自治系统中所有网络的最短距离,以及沿此最短路径到每个网络应经过的下一跳路由器)。路由表更新的原则是找出到达某个网络的最短距离。

网络中所有的路由器经过路由表的若干次更新后,它们最终都会知道到达本自治系统中任何一个网络的最短距离和哪一个路由器是下一跳路由器。

另外,为了适应网络拓扑等情况的变化,路由器应按固定的时间间隔交换路由信息,以及时修改更新路由表。

路由器之间是借助于传递 RIP 报文交换并更新路由信息,为了说明路由器之间具体是

如何交换和更新路由信息的,下面先介绍 RIP 的报文格式。

2. RIP2 的报文格式

目前比较新的 RIP 版本是 1998 年 11 月公布的 RIP2,它已经成为互联网标准协议。RIP2 的报文格式如图 6.43 所示。

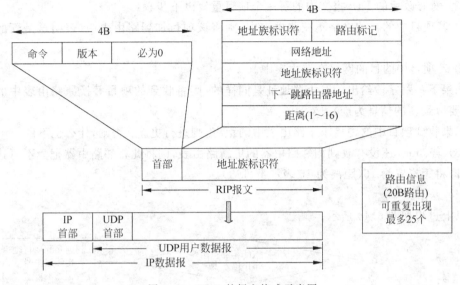

图 6.43　RIP2 的报文格式示意图

RIP2 的报文由首部和路由部分组成。

(1) RIP2 报文的首部。

RIP2 报文的首部有 4B:命令字段占 1B,用于指出报文的意义;版本字段占 1B,指出 RIP 的版本;填充字段的作用是填"0"使首部补齐 4B。

(2) RIP2 报文的路由部分。

RIP2 报文的路由部分由若干个路由信息组成,每个路由信息需要 20B,用于描述到某一目的网络的一些信息。RIP 协议规定路由信息最多可重复出现 25 个。每个路由信息中各部分的作用如下。

① 地址族标识符(AFI,2B):用来标识所使用的地址协议,IP 的 AFI 为 2。

② 路由标记(2B):路由器标记填入自治系统的号码,这时考虑使 RIP 有可能收到本自治系统以外的路由选择信息。

③ 网络地址(4B):表示目的网络的 IP 地址。

④ 子网掩码(4B):表示目的网络的子网掩码。

⑤ 下一跳路由器地址(4B):表示要到达目的网络的下一跳路由器的 IP 地址。

⑥ 距离(4B):表示到目的网络的距离。

由图 6.43 可见,使用运输层的 UDP 用户数据报进行传送(使用 UDP 的端口 520)。因此 RIP 的位置应当在应用层。但转发 IP 数据报的过程是在网络层完成的。

下面来看看路由器之间具体是如何交换和更新路由信息的。

3．距离矢量算法

设某路由器收到相邻路由器(其地址为 X)的一个 RIP 报文。

(1) 先修改此 RIP 报文中的所有项目：将"下一跳"字段中的地址都改为 X，并将所有的"距离"字段的值加 1(这样做是为了便于进行路由表的更新)。

(2) 对修改后的 RIP 报文中的每一个项目重复以下步骤：

① 若项目中的目的网络不在路由表中，则将该项目加到路由表中(表明这是新的目的网络)。

② 若项目中的目的网络在路由表中。

如果下一跳字段给出的路由器地址是同样的，则将收到的项目替换原路由表中的项目(因为要以最新的信息为准)。

如果收到项目中的距离小于路由表中的距离，则进行更新；否则，什么也不做。

(3) 若 3min 还没有收到相邻路由器的更新路由表，则将此相邻路由器记为不可达的路由器，即将距离置为 16(距离为 16 表示不可达)。

(4) 返回。

以上过程如图 6.44 所示。

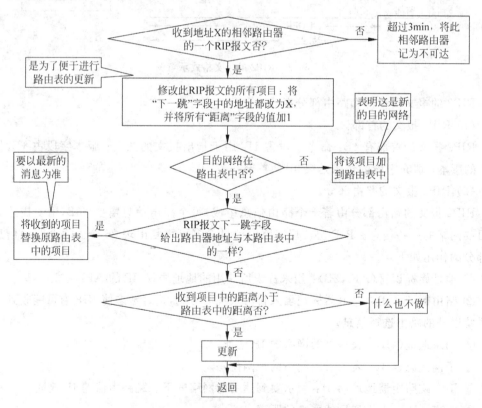

图 6.44　RIP 协议的距离矢量算法流程图

利用上述距离矢量算法，互联网中的所有路由器都和自己的相邻路由器不断交换路由信息，并不断更新其路由表，这样，每一个路由器都知道到各个目的网络的最短路由。

下面举例说明互联网内部网关协议采用 RIP 时,各路由器路由表的建立、交换和更新情况。

例如,几个用路由器互连的网络结构如图 6.45 所示。

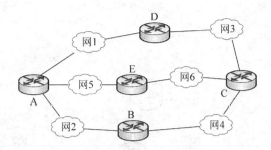

图 6.45　几个用路由器互连的网络结构示意图

各路由器的初始路由表如图 6.46(a)所示,表中每一行都包括 3 个字符,它们从左到右分别代表目的网络、从本路由器到目的网络的跳数(即最短距离)、下一跳路由器("-"表示直接交付)。

收到了相邻路由器的路由信息更新后的路由表如图 6-46(b)所示。下面以路由器 D 为例说明路由器更新的过程:路由器 D 收到相邻路由器 A 和 C 的路由表。

A 说:"我到网 1 的距离是 1",但 D 没有必要绕道经过路由器 A 到达网 1,因此这一项目不变。A 说:"我到网 2 的距离是 1",因此 D 现在也可以到网 2,距离是 2,经过 A。A 说:"我到网 5 的距离是 1",因此 D 现在也可以到网 5,距离是 2,经过 A。

C 说:"我到网 3 的距离是 1",但 D 没有必要绕道经过路由器 C 再到达网 3,因此这一项目不变。C 说:"我到网 4 的距离是 1",因此 D 现在也可以到网 4,距离是 2,经过 C。C 说:"我到网 6 的距离是 1",因此 D 现在也可以到网 6,距离是 2,经过 C。

由于此网络比较简单,图 6.46(b)就是最终路由表。但当网络比较复杂时,要经过几次更新后才能得出最终路由表。

4. RIP 的优、缺点

RIP 的优点是实现简单,开销小。但也存在以下一些缺点:

(1) 网络出现故障时,要经过比较长的时间才能将此信息传送到所有的路由器,即坏消息传播得慢。

(2) 因为 RIP"距离"的最大值限制为 15,所以也影响了网络的规模。

(3) 由于路由器之间交换的路由信息是路由器中的完整路由表,随着网络规模的扩大,开销必然会增加。

总之,RIP 适合规模较小的网络。为了克服 RIP 的缺点,1989 年开发了另一种内部网关协议——OSPF 协议。

6.6.3　内部网关协议

1. OSPF 协议的要点

开放最短路径优先(Open Shortest Path First,OSPF)是分布式的链路状态协议。"链路

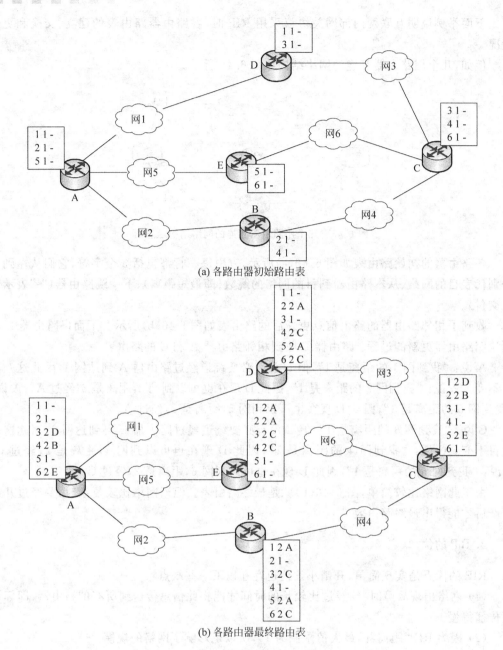

(a) 各路由器初始路由表

(b) 各路由器最终路由表

图6.46　各路由器路由表示意图

状态"是说明本路由器都和哪些路由器相邻，以及该链路的"量度"（表示距离、时延、费用等）。

　　归纳起来，OSPF协议有以下几个要点：

　　（1）OSPF使用洪泛法向本自治系统中的所有路由器发送信息，即每个路由器向所有其他相邻路由器发送信息（但不再发送给刚刚发来信息的那个路由器）。所发送的信息就是与本路由器相邻的所有路由器的链路状态。

　　（2）只有当链路状态发生变化时，路由器才用洪泛法向所有路由器发送此信息。

　　（3）各路由器之间频繁地交换链路状态信息，所有的路由器最终都能建立一个链路状态数据库,它与全网的拓扑结构图相对应。每一个路由器使用链路状态数据库中的数据可构造出自己的路由表。

(4) OSPF 还规定每隔一段时间(如 30 分钟)要刷新一次数据库中的链路状态,以确保链路状态数据库的同步(即每个路由器所具有的全网拓扑结构图都是一样的)。

(5) OSPF 支持 3 种网络的连接,即:

① 两个路由器之间的点对点连接。

② 具有广播功能的局域网。

③ 无广播功能的广域网。

下面举例说明 OSPF 路由表的建立。图 6.47(a)是一个自治系统的网络结构。

通过各路由器之间交换链路状态信息,图中所有的路由器最终将建立起一个链路状态数据库。实际的链路状态数据库是一个表,可以用一个有向图表示,如图 6.47(b)所示。其中每一个路由器、局域网或广域网都抽象为一个节点,每条链路用两条不同方向的边表示,边旁标出了这条边的代价(OSPF 规定,从网络到路由器的代价为 0)。

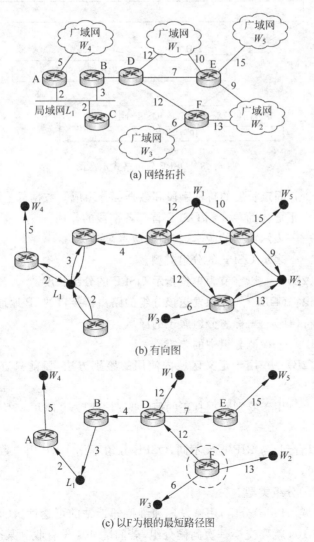

(a) 网络拓扑

(b) 有向图

(c) 以F为根的最短路径图

图 6.47　OSPF 路由表的建立过程示意图

由图 6.47(b)(表示该网络链路状态数据库的有向图)可得出以 F 路由器为根的最短路径树,如图 6.47(c)所示,F 路由器根据此最短路径树即可构造出自己的路由表。按照同样的方法,其他路由器均可得出各自的路由表。

2. OSPF 分组(OSPF 数据报)

1) OSPF 分组格式

OSPF 分组格式如图 6.48 所示。

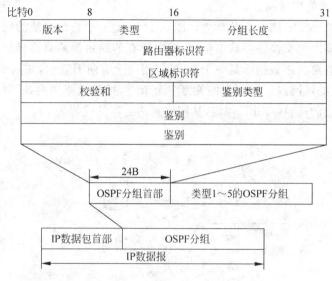

图 6.48　OSPF 分组格式示意图

OSPF 分组由 24B 固定长度的首部字段和数据部分组成。数据部分可以是 5 种类型分组(后述)中的一种。下面先简单介绍 OSPF 首部各字段的作用。

(1) 版本(1B)——表示协议的版本,当前的版本号是 2。

(2) 类型(1B)——表示 OSPF 的分组类型。

(3) 分组长度(2B)——以字节为单位指示 OSPF 的分组长度。

(4) 路由器标识符(4B)——标识发送该分组的路由器接口的 IP 地址。

(5) 区域标识符(4B)——标志分组属于的区域。

(6) 校验和(2B)——检测分组中的差错。

(7) 鉴别类型(2B)——用于定义区域内使用的鉴别方法,目前只有两种类型的鉴别: 0(没有鉴别)和 1(口令)。

(8) 鉴别(8B)——用于鉴别数据真正的值。鉴别类型为 0 时填 0,鉴别类型为 1 时填 8 个字符的口令。

由图 6.48 可以看到,与 RIP 报文不同,OSPF 分组不用 UDP 用户数据报传送,而是直接用 IP 数据报传送。

2) OSPF 的 5 种分组类型

(1) 类型 1,问候(Hello)分组,用来发现和维持邻近站的可达性。OSPF 协议规定: 两个相邻路由器每隔 10s 就要交换一次问候分组,若间隔 40s 没有收到某个相邻路由器发来的问候分组,就认为这个相邻路由器是不可达的。

(2) 类型2,数据库描述(Database Description)分组,相邻站给出自己的链路状态数据库中的所有链路状态项目的摘要信息。

(3) 类型3,链路状态请求(Link State Request)分组,向对方请求发送某些链路状态项目的详细信息。

(4) 类型4,链路状态更新(Link State Update)分组,用洪泛法对全网更新链路状态。

(5) 类型5,链路状态确认(Link State Acknowledgment)分组,对链路状态更新分组的确认。

类型3、类型4、类型5这3种分组是当链路状态发生变化时各路由器之间交换的分组,以达到链路状态数据库的同步。

3. OSPF 的特点

(1) 由于一个路由器的链路状态只涉及与相邻路由器的联通状态,因而与整个互联网的规模并无直接关系,因此 OSPF 适合规模较大的网络。

(2) OSPF 是动态算法,能自动和快速地适应网络环境的变化。具体说就是链路状态数据库能较快地进行更新,使各个路由器能及时更新其路由表。

(3) OSPF 没有"坏消息传播得慢"的问题,其相应网络变化的时间小于 10ms。

(4) OSPF 支持基本服务类型的路由选择。OSPF 可根据 IP 数据报的不同服务类型将不同的链路设置成不同的代价,即对于不同类型的业务可计算出不同的路由。

(5) 如果到同一个目的网络有多条相同代价的路径,OSPF 可以将通信量分配给这几条路径——多路径间的负载平衡。

(6) OSPF 有分级支持能力。OSPF 可将一个自治系统化分为若干区域,可将利用洪泛法交换链路状态信息的范围局限于每一个区域而不是整个的自治系统,减少了整个网络上的通信量。

(7) 有良好的安全性。OSPF 协议规定,路由器之间交换的任何信息都必须经过鉴别,OSPF 支持多种认证机制,而且允许各个区域间的认证机制可以不同,这样就保证了只有可依赖的路由器才能广播路由信息。

(8) 支持可变长度的子网划分和无类编制 CIDR。

以上介绍了两种内部网关协议 RIP 和 OSPF,下面将这两种协议做个比较,如表6.9所示。

表 6.9 RIP 与 OSPF 协议的比较

比 较 内 容	RIP	OSPF
发送给信息的路由器	相邻路由器	所有路由器
发送的信息内容	到所有网络的最短距离和下一跳路由器	与本路由器相邻的所有路由器的链路状态
路由器间交换信息时刻	定期交换路由信息	当链路状态发生变化时交换路由信息
路由器内容	到所有网络的最短距离和下一跳路由器	全网的拓扑结构
坏消息传播速度	慢	快

比 较 内 容	RIP	OSPF
报文或分组封装格式	RIP 报文使用运输层的 UDP 用户数据报进行传送	OSPF 分组用 IP 数据报传送
可选择的路由	一条	多条
网络规模	较小	较大

6.6.4　外部网关协议 BGP

1. BGP 的概念

边界网关协议(Border Gateway Protocol,BGP)是不同自治系统的路由器之间交换路由信息的协议,它是一种路径矢量路由选择协议。

BGP 的路由度量方法可以是一个任意单位的数,它指明某一个特定路径中供参考的程度。可参考的程度可以基于任何数字准则,如最终系统计数(计数越小路径越佳)、数据链路的类型(链路是否稳定、速度快和可靠性高等)及其他一些因素。

因为互联网的规模庞大,自治系统之间的路由选择非常复杂,要寻找最佳路由很不容易实现。而且,自治系统之间的路由选择还要考虑一些与政治、经济和安全有关的策略。所以 BGP 与内部网关协议 GIP 和 OSPF 不同,它只能是力求寻找一条能够到达目的网络且比较好的路由,而并非要寻找一条最佳路由。

2. BGP 协议的基本原理

(1) BGP 协议的基本功能。

① 交换网络的可达性信息。

② 建立 AS 路径列表,从而构建出一幅 AS 和 AS 之间的网络连接图。

BGP 协议是通过 BGP 路由器来交换自治系统之间网络的可达性信息的。每一个自治系统要确定至少一个路由器作为该自治系统的 BGP 路由器,一般就是自治系统边界路由器。

BGP 路由器和 AS 的关系如图 6.49 所示。

由图 6.49 可见,一个自治系统可能会有几个 BGP 路由器,且一个自治系统的某个 BGP 路由器可能会与其他几个自治系统相连。每个 BGP 路由器除了运行 BGP 外,还要运行该系统所使用的内部网关协议。

(2) BGP 交换路由信息的过程。

一个 BGP 路由器与其他自治系统中的 BGP 路由器要交换路由信息,步骤如下:

① 首先建立 TCP 连接(端口号 179)。

② 在此连接上交换 BGP 报文以建立 BGP 会话。

③ 利用 BGP 会话交换路由信息,如增加了新的路由,撤销了过时的路由及报告出差错情况等。

使用 TCP 连接交换路由信息的两个 BGP 路由器,彼此成为对方的邻站或对等站。

虽然 BGP 基本上也是距离矢量路由协议,但它与 RIP 不同。每个 BGP 路由器不是定

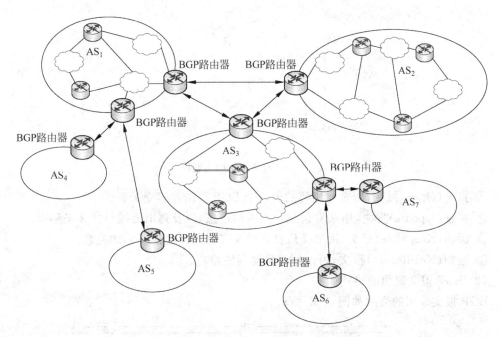

图 6.49　BGP 路由器和 AS 的关系示意图

期地向它的邻站提供到每个可能目的地的开销,而是向邻站说明它正在使用的确切路由。图 6.50 是若干个 BGP 路由器(A、B、C 等)互连的拓扑图。

以 BGP 路由器 F 为例,它要找一条到达 D 的路由。F 从各邻站收到可到达 D 的路由信息,即:

- 来自 B,"我使用 BCD"。
- 来自 G,"我使用 GCD"。
- 来自 I,"我使用 IFGCD"。
- 来自 E,"我使用 EFGCD"。

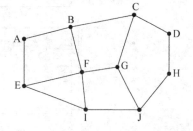

从各邻站来的所有路由信息都达到后,F 检测一下哪条路径是最佳的。因为从 I 和 E 来的路径经过 F 自身,F 将这两条路径丢弃。只能在 B 和 G 提供的路径中做出选

图 6.50　若干个 BGP 路由器互连
的拓扑图

择。假如综合考虑其他因素,F 最终选择的到达 D 的路由信息是 FGCD。以此类推,F 还可找到其他 BGP 路由器的最佳路由。同样,各 BGP 路由器均可照此办法找到到达某个 BGP 路由器,即到达某个自治系统的最佳路由(严格说是比较好的路由)。

BGP 路由器互相交换网络可达性的信息(就是要到达某个网络所要经过的一系列自治系统)后,各 BGP 路由器根据所采用的策略就可从收到的路由信息中找出到达各自治系统的比较好的路由,即构造出自治系统的连通图,如图 6.51 所示的是对应图 6.49 所示的自治系统连通图。

3. BGP-4 报文

(1) BGP-4 报文类型。

BGP-4 共使用 4 种报文,即:

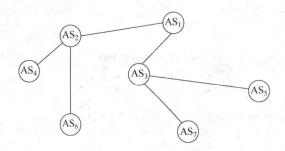

图 6.51　自治系统的连通图

① 打开(Open)报文,用来与相邻的另一个 BGP 路由器建立关系。

② 更新(Update)报文,用来发送某一路由的信息,以及列出要撤销的多条路由。

③ 保活(Keepalive)报文,用来确认打开报文和周期性地证实邻站关系。

④ 通知(Notificaton)报文,用来发送检测到的差错。

(2) BGP 报文通用的格式。

BGP 报文通用的格式如图 6.52 所示。

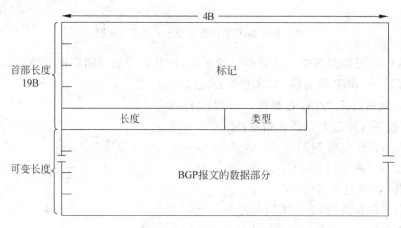

图 6.52　BGP 报文通用的格式示意图

BGP 报文由首部和数据部分组成。

4 种类型的 BGP 报文的首部都是一样的,长度为 19B,分为 3 个字段。

① 标记字段(16B)用来鉴别收到的 BGP 报文。当不使用鉴别时,标记字段要设为全 1。

② 长度字段(2B)以字节为单位指示整个 BGP 报文的长度。

③ 类型字段(1B)BGP 报文的类型,上述 4 种 BGP 报文的类型字段的值分别为 1～4。

BGP 报文的数据部分长度可变,4 种 BGP 报文的数据部分各有其自己的格式,由于篇幅所限,在此不再介绍。

4. BGP 协议的特点

BGP 协议的特点如下:

(1) BGP 协议是在自治系统中 BGP 路由器之间交换路由信息,而 BGP 路由器的数目是很少的,这就使得自治系统之间的路由选择不至于过分复杂。

（2）BGP 支持 CIDR,因此 BGP 的路由表也就应当包括目的网络前缀、下一跳路由器,以及到达该目的网络所要经过的各个自治系统序列。

（3）在 BGP 刚刚运行时,BGP 的邻站是交换整个的 BGP 路由表。以后只需要在发生变化时更新有变化的部分,即 BGP 不要求对整个路由表进行周期性刷新。这样做对节省网络带宽和减少路由器的处理开销方面都有好处。

（4）BGP 寻找的只是一条能够到达目的网络且比较好的路由(不能兜圈子),而并非是最佳路由。

习题

6.1　简述计算机网络的组成、作用及与通信网的关系。

6.2　简述局域网的特点及所执行的参考模型。

6.3　划分 VLAN 的目的是什么? 划分 VLAN 的方法有哪些?

6.4　简述路由器的基本功能和主要用途。

6.5　IP 宽带城域网分成哪几层? 简述各层的主要作用。

6.6　简述 IP over SDH 的优、缺点。

6.7　简述基于 IP 的传输技术在城域网中的演进过程。

6.8　简述三网合一的概念,在交换和传输领域采用哪些技术可促进三网合一的实现?

6.9　组建城域网的基本原则是什么?

6.10　推动城域网的主要业务有哪些?

6.11　简述中继器和网桥的工作原理。

6.12　宽带 IP 网络的 QoS 性能指标主要有哪些?

6.13　主机域名地址、IP 地址、物理地址之间的关系是什么?

6.14　用点分十进制分别写出 A 类、B 类、C 类、D 类、E 类 IP 地址范围。

6.15　某网络 IP 地址为 128.8.0.0,子网掩码为 255.255.252.0,求:

（1）子网地址、主机地址各占多少位?

（2）此网络最多能容纳的主机总数是多少? 此网络拥有的 IP 地址数为多少?

6.16　192.0.96.0/20 表示的 CIDR 地址块实际共有多少个地址? 此地址块最小地址和最大地址分别是什么?

6.17　IPv6 地址有哪些表示格式? 各有什么特点?

6.18　IPv6 地址 2000:0000:0000:0001:0002:0000:0000:0001 采用零压缩法的简式是什么?

6.19　网络中交换的依据是什么? 请简述 L3 交换的基本原理。

6.20　简述 TCP/IP 网络管理各项功能以及网管的基本原理。

6.21　宽带 IP 网络的 QoS 性能指标主要包括哪些?

6.22　简述 RIP 路由协议的工作原理。

6.23　简述 BGP 路由协议的工作原理。

第7章 通信网设计基础

通信网是一个由多个系统、设备、部件组成的复杂而庞大的整体,要设计出既能满足各项性能指标要求,又能节省费用的结构合理的网络,首先要求设计人员要掌握相当的网络理论基础知识和网络分析计算方法,如通信网所涉及的数学理论、优化算法、网络的基础分析方法与指标计算方法等。本章将介绍进行通信网络设计必备的基础知识,主要包括:

(1) 进行网络结构设计必备的图论基本概念和通信路由选择及网络优化基础知识——最短路径算法和站址选择。

(2) 进行网络流量分析和设计必备的排队论基础知识及一些网络性能指标的计算。

7.1　通信网络结构设计基础

通信网是由终端设备节点、交换设备节点和传输链路组成的。设计人员首先要确定众多的节点和传输链路之间的连接方式,也就是通信网的网络结构,这是通信网规划设计中的第一层次的问题,这个问题的实质是要寻找满足一定条件下的最佳拓扑结构,因而网络设计的过程就是对网络结构进行优化的过程。借助于电子计算机,使用一定的数学模型的优化算法,将会使网络的设计更科学、更合理、更经济。本章首先介绍图论的基本知识,它是网络结构设计的数学工具,然后由此引出最短路径的算法和站址选择问题,这些都可看作网络结构优化的基础。

7.1.1　图论基本知识

图论是离散数学的一部分,是现代应用数学的一个分支。离散数学以研究离散量的结构,相互间的关系为主要目标,其研究对象一般是有限个或可数个元素。图论则专门研究人们在自然界和社会生活中遇到的包含某种二元关系的问题或系统。它把这种问题或系统抽象为点和线的集合,用点和线相互连接的图来表示,图 7.1 所示就是这样一个图,通常称为点线图。

图中的点和线可以代表通信网络中的节点和传输链路、电子电路中的节点和元件、航空图中的城市与航线等。图论就是研究点和线连接关系的理论。近年来,随着计算机的广泛应用,图论得到了迅速的发展,不仅在计算机领域以及各种网络设计、可靠性分析中都得到应用,而且在经济管理、控制系统、物理学、化学及心理学、语言学等学科中也都具有广泛应用。在通信网的规划设计中,图论可以用于确定最佳网络结构、进行路由选择、分析计算网

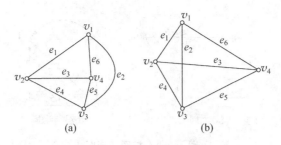

图 7.1　图的概念示例图

络的可靠性等。

1. 图的基本概念

1）图的定义

由图 7.1 可以看出，点线图是由若干个点和点间的连接线组成，点是任意设置的，连线则表示不同点之间的联系，由此可引出图的定义：

设有点集 $V=\{v_1,v_2,\cdots,v_n\}$ 和边集 $E=\{e_1,e_2,\cdots,e_n\}$，如果对任一边 $e_k\in E$，有 V 中的一个点对 (v_i,v_j) 与之对应，则图可用有序二元组 (V,E) 表示，记为 $G=(V,E)$。

定义中的边就是点线图中的连线，如果边 e_k 与点对 (v_i,v_j) 相对应，则称 (v_i,v_j) 是 e_k 的端点，记为 $e_k=(v_i,v_j)$，称点 (v_i,v_j) 与边 e_k 关联，而称 v_i 与 v_j 为相邻点，若有两条边与同一端点关联，则称这两条边为相邻边。

在图 7.1 中，$V=\{v_1,v_2,v_3,v_4\}$
$$E=\{e_1,e_2,e_3,e_4,e_5,e_6\}$$
其中，$e_1=(v_1,v_2),e_2=(v_1,v_3),e_3=(v_2,v_4),e_4=(v_2,v_3),e_5=(v_3,v_4),e_6=(v_1,v_4)$。

故可将图 7.1 记为
$$G=(V,E)$$

图中 v_1 与 e_1、e_2、e_6 关联，v_1 与 v_2、v_3、v_4 是相邻点，e_1 与 e_2、e_3、e_4、e_6 是相邻边等。

一个图 $G=(V,E)$ 可用几何图形来表示，但一个图所对应的几何图形不是唯一的。不难看出，图 7.1(a) 和 7.1(b) 是相同的图 G，这说明一个图只由它的点集 V、边集 E 和点与边的关系所确定，而与点的位置和边的长度及形状无关。图 7.1(a)、(b) 只是一个图 G 的两种不同的几何表示方法。

2）有向图与无向图

设图 $G=(V,E)$，如果任一边 e_k 都对应有一个有序点 (v_i,v_j)，则称图 G 为有向图，如果 e_k 对应的有无序点对 (v_i,v_j)，则称 G 为无向图，如图 7.2(a) 所示。

在有向图中，用尖括号表示其中的端点是有序的，$\langle v_i,v_j\rangle$ 和 $\langle v_j,v_i\rangle$ 是两条不同的边，即 $\langle v_i,v_j\rangle\neq\langle v_j,v_i\rangle$，而用点 v_j 指向 v_i 的箭头表示 $\langle v_j,v_i\rangle$，如图 7.2(b) 所示。

对无向图中，(v_i,v_j) 和 (v_j,v_i) 是同一条边，即 $(v_i,v_j)=(v_j,v_i)$。

在实际中，经常遇到需要用有向图表示的问题较多，如电路中的电流、通信网中的数据流，它们的流动是有方向的，是和端点的先后次序有关的，这类问题用无向图是无法表示的，必须使用有向图。当然，在研究时为了使问题简化，有时也把它当作无向图来研究。

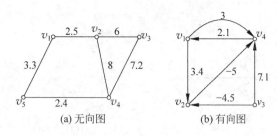

(a) 无向图　　　　　　　(b) 有向图

图 7.2　有权图示例图

3）有权图

若对图 $G=(V,E)$ 中的每一条边 e_k 都赋予一个实数 w_k，则称图 G 为有权图或加权图，w_k 称为边 e_k 的权值。根据研究问题的需要，权值可以表示不同的含义，如距离、流量、费用、时间等，对通信网来说，权值可以是信道的造价、容量、长度等。

例 7.1　写出图 7.2(a)、(b) 的点集、边集和边的权值。

解：图 7.2(a) 所示为无向图。可记为 $G=(V,E)$，其中：

　　　　点集 $V=\{v_1,v_2,v_3,v_4,v_5\}$；

　　　　边集 $E=\{(v_1,v_2),(v_2,v_3),(v_3,v_4),(v_2,v_4),(v_4,v_5),(v_1,v_5)\}$；

与 e_k 相对应的权值为：$w_1=2.5,w_2=6,w_3=7.2,w_4=8,w_5=2.4,w_6=3.3$。

图 7.2(b) 所示为有向图，可记为 $G=(V,E)$，其中：

　　　　点集 $V=\{v_1,v_2,v_3,v_4\}$；

　　　　边集 $E=\{\langle v_1,v_4\rangle,\langle v_4,v_1\rangle,\langle v_1,v_2\rangle,\langle v_2,v_4\rangle,\langle v_3,v_2\rangle,\langle v_3,v_4\rangle\}$；

与 e_k 相对应的权值为：$w_1=3,w_2=2.1,w_3=3.4,w_4=-5,w_5=-4.5,w_6=7.1$。

4）链路、路径、回路

若图 $G=(V,E)$，其中 $k(\geqslant2)$ 条边和与之关联的点依次排成点和边的交替序列，则称该序列为链路；如果链路中不出现重复的边，则称为路径；如果路径的起点和终点重合，则称为回路，链路中边的数目 k 称为链路的长度。

图 7.3 是一个有自环与并行边的图，在该图中有：

链路：$\{v_1,e_2,v_3,e_3,v_2,e_3,v_3,e_4,v_2,e_6,v_5,e_7,v_3\}$，长度为 6。

路径：$\{v_1,e_2,v_3,e_3,v_2,e_6,v_5,e_8,v_4\}$，长度为 4。

回路：$\{v_1,e_1,v_2,e_5,v_4,e_8,v_5,e_7,v_3,e_2,v_1\}$，长度为 5。

在图 7.3 中还可以找到其他的链路、路径和回路，此处不一一列出。

将两个端点重合为一点的边（如 e_9）称为自环；与同一对端点相关联的两条或两条以上的边称为并行边（如 e_3 和 e_4）。把设有自环和并行边组成的图称简单图。在简单图中，链路、路径和回路可以只用相应的点序表示。在图 7.3 中，如果去掉自环 e_9 和并行边之一 e_4，可将上链路、路径和回路分别记做：

链路：$\{v_1,v_3,v_2,v_5,v_3\}$，长度为 4。

路径：$\{v_1,v_3,v_2,v_5,v_4\}$，长度为 4。

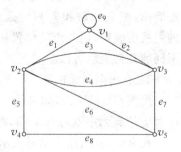

图 7.3　有自环与并行边示例图

回路：$\{v_1,v_2,v_4,v_5,v_3,v_1\}$，长度为 5。

5）连通图与非连通图

若图 G 中任意两位点之间至少存在一条路径，则称图 G 为连通图；否则称为非连通图。非连通图总可以分成几个分离的部分。

如图 7.4 所示，其中，图 7.4(a)所示为连通图，图上任意两点之间均可以至少找到一条路径；图 7.4(b)所示为非连通图，图中 v_5 为孤立点，与其他各点之间都不存在路径，v_6、v_7、v_8 与 v_1、v_2、v_3、v_4 之间也不存在路径。

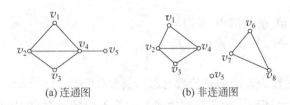

(a) 连通图　　　　　　(b) 非连通图

图 7.4　连通图与非连通图示例

在通信网研究中一般只考虑连通网，因为根据通信网的定义，任意两个用户间至少存在一条路径才能实现在该网中进行通信的目的。

6）子图

设有图 $G=(V,E)$ 和图 $\bar{G}=(\bar{V},\bar{E})$。

若有 $\bar{V}\subseteq V,\bar{E}\subseteq E$，则称 $\bar{G}$ 是 G 的子图。

若有 $\bar{V}\subseteq V,\bar{E}\subseteq E$，且 $E\neq\bar{E}$，则称 $\bar{G}$ 是 G 的真子图。

若有 $\bar{V}=V,\bar{E}\subseteq E$，则称 $\bar{G}$ 是 G 的生成图。

从子图的定义可以看出，每一个图都是它自己的子图。从原图中适当地去掉一些边（及其两上端点）和点后得到子图，如果子图中不包含原图的所有边就是真子图，包含原图所有点的子图就是生成子图。如图 7.5 所示，图 7.5(a)是图 7.5(b)的真子图，图 7.5(c)是图 7.5(a)的生成图，也是真子图。

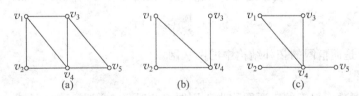

(a)　　　　　　(b)　　　　　　(c)

图 7.5　图与子图示例

7）图的连通性

在通信网中，图的连通性起着重要的作用。定义与某点相关联的边数为点的度数（或次数），记为 $d(v_i)$。图 7.6(a)所示为无向图，$d(v_1)=3,d(v_2)=3,d(v_4)=2$。若为有向图，用 $d^+(v_i)$ 表示 v_i 离开或从 v_i 射出的边数，$d^-(v_i)$ 表示进入或射入 v_i 的边数；用 $d(v_i)=d^+(v_i)+d^-(v_i)$ 表示 v_i 的度数。在图 7.6(b)中，$d^+(v_1)=2,d^-(v_1)=1,d(v_1)=3$；$d^+(v_2)=d^-(v_2)=2,d(v_2)=4$ 等。

图的度数有以下两个性质：

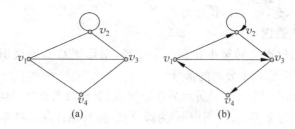

图 7.6　图的度数示例图

(1) 对于 n 个点、m 条边的图,必有

$$\sum_{i=1}^{n} d(v_i) = 2m \tag{7-1}$$

(2) 任意图中,度数为奇数的点的数目必为偶数(或零)。

这两个性质很容易证明。由于任何边或与两个不同的点关联,或与一个关联而形成自环,都将提供度数 2,所有点的度数之和必为边数的 2 倍。

若将图的点集 V 分为奇度数点集 V_1 和偶度数点集 V_2,$V = V_1 + V_2$,根据式(7-1)有

$$\sum_{v_i \in v} d(v_i) = \sum_{v_j \in v_1} d(v_j) + \sum_{v_k \in v_2} d(v_k) = 2m$$

由于上式中各 $d(v_k)$ 和 $2m$ 均为偶数,则

$$\sum_{v_j \in v_1} d(v_j) \text{ 为偶数}$$

但上式中 $d(v_j)$ 为奇数,所以在 V_1 中 v_j 的个数必为偶数。

8) 几种特殊的连通图

(1) 完全图。

任意两点都有一条边的无向图称为完全图。完全图的点数称为图的阶。图 7.7 所示为一个 6 阶完全图。完全图的点数 n 与边数 m 有固定关系。这是因为 n 阶完全图中每个点数的度数为 $n-1$,所有点有度数之和为 $n(n-1)$,根据式(7-1)有 $2m = n(n-1)$,则

$$m = \frac{1}{2} n(n-1) \tag{7-2}$$

显然,完全图就是通信网的拓扑结构中的网状网。

(2) 正则图。

所有点的度数均相等的连通图称为正则图。此时 $d(v_i)$=常数。$d(v_i)=2$ 和 $d(v_i)=3$ 的正则图如图 7.8 所示,完全图也是正则图,各点的度数均为 $n-1$。正则图的连通性最均匀,它是取得一定连通性边数最少的图。

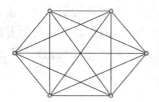

图 7.7　6 阶完全图示例图

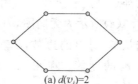

(a) $d(v_i)$=2　　(b) $d(v_i)$=3

图 7.8　正则图示例图

(3) 尤拉图。

各点度数均为偶数的图称为尤拉图。尤拉图可以是连通图,也可以是非连通图,但后者的各部分必均为连通的尤拉图。在连通图的尤拉图中,必可找到一个包含所有边的环;反之,若图中存在一个环包含所有的边,这图必为尤拉图。所以,连通尤拉图的充分必要条件是存在一个包含所有边的闭链。图 7.9 就是一个连通的尤拉图。两个尤拉图的环和仍是一个尤拉图。有共边的两个尤拉图构成一个尤拉图的例子,如图 7.9 所示。一个非尤拉图可能有几个子图是尤拉图,这些尤拉图的环和仍是原图的尤拉子图。

(4) M 图。

如果图中只有两个度数为奇数的点,则此图称为 M 图。虽然,在 M 图中除了两个点外,所有端的度数都是偶数。M 图可以是连通图,也可以是尤拉图。连通 M 图的充分必要条件是:存在一个含有所有边的链。

图 7.10 所示是一个 M 图。此图中存在含有所有边的链,其起点和终点就是度数为奇数的两个点,但不存在含有所有边的环,所以不是尤拉图。实际上任一尤拉图去掉任一边就成为 M 图,而 M 图在度数为奇数的两个点间加上一边就是尤拉图。

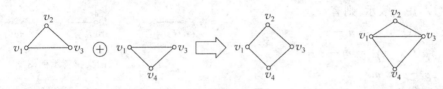

图 7.9　尤拉图的环和示例图　　　　图 7.10　M 图示例图

(5) 汉密尔顿图。

当图中至少存在一个含有所有点的环,这个图称为汉密尔顿图,上述的环称为汉密尔顿环。一个汉密尔顿图可以有几个不同的汉密尔顿环,图 7.11 所示就是一个汉密尔顿图,或简称 H 图,其中的汉密尔顿环是$(e_1 e_2 e_3 e_4 e_5)$。H 图的充分必要条件是:存在一个环含有图中所有的点。

2. 树

树是图论中一个十分重要的概念,在计算机科学和网络理论等方面应用很广泛。

1) 树的定义与性质

树有各种定义方法,但它们都是等价的,所以可任意取一种作为定义,其他的作为树的性质。

树的定义为任何两个点间有路径且只有一条路径的连通图。树中的路径称为树枝。图 7.12 画出了几种树的例子。许多事物可以用树的图形来表示,如计算机的目录查询系统、资料检索系统、通信网络中的星状网等。树具有以下性质:

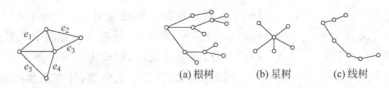

(a) 根树　　　(b) 星树　　　(c) 线树

图 7.11　H 图示例图　　　　图 7.12　树示例图

① 具有 n 个点的树共有 $n-1$ 个树枝。

② 树是连通的,但去掉一条边便不连通。

③ 树无回路,但增加一条边便可得到一个回路。

④ 除单点树外,树至少有两个点度数为1。

2) 图的支撑树

若树 $T \subset G$,且 T 包含 G 的所有点,则称 T 是 G 的支撑树,又称生成树。换言之,支撑树是覆盖连通图所有点的树。

由上述定义可知,只有连通图才有支撑树;反之,有支撑树的图必为连通图。通常图 G 本身就是树,G 的支撑树不止一个,即一个连通图至少有一棵支撑树。如图 7.13 所示,其中图 7.13(b) 和图 7.13(c) 是图 7.13(a) 的两个支撑树,支撑树上的边组成树枝集,非树枝的边组成连枝集。显然,不同的支撑树有不同的连枝集。具有 n 个点、m 条边的连通图,支撑树 T 上有 $n-1$ 条树枝和 $m-n+1$ 条连枝。

通常把连通图 G 的支撑树的树枝数称为图 G 的阶,用 ρ 表示。连通图 G 的连枝数称为图 G 的空度,用 μ 表示,则有

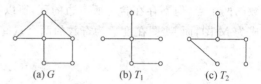

(a) G　　(b) T_1　　(c) T_2

$$\rho(G) = \rho = n-1$$
$$\mu(G) = \mu = m-n+1$$
$$\rho + \mu = m$$

图 7.13　图的支撑树示例图

显然,图的阶 ρ 表示支撑树的大小,取决于 G 中的点数。图的空度 μ 表示支撑树覆盖该图的程度,μ 越小,覆盖程度越高,$\mu=0$ 表示图 G 就是树,T 覆盖整个图。另外,空度 μ 也反映图 G 的连通程度,μ 越大,连枝数越多,图的连通性越好。$\mu=0$ 表示最低的连通性,即 G 是最小的连通图。

3. 割和环

在讨论图的连通性时,通常需用树的概念;而在讨论破坏图的连通性时,就需有割的概念。

割是指图的某些子集,去掉这些子集就使图的部分数增加。若图是连通的,去掉这种子集就成为非连通的图。根据这种子集的元素不同,可分为割点集和割边集,以下将讨论这两种割。

1) 割点和割点集

令 v 是图 G 的一个点,去掉 v 和与之关联的边后,若使 G 的部分数增加,则称 v 是 G 的割点。割点对于图的连通性来说是一个重要的点。

有的图可能没有割点,即去掉任一个点,图的部分数还是不变,对于连通图,还是连通的,这种图称为不可分图。但是去掉几个点后,部分数增加,则这些点的集合称割点集。以图 7.14 所示为例。割点集有 $\{v_4\}$、$\{v_2, v_3\}$、$\{v_2, v_4\}$、$\{v_3, v_4\}$、$\{v_1, v_4\}$ 等,其中 v_4 是割点。若图中没有 v_5 和 v_6,则去掉任一点,还是连通的,就成为不可分图。

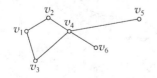

图 7.14　割点和割点集示例图

可见割点集有最小化问题,即在众多的割点集中,至少存在一个点数最小的最小割点集。在图 7.14 中,$\{v_4\}$ 是最

小割点集。若设有 v_5 和 v_6 时的不可分图中，$\{v_1,v_4\}$ 和 $\{v_2,v_3\}$ 都是最小割点集。最小割点集中的点数，称为图的连通度，表示要破坏图的连通性的难度；连通度越大，连通性越不易被破坏。这与通信网的可靠性有关，在讨论通信网的可靠性时常常会用到图的连通度的概念。

2）割边集和割集

令 S 是连通图 G 的边子集，如果在 G 中去掉 S 能使 G 成为非连通图，则称 S 是 G 的割边集；若 S 的任何真子集都不是割边集，则称 S 为割集。实际上，割集是最小割边集。如

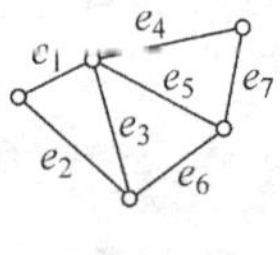

图 7.15　割边集和割集
示例图

图 7.15 所示，$\{e_3,e_4,e_5,e_6\}$ 是割边集，但不是割集，因为它的真子集 $\{e_4,e_5,e_6\}$ 是割边集；而 $\{e_4,e_5,e_6\}$、$\{e_1,e_2\}$、$\{e_1,e_3,e_6\}$ 才是割集。诸割集中也有最小割集存在，在图 7.15 中的 $\{e_1,e_2\}$ 是最小割集之一。最小割集的边数，称为图的结合度，它表示图的连通程度，也与通信网的可靠性有关。

更一般地说，对于任意图 G，包括连通图和非连通图，若去掉割集 S 后变成图 G'，则有

$$\rho(G) - \rho(G') = \rho(G) - \rho(G-S) = 1$$

式中，$\rho(G)$ 就是图 G 的阶。

为了要列举连通图的所有割集，下面将定义基本割集，并顺便述及基本环。

设 T 是连通图 G 的一棵支撑树，取一条枝与某些连枝一定能构成一个割集，这种割集称为基本割集。基本割集只含有一条树枝，若 G 有 n 个点，支撑树的树枝有 $n-1$ 条，所以 G 有 $n-1$ 个基本割集。如图 7.16 中的图，取支撑树 $T=\{e_1,e_3,e_4,e_6\}$，则连枝集为 $\{e_2,e_5\}$，可得基本割集为

$$e_1 : S_1 = \{e_1,e_5\}$$
$$e_3 : S_2 = \{e_3,e_2\}$$
$$e_4 : S_3 = \{e_4,e_5\}$$
$$e_6 : S_4 = \{e_6,e_2,e_5\}$$

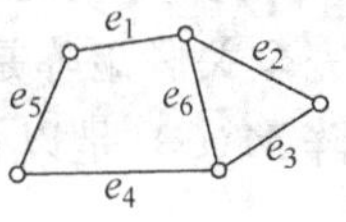

图 7.16　基本割集和
基本环示例图

这 4 个基本割集各与一条树枝对应，所以它们是线性独立的，以它们作基本集，用环和运算可生成一个子空间，得 $2^4-1=15$ 个元，每个元或为割集，或为割集的并。这就是说，当两个基本割集有公共连枝时，其环和是另一个割集；而无公共连枝时，其环和就是两者的并。这样得到 15 个集。除前面所讲到的 4 个基本割集外，尚有

$$S_5 = S_1 \oplus S_2 = S_1 \bigcup S_2$$
$$S_6 = S_1 \oplus S_3 = \{e_1,e_4\}$$
$$S_7 = S_1 \oplus S_4 = \{e_1,e_2,e_6\}$$
$$S_8 = S_2 \oplus S_3 = S_2 \bigcup S_3$$
$$S_9 = S_2 \oplus S_4 = \{e_3,e_5,e_6\}$$
$$S_{10} = S_3 \oplus S_4 = \{e_2,e_4,e_6\}$$
$$S_{11} = S_1 \oplus S_2 \oplus S_3 = S_6 \oplus S_2 = S_6 \bigcup S_2$$
$$S_{12} = S_1 \oplus S_2 \oplus S_4 = \{e_1,e_3,e_6\}$$
$$S_{13} = S_1 \oplus S_3 \oplus S_4 = S_6 \oplus S_4 = S_6 \bigcup S_4$$

$$S_{14} = S_2 \oplus S_3 \oplus S_4 = \{e_3, e_4, e_6\}$$
$$S_{15} = S_1 \oplus S_2 \oplus S_3 \oplus S_4 = S_6 \oplus S_9 = S_6 \bigcup S_9$$

可见共有 10 个割集：S_1、S_2、S_3、S_4、S_6、S_7、S_9、S_{10}、S_{12} 和 S_{14}。

以上从支撑树的树枝出发得到连通图的基本割集，从而用环和求得所有割集。若从支撑树的连枝出发，可得到基本环以及所有的环。

取一条连枝可与某些树枝构成闭径或环。这种仅包含一条连枝的环称为连通图的基本环。显然，基本环的数目等于连枝数，共有 $m-n+1$ 个，用环和可组成 $2^{m-n+1}-1$ 个元，这包含环和环的并，仍以图 7.15 所示为例，基本环有两个，用环和再形成一个环，共有 $2^2-1=3$ 个环，即

$$e_2 : C_1 = \{e_2, e_3, e_6\}$$
$$e_5 : C_2 = \{e_5, e_1, e_6, e_4\}$$
$$C_3 = C_1 \oplus C_2 = \{e_1, e_2, e_3, e_4, e_5\}$$

4. 图的矩阵表示

图的几何表示具有直观性，已被广泛应用，但在数值计算和分析时，不便于处理和运算，需借助于矩阵表示。这些矩阵是与几何图形一一对应的，有了图形必能写出矩阵，反之有了矩阵也能画出图形。当然，根据矩阵画出的图形可以不一样，但在拓扑结构上是一致的，也就是满足图的抽象定义的。用矩阵表示的最大优点是可存入计算机，并进行所需的处理和运算。

这里讨论几种常用的矩阵。

1) 完全关联矩阵与关联矩阵

完全关联矩阵是表达点与边的关联性的矩阵。一个具有 n 个点、m 条边的图 G 的完全关联阵 $\boldsymbol{M}(G)$，是以每点为一行、每边为一列的 $n \times m$ 矩阵，即

$$\boldsymbol{M}(G) = [m_{ij}]_{n \times m} \tag{7-3}$$

其中，

对无向图为

$$m_{ij} = \begin{cases} 1 & v_i \text{ 和 } e_j \text{ 关联} \\ 0 & v_i \text{ 和 } e_j \text{ 不关联} \end{cases} \tag{7-4}$$

对有向图为

$$m_{ij} = \begin{cases} 1 & v_i \text{ 是 } e_j \text{ 的起点} \\ -1 & v_i \text{ 是 } e_j \text{ 的终点} \\ 0 & v_i \text{ 与 } e_j \text{ 不关联} \end{cases} \tag{7-5}$$

例 7.2 求图 7.17 所示的完全关联矩阵。

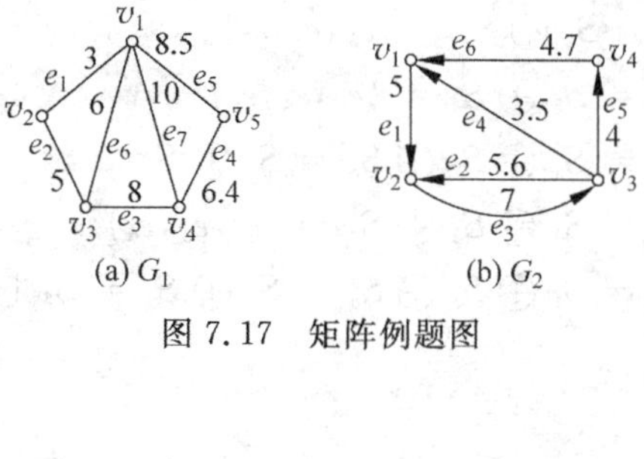

图 7.17 矩阵例题图

解：

$$
\boldsymbol{M}(G_1) = \begin{array}{c} \\ v_1 \\ v_2 \\ v_3 \\ v_4 \\ v_5 \end{array} \begin{array}{cccccccc} e_1 & e_2 & e_3 & e_4 & e_5 & e_6 & e_7 \\ \left[\begin{array}{ccccccc} 1 & 0 & 0 & 0 & 1 & 1 & 1 \\ 1 & 1 & 0 & 0 & 0 & 0 & 0 \\ 0 & 1 & 1 & 0 & 0 & 1 & 0 \\ 0 & 0 & 1 & 1 & 0 & 0 & 1 \\ 0 & 0 & 0 & 1 & 1 & 0 & 0 \end{array}\right] \end{array}
$$

$$
\boldsymbol{M}(G_2) = \begin{array}{c} \\ v_1 \\ v_2 \\ v_3 \\ v_4 \end{array} \begin{array}{cccccc} e_1 & e_2 & e_3 & e_4 & e_5 & e_6 \\ \left[\begin{array}{cccccc} 1 & 0 & 0 & -1 & 0 & -1 \\ -1 & -1 & 1 & 0 & 0 & 0 \\ 0 & 0 & -1 & 1 & 1 & 0 \\ 0 & 0 & 0 & 0 & -1 & 1 \end{array}\right] \end{array}
$$

从 $\boldsymbol{M}(G_1)$ 和 $\boldsymbol{M}(G_2)$ 可以看出，每行中非零元素的个数等于该点的度数。对无向图，每个边有两个端点，因此 $\boldsymbol{M}(G_1)$ 的每一列元素之和必为 2，按模 2 计算值为 0；对有向图，每条边有一个起点和一个终点，因此矩阵的每一列元素之和恒为 0。所以 n 个行矢量不是线性无关的，至少只有 $n-1$ 个线性无关。这样意味着在完全关联矩阵中，有一行矢量是多余的。如果去掉其中的任意一行就可得到关联矩阵 $\boldsymbol{M}_0(G) = [m_{ij}]_{(n-1) \times m}$，关联阵完全能代表一个图。在实际问题中，去掉的一行所对应的点可作为参考点，如电路中的接地点等。若以上例中 v_1 为参考点，则得到关联矩阵 $\boldsymbol{M}_0(G_1)$ 和 $\boldsymbol{M}_0(G_2)$ 分别为

$$
\boldsymbol{M}_0(G_1) = \begin{array}{c} \\ v_2 \\ v_3 \\ v_4 \\ v_5 \end{array} \begin{array}{ccccccc} e_1 & e_2 & e_3 & e_4 & e_5 & e_6 & e_7 \\ \left[\begin{array}{ccccccc} 1 & 1 & 0 & 0 & 0 & 0 & 0 \\ 0 & 1 & 1 & 0 & 0 & 1 & 0 \\ 0 & 0 & 1 & 1 & 0 & 0 & 1 \\ 0 & 0 & 0 & 1 & 1 & 0 & 0 \end{array}\right] \end{array}
$$

$$
\boldsymbol{M}_0(G_2) = \begin{array}{c} \\ v_2 \\ v_3 \\ v_4 \end{array} \begin{array}{cccccc} e_1 & e_2 & e_3 & e_4 & e_5 & e_6 \\ \left[\begin{array}{cccccc} -1 & -1 & 1 & 0 & 0 & 0 \\ 0 & 1 & -1 & 1 & 1 & 0 \\ 0 & 0 & 0 & 0 & -1 & 1 \end{array}\right] \end{array}
$$

对于连通图，关联矩阵的阶是 $n-1$，实际上就是图的阶，即支撑树的边数。换句话说，连通图的关联矩阵中，必存在至少一个 $(n-1) \times (n-1)$ 的方阵是非奇异的；这个方阵所对应的边集就是一棵支撑树。若关联矩阵中有一个 $(n-1) \times (n-1)$ 方阵是奇异的，即它的行列式值为零，则这个方阵所对应的边集中必存在环，因为形成环的边所对应的矢量必线性相关，将使行列式值为零。由此可见，非奇异的方阵所对应的边中不存在环，而是一棵支撑树。

当关联矩阵的阶小于 $n-1$ 时，它所对应的图必为非连通图，因为没有一个 $(n-1) \times (n-1)$ 的方阵是非奇异的，也就是不存在支撑树。

从关联矩阵的上述性质，还可得到计算连通图的支撑树的数目 S 的公式，即

$$
S = |\boldsymbol{M}\boldsymbol{M}^{\mathrm{T}}| \tag{7-6}
$$

式中 $\boldsymbol{M}^{\mathrm{T}}$——$\boldsymbol{M}$ 的转置阵。

此式的证明从略。

以图 7.17(b)所示为例，它的关联矩阵 $\boldsymbol{M}_0$ 如前述，得其支撑树为

$$S = |\boldsymbol{M}\boldsymbol{M}^{\mathrm{T}}| = \begin{vmatrix} 3 & -1 & -1 \\ -1 & 3 & 0 \\ -1 & 0 & 2 \end{vmatrix} = 13$$

即此图有 13 棵支撑树。

以上所讨论的图为一个有向图。对于无向图，可以在图上任意加箭头，得相应的有向图，这样就可求得无向图的支撑树的数目。

2) 邻接矩阵

邻接矩阵是表示点与点之间关系的矩阵，对于一个 n 个点的图 G，其邻接矩阵 $\boldsymbol{A}(G)$ 是 $n \times n$ 方阵，即 $\boldsymbol{A}(G) = [a_{ij}]_{n \times n}$，其中

$$a_{ij} = \begin{cases} 1 & v_i \text{ 与(到)} v_j \text{ 有边} \\ 0 & v_i \text{ 与(到)} v_j \text{ 无边或 } i = j \end{cases} \tag{7-7}$$

对于无向简单图，邻接矩阵是对称的，且对角线元素均为零；对于有向简单图，即没有自环和同方向并行边的有向图，对角线元素也全是零，但邻接矩阵一般不对称。如图 7.17 中 G_1、G_2 的邻接矩阵分别为

$$\boldsymbol{A}(G_1) = \begin{matrix} & \begin{matrix} v_1 & v_2 & v_3 & v_4 & v_5 \end{matrix} \\ \begin{matrix} v_1 \\ v_2 \\ v_3 \\ v_4 \\ v_5 \end{matrix} & \begin{bmatrix} 0 & 1 & 1 & 1 & 1 \\ 1 & 0 & 1 & 0 & 0 \\ 1 & 1 & 0 & 1 & 0 \\ 1 & 0 & 1 & 0 & 1 \\ 1 & 0 & 0 & 1 & 0 \end{bmatrix} \end{matrix}$$

$$\boldsymbol{A}(G_2) = \begin{matrix} & \begin{matrix} v_1 & v_2 & v_3 & v_4 \end{matrix} \\ \begin{matrix} v_1 \\ v_2 \\ v_3 \\ v_4 \end{matrix} & \begin{bmatrix} 0 & 1 & 0 & 0 \\ 0 & 0 & 1 & 0 \\ 1 & 1 & 0 & 1 \\ 1 & 0 & 0 & 0 \end{bmatrix} \end{matrix}$$

对于有向图的邻接矩阵中每一行上 1 的个数是该点的射出度数 $d^+(v_i)$，而每列上 1 的个数是由该点射入度数 $d^-(v_i)$；对无向图中，每行和每列上的 1 的个数则为点总度数 $d(v_i)$，因此，无向图中全零行和全零列都说明该端为孤立点，而对有向图中则不一定，除非对应该点的行和列都是零。应注意的是，在写邻接矩阵时，行和列上点的顺序排列应相同。

邻接矩阵在讨论图中的径时很有用处。它的变化形式可用于有权图。今考虑 $\boldsymbol{A}$ 阵的幂。令

$$\boldsymbol{A}^2 = [a_{ij}^{(2)}] \tag{7-8}$$

则其元为

$$a_{ij}^{(2)} = \sum_{k=1}^{n} a_{ik} a_{kj} \tag{7-9}$$

式中各项可以是零或 1。要使 $a_{ik} a_{kj} = 1$。必有 $a_{ik} = a_{kj} = 1$，这就是说，v_i 到 v_k 有边，v_k 到 v_j 也有边，则 v_i 到 v_j 有一条径长为 2 的径。这里的径长表示这条径中的边数。因此，$a_{ij}^{(2)}$ 就是

v_i 到 v_j 所有径长为 2 的径数,若 $a_{ij}^{(2)}=0$,则 v_i 到 v_j 没有径长为 2 的径。

同理,可得

$$\boldsymbol{A}^{(3)} = \left[a_{ij}^{(3)}\right] \tag{7-10}$$

其元为

$$\left[a_{ij}^{(3)}\right] = \sum_{k=1} a_{ik} a_{kj}^{(2)} = \sum_{k=1} \sum_{s=1} a_{ik} a_{ks} a_{sj} \tag{7-11}$$

其中每项为 1 的充要条件是 $a_{ik}=a_{ks}=a_{sj}=1$,亦即 v_i 到 v_k 有边、v_k 到 v_s 有边、v_s 到 v_j 有边,可见 v_i 到 v_j 有一经 v_k 和 v_s 转接的径长为 3 的径。

同理可知,若

$$\boldsymbol{A}^{(m)} = \left[a_{ij}^{(m)}\right] \tag{7-12}$$

$a_{ij}^{(m)}$ 就是 v_i 到 v_j 的径长为 m 的径数,实际上,这些径严格地说只是边序列,因为有些是有重复边的,亦即包含了上面的 v_k、v_s 等可能重复。

若某两个点之间的 a_{ij}^r 值在 $r \leqslant m$ 时都是零,那就说明 v_i 到 v_j 间没有径长不大于 m 的径。若不论什么 m,a_{ij}^r 值均为零,那就是不能从 v_i 接到 v_j。

对于无向图,上述结论都是正确的。$a_{ij}^{(r)}$ 不论什么 r 值都为零时,那么这个图必为非连通图。

在通信网中,上述径长也可以认为是转接次数。存在径长为 r 的径意味着转接 $r-1$ 次而后接通。径数就是一定次数转接的全部可能路由数。

3) 权值矩阵

对具有 n 个点的简单图 G,其权值矩阵为 $\boldsymbol{W}(G)=[w_{ij}]_{n\times n}$ 其中

$$w_{ij} = \begin{cases} p_{ij} & v_i \text{ 到 } v_j \text{ 有边} \\ \infty & v_i \text{ 到 } v_j \text{ 无边} \\ 0 & i=j \end{cases}$$

显然,权值矩阵与邻接矩阵有类似性,无向简单图的权值矩阵是对称的,对角线元素为零。有向简单图的权值矩阵不一定对称,但对角线元素全为零。图 7.17 所示的权值矩阵 $\boldsymbol{W}(G_1)$ 和 $\boldsymbol{W}(G_2)$ 分别为

$$\boldsymbol{W}(G_1) = \begin{array}{c} \\ v_1 \\ v_2 \\ v_3 \\ v_4 \\ v_5 \end{array} \begin{array}{c} \begin{array}{ccccc} v_1 & v_2 & v_3 & v_4 & v_5 \end{array} \\ \begin{bmatrix} 0 & 3 & 6 & 10 & 8.5 \\ 3 & 0 & 5 & \infty & \infty \\ 6 & 5 & 0 & 8 & \infty \\ 10 & \infty & 8 & 0 & 6.4 \\ 8.5 & \infty & \infty & 6.4 & 0 \end{bmatrix} \end{array}$$

$$\boldsymbol{W}(G_2) = \begin{array}{c} \\ v_1 \\ v_2 \\ v_3 \\ v_4 \end{array} \begin{array}{c} \begin{array}{cccc} v_1 & v_2 & v_3 & v_4 \end{array} \\ \begin{bmatrix} 0 & 5 & \infty & \infty \\ \infty & 0 & 7 & \infty \\ 3.5 & 5.6 & 0 & 4 \\ 4.7 & \infty & \infty & 0 \end{bmatrix} \end{array}$$

7.1.2 路径选择

在进行通信网络结构设计和选择路由时,经常遇到以下问题,建立多个城市之间的有线

通信网,如何确定能够连接所有城市并使线路费用最小的网络结构;在一定网络结构下如何选择通信路由,怎样确定首选路由和迂回路由等。这些问题就是路径选择或者路径优化的问题。考虑到实际需要,这里只涉及无向简单图的路径优化。

1. 最小支撑树

如前所述,若连通图本身不是一棵树,其支撑树往往不止一个,但满足一定条件的权值和为最小的支撑树至少存在一个。寻找最小支撑树是常见的优化问题。可分为两种情况:一种是无限制条件的情况;另一种是有限制条件的情况。以下分别讨论两种情况下最小支撑树的算法。

1) 无限制条件的情况

无限制条件下的最小支撑树算法常用的有两种:一种是顺序取点的普列姆(Prim)算法,简称 P 算法;另一种是顺序取边的克鲁斯格尔(Kruskal)算法,简称 K 算法。

(1) P 算法。

P 算法是一种顺序取点的算法,其步骤如下:

P_0:起始,任取一点 v_{j_1},作为子图 $G_1 = \{v_{j_1}\}$。比较 $G_1 \sim G - G_1$ 中各边的权值 d_{ij},取最小的,把所连的点 v_{j_2} 并入 G_1,得 $G_2 = \{v_{j_1}, v_{j_2}\}$,即 $\min\limits_{j \in G - G_1} d_{j_1 j} = d_{j_1 j_2}$。

P_1:对已得到 $r-1$ 个点的子图 G_{r-1},比较 G_{r-1} 中各点到 $G - G_{r-1}$ 中各点所有边的权值,取最小的,即 $\min\limits_{\substack{i \in G_{r-1} \\ j \in G - G_{r-1}}} d_{ij} = d_{s j_r}$,则得子图 $G_r = \{v_{j_1}, v_{j_2}, \cdots, v_{j_r}\}$。

P_2:若 $r < n$,重复 P_1,若 $r = n$ 终止,即得最小支撑树 G_n。

例 7.3 P 算法计算如图 7.18 所示的最小支撑树。

解:依 P 算法可以顺序得

$$
\begin{aligned}
&G_1 = \{v_1\}; \\
&G_2 = \{v_1, v_2\}; && d_{12} \text{ 最小,为 } 1 \\
&G_3 = \{v_1, v_2, v_5\}; && d_{25} \text{ 最小,为 } 2 \\
&G_4 = \{v_1, v_2, v_5, v_4\}; && d_{54} \text{ 最小,为 } 2 \\
&G_5 = \{v_1, v_2, v_4, v_3\}; && d_{23} \text{ 最小,为 } 3
\end{aligned}
$$

树枝总长为 $d_{12} + d_{25} + d_{54} + d_{23} = 8$,这个最小支撑树如图 7.19 所示。

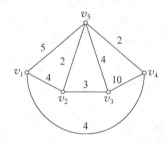

图 7.18　最小支撑树算法示例图

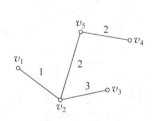

图 7.19　最小支撑树示例图

P 算法所得的树必为最小支撑树,这可证明如下:

设 P 算法所得支撑树 P 中,每次所增加的点顺序为 $v_1,v_2,\cdots,v_n$,这并不失一般性,因为点的下脚标本来是任意的。各次取边的长度分别为 $d_{i_r r}(r=2,3,\cdots,n,i_r=1)$。若另有一支撑树 Q 是最小支撑树,在所有 $d_{ij}(i,j=1,2,\cdots,n)$ 都不相等的情况下,可证明 Q 与 P 是重合的。令 $v_{r-1}=\{v_1,v_2,\cdots,v_{r-1}\}$ 则 $V-V_{r-1}=\{v_r,v_{i+1},\cdots,v_n\}$。今证 P 中边长为 $d_{i_r r}$ 的边一定也是 Q 中某一边,因为在 Q 中,v_{ir} 和 v_r 之间必有一条路经,若这条路不是边长为 $d_{i_r r}$ 的边,这条路径将与此边形成环,环内至少必有一条边穿过 V_{r-1} 与 $V-V_{r-1}$ 间的界面,而这条边的长度必大于 $d_{i_r r}$(P 算法所规定)。可见,若用长度为 $d_{i_r r}$ 的边代替上述边,仍是一支撑树,而且比 Q 树更短。由于 Q 树已假定为最短的,这就是说长为 $d_{i_r r}$ 的边必在 Q 树内。这个结论对 $r=2,3,\cdots,n$ 均成立,所以 P 与 Q 是一样的。若各 d_{ij} 是相等的,虽然 P 树和 Q 树可以不同,但树枝的总长度将一样,这就证明了 P 树是最小支撑树。

再讨论一下 P 算法的复杂性。从算法开始到终止共进行 $n-1$ 步,每步须从 r 个 G_r 中的点与 $n-r$ 个 $G-G_r$ 中的点间的距离进行比较,求出最小者。可见第 r 步中要作 $r(n-r)-1$ 次比较,由此得到 P 算法的计算量为

$$\sum_{r=1}^{n-1}[r(n-r)-1]=\frac{1}{6}(n-1)(n-2)(n-3) \tag{7-13}$$

这是 n^3 的数量级。P 算法的比较是有重复的,若每次比较结果都记下来,则比较次数可降至 n^2 数量级。当然这样一来,算法将简单一些;不过不论是 n^2 或 n^3 复杂性都属于多项式型,即当 n 很大时,一般均可借助于计算机来实现。

(2) K 算法。

K 算法是一种顺序取边算法,其步骤如下:

K_0:把所有边按非减顺序排成有序的队列。

K_1:取最短的边 d_{ij},与相关的端构成子图 $G_1=\{v_i,v_j\}$,并在队列中删去这条边。

K_2:设已取 r 条边,$r+1$ 个点所构成的子图 G_r,在所剩的边队列中取最短的边,检查加上这条边看是否有环,也就是这个边的两个点是否已在 G_r 中,若有环则删去这条边,继续选取最短的边,直到不形成环。若此时所取边长为 $d_{r_{j_r}}$,则得 $G_{r+1}=G_r\bigcup\{v_r,v_{jr}\}$。

K_3:若 $r<n-1$,重复 K_2;$r=n-1$,终止,即得所需的最小支撑树。

例 7.4　用 K 算法计算图 7.18 所示图的最小支撑树。

解:依 K 算法边的顺序为 $d_{12}<d_{25}=d_{24}<d_{23}<d_{35}=d_{14}<d_{15}<d_{34}$,可得

$$G_1=\{v_1,v_2\}$$
$$G_2=\{v_1,v_2\}\bigcup\{v_2,v_5\}=\{v_1,v_2,v_5\}$$
$$G_3=G_2\bigcup\{v_2,v_4\}=\{v_1,v_2,v_5,v_4\}$$
$$G_4=G_3\bigcup\{v_2,v_3\}=\{v_1,v_2.v_5,v_4,v_3\}$$

G_4 就是最小支撑树,这与 P 算法所得的结果一样。

用 K 算法所得的树也可证明是最短的,即不存在另一支撑树,其边长之和比算得的更少,至多相等。证明如下:

如 K 算法所得的树长为 K,任取不在 K 内的边,其长度 d_{ij}。若把这边加到 K 上,必形成环,在这环上任去掉一条边,设其长度为 d_n,则形成另一棵支撑树。可分两种情况来讨论:①若 $d_n\leqslant d_{ij}$,这样的置换并减小树枝总长度;②若 $d_n>d_{ij}$,这说明在边的队列中,d_{ij}

在 d_{rs} 之前,那么在选用 d_{rs} 时必已取 d_{ij} 而不会取 d_{rs}。这与算法的前提是矛盾的。因此,这两种情况下的置换都不能减少总长度,也就证明了 K 算法所得的支撑树是最小的。

这种算法的复杂性主要决定于把各边排成有序的队列。当原图中有 m 条边时,可有 $m!$ 种排法,相当于 $\log_2(m!)$ 次比较。对于 n 个点的图,最大边数是 $\frac{1}{2}n(n-1)$,则复杂性为 $n^2\log n$ 量级,所以也是多项式型的。这里忽略了检查是否形成环的计算量,可证明这个量的量级低于 $n^2\log n$,当 n 很大时可以忽略不计。

2) 有限制条件的情况

有许多情况下,网内 n 个站除了连通的要求外,还会提出一些其他要求,如在设计通信网络结构时,要求站间通信时的转换次数不宜过多,某一条线路的话务量不能太大等。这类问题可归结为在限制条件下求最小支撑树。对于不同的限制条件,算法也就有所区别,目前还没有一般的有效算法。有两种较常用的解决此类问题的方法,各有优缺点,这就是穷举法和调整法。

(1) 穷举法。

穷举法就是先把图中的所有支撑树举出来,再按条件筛选,最后选出最短的支撑树。显然,这是一种最直观也是最繁复的方法,虽然可以得到最佳结果。但计算量往往很大。例如,n 点的全连通图,经计算可知它的支撑树数为 n^{n-2} 个,随着 n 的增大,这数值将急剧增大,计算复杂性已属于非多项式的难题(NP-Hard),即使在高速计算机上也难以求解。因此,穷举法只适用于点和边均不大的情况。

(2) 调整法。

调整法的思路是:先选定适当的求最小支撑树的方法,如 P 算法或 K 算法,但在算法的每一步中要判断是否满足限制条件并进行调整,直到最后得到支撑树。这种算法的复杂性一般都是多项式型的,但不能保证取得最佳解而只能是准最佳解。

调整法的实现有许多,现用厄斯威廉算法,简称 E-W 算法来说明这类算法的步骤。

E-W 算法是为计算机网络而设计的一种算法。设图中有 n 个站,其中 v_1 是主机,已知各边间的距离 $a_{ij}(i,j=1,2,\cdots,n)$ 及每个端站的业务量 $F_i(i=2,3,\cdots,n)$,要求任意点到 v_1 的路径的边数小于 K(即转接次数小于 $K-1$),路径上的总业务量不大于 M,其中 K 是给定的整数,而 M 是给定的实数,求最小支撑树。

E-W 算法开始以 n 个点作为 n 个部分,每次取一边,使部分数逐渐下降;当部分数为 1 时,即得支撑树。选边的准则是取转接损失最小的,相当于 K 算法中取最短边。若这边不满足要求,继续选择最小损失的边,直到得到支撑树为止。

今定义用长度 d_{ij} 的边时的最小转接损失为

$$t_{ij} = d_{ij} - D_{1i} \tag{7-14}$$

而

$$D_{1i} = \min_{v_i \in G_i} d_{1i} \tag{7-15}$$

G_i 是包含 v_i 的这部分的所有点形成的图。

算法步骤如下:

EW_0:起始,n 个点的 n 个部分,邻接阵为全零阵。

EW_1:计算主机 v_1 到各部分的距离 d_{1i} 和不在一个部分内的两点之间的边的转接损

失 t_{ij}。

EW$_2$：选 t_{ij} 中的最小值为

$$v_{i^*j^*} = \min_{i,j} t_{ij} \tag{7-16}$$

检验加入 v_{i^*} 到 v_{j^*} 的边后是否满足条件。

若 v_{i^*} 与 v_1 原来在同一部分,要求加边后这部分的点到 v_1 的路径的边数小于 K,总业务量不超过 M。

若 v_{j^*} 与 v_1 原来不在同一部分,要求含有 v_{i^*} 的部分与含有 v_{j^*} 的部分合并后的最长径的边数小于 K,总业务量不超过 M。

如果满足上述条件,取 v_{i^*} 到 v_{j^*} 的边作为所求支撑树的一条边,置 $C_{i^*j^*}=1$;如果不满足,重复 EW$_2$。

EW$_3$：若部分数大于 1,回到 EW$_1$,等于 1,终止。

例7.5 连通图如图 7.20 所示,各个点上的数字是该站的业务量,v_1 为主机,要求 $K=3$,$M=50$,求有限制条件下的最小支撑树。

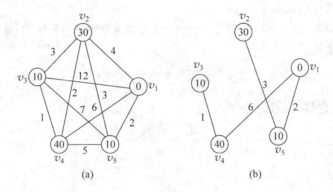

图 7.20　E-W 算法列举示例图

解：由 EW$_1$ 算得 t_{ij} 矩阵为

$$\boldsymbol{t_{ij}} = \begin{array}{c} \\ v_2 \\ v_3 \\ v_4 \\ v_5 \end{array} \begin{array}{ccccc} v_1 & v_2 & v_3 & v_4 & v_5 \\ \begin{bmatrix} 0 & 0 & -1 & -2 & -1 \\ 0 & -9 & 0 & -11 & -5 \\ 0 & -4 & -5 & 0 & -1 \\ 0 & 1 & 5 & 3 & 0 \end{bmatrix} \end{array}$$

其中 t_{34} 最小,取该边,验证满足条件,置 $C_{34}=C_{43}=1$。重新计算 t_{ij},此时只需 t_{3j},因 v_3 和 v_4 成为一个部分,v_1 到这部分的距离是 6,即 v_3 到 v_1 联通所增付的代价已从 12 减到 6,则得

$$t_{32} = -3, \quad t_{35} = 1$$

再选最小的 t_{ij},应为 $t_{43} = -5$,但 v_4 已有边,再选 $t_{42} = -4$,v_4 到 v_2 相连后,总的业务量为 $10+40+30=80$,已超过给定值;再选 $t_{32}=-3$,$t_{35}=1$,$t_{24}=-2$,都不符合要求。只能选 $t_{25}=-1$。重新计算与 v_2 有关的转接损失,得

$$t_{23} = 1, \quad t_{25} = 1$$

继续下去,只能选 t_{51} 和 t_{41},最后得到满足要求的树如图 7.20(b)所示。

若用穷举法来验证,所得的支撑树已是满足要求的最小支撑树。一般而言,并不能保证最小性,但往往与最小支撑树相差不会太大,而且计算要比穷举法简单得多。

2. 点间最短径

在通信网的网络结构确定后,任意两点间的通信,首选路由应是它们间的最短径,这就是求两点之间的最短径的问题。

1) 指定点到其他各点的最短径算法。

给定图 G,已知所有边的权值 d_{ij},求指定点 v_s 到其他定点的最短径可用迪克斯(Dijkstra)算法,简称 D 算法,这被认为是最有效的算法之一。D 算法的思路如下:

D 算法把点集分成两组,已选定点集 G_p 和未选定点集 $G-G_p$,每个点都有一个标值 w_i,对已选定点,这标值是 v_s 到该点的最短径长度。将 $G-G_p$ 中径长最短的点归入 G_p,然后再计算 $G-G_p$ 中各点的 w_i 与上次的 w_i 相比较,取最小的,如此一直下去,直到 G_p 中有 n 个点,所选定的标值就是最短径长。

D 算法的步骤可归纳如下:

D_0:设定 v_s,得 $G_p=\{v_s\}$,并选定 $w_1=0$,暂定值 $w_j=\infty\ (v_j\in G-G_p)$。

D_1:计算暂定值:

$$w_j^* = \min_{\substack{v_j\in G-G_p \\ v_i\in G_p}} (w_j, w_i+d_{ij}) \tag{7-17}$$

其中 w_i 是上次选定值,w_j 是上次暂定值。

$$d_{ij} = \begin{cases} d_{ij} & v_i\ 到\ v_j\ 有边 \\ \infty & v_i\ 到\ v_j\ 无边 \end{cases}$$

D_2:取最小值:

$$w_i = \min_{v_j\in G-G_p} w_j^* \tag{7-18}$$

将 v_j 并入 G_p 得新的 G_p,若 $|G_p|$ 中的点数为 n,结束;否则返回 D_1。

例 7.6 用 D 算法求图 7.21 中的 v_1 到其他各点的最短路径和径长。

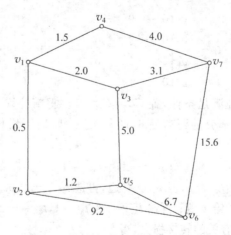

图 7.21　最短径长的计算示例图

解：(1) 选定 v_1，得 $G_p=\{v_s\}$，并选定 $w_1=0$，暂设 $w_j=\infty(j=2,3,\cdots,7)$

(2) 重新计算暂定值。

$$w_2^* = \min\{w_2,w_1+d_{12}\} = \min\{\infty,0+0.5\} = 0.5$$

$$w_3^* = \min\{w_3,w_1+d_{13}\} = \min\{\infty,0+2.0\} = 2.0$$

$$w_4^* = \min\{w_4,w_1+d_{14}\} = \min\{\infty,0+1.5\} = 1.5$$

$$w_5^* = \min\{w_5,w_1+d_{15}\} = \min\{\infty,0+\infty\} = \infty$$

$$w_6^* = w_7 = \infty$$

(3) 选定 $w_2=\min\{w_2^*,w_3^*,w_4^*,w_5^*,w_6^*,w_7^*\}-0.5$，并将 v_2 选定，并入 $G_p=\{v_1,v_2\}$。

(4) 依次重复上述(2)、(3)过程，可得表 7.1 和图 7.22 中粗线条所示的支撑树。

表 7.1　各点的最短路径

点	v_1	v_2	v_3	v_4	v_5	v_6	v_7
最短路径	$\{v_1\}$	$\{v_1,v_2\}$	$\{v_1,v_3\}$	$\{v_1.v_4\}$	$\{v_1,v_2,v_5\}$	$\{v_1,v_2,v_5,v_6\}$	$\{v_1,v_3,v_7\}$
径长	0	0.5	2.0	1.5	1.7	8.4	5.1

表 7.1 说明了 v_1 到各点的最短路径及其径长。图 7.22 中的粗线条所示的实际上就是以 v_1 为树根的连通图 G 的一棵最小支撑树。

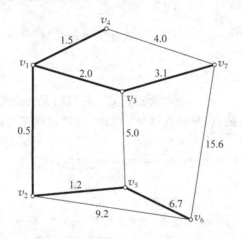

图 7.22　最短径长计算结果示例图

D 算法中每一个循环的暂定值的变化情况记录了各最短径的路由，D 算法的运算量可估计如下：在第 k 步时，要做 $n-k$ 次加法，再做 $n-k$ 次比较可更新各点的暂定值；再做 $n-k-1$ 次比较求最小值，共有 $3(n-k)-1$ 次运算，则总的运算量大约为

$$\sum_{k=1}^{n-1}3(n-k) = \frac{3}{2}n(n-1) \tag{7-19}$$

所以计算复杂性为 n^2 量级，可以在计算机上实现。

2) 所有点间最短径的算法

求任意点之间的最短路径，可以依次选择每个点为指定点，用 D 算法做 n 次运算，但这样做比较麻烦，一般认为比较好的一种算法是弗洛埃德(Floyd)算法，简称 F 算法。

其实这种算法的原理和 D 算法一样，只是用矩阵形式来表达，并进行系统化的计算。

对于 n 个点，已知边长 d_{ij} 的图，顺序计算各个 $n \times n$ 的 $\boldsymbol{W}$ 阵和 $\boldsymbol{R}$ 阵，前者代表径长，后者代表转接路由。其步骤如下：

F_0：置

$$\boldsymbol{W}^0 = [w_{ij}^0]_{n \times n} \tag{7-20}$$

$$\boldsymbol{R}^0 = [r_{ij}^0]_{n \times n} \tag{7-21}$$

其中：

$$w_{ij}^0 = \begin{cases} d_{ij} & \text{若 } v_i \text{ 和 } v_j \text{ 之间有边} \\ \infty & \text{若 } v_i \text{ 和 } v_j \text{ 之间无边} \\ 0 & i = j \end{cases}$$

其中：

$$r_{ij}^0 = \begin{cases} j & \text{若 } w_{ij}^0 < \infty \\ 0 & \text{若 } w_{ij}^0 = \infty \text{ 或 } i = j \end{cases}$$

F_1：已得 $\boldsymbol{W}^{k-1}$ 和 $\boldsymbol{R}^{k-1}$ 阵，求 $\boldsymbol{W}^k$ 和 $\boldsymbol{R}^k$ 中的元素为

$$\left. \begin{array}{l} w_{ij}^k = \min\{w_{ij}^{(k-1)}, w_{ik}^{(k-1)} + w_{kj}^{(k-1)}\} \\ r_{ij}^k = \begin{cases} r_{ij}^{(k-1)} & \text{若 } w_{ij}^{(k-1)} = w_{ij}^k \\ r_{ik}^{(k-1)} & \text{若 } w_{ij}^k < w_{ij}^{(k-1)} \end{cases} \end{array} \right\} \tag{7-22}$$

F_2：$k \leqslant n$ 重复 F_1。

F_3：$k = n$ 终止。

由上述步骤可见，$\boldsymbol{W}^{(k-1)} \rightarrow \boldsymbol{W}^k$ 是计算经过 v_{k-1} 转接时是否会缩短径长，如有缩短，更改 w_{ij}，并在 $\boldsymbol{R}$ 阵中记下转接的点，最后算得 $\boldsymbol{W}^n$ 和 $\boldsymbol{R}^n$，就可得到任意两点间最短径长和最短路径需经过的转接路由。

例 7.7　用 F 算法计算图 7.21 中任意两点间的最短径。

解：首先写出 $\boldsymbol{W}^0$ 和 $\boldsymbol{R}^0$

$$\boldsymbol{W}^0 = \begin{array}{c} \\ v_1 \\ v_2 \\ v_3 \\ v_4 \\ v_5 \\ v_6 \\ v_7 \end{array} \begin{array}{c} \begin{array}{ccccccc} v_1 & v_2 & v_3 & v_4 & v_5 & v_6 & v_7 \end{array} \\ \begin{bmatrix} 0 & 0.5 & 2.0 & 1.5 & \infty & \infty & \infty \\ 0.5 & 0 & \infty & \infty & 1.2 & 9.2 & \infty \\ 2.0 & \infty & 0 & \infty & 5.0 & \infty & 3.1 \\ 1.5 & \infty & \infty & 0 & \infty & \infty & 4.0 \\ \infty & 1.2 & 5.0 & \infty & 0 & 6.7 & \infty \\ \infty & 9.2 & \infty & \infty & 6.7 & 0 & 15.6 \\ \infty & \infty & 3.1 & 4.0 & \infty & 15.6 & 0 \end{bmatrix} \end{array}$$

$$\boldsymbol{R}^0 = \begin{array}{c} \\ v_1 \\ v_2 \\ v_3 \\ v_4 \\ v_5 \\ v_6 \\ v_7 \end{array} \begin{array}{c} \begin{array}{ccccccc} v_1 & v_2 & v_3 & v_4 & v_5 & v_6 & v_7 \end{array} \\ \begin{bmatrix} 0 & 2 & 3 & 4 & 0 & 0 & 0 \\ 1 & 0 & 0 & 0 & 5 & 6 & 0 \\ 1 & 0 & 0 & 0 & 5 & 0 & 7 \\ 1 & 0 & 0 & 0 & 0 & 0 & 7 \\ 0 & 2 & 3 & 0 & 0 & 6 & 0 \\ 0 & 2 & 0 & 0 & 5 & 0 & 7 \\ 0 & 0 & 3 & 4 & 0 & 6 & 0 \end{bmatrix} \end{array}$$

求第一次修改矩阵 $\boldsymbol{W}^1$ 和 $\boldsymbol{R}^1$，有

$$
\boldsymbol{W}^1 = \begin{array}{c} \\ v_1 \\ v_2 \\ v_3 \\ v_4 \\ v_5 \\ v_6 \\ v_7 \end{array}
\begin{array}{c} \begin{matrix} v_1 & v_2 & v_3 & v_4 & v_5 & v_6 & v_7 \end{matrix} \\
\begin{bmatrix}
0 & 0.5 & 2.0 & 1.5 & \infty & \infty & \infty \\
0.5 & 0 & 2.5 & 2.0 & 1.2 & 9.2 & \infty \\
2.0 & 2.5 & 0 & 3.5 & 5.0 & \infty & 3.1 \\
1.5 & 2.0 & 3.5 & 0 & \infty & \infty & 4.0 \\
\infty & 1.2 & 5.0 & \infty & 0 & 6.7 & \infty \\
\infty & 9.2 & \infty & \infty & 6.7 & 0 & 15.6 \\
\infty & \infty & 3.1 & 4.0 & \infty & 15.6 & 0
\end{bmatrix}
\end{array}
$$

式中，$w_{23}^1 = w_{32}^1 = \min\{w_{23}^0, w_{21}^0 + w_{13}^0\} = \min\{\infty, 0.5+2.0\} = 2.5$

$w_{24}^1 = w_{42}^1 = \min\{w_{24}^0, w_{21}^0 + w_{14}^0\} = \min\{\infty, 0.5+1.5\} = 2.0$

$w_{34}^1 = w_{43}^1 = \min\{w_{34}^0, w_{31}^0 + w_{14}^0\} = \min\{\infty, 2.0+1.5\} = 3.5$

$$
\boldsymbol{R}^1 = \begin{array}{c} \\ v_1 \\ v_2 \\ v_3 \\ v_4 \\ v_5 \\ v_6 \\ v_7 \end{array}
\begin{array}{c} \begin{matrix} v_1 & v_2 & v_3 & v_4 & v_5 & v_6 & v_7 \end{matrix} \\
\begin{bmatrix}
0 & 2 & 3 & 4 & 0 & 0 & 0 \\
1 & 0 & 1 & 1 & 5 & 6 & 0 \\
1 & 1 & 0 & 1 & 5 & 0 & 7 \\
1 & 1 & 1 & 0 & 0 & 0 & 7 \\
0 & 2 & 3 & 0 & 0 & 6 & 0 \\
0 & 2 & 0 & 0 & 5 & 0 & 7 \\
0 & 0 & 3 & 4 & 0 & 6 & 0
\end{bmatrix}
\end{array}
$$

求第二次修改矩阵 $\boldsymbol{W}^2$ 和 $\boldsymbol{R}^2$，有

$$
\boldsymbol{W}^2 = \begin{array}{c} \\ v_1 \\ v_2 \\ v_3 \\ v_4 \\ v_5 \\ v_6 \\ v_7 \end{array}
\begin{array}{c} \begin{matrix} v_1 & v_2 & v_3 & v_4 & v_5 & v_6 & v_7 \end{matrix} \\
\begin{bmatrix}
0 & 0.5 & 2.0 & 1.5 & 1.7 & 9.7 & \infty \\
0.5 & 0 & 2.5 & 2.0 & 1.2 & 9.2 & \infty \\
2.0 & 2.5 & 0 & 3.5 & 3.7 & 11.7 & 3.1 \\
1.5 & 2.0 & 3.5 & 0 & 3.2 & 11.2 & 4.0 \\
1.7 & 1.2 & 3.7 & 3.2 & 0 & 6.7 & \infty \\
9.7 & 9.2 & 11.7 & 11.2 & 6.7 & 0 & 15.6 \\
\infty & \infty & 3.1 & 4.0 & \infty & 15.6 & 0
\end{bmatrix}
\end{array}
$$

式中，$w_{15}^2 = w_{51}^2 = \min\{w_{15}^1, w_{12}^1 + w_{25}^1\} = \min\{\infty, 0.5+1.2\} = 1.7$

$w_{16}^2 = w_{61}^2 = \min\{w_{16}^1, w_{12}^1 + w_{26}^1\} = \min\{\infty, 0.5+9.2\} = 9.7$

$w_{36}^2 = w_{63}^2 = \min\{w_{36}^1, w_{32}^2 + w_{26}^1\} = \min\{\infty, 2.5+9.2\} = 11.7$

$w_{35}^2 = w_{53}^2 = \min\{w_{35}^1, w_{32}^1 + w_{25}^1\} = \min\{5, 2.5+1.2\} = 3.7$

$w_{45}^2 = w_{54}^2 = \min\{w_{45}^1, w_{42}^1 + w_{25}^1\} = \min\{\infty, 2.0+1.2\} = 3.2$

$w_{46}^2 = w_{64}^2 = \min\{w_{46}^1, w_{42}^1 + w_{26}^1\} = \min\{\infty, 2.0+9.2\} = 11.2$

$$
\boldsymbol{R}^2 = \begin{array}{c} \\ v_1 \\ v_2 \\ v_3 \\ v_4 \\ v_5 \\ v_6 \\ v_7 \end{array}
\begin{array}{ccccccc} v_1 & v_2 & v_3 & v_4 & v_5 & v_6 & v_7 \\
\left[\begin{array}{ccccccc} 0 & 2 & 3 & 4 & 2 & 2 & 0 \\
1 & 0 & 1 & 1 & 5 & 6 & 0 \\
1 & 1 & 0 & 1 & 1 & 1 & 7 \\
1 & 1 & 1 & 0 & 1 & 1 & 7 \\
2 & 2 & 2 & 2 & 0 & 6 & 0 \\
2 & 2 & 2 & 2 & 5 & 0 & 7 \\
0 & 0 & 3 & 4 & 0 & 6 & 0 \end{array}\right] \end{array}
$$

求第三次修改矩阵 $\boldsymbol{W}^3$ 和 $\boldsymbol{R}^3$,有

$$
\boldsymbol{W}^3 = \begin{array}{c} \\ v_1 \\ v_2 \\ v_3 \\ v_4 \\ v_5 \\ v_6 \\ v_7 \end{array}
\begin{array}{ccccccc} v_1 & v_2 & v_3 & v_4 & v_5 & v_6 & v_7 \\
\left[\begin{array}{ccccccc} 0 & 0.5 & 2.0 & 1.5 & 1.7 & 9.7 & 5.1 \\
0.5 & 0 & 2.5 & 2.0 & 1.2 & 9.2 & 5.6 \\
2.0 & 2.5 & 0 & 3.5 & 3.7 & 11.7 & 3.1 \\
1.5 & 2.0 & 3.5 & 0 & 3.2 & 11.2 & 4.0 \\
1.7 & 1.2 & 3.7 & 3.2 & 0 & 6.7 & 6.8 \\
9.7 & 9.2 & 11.7 & 11.2 & 6.7 & 0 & 15.6 \\
5.1 & 5.6 & 3.1 & 4.0 & 6.8 & 15.6 & 0 \end{array}\right] \end{array}
$$

式中,$w_{17}^3 = w_{71}^3 = \min\{w_{17}^2, w_{13}^2 + w_{37}^2\} = \min\{\infty, 2.0 + 3.1\} = 5.1$

$w_{57}^3 = w_{75}^3 = \min\{w_{57}^2, w_{53}^2 + w_{37}^2\} = \min\{\infty, 3.7 + 3.1\} = 6.8$

$w_{27}^3 = w_{72}^3 = \min\{w_{27}^2, w_{23}^2 + w_{37}^2\} = \min\{\infty, 2.5 + 3.1\} = 5.6$

$$
\boldsymbol{R}^3 = \begin{array}{c} \\ v_1 \\ v_2 \\ v_3 \\ v_4 \\ v_5 \\ v_6 \\ v_7 \end{array}
\begin{array}{ccccccc} v_1 & v_2 & v_3 & v_4 & v_5 & v_6 & v_7 \\
\left[\begin{array}{ccccccc} 0 & 2 & 3 & 4 & 2 & 2 & 3 \\
1 & 0 & 1 & 1 & 5 & 6 & 1 \\
1 & 1 & 0 & 1 & 1 & 1 & 7 \\
1 & 1 & 1 & 0 & 1 & 1 & 7 \\
2 & 2 & 2 & 2 & 0 & 6 & 2 \\
2 & 2 & 2 & 2 & 5 & 0 & 7 \\
3 & 3 & 3 & 4 & 3 & 6 & 0 \end{array}\right] \end{array}
$$

求第四次修改矩阵 $\boldsymbol{W}^4$ 和 $\boldsymbol{R}^4$,由于经 v_4 转接任意两点均不会缩短,所以有

$$\boldsymbol{W}^4 = \boldsymbol{W}^3, \quad \boldsymbol{R}^4 = \boldsymbol{R}^3$$

求第五次修改矩阵 $\boldsymbol{W}^5$ 和 $\boldsymbol{R}^5$,有

$$
\boldsymbol{W}^5 = \begin{array}{c} \\ v_1 \\ v_2 \\ v_3 \\ v_4 \\ v_5 \\ v_6 \\ v_7 \end{array}
\begin{array}{ccccccc} v_1 & v_2 & v_3 & v_4 & v_5 & v_6 & v_7 \\
\left[\begin{array}{ccccccc} 0 & 0.5 & 2.0 & 1.5 & 1.7 & 8.4 & 5.1 \\
0.5 & 0 & 2.5 & 2.0 & 1.2 & 7.9 & 5.6 \\
2.0 & 2.5 & 0 & 3.5 & 3.7 & 10.4 & 3.1 \\
1.5 & 2.0 & 3.5 & 0 & 3.2 & 9.9 & 4.0 \\
1.7 & 1.2 & 3.7 & 3.2 & 0 & 6.7 & 6.8 \\
8.4 & 7.9 & 10.4 & 9.9 & 6.7 & 0 & 13.5 \\
5.1 & 5.6 & 3.1 & 4.0 & 6.8 & 13.5 & 0 \end{array}\right] \end{array}
$$

式中，$w_{16}^5 = w_{61}^5 = \min\{w_{16}^4, w_{15}^4 + w_{56}^4\} = \min\{9.7, 1.7 + 6.7\} = 8.4$

$w_{26}^5 = w_{62}^5 = \min\{w_{26}^4, w_{25}^4 + w_{56}^4\} = \min\{9.2, 1.2 + 6.7\} = 7.9$

$w_{36}^5 = w_{63}^5 = \min\{w_{36}^4, w_{35}^4 + w_{56}^4\} = \min\{11.7, 3.7 + 6.7\} = 10.4$

$w_{46}^5 = w_{64}^5 = \min\{w_{46}^4, w_{45}^4 + w_{56}^4\} = \min\{11.2, 3.2 + 6.7\} = 9.9$

$w_{67}^5 = w_{76}^5 = \min\{w_{67}^4, w_{65}^4 + w_{57}^4\} = \min\{15.6, 6.7 + 6.8\} = 13.5$

$$
\boldsymbol{R}^5 = \begin{array}{c} \\ v_1 \\ v_2 \\ v_3 \\ v_4 \\ v_5 \\ v_6 \\ v_7 \end{array}
\begin{array}{ccccccc} v_1 & v_2 & v_3 & v_4 & v_5 & v_6 & v_7 \\
\left[\begin{array}{ccccccc}
0 & 2 & 3 & 4 & 2 & 2 & 3 \\
1 & 0 & 1 & 1 & 5 & 5 & 1 \\
1 & 1 & 0 & 1 & 1 & 1 & 7 \\
1 & 1 & 1 & 0 & 1 & 1 & 7 \\
2 & 2 & 2 & 2 & 0 & 6 & 2 \\
5 & 5 & 5 & 5 & 5 & 0 & 5 \\
3 & 3 & 3 & 4 & 3 & 3 & 0
\end{array}\right] \end{array}
$$

经 v_6 点和 v_7 点转接，任意点路径均不会改变，所以有

$$
\boldsymbol{W}^7 = \boldsymbol{W}^6 = \boldsymbol{W}^5 = \begin{array}{c} \\ v_1 \\ v_2 \\ v_3 \\ v_4 \\ v_5 \\ v_6 \\ v_7 \end{array}
\begin{array}{cccccccc} v_1 & v_2 & v_3 & v_4 & v_5 & v_6 & v_7 \\
\left[\begin{array}{ccccccc}
0 & 0.5 & 2.0 & 1.5 & 1.7 & 8.4 & 5.1 \\
0.5 & 0 & 2.5 & 2.0 & 1.2 & 7.9 & 5.6 \\
2 & 2.5 & 0 & 3.5 & 3.7 & 10.4 & 3.1 \\
1.5 & 2.0 & 3.5 & 0 & 3.2 & 9.9 & 4.0 \\
1.7 & 1.2 & 3.7 & 3.2 & 0 & 6.7 & 6.8 \\
8.4 & 7.9 & 10.4 & 9.9 & 6.7 & 0 & 13.5 \\
5.1 & 5.6 & 3.1 & 4.0 & 6.8 & 13.5 & 0
\end{array}\right]
\begin{array}{c}
19.2 \\ 19.7 \\ 25.2 \\ 24.1 \\ 23.3 \\ 56.8 \\ 38.1
\end{array} \end{array}
$$

$$
\boldsymbol{R}^7 = \boldsymbol{R}^6 = \boldsymbol{R}^5 = \begin{array}{c} \\ v_1 \\ v_2 \\ v_3 \\ v_4 \\ v_5 \\ v_6 \\ v_7 \end{array}
\begin{array}{ccccccc} v_1 & v_2 & v_3 & v_4 & v_5 & v_6 & v_7 \\
\left[\begin{array}{ccccccc}
0 & 2 & 3 & 4 & 2 & 2 & 3 \\
1 & 0 & 1 & 1 & 5 & 5 & 1 \\
1 & 1 & 0 & 1 & 1 & 1 & 7 \\
1 & 1 & 1 & 0 & 1 & 1 & 7 \\
2 & 2 & 2 & 2 & 0 & 6 & 2 \\
5 & 5 & 5 & 5 & 5 & 0 & 5 \\
3 & 3 & 3 & 4 & 3 & 3 & 0
\end{array}\right] \end{array}
$$

从 $\boldsymbol{W}^7$ 和 $\boldsymbol{R}^7$ 中可以找到任意两点间最短路径长度和路由。例如，从 v_7 到 v_5 的最短路径长是 6.8，这可以从 $\boldsymbol{W}^7$ 矩阵中看出。从 $\boldsymbol{R}^7$ 矩阵找到 $r_{75} = 3$，即要经过 v_3 转接，再看 $r_{35} = 1$，即要经过 v_1 转接，$r_{15} = 2$，$r_{25} = 5$，则其路由是 $v_7 \rightarrow v_3 \rightarrow v_1 \rightarrow v_2 \rightarrow v_5$。

F 算法的运算量决定于式(7-22)，可知为 n^3 量级，也是可行的。

在下列情况下，F 算法可以简化，从而减少计算量。

(1) 若图 G 中有度数为 1 的点，可把这些点去掉再做计算。设 v_s 是这些点中的一个，只与 v_i 相连接，则 v_s 与其他点的最短路径必经过 v_i，所以它与其他点 v_j 间的最短径必为

$$w_{sj} = d_{si} + w_{ij} \tag{7-23}$$

其中，w_{ij} 是去掉 v_s 等点后用 F 算法求得的最短径长。

（2）图 G 中所有度数为 2 的点也可按上述方法去掉，设 v_s 长度数为 2，它只与 v_i 和 v_j 相连接，则 v_s 其他点 v_k 的最短径长为

$$w_{sk} = \min[d_{si} + w_{ik}, d_{sj} + w_{jk}] \tag{7-24}$$

应注意的是，当 $d_{si} + d_{sj}$ 换为 d_{ij} 时，最短径的路由经过 (v_i, v_j) 边时，要通过 v_s 的转接。

（3）若图 G 里一个稀疏连通图，可将全图分成几个部分进行计算，然后合并起来。全连通图的边数 $m = \dfrac{n}{2}(n-1)$，当一个图的边数远小于此值时，可称为稀疏图（或稀疏网）。图 7.23(a) 和图 7.23(b) 都属于稀疏网。

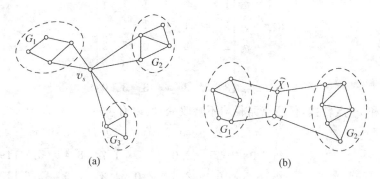

图 7.23　稀疏网示例图

对于图 7.23(a)，它是一个有割点 v_s 的连通图，取掉 v_s，G 被分割点 v_s 分成几部分。对于图 7.23(b)，它是一个有割点集的连通图，去掉割点集 X 后图也被分成几个部分。通常应使 X 中的点数尽量少。

无论哪种情况，都可用 F 算法分别计算各个子网的最短径，再将它们"合并"处理，都可大大减少计算量，若能将图分解为 k 个子图，总计算量将减至 $\left(\dfrac{n}{k}\right)^3 \cdot k = n^3/k^2$，可见 k 越大，减小的程度越显著。

以上介绍的 D 算法和 K 算法中得到的最短径，可以证明是最优的，也就是不会存在更短的径，至多存在另一径与求得的径有同样的长度。因为在这些算法中，实际上试算了所有可能转接路由后再比较而得到的。

3）次短径和可用径

（1）次短径。

在实际问题中，除了求最短径外，往往需要求次短径和可用径。例如，当网内点间的主路由业务量溢出或发生故障时，就需寻找次短径或其他可用径作为迂回路由。

图 7.24 所示两点 v_s 与 v_t 间有 3 条径，即

$$P_1: v_s \rightarrow v_1 \rightarrow v_2 \rightarrow v_t$$

$$P_2: v_s \rightarrow v_3 \rightarrow v_2 \rightarrow v_4 \rightarrow v_t$$

$$P_3: v_s \rightarrow v_5 \rightarrow v_6 \rightarrow v_t$$

若 P_1 是最短径，P_2 与 P_1 没有公共边，但有公共点，称 P_1 和 P_2 为不共边径或分离径。P_1 与 P_3 除了起点和终点外，没有公共点，称为不共点径或点分离径。虽然点分离径必为边

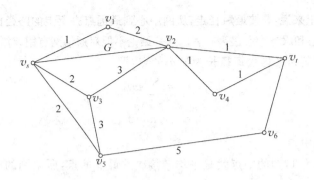

图 7.24 次短径和可用径示例图

分离径,但是反之则不一定。由此可见有两类次短径问题。

① 找与最短径边分离的次短径。用 F 算法或 D 算法得到最短径后,可从图中去掉这些径的所有边,然后在剩下的图中用 D 算法求 v_s 和 v_t 间的最短径,这就是所要求的次短径。这种方法还可以计算下去,可把次短径的所有边再去掉,在剩下的图求最短径,就得到次短径的边分离次短径,直到剩下的图中 v_s 与 v_t 间已无径。

② 找一最短径点分离的次短径。在这种情况下,求得最短径后,应把这径中的所有中间点去掉,在余下的图求 v_s 和 v_t 间的最短径,就得到与最短径点分离的次短径。这种方法也可继续进行下去,直到不存在径,从而得到一系列点分离的次短径。需要说明的是,去掉一个点,同时也去掉与之关联的边,但去掉边时要保留这条边的两个点。

(2) 可用径。

在某些应用中,要求找一些满足某种限制条件的径而并不要求它们的点分离或径分离,这批径称为该限制条件下可用径。

限制条件可以各式各样,解法也就不同。也可能要同时满足几种限制条件,这时可以先用一个条件求可用径,再从这些径中筛选出满足其条件的径就是所需的可用径。

例如,设 M 为一给定常数,要寻找 v_s 到 v_t 间的径长小于 M 的可用径,其步骤如下:

① 用 F 算法求得图的最短径长矩阵 $\boldsymbol{W}$ 和转接阵 $\boldsymbol{R}$。

② 若 $w_{st} \geqslant M$,则无可用径。若 $v_{st} < M$,找一个 v_s 点的邻点 v_i。若 $d_{si} + w_{it} \geqslant M$,排除 w_i;若 $d_{si} + w_{it} < M$,即找到一条可用径 P_1:$v_s \to v_i \to v_t$,v_i 到 v_t 的路由可从 $\boldsymbol{R}$ 阵求得,并记下 v_s 到 v_i 的径长 p_{si},在这里就是 d_{si}。取 v_i 的邻点 $v_j (v_j \in \overline{P}_1)$。若 $p_{sj} + w_{jt} \geqslant M$,排除 v_j,若 $p_{sj} + w_{jt} < M$,又得一条可用径 P_2:$v_s \to v_i \to v_j \to v_t$,$v_j$ 到 v_t 的路由可以从 $\boldsymbol{R}$ 阵求得。如此下去,直到已排除所有邻点。

③ 回去找其他未排除的前一步中的邻点,以同样的方法搜索,直到无未排除的点,即得所有可用径。

4) 网的中心和中点

从前述的点间最短径出发,可定义网的中心、中点和直径。

一个点 v_i 在网中的位置可用最长的最短径长 t_i 表示,即

$$t_i = \max_j w_{ij} \tag{7-25}$$

t_i 的最小值对应的点称为网的中心,即

$$t_i^* = \min_i t_i \tag{7-26}$$

从距离的意义上来说,若按最短径走,从网中心到最远点去所走的路径比其他点为短,所以网中心作为维修中心和服务中心最为有利。这一结论不但对通信网有用,对其他网也是如此。

网的中点可定义为平均最短径长为最小的点,即

$$s_i = \sum_j w_{ij} \tag{7-27}$$

$$s_i^* = \min_i s_i \tag{7-28}$$

式中　s_i^*——网的中点。

如果边的权均为 1,网的中点就是平均转接次数最少的点,所以网的中点可用作全网的交换或控制中心。

还可定义网的直径 D 为网内两点间最短径长的最大值,即

$$D = \max_{i,j} w_{ij} \tag{7-29}$$

以前面已求得 $\mathbf{W}$ 阵的图 7.21 为例,可得

	v_1	v_2	v_3	v_4	v_5	v_6	v_7
$t_i =$	8.4	7.9	10.4	9.9	6.8	13.5	13.5
$s_i =$	19.2	19.7	25.2	29.1	24.2	56.8	38.1

可知它的网中心是 v_5,网中点是 v_1,直径是 13.5。

7.1.3　站址选择

在 7.1.2 节中,讨论的最小支撑树、最短径和网中心等,都是在网内所有点预先规定的,不能另设新点。实际通信网中,并不排除设计一些新的点;除了用户点是客观需求外,交换站是可以选择的。各交换点之间的汇接点或高一层的交换点也是如此。这样一来,最小支撑树可以更短,网中心所对应的平均最短径长也可以更短,倘若只允许另设一个点,可称为单中点问题;允许设 K 个点,就是 K 中点问题。下面先讨论这两类问题,而后研究站址选择的优化问题。

1. 单中位点

设有 n 个用户点,它们的平面坐标分别为 $(x_i, y_i)(i=1,2,\cdots,n)$。又设各点的加权系数为 w_i,可代表该用户所需的连线数或者其他需求的大小。单中点问题就是要找一个中点的坐标 (x_q, t_q),使得代价函数

$$L = \sum_i w_i d_{qi} \tag{7-30}$$

为最小。其中 d_{qi} 是中点与用户之间的距离测度。根据问题的性质,这种测度可以有不同的形式,最常见的是欧氏距离,即

$$d_{qi} = \sqrt{(x_i - x_q)^2 + (y_i - y_q)^2} \tag{7-31}$$

但也有以距离平方作为测度的,即

$$d_{qi} = (x_i - x_q)^2 + (y_i - y_q)^2 \tag{7-32}$$

这适用于广播系统的发射点位置选择,因为每个方向的接收功率是与欧氏距离平方成反比的,为了有一定的接收功率,就是要求发射点的功率要依上述 d_{qi} 的正比增加,所以式(7-30)中的 L 最小,就是发射总功率最小。蜂窝状小区的移动通信也有类似的情况。再有一种矩

形距离,即

$$d_{qi} = \mid x_q - x_i \mid + \mid y_q - y_i \mid \tag{7-33}$$

这是考虑到在城市中放线时,常需沿街道铺设。若街道是方形的,那么从中点到用户的线路长度按式(7-33)计算。

还可提出一种连续分布的情况。当用户点数目很大,用有限数 n 来计算很困难,可假设用户数量按 $\rho(x,y)$ 连续分布,则在 (x,y) 点附近的用户数是 $\rho(x,y)\Delta x\Delta y$。$\rho(x,y)$ 称为 (x,y) 点上用户点的密度。此时式(7-30)成为

$$L = \iint \rho(x,y) d_q(x,y) dx dy \tag{7-34}$$

式中　$d_q(x,y)$——中点与 (x,y) 点之间的距离测度,仍可有上述的 3 种或其他形式,此时加权系数可包括在 $\rho(x,y)$ 中。

下面讨论上述情况下求中点坐标的方法。

(1) 欧氏距离的情况。

将式(7-31)代入式(7-30),并对 x_q 和 y_q 求偏导,可得

$$\frac{\partial L}{\partial x_q} = \sum_i w_i \frac{x_q - x_i}{d_{qi}}$$

$$\frac{\partial L}{\partial y_q} = \sum_i w_i \frac{y_q - y_i}{d_{qi}}$$

$$\frac{\partial^2 L}{\partial x_q^2} = \sum_i w_i \frac{(y_q - y_i)^2}{d_{qi}^2}$$

$$\frac{\partial^2 L}{\partial y_q^2} = \sum_i w_i \frac{(x_q - x_i)^2}{d_{qi}^2}$$

$$\frac{\partial^2 L}{\partial x_q y_q} = -\sum_i w_i \frac{(x_q - x_i)(y_q - y_i)}{d_{qi}^2}$$

用二元泰勒级数展开,其二阶增量为

$$(\Delta x_q)^2 \frac{\partial^2 L}{\partial x_q^2} + 2\Delta x_q \Delta y_q \frac{\partial^2 L}{\partial x_q y_q} + \Delta y_q^2 \frac{\partial^2 L}{\partial y_q^2}$$

$$= \sum w_i \frac{[(y_q - y_i)\Delta x_q - (x_q - x_i)\Delta y_q]^2}{d_{qi}^2} \geqslant 0$$

则函数 L 是下凸的,也就是一阶偏导为 0,可得 L 的极值,即当

$$\left. \begin{array}{c} x_q = \dfrac{\sum w_i x_i / d_{qi}}{\sum w_i / d_{qi}} \\[4mm] y_q = \dfrac{\sum w_i y_i / d_{qi}}{\sum w_i / d_{qi}} \end{array} \right\} \tag{7-35}$$

时,L 极小。但式(7-35)是一个隐函数式,不能直接计算所需的 x_q 和 y_q,因 d_{qi} 中隐含有 x_q 和 y_q,但是可用它来迭代求解。例如,先令 $x_q = y_q = 0$,计算 d_{qi},代入式(7-35)得一次迭代 $x_q^{(1)}$ 和 $y_q^{(1)}$。再用它们计算各 $d_{qi}^{(1)}$,得二次迭代值 $x_q^{(2)}$ 和 $y_q^{(2)}$。如此下去,直到后一次迭代式与前一次迭代值之差在允许范围内为止。一般情况下,这种迭代算法是收敛的。

(2) 平方距离的情况。

当采用欧氏距离的平方和作为距离测度时,可将式(7-32)代入式(7-30)并求偏导,即得

$$\frac{\partial L}{\partial x_q} = 2\sum_i w_i(x_q - x_i)$$

$$\frac{\partial L}{\partial y_q} = 2\sum_i w_i(y_q - y_i)$$

置偏导为零,得

$$\left. \begin{aligned} x_q &= \frac{\sum w_i x_i}{\sum w_i} \\ y_q &= \frac{\sum w_i y_i}{\sum w_i} \end{aligned} \right\} \tag{7-36}$$

这个式的解是显式的,可直接算出中点的位置。而这样得到的中心必使 L 值最小,也是易于用二次取导证明的。实际上,这个中点就是以 w_i 为权的各点 v_i 的重心。

(3) 矩形线距离情况。

在这种情况下,导数将出现不连续点,即

$$\frac{\partial}{\partial x_q}|x_q - x_i| = \begin{cases} 1 & x_q > x_i \\ -1 & x_q < x_i \\ 不定 & x_q = x_i \end{cases}$$

由于当 $x_q = x_i$ 时,$|x_q - x_i| = 0$,这已不影响 L 值,所以可以忽略不计。把式(7-33)代入式(7-30)并对 x_q 和 y_q 求偏导,可得

$$\frac{\partial L}{\partial x_q} = \sum_{i:x_q > x_i} w_i - \sum_{i:x_q < x_i} w_i$$

$$\frac{\partial L}{\partial y_q} = \sum_{i:y_q > y_i} w_i - \sum_{i:y_q < y_i} w_i$$

上式中取和值的 i 分别对那些 $x_q > x_i$ 的 i、$x_q < x_i$ 的 i、$y_q > y_i$ 的 i 和 $y_q < y_i$ 的 i,L 的极值应出现在

$$\left. \begin{aligned} x_q &: \sum_{i:x_q > x_i} w_i = \sum_{i:x_q < x_i} w_i = \frac{1}{2}\sum_{i=1} w_i \\ y_q &: \sum_{i:y_q > y_i} w_i = \sum_{i:y_q < y_i} w_i = \frac{1}{2}\sum_{i=1} w_i \end{aligned} \right\} \tag{7-37}$$

式(7-37)的含义是:x_q 的选择应能使 x_q 的右边所有点的权之和等于它的左边的所有点的权之和,y_q 的选择应使 y_q 上边所有点的加权系数之和等于 y_q 下边所有点的加权系数之和。

在实际应用中式(7-37)求中位点会遇到以下几种情况:

① $\sum w_i$ 是偶数,而且可以沿横轴和纵轴各等分两部分,这时可直接用式(7-37)求中位点,但中位点不是唯一的,如图 7.25(a)所示。在斜线范围内均能使 L 最小。图中各点旁所标数字是权值 w_i。

② $\sum w_i$ 是偶数,但只能沿纵轴等分为两部分,这时中位点 x_q 必定与某点的 x_i 相等。

而 y_q 则可在与 y 轴平行的一条线段上,如图 7.25(b)中的 ab 粗实线。同理,若 $\sum w_i$ 是偶数,只能沿横轴等分为两部分,则 y_q 与某点的 y_i 相等,而 x_q 可在与 x 轴平行的一条线段上,如图 7.25(c)所示的粗实线 ab。

③ $\sum w_i$ 是偶数但横轴和纵轴均不能等分,或 $\sum w_i$ 是奇数时中位点是一个点 (x_q, y_q) 可能与某用户点的 (x_i, y_i) 相同,如图 7.25(d)所示的 a 点。

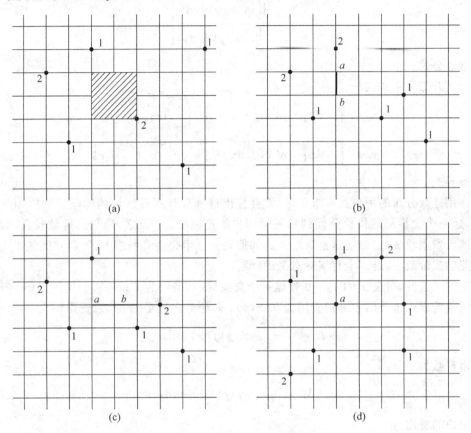

图 7.25　中位点示意图

(4) 用户连续分布的情况。

在这种情况下,把不同距离测度的公式代入式(7-34),再求使 L 最小的中点坐标 (x_q, y_q)。求解方法基本上与前述有限用户点的情况相同。也就是对 L 求 x_q 和 y_q 的偏导数并置零,解得 x_q 和 y_q 值即可。

对于欧氏距离,有

$$
\left.
\begin{aligned}
x_q &= \frac{\iint \left[x\rho(x,y) \middle/ \sqrt{(x_q - x)^2 + (y_q - y)^2} \right] \mathrm{d}x\mathrm{d}y}{\iint \left[\rho(x,y) \middle/ \sqrt{(x_q - x)^2 + (y_q - y)^2} \right] \mathrm{d}x\mathrm{d}y} \\
y_q &= \frac{\iint \left[y\rho(x,y) \middle/ \sqrt{(x_q - x)^2 + (y_q - y)^2} \right] \mathrm{d}x\mathrm{d}y}{\iint \left[\rho(x,y) \middle/ \sqrt{(x_q - x)^2 + (y_q - y)^2} \right] \mathrm{d}x\mathrm{d}y}
\end{aligned}
\right\}
\tag{7-38}
$$

的迭代公式。

对于平方距离,有

$$
\left.
\begin{aligned}
x_{\mathrm{q}} &= \frac{\iint x\rho(x,y)\,\mathrm{d}x\mathrm{d}y}{\iint \rho(x,y)\,\mathrm{d}x\mathrm{d}y} \\
y_{\mathrm{q}} &= \frac{\iint y\rho(x,y)\,\mathrm{d}x\mathrm{d}y}{\iint \rho(x,y)\,\mathrm{d}x\mathrm{d}y}
\end{aligned}
\right\}
\tag{7-39}
$$

的求重心公式。

对矩阵形线距离,有

$$
\left.
\begin{aligned}
x_{\mathrm{q}} &= \int_{-\infty}^{x_{\mathrm{q}}}\mathrm{d}x\int_{-\infty}^{\infty}\rho(x,y)\,\mathrm{d}y = \int_{x_{\mathrm{q}}}^{\infty}\int_{-\infty}^{\infty}\mathrm{d}x\rho(x,y)\,\mathrm{d}y \\
y_{\mathrm{q}} &= \int_{-\infty}^{\infty}\mathrm{d}x\int_{-\infty}^{y_{\mathrm{q}}}\rho(x,y)\,\mathrm{d}y = \int_{-\infty}^{\infty}\mathrm{d}x\int_{y_{\mathrm{q}}}^{\infty}\rho(x,y)\,\mathrm{d}y
\end{aligned}
\right\}
\tag{7-40}
$$

的求解等式。

在用连续分布的用户点来求解时,常会提出选择最佳服务区域的问题。当所划的区域较小,建一个交换局的代价分配到每一个用户的份额增大;反之,所划的区域较大,远距离线路铺设费用较多,也会使这份额增大。如何划分一个交换局的服务区域,才能使每一个用户所花的代价最小,是一个有实际意义的问题。

不失一般性,可设 $x=0,y=0$ 处建一个交换局,其费用为 C;从这个局到点 (x,y) 每用户的线路建设一个费用和维护费用为 $f(x,y)$;若服务区域是 A 时,总费用将为

$$
L = C + \iint_{A}\rho(x,y)f(x,y)\,\mathrm{d}x\mathrm{d}y
\tag{7-41}
$$

而总用户数为

$$
M = \iint_{A}\rho(x,y)f(x,y)\,\mathrm{d}x\mathrm{d}y
\tag{7-42}
$$

则每用户的费用为

$$
t = \frac{L}{M}
\tag{7-43}
$$

要使 t 达到极值,必有

$$
\Delta t = \frac{M\Delta L - L\Delta M}{M^2} = 0
$$

或

$$
\frac{\Delta L}{\Delta M} = \frac{L}{M}
$$

若区域为 A^{*} 时得 t 的极值 t^{*},则有

$$
t^{*} = \frac{L(A^{*})}{M(A^{*})} = \frac{\Delta L}{\Delta M} = \frac{\iint_{\Delta A}\rho(x,y)f(x,y)\,\mathrm{d}x\mathrm{d}y}{\iint_{\Delta A}\rho(x,y)\,\mathrm{d}x\mathrm{d}y}
$$

或

$$t^* = f(x,y) \tag{7-44}$$

其中 $f(x,y)$ 是 A^* 边界上的某一点 (x,y) 的 f 值。由于 t^* 是一个定值,所以使 t 取极值的区域边界上 $f(x,y)$ 也必为常数,令区域 A^* 在 x 轴上的截距为 a,则边界线的方程为

$$f = (x,y) = f(a,0) \tag{7-45}$$

当函数 f 为已知时,从式(7-45)解出 y,可写成

$$y = q(x,a) \tag{7-46}$$

因此,只要能找到截距 a,最佳区域的问题也就解决了。其实在式(7-43)中,L 和 M 都是 a 的函数,从 $\dfrac{\mathrm{d}t}{\mathrm{d}a}=0$ 就可解出 a 的值。

由于 L 和 M 都是 A 的递增函数。上面求得的 t 的极值也就是最小值。

2. 多中位点问题

单中位点只解决了用户数目和地理范围不太大时的选址问题,当用户数目增多,或地理分散,往往要求分成几个群体,每个群体有一个中位点,这时不仅要考虑用户线费用,还要考虑中继线费用及各个交换中心的建设费用。这时的目标函数为

$$L = \sum_{j=1}^{m} f_j + q_m + \sum_{j=1}^{m}\sum_{i=1}^{n} C_{ij}w_i d_{ij} \tag{7-47}$$

式中 f_j——建第 j 个交换中心的费用,$j=1,2,\cdots,m$;

q_m——设 m 个交换中心时中继线的总费用;

w_i——第 i 个用户点的加权系数;

d_{ij}——第 i 个用户点与第 j 个交换中心之间的用户线长度;

C_{ij}——连线系数。

$$C_{ij} = \begin{cases} 1 & i \text{ 与 } j \text{ 间有用户线} \\ 0 & i \text{ 与 } j \text{ 间无用户线} \end{cases}$$

(1) 服务区的划分。

假设中位点数目已经确定,服务区的划分应使得每用户的平均费用最小,通过求极值的方法可得到最佳服务区的形状,这个问题在前面已讨论过。

(2) m 确定后各中位点的位置。

当中位点数目 m 选定后,交换中心的费用是个常数,不计中继线的费用,目标函数式(7-47)变为

$$L = \sum_{j=1}^{m}\sum_{i=1}^{n} C_{ij}w_i d_{ij} \tag{7-48}$$

求解步骤如下:

① 任选 m 个点 (x_{0i},y_{0i}) 作为中位点的位置,划分为 m 个区域,将所有用户分给距其最近的中位点所在区域,计算用户线费用 L_1。

② 用求单中位点的方法重新确定各中位点的位置,并计算用户线费用 L_2。

③ 比较 L_1 与 L_2,若两者相等或接近就结束;否则返回①重新计算。也可按改变后的各中位点位置重新划分区域,仍然按最近距离的原则将几个用户分给 m 个中位点,如分区

没有改变则结束,否则返回步骤②。

例 7.8　某地区有 16 个用户点,如图 7.26 所示,各点的数字代表用户个数,已知要划

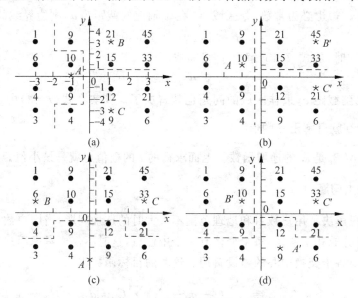

图 7.26　3 个中位点的问题示意图

分 3 个交换区,问应如何确定各交换中心的位置(采用矩形线距离测度)?

解:(1) 首先选定 3 个中位点的位置分别为 $A(-1,0)$、$B(1,3)$、$C(1,-3)$,将 16 个点按最近原则分配给 3 个中位点,得图 7.26(a)中虚线所示区域。

计算总费用 L_1:

A 区费用　$L_{1A}=5+6\times3+10+9+4\times3+3\times5=69$

B 区费用　$L_{1B}=9\times2+45\times2+15\times2+33\times4=270$

C 区费用　$L_{1C}=22\times2+21\times4=128$

$$L_1=L_{1A}+L_{1B}+L_{1C}=467$$

(2) 在 3 个区分别确定新的中位点为 $A'(-1,1)$、$B'(3,3)$、$C'(3,-1)$,计算用户线总费用得

$$L_2=5\times4+15\times2+3\times6+24\times4+54\times2+18\times2+9\times4+4\times6=368$$

(3) 比较 L_2 与 L_1 发现相差比较大,重新按最近距离分为图 7.26(b)虚线所示的 3 个区域,计算费用得

$$L_3=102+168+72=342$$

L_3 与 L_2 相差较小,且如果再找中位点发现还是 A'、B'、C',因此,结束。

求得 A'、B'、C' 的选定与最初选定的 A、B、C 有很大关系,因此求得的 A'、B'、C' 不一定是最佳结果。

不妨换一种选法,如选定 $A(0,3)$、$B(-3,1)$、$C(-3,1)$,重复求解步骤如下:

① 分成 3 个区域,如图 7.26(c)所示,费用 $L_1=415$。

② 重新确定中位点位置,得 $A'(1,-3)$、$B'(-1,1)$、$C'(3,1)$,费用 $L_2=388$;改变分区,如图 7.26(d)所示费用 $L_3=370$。

③ 再按单位点方法确定改变分区如图 7.27(d)的中位点位置所示,发现没有变化,结束。

比较这两种结果可以看出,比较好的结果是图 7.26(b)中分区和中位点的位置,但不能说此结果是最优的,只说明这种方法能得到准最优解。因此,在实际应用中往往需要多选择 n 次初始中位点,将各次结果进行比较后才能得到。

(3) 中位点数目 m 的确定。

确定中位点的数目 m 应使目标函数式(7-47)最小,可依次求单中位点,两个中位点、3 个中位点直到 m 个中位点的解,其中使 L 为最小的值即为所求。所使用的方法就是前面介绍的单中位点和多中位点的求解方法。在计算式(7-47)中的总费用时,除了计算用户线的费用外,还要计算建立 m 个交换中心所需要的局内交换设备的费用与场地及建筑物费用,即 $\sum_{j=1}^{m} f_j$ 和中继线费用 q_m。

电话通信网的局所数目 m 与费用 L 之间的关系可用图 7.27 中的曲线表示,m_0 为最佳局所数目。从图 7.27 中可以看出:

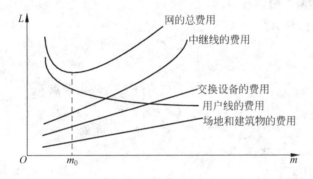

图 7.27 网的费用 L 与局所数目 m 的关系曲线图

① 用户线的费用随 m 的增加而下降。因为所建的交换局越多,交换区的范围将越小,用户线的长度会缩短,因而,减少了用户线费用。当用户线的单位价格上涨时,总费用的极限点会向左移动,即最佳局所数 m_0 增大。

② 中继线的费用随 m 的增加而上升。因为交换局越多,局间中继线的总长度和费用就会越多,当中继线的单价上升时,中继线的费用曲线会向上弯曲,m_0 将减小。

③ 交换设备的费用随 m 的增加而增加。因为当交换设备单价上升,场地和建筑物费用上涨时,这两条曲线的斜率将增大,结果使 m_0 数值减小。

值得注意的是,由上述可见最佳局所数目 m_0 的求解是一个多元函数,它和 m 确定后确定各中位点位置一样,也只能是准最佳结果。

7.1.4 流量分配

网的作用主要是将业务流量从源点至送宿点。常见的有商品在运输网中的传递、邮件在邮政网中的配发、信息在通信网中的传递等。为了充分利用网络资源,包括线路和转接设备等,总希望合理地分配流量,以使从源到宿的流量尽可能大、传输代价尽可能小等,流量分配的优劣将直接关系到网的使用效率和相应的经济效益,是网运行的重要指标之一。

网内流量的分配并不是任意的,它受限于网的拓扑结构、边和点的容量,所以流量分配实际上是在某些条件下的优化问题。

在通信网中,流量是指传信率,如 n 路电话、n 比特每秒数据。广义地说,是与边有关的某种权值。在实际问题中,通信流量具有随机性,为了简化,本节中只限于平均流量,即被认为是常量。至于它的随机性,将在第 8 章中分析。

本节先从网内流量优化的一般问题开始,然后分别讨论最大流量和最佳流量分配的算法。

1. 流量优化

用有向图 $G=(V,E)$ 来表示一个通信网,点集 $V=\{v_1,v_2,\cdots,v_n\}$,边是有向的,用 e_{ij} 表示从 v_i 到 v_j 的边。每条边能通过的最大流量称为边的容量,用 c_{ij} 表示;实际上这条边上的流量记为 f_{ij},若边 $e_{ij}\bar{\in}E$,则 $c_{ij}=0$,f_{ij} 就必为零。如果网内只有一个源点 v_s 和一个宿点,称为单源单宿问题。先讨论这种问题。

一组流量的安排 $\{f_{ij}\}$ 称为网内的一个流。若这个流使从源点到宿点的总流量 F,则这些 f_{ij} 必须满足下述两个限制条件。

① 非负性和有限性,即

$$0 \leqslant f_{ij} \leqslant c_{ij} \tag{7-49}$$

② 连续性,即

$$\sum_{v_j \in \Gamma(v_i)} f_{ij} - \sum_{v_j \in \Gamma'(v_i)} f_{ij} = \begin{cases} F & v_i \text{ 为源点 } v_s \\ -F & v_i \text{ 为宿点 } v_t \\ 0 & \text{ 其他} \end{cases} \tag{7-50}$$

式中 $\quad \Gamma(v_i)=\{v_j : e_{ij} \in E\}$

$\qquad \Gamma'(v_i)=\{v_j : e_{ji} \in E\}$

具有 m 条边、n 个点的图共有 $2m+n-1$ 个限制条件,其中包括 m 个非负性条件、m 个有限性条件和 $n-1$ 个连续条件。式(7-50)中有 n 个等式对应于 n 个点,但是有一个不是独立的,所以只有 $n-1$ 个限制条件是独立的。

满足式(7-49)和式(7-50)的流称为可行流。不同的流量分配可得不同的可行流。一般有两种优化可行流的问题。

(1) 最大流问题。变更可行流中各 f_{ij} 值以使总量 F 最大。实质上,就是在式(7-49)的 m 个条件和式(7-50)中的 v_i 不是 v_s 和 v_t 的 $n-2$ 个条件下,使目标函数 F 最大的线性规划问题。

(2) 最佳流或最小费用流问题。当每条边除了有容量 c_{ij} 的规定外,尚有费用 a_{ij},表示单位流量所需的费用。给定 F,选择路由分配这个流量,也就是调整 f_{ij} 以使总费用

$$\phi = \sum_{e_{ij} \in E} a_{ij} f_{ij} \tag{7-51}$$

为最小。显然,这也是一个线性规划问题。目标函数就是上面的 ϕ。若 a_{ij} 是 f_{ij} 的函数,则成为非线性规划,求解会更困难一些。

除了上述两个问题外,实际上更感兴趣的是网的设计等更一般化的问题。此时不但流量 f_{ij} 是可调整的,C_{ij} 也是可选择的,不但边有容量限制,点也可能有转接容量的限制;源点和宿点也并不是只有一个,成为多商品问题;目标函数的总费用

$$\phi = \sum_{i,j} \beta_{ij} C_{ij} \tag{7-52}$$

为最小。

式中 β_{ij}——单位容量的费用；

C_{ij}——单位转接容量费用，转接容量为

$$C_{ij} = \sum_j f_{ji}$$

此外，除了非负性、有限性和连续性限制，可能还有网的质量指标限制，如呼损率、时延等。原则上说，这也是一个数学规划问题，当然已不是线性规划，但其复杂程度使解析解几乎不可能，也将牵涉流量的随机性。这里暂不讨论，请参阅线性规划的相关资料。下面介绍几种有权图的算法，即最大流和最佳流问题，这是流量优化的基础。

2. 最大流问题

在介绍算法前，先定义割量和可增流路两个概念。

对于有向图 $G=(V,E)$，设 X 是点集 V 的一个真子集，且有 $v_s \in X$ 及 $v_t \in G-X=\overline{X}$，其中 v_s 是源点，而 v_t 是宿点。用 $(X,\overline{X})$ 表示 X 和 $\overline{X}$ 的界上的边集，显然把 v_s 和 v_t 分开的一个割集。这割集的方向取从 v_s 到 v_t 的方向，那么属于它的边可分为两类：一类是与割子集的方向一致，称为前向边；另一类是与割集的方向相反，称为反向边。不难看出，$(X,\overline{X})$ 中的前向边的集合就是割断 v_s 和 v_t 的通路。定义割集 $(X,\overline{X})$ 中前向边的容量之和为它的割容量，或简称割量 $c(X,\overline{X})$，有

$$C = (X,\overline{X}) = \sum_{\substack{v_i \in X \\ v_j \in \overline{X}}} c_{ij}$$

当给定任一可行流 $\{f_{ij}\}$ 时，割集中的前向边上的流量和记为 $f_+(X,\overline{X})$，反向边上的流量和记为 $f_-(X,\overline{X})$。则源、宿点的总量 F 必有

$$F = f_+(X,\overline{X}) - f_-(X,\overline{X}) \tag{7-53}$$
$$F \leqslant c(X,\overline{X}) \tag{7-54}$$

这两个关系式证明从略。

今讨论路的概念，以前已定义两点间的径是无重复点无重复边序列。对于有向图，径也是有向的。图 7.28 画出了两种边序列。边上的数字中前一个是容量 c_{ij}，后一个是流量 f_{ij}，图 7.28(a) 是一条有向径，而图 7.28(b) 不是能形成从 v_s 到 v_t 的有向径。在分析可行流性质时，可把图 7.28(a)、(b) 流称为从 v_s 到 v_t 的路。这样一来，路中的边可以是正向的，也可以是反向的。$f_{ij}=C_{ij}$ 的正向边称为饱和边；反之若 $f_{ij}<C_{ij}$，这正向边称为非饱和边。反向边则有零流量和非零流量之分。在图 7.28(a) 中 v_s 到 v_1 的边 e_{s1} 是饱和正向边，v_4 到 v_t 的边 e_{4t} 是非饱和的正向边。v_1 到 v_2 的边 e_{12} 则是非零流量的反向边等。

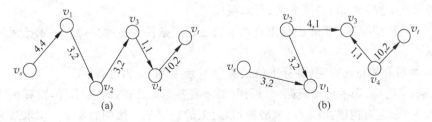

图 7.28 可增流路和不可增流路示例图

在这些定义的基础上,就可以定义可增路。若从 v_s 到 v_t 的一条路 P 中,所有正向边都是未饱和,所有反向边都非零流量,则这条路称为可增流路。在可增流路,所有正向边上的流量均可增加不致于破坏流量的有限性,所有反向边上均可减流(相当于正向增流)不致于破坏非负性。它的增流值应为这些边上能增流(反向边上能减流)的最小值,即可增量为

$$\delta = \min(\min_{e_{ij} \in P}(c_{ij} - f_{ij}), \min_{e_{ji} \in P} f_{ji}) \tag{7-55}$$

式(7-55)中,e_{ij} 代表正向边,e_{ji} 代表反向边。倘若在这条路的各边上均增流 δ,不会破坏流量的非负性、有限性和连续性,从而得到一个新的可行流,并使得源、宿点间的流量增加。

如果可行流 $\{f_{ij}\}$ 已使源、宿点间的流量达到最大值,则从 v_s 到 v_t 的每一条路上至少有一个饱和的正向边或一个零流的反向边,也就是不存在一条可增流路。事实上,这是使源、宿点达到最大流量的充分必要条件。

当源、宿点的流量达到最大,每个割集 $(X,\overline{X})$ 中的正向流量 $f_+(X,\overline{X})$ 都等于最大流量 F_{max},并且总存在这样一割集 $(X,\overline{X})$,其每条正向边都是饱和的,其割量在各个割集中达到最小值,且也等于 F_{max},这就是最大流量—最小割量定理。

此定理的证明从略。

最大流量的算法常用标志算法或称 M 算法。

这种算法的基本思想是从一个可行流出发,搜索每一条从源点到宿点的路是否可增流。每找到一条可增流的路,就可进行增流,总流量得以扩大,直至不存在可增流路,即得到源、宿点的最大流量值和相应的流量分配。

当所有边上流量都是零时,这个流必为可行流。通常就用全零流作为算法的起始。可增流路可采用标志各个点来寻找。从源点 v_s 开始,每个点作标志。有可能增流时,就将点作为一个增流量及路的走向的标志;不然就不标。当 v_t 可标时,就找到一条可增流路;反之,就已无可增流路,算法终止。

M 算法的步骤可归纳如下:

(1) 初始,令 $f_{ij} = 0$,对所有 i、j。

(2) 标源点为 $(+, s, \infty)$,作为已标未查点。

(3) 查已标未查点 v_i,即标 v_i 的所有邻点 v_j。标法如下:

若 $e_{ij} \in E, c_{ij} > f_{ij}$,则标 $(+, i, e_j)$,前面两个符号表示从 i 到 j 有边。后一个 e_j 表示这边上可增流量,其求法为

$$e_j = \min(c_{ij} - f_{ij}, e_i) \tag{7-56}$$

式中 　e_i——v_i 中的已标值。

若 $e_{ij} \in E, f_{ij} > 0$,则标 $(-, i, e_j)$,其中:

$$e_j = \min(f_{ij}, e_i) \tag{7-57}$$

这表示从 j 到 i 有边,是反向的,可以减流 e_j。

在以上两种情况下,称 v_j 已标未查。不满足这些条件的 v_j 就不标,表示已无可增流路通过 v_j。

当 v_i 的所有邻点都查完,并标上值或决定不标,则称 v_i 为已查。

(4) 若 v_t 已标,则沿可增流路 e_t,返回(2)。若各点都已查,而 v_t 未标,则算法终止。

例 7.9 给定有向图如图 7.29(a)所示,边上的数字是该边的容量 c_{ij},试求最大可行流和最大总流量。

解：(1) $f_{ij}=0$，标 $v_s(+,s,\infty)$。

查 v_s：　　　　　标 $v_1(+,s,4)$

　　　　　　　　　标 $v_2(+,s,3)$

　　　　　　　　　标 $v_3(+,s,5)$

　　　　　　　　　标 $v_4(+,s,9)$

　　　　　　　　　v_s 已查

查 v_1：　　　　　标 $v_t(+,1,4)$

增流：　　　　　$f_{s1}=4,f_{1t}=4$

(2) 重标 $v_s(+,s,\infty)$。

查 v_s：　　　　　标 $v_2(+,s,3)$

　　　　　　　　　标 $v_3(+,s,5)$

　　　　　　　　　标 $v_4(+,s,9)$

　　　　　　　　　v_s 已查

查 v_2：　　　　　标 $v_1(+,2,3)$

　　　　　　　　　v_2 已查

查 v_1：　　　　　标 $v_t(+,1,3)$

增流：　　　　　$f_{s2}=3,f_{21}=3,f_{1t}=3+4=7$

(3) 重标 $v_s(+,s,\infty)$。

查 v_s：　　　　　标 $v_3(+,s,5)$

　　　　　　　　　标 $v_4(+,s,9)$

　　　　　　　　　标 v_s 已查

查 v_4：　　　　　标 $v_1(+,4,5)$

　　　　　　　　　标 $v_3(+,4,7)$

　　　　　　　　　标 $v_t(+,4,3)$

增流：　　　　　$f_{s4}=3,f_{4t}=3$

(4) 重标 $v_s(+,s,\infty)$。

查 v_3：　　　　　标 $v_3(+,s,5)$

　　　　　　　　　标 $v_4(+,s,6)$

　　　　　　　　　标 v_s 已查

查 v_s：　　　　　标 $v_t(+,3,4)$

增流：　　　　　$f_{s3}=4,f_{3t}=4$

(5) 重标 $v_s(+,s,\infty)$。

查 v_s：　　　　　标 $v_3(+,s,1)$

　　　　　　　　　标 $v_4(+,s,6)$

　　　　　　　　　标 v_s 已查

查 v_3：　　　　　标 $v_2(+,3,1)$

　　　　　　　　　v_3 已查

查 v_4：　　　　　标 $v_1(+,4,5)$

　　　　　　　　　v_4 已查

查 v_1：　　　　　　标 $v_t(+,1,1)$

增流：　　　　　　$f_{s4}=3+1=4$，$f_{41}=1$，$f_{1t}=4+3+1=8$

（6）重标 $v_s(+,s,\infty)$。

查 v_s：　　　　　　标 $v_3(+,s,1)$

　　　　　　　　　　标 $v_4(+,s,5)$

　　　　　　　　　　标 v_s 已查

查 v_3：　　　　　　标 $v_2(+,3,1)$

　　　　　　　　　　v_2 已查

查 v_4：　　　　　　标 $v_1(+,4,4)$

　　　　　　　　　　v_4 已查

查 v_2：　　　　　　标 $v_1(+,2,1)$

　　　　　　　　　　v_2 已查

查 v_1，无点可标。

到此，已不能标 v_t，终止。所得的最大可行流是 $f_{s1}=4$，$f_{s2}=3$，$f_{s3}=4$，$f_{s4}=4$，$f_{21}=3$，$f_{41}=1$，$f_{1t}=8$，$f_{3t}=4$，$f_{4t}=3$。最大总流量为 15。

各次增流及各边流量如图 7.29(b)所示。

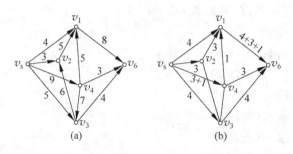

图 7.29　M 算法示例图

M 算法所得结果必为最佳解。但由算法可知，选择已标而未查的点的次序是任意的，各种次序可能得不同的可行流，因此结果不是唯一的，最大流量的值则一定是一样的。

以上是对单源、单宿的有向图计算，并且未考虑点的转换容量。为此，对 M 算法做如下几点推广：

（1）无向图情况。一般的无向图是指双工通路，所以边的容量实际上是正向容量，也是反向容量。这时，可把一条无向边换成两条边，即一条是正向的有向边，另一条是反向的有向边。这样就可按有向图计算。

（2）点容量问题。当对点的转接能力有限制时，可把点分成两个点，一个与所有射入边相连接，另一个与所有射出边相连接；再在这两个点之间加一条有向边，边的容量可标为点的容量。如图 7.30 所示，图中 c_{xx} 就是该点的最大能转接的容量。

（3）多源多宿情况。如果感兴趣的是多源多宿的流量总和最大，且不计较各源、宿间的流量的性质差异，可按图 7.31 计算。虚设总源点 v_s 和总宿点 v_t。把这 v_s 和所有网内的源点用容量为∞的有向边相连。这样就化成单源 v_s 和单宿 v_t 的问题，按 M 算法使 v_s 到 v_t 的流量最大，就得到总流量最大的可行流。应注意，这样得到的解已把各种流量混在一起，所以仍是单商品问题。对于多商品问题,目前还是一个无严格解法的困难问题。至于近似计算,这里不再讨论,请参阅《线性规划》资料。

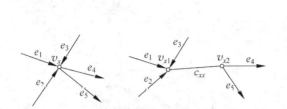

图 7.30 点容量有限制时的转换示意图

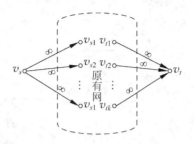

图 7.31 多源多宿网的转换示意图

7.1.5 最佳流问题

如果每条边 e_{ij} 各赋予各自的费用系数 a_{ij},那么总流量 F_{st} 相同时,各种可行流的费用可以不同。因此,有时需寻找满足流量要求的最小费用的可行流。例如,传送某一信息流时寻找最小费用的路由,以达到最佳的流量分配。

前面已列述了最佳流的典型问题,就是给定网结构 $G(V,E)$、边流量 c_{ij}、边费用 a_{ij} 以及总流量要求 F_{st},要求费用为

$$\phi = \sum_{ij} a_{ij}c_{ij} \tag{7-58}$$

最小,常用一种负价环算法,简称 N 算法。

N 算法的基本思想是在一可行流的补图上寻找负价环。当一个可行流的补图上不存在负价环时。此流就是最佳流或最小费用流,若在补图上存在真零价环,则在这环上增流可得总费用相同的另一组可行流,也就是最佳流量又有几种,但总费用是一样的。

负价环法的步骤可归纳如下:

(1) 在图上找任一满足总流量 F_{st} 的可行流。

(2) 作补图。对所有边 e_{ij},若 $c_{ij}>f_{ij}$,作边 e_{ii},其容量为 $c'_{ij}=c_{ij}-f_{ij}$,费用为 a_{ij};若 $f_{ij}>0$,再作 e'_{ii},其容量为 $c'_{ii}=f_{ij}$,费用为 $-a_{ij}$。

(3) 在补图上找负价环。若无负价环,算法终止。若有,沿负价环 C 方向使各边增流,增流值为

$$\delta = \min_c c'_{ij} \tag{7-59}$$

修改原图的边流量,得到新的可行流,返回(2)。

例 7.10 给定有向图如图 7.32(a)所示,要求 $F_{st}=9$,求最佳流。

解:先任找一个可行流使 $F_{st}=9$,如图 7.32(b)所示,总费用是 102。画补图如图 7.32(c)所示。找负价环,得 (v_2,v_3,v_4,v_2),可增流值为 3,费用为 -2。增流后得到可行流如图 7.32(d)所示,总代价为:$102-3\times2=96$。再作新可行流的补图,如图 7.32(e)所示,此补图已无负价环,因此,最小费用为 96,流量分配如图 7.32(d)所示。

开始找可行流时,可在图上试找如上例那样,也可用 M 算法,即从全为零流作为可行流开始,逐步增流,直到达到所要求的 F_{st} 为止。这个可行流可作为 N 算法的起初可行流。若 F_{st} 大于由 M 算法所得的最大流的总流量,则本问题无解。

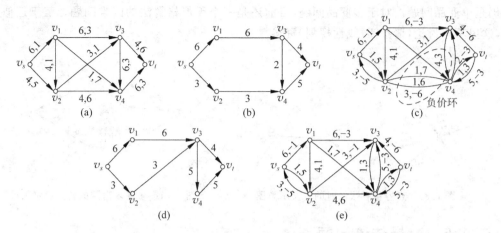

图 7.32　负价环算法示意图

至于找负价环,除了在补图上观察外,也可借助于 F 算法。此时,最短径矩阵 W 中的各个元 w_{ij} 改用补图上的费用作为起始元素,即 $w_{ij}^{(0)}=a_{ij}$。在计算过程中,当对角一上出现负值,表示有负价环存在,可由 R 阵找到这个环的路由,然后用 N 算法增流。

负价环法也可推广到无向图和点有容量的情况,其方法与前面讨论相同,不再重复。对于多源多宿问题,即多商品问题,只要能找到起始的可行流,负价环法是通用的,因为环内增流不会影响源、宿间的流量,只是路由有所改变。

7.2　网络流量设计基础

在 7.1 节中,讨论了通信网络的整体拓扑结构设计,也涉及网络内各信道中的业务流量。但在那里,假定流量是恒定的,这虽在估计流量设置中有其意义,但与实际是不符合的。业务流量是随机的,而网的性能必须从研究这种随机性出发来分析计算。

网络流量是个广泛使用的术语,如交通网中的车流量、运输网中的货流量、通信网中的信息流量(话务、数据等)。网络的作用是传递各种业务流,业务流量的大小反映了人们对网络的需求和网络具有的传送能力。通信网络流量设计应根据业务流量预测值和服务指标要求确定交换设备和线路的容量,并对网内的流量进行合理的分配,以达到节省网络资源的目的。

进行网络流量设计首先必须掌握有关通信流量的特性、参数和网内流量的分析方法。为此,本节先介绍通信流量的基本概念。网络内业务流量的分析理论基础主要是排队论,再介绍排队论基础知识,最后介绍利用排队论知识对典型的通信网的分析计算方法。

7.2.1　网络流量的基本概念

1. 流量的特征

通信网中的信息量受到各种因素的影响,如人们的生活习惯、用户的成分、地区的差异、季节的变化、政治经济的形势及突发事件的影响等,因此,信息流量处在经常的变化之中,这种随时间变化的特性常称为流量的波动性,这种波动性具有随机特征,但从长期平均角度看,它又具有一定的周期性。例如,对电话通信,白天话务量多而夜间话务量小,而出现话务高峰时间大致相等。

话务量的波动性、随机性和周期性是研究电话网内流量各种问题的出发点。传输各种业务的通信网,都有各自流量特征,有的与话务量特征相似,有的则不尽相同,但都具有随机特征。因此要用概率论和随机过程理论来研究。

2. 话务量的定义与计算

话务量是用来反映电话用户的通信频繁程度和通话时间长短的一个参数。电话用户进行通话时,必然要用交换设备和线路设备,通话次数多少和每次通话时间和长短反映了占用设备的程度,同时也反映了用户对电话网设备的需求,从数量上表示这种程度或需求的参数就是话务量 Y,它可表示为

$$Y = \lambda S T \tag{7-60}$$

式中　λ——单位时间内的呼叫次数,即呼叫强度,次/h;

S——呼叫的平均占用时长,h/次;

T——计算话务量的时间范围,h。

话务量 Y 与计算话务量的时间有关,使用起来方便,为此,定义单位时间的话务量为话务强度,如果用 α 表示话务量强度,则有

$$\alpha = \lambda S \tag{7-61}$$

话务量强度 α 反映了电话用户单位时间内的通话频繁程度和通话占用的时长,通常所说的话务量一般指话务强度 α,只不过是为方便省略了"强度"二字。

话务量是没有量纲的,通常用"爱尔兰(Erl)"或"每小时百秒呼"(CCS)表示,二者之间的关系是

$$1\text{Erl} = 36\text{CCS}$$

由于电话呼叫的随机性,一天话务强度 α 的数值是不同的,平常人们所说的话务量和工程设计中使用的话务量,都是指系统在 24h 内最繁忙的一个小时的平均话务量,称为忙时话务量。

话务量强度反映了用户使用通话设备的程度,也反映了用户对通话设备的需求程度,这实际上是两个不同的概念。话务量还可分为流入话务量和完成话务量。

(1) 流入话务量。

流入话务量等于在平均时长内话源发生的平均呼叫次数。故又称为话源话务量。

(2) 完成话务量。

一组设备的完成话务量等于该组设备在平均占用时长内发生的平均占用次数。显然,完成话务量就等于话源话务量减去由于设备的不足而损失的话务量。

例 7.11　设某电话局呼叫强度 $\lambda = 1800$ 次/h,平均占用时长为 2min,中继线群为 60条,平均占用次数为 1200 次/h,试求话源话务量和该中继线群的完成话务量。

解: 话源话务量为

$$\alpha = \lambda_1 S$$

$$= 1800 \text{ 次/h} \times \frac{1}{30}\text{h/次}$$

$$= 60\text{Erl}$$

中继线群的完成话务量为

$$\alpha = \lambda_2 S$$
$$= 1200 \ 次/h \times \frac{1}{30}h/次$$
$$= 40 \text{Erl}$$

3. 网络的服务质量

当用户进行呼叫时,希望网络能够为其与呼叫对方迅速建立起信息的通道,对于实时性语言信号。一般采用即时拒绝系统,即如果用户进行呼叫时系统已经被占用满(设有空闲的中断线路),则呼叫被拒绝,这种现象称为呼损。对于非实时性数据传输业务,经常采用延时拒绝系统,即用户输入信息时如果系统已被占满,则延迟一段时间后才被传送,因此会引入时延。所以,网络的服务质量主要用呼损和时延来表示。

(1) 呼损。

呼损又称阻塞率,因为在出现呼损时系统是阻塞的,阻塞率主要有两种定义方法,一种是以系统阻塞时间占总观察时间的百分比定义的时间阻塞率;另一种是以被拒绝的呼叫次数占总呼叫次数的百分比定义呼叫阻塞率。它们可分别表示如下:

时间阻塞率,即

$$P_n = \frac{阻塞时间}{总观察时间} \tag{7-62}$$

呼叫阻塞率,即

$$P_c = \frac{被拒绝的呼叫次数}{总呼叫次数} \tag{7-63}$$

通常所说的呼损是指呼叫阻塞率 P_c。

用户发出的呼叫是否能接通与所经过的有向路径上各边的占用情况有关,只有各边均未被阻塞,该呼叫才能成功。因此呼损与转接次数有关,该网内两端点间某有向路径共有 r 条边,各边的呼损为 $P_{ci}(i=1,2,\cdots,r)$,呼叫在某条边可以通过的概率为 $1-P_{ci}$,在该有向路径上只要有一条边发生阻塞就会造成呼损,因此用户在该路径上呼损为至少有一条边被阻塞的概率,即

$$P_c = 1 - [(1-P_{c1})(1-P_{c2})\cdots(1-P_{cr})]$$
$$= 1 - \prod_{i=1}^{r}(1-P_{ci}) \tag{7-64}$$

(2) 时延。

时延通常指从信息进入网络后直到被服务完毕所需时间的总和,包括等待时间、服务时间、传输时延和处理时间。因为传输时延和处理时间一般比较小,因此引起人们关注的主要是延迟拒绝系统的等待时间和服务时间。

4. 线路利用率

网络规划设计除了满足服务质量要求外,还要提高网络的效率。如果网中的信道总是没有空闲则会增加呼损,如果信道空闲时间很长,网的效率就很低。因此线路的利用率可以用来表示网和系统的效率。

从"完成话务量"中可知,一条中继线的完成话务量实际上就是它的利用率。若 $\alpha=1\mathrm{Erl}$ 说明该中继线在 1h 内连续被占用,即利用率为 100%。如果 $\alpha=0.8\mathrm{Erl}$,则说明该中继线在 1h 内有 80% 的时间被占用,其他 20% 的时间处于空闲状态。如果一条线路共有 m 个信道,则该线路利用率 η 可以用每个信道所承担的平均完成话务量表示,即

$$\eta=\frac{\alpha'}{m}=\frac{\alpha(1-P_c)}{m} \tag{7-65}$$

式中　α'——m 个信道完成的话务量;

　　　α——m 个信道的话源话务量;

　　　P_c——线路的呼损。

7.2.2　排队论基础

1. 排队论的基本概念

排队论又称随机服务系统理论,它的奠基人是丹麦数学家爱尔兰(A. K. Erlang)。20世纪初,爱尔兰服务于哥本哈根电话公司,通过对电话交换机使用状况的研究,发表了排队论方面的第一篇论文。20 世纪 70 年代以后,这一理论广泛用于通信和计算机等领域,成为通信网业务分析和性能计算不可缺少的工具。

(1) 排队系统。

资源的有限性和需求的随机性是排队现象存在的基础。由要求服务的顾客和提供服务的服务员双方构成的系统通常称为排队系统。把"顾客"和"服务员"的含义广义化,就会发现排队现象不仅存在于人们的日常生活中,也相当普遍地存在于主要技术领域。例如,电信系统中的信息流与信道,计算机中的总线上的指令、数据与中央处理单元,设备的故障与维修都是"顾客"和"服务员"之间的关系。

研究排队系统的复杂性在于它的随机性。由于顾客到达与服务完毕的时间都是不确定的,绝大多数排队系统工作于随机状态。即有时顾客排队时间长,有时服务员闲着。前者是服务质量下降,后者是服务资源的浪费。一个高效的排队系统应能为顾客提供满意服务的同时,尽量提高资源的利用率。因此,排队论是利用概率论和随机过程理论,研究排队系统内服务机构与顾客需求之间的关系,以便合理地设计和控制排队系统,使之既能满足一定的服务质量要求,又能节省服务机构的费用。

(2) 排队系统的基本参数。

任何排队系统在运行中均包括 3 个过程:顾客到达过程、排队过程和顾客接受服务然后离去的过程。描述这 3 个过程有 3 个基本参量,即 m、λ 和 μ,称为排队模型的三要素。

① 窗口数目 m。窗口数目 m 或服务员数目,表征系统的资源量。表示系统有多少服务设备可同时向顾客提供服务,例如通信系统中的信道数等。当 $m=1$,可称为单窗口排队系统;当 $m>1$,就是一个多窗口排队系统。

② 顾客到达率 λ。顾客到达率 λ,即单位时间(s)内平均到达系统的顾客数。它反映了顾客到达系统的快慢程度和规律,对系统的工作有很大的影响。λ 越大说明系统的负载量越重。对电话系统,λ 就是单位时间内发生的呼叫次数;对数据传输系统,λ 就是单位时间内输入到系统的平均信息量。

一般排队中顾客到达是随机性的。前、后两个顾客到达的时间间隔 t_i 是个随机变量,t_i 的统计平均值 $\bar{t}$ 称为平均到达时间间隔,其倒数为平均到达率,即

$$\lambda = \frac{1}{\bar{t}} \tag{7-66}$$

③ 系统服务率 μ。系统服务率 μ,即单位时间内由一个窗口服务而离去的平均顾客数。顾客接受服务的时间 τ_i 也是个随机变量,其统计平均值称为平均服务时间 $\bar{\tau}$,$\bar{\tau}$ 的倒数称为系统服务率 μ,即

$$\mu = \frac{1}{\bar{\tau}}$$

其中,$\bar{\tau}$ 实际上是一个顾客占用服务设施的平均时间。

(3) 顾客到达间隔时间和服务时间统计分布。

窗口数 m、顾客到达率 λ 和系统服务时间率 μ 是排队系统的 3 个基本参数,但要充分描述并分析其系统的运行状态还是不够的,排队系统的性能主要取决于顾客到达时间间隔 t_i 和服务时间 τ_i 的统计分布和排队规则。

在常见的排队系统中,对顾客的输入过程一般做以下假设:

① 平稳性。在时间间隔 t 内,到达 k 个顾客的概率只与 t 有关,而与 t 在时间轴上的位置无关。

② 无后效性。顾客到达时刻相互独立,即在某一 Δt 内顾客到达的概率与下一个 Δt 及其他 Δt 内顾客到达的概率无关。

③ 稀疏性。在足够小的时间间隔 Δt 内,到达两个及两个以上的顾客的概率可认为是零,即只有一个或没有顾客到达,且有限时间内到达的顾客数是有限的。

满足上述 3 个条件的顾客流称为最简单流或泊松(Poisson)流。

在这些假设下可证明顾客到达的时间间隔 t 为指数分布的随机变量。

令 t 为顾客到达时间间隔,把 t 分成 N 等份,每份为 $\Delta = t/N$,根据无后效性和稀疏性,t 的概率密度 $a(t)$ 应为

$$a(t) \cdot \Delta = (1-\lambda\Delta)^N \lambda\Delta = \left(1-\frac{\lambda}{N}t\right)^N \lambda\Delta$$

上式说明 N 个 Δ 内无顾客到达,第 $N+1$ 个 Δ 期间内有一个顾客到达。λ 为顾客到达率,$\lambda\Delta$ 是 Δ 内有顾客到达的概率,$1-\lambda\Delta$ 是无顾客到达的概率。

两边同消去 Δ,并令 $N \to \infty$ 可得

$$a(t) = \lambda e^{-\lambda t} \tag{7-67}$$

还可以证明,在 t 期间内有 k 个顾客到达的概率符合泊松分布。

将 t 分成 N 等份,每份为 t/Δ,t 时间内有 k 个顾客到达可分在任意 k 个 Δ 内,则 t 内 k 个顾客到达的概率为

$$P_k(t) = C_N^k (\lambda\Delta)^k (1-\lambda\Delta)^{N-k}$$

令 $N \to \infty$,则

$$P_k(t) = \lim_{N \to \infty} \frac{N(N-1)\cdots(N-k+1)}{1 \cdot 2 \cdot \cdots \cdot k} \left(\lambda\frac{t}{N}\right)^k \left(1-\lambda\frac{t}{N}\right)^{N-k}$$

$$= \lim_{N \to \infty} \left(\frac{N}{N} \cdot \frac{N}{N-1} \cdot \cdots \cdot \frac{N-k+1}{N} \right) \left(\frac{(\lambda t)^k}{k!} \right) \left(1 - \frac{\lambda t}{N} \right)^{N-k}$$

$$= \frac{(\lambda t)^k}{k!} e^{-\lambda t} \tag{7-68}$$

则在 t 内没有顾客到达的概率为

$$P_0(t) = e^{-\lambda t}$$

将上述假设用于服务过程,即服务相继两个以上顾客所需的时间也是互不相关的、平稳的和稀疏的,可得到类似结果,服务时间 τ 的概率密度为

$$s(\tau) = \mu e^{-\mu \tau} \tag{7-69}$$

而 t 时间内有 k 个顾客被服务后离去的概率为

$$Q_k(t) = \frac{(\mu t)^k}{k!} e^{-t\mu} \tag{7-70}$$

这种指数分布的排队过程具有马尔柯夫(Markov)性,所以称为 M 分布。在数学上处理这样的过程比较容易,所以常用这种分布作为实际排队问题的近似分布。

当然,实际过程不会严格符合前述假设。例如,电话用户的呼叫,白天和夜间的统计特性是不同的,因而不会是平稳的。若把研究的期间控制在某一段时间内,如办公时间,排队过程仍可以认为是平稳的。关于无后效性和稀疏性,实际问题也很难成立;如电话用户一次呼叫不成功,则过一段时间会重复呼叫。但可以做到一定的近似,也可以认为是满足无后效性和稀疏性的条件。研究表明,将电话呼叫当作简单统计处理,得到的分析结果是正确的。但是,有很多通信系统不满足上述 3 个假设条件,如分组交换系统,分组长度是常量,服务时间也是固定值,服从定长分布 D 分布;对于成批信息处理系统,输入流服从 E_k 分布等。

(4) 排队系统的工作方式。

排队系统的运行性能不仅与上述统计分布有关,还与系统预先规定的工作方式有关。

① 按排队规则划分。

a. 拒绝方式。当顾客输入时,若系统已有 n 个顾客且 m 个窗口均被占用而遭到拒绝,即不允许他排队而离去。当 $n=m$ 时,称为即时拒绝系统,电话通信系统就属于即时拒绝系统。当 $n>m$ 时,称为延时拒绝系统,此时,允许一定人数在排队等待,超过时就被拒绝而离去,带有缓冲存储器的数据通信系统就属于这一类。

b. 不拒绝方式。顾客到达时,若窗口不空,就依次排队等待,且对队长没有限制,直到被服务完毕后才离去。

② 按服务规则划分。

a. 先到服务。即顺序服务,这是常见的情况,通信网一般采用这种方式。

b. 后到先服务。如计算机内存中数据的提取。

c. 优先制服务。对各类顾客赋予不同的优先级,优先级越高,越提前服务。在通信网中这种情况也较为常见。

(5) 排队系统的性能指标。

在分析排队系统时,往往需要定量地求解系统的性能指标。通常主要有以下 4 个:

① 排队长度 k。排队长度 k,简称队长,即某一时刻系统顾客的数量,包括正在被服务的顾客。k 是一个非负离散的随机变量,它与输入过程、窗口数目和服务时间均有关系。通

常队长为 k 的概率用 P_k 表示。k 的统计平均值 $\bar{k}$ 为平均队长。

② 等待时间 w。等待时间 w 是指顾客到达至开始服务这段时间。w 是连续随机变量，其统计平均值 $\bar{w}$ 称为平均等待时间，顾客希望 $\bar{w}$ 越小越好。在通信网中，$\bar{w}$ 是信息的平均时延的主要部分。其他时延如传输时间、处理时间等一般均为常量，且比较小。

③ 系统效率 η。它可定义为平均窗口占用率，若某时刻有 r 个窗口被占用，共有 m 个窗口，则系统的效率 η 可用 r 的统计平均值 $\bar{r}$ 与窗口数 m 的比值表示，即 $\eta = \bar{r}/m$，η 越大，系统服务资源利用率越高。

④ 系统稳定性。令 $\rho = \lambda/m\mu$（称 ρ 为排队强度）。若 $\rho < 1$，即 $\lambda < m\mu$，说明平均到达系统的顾客数小于平均离开系统的顾客数，这系统是稳定的，可以采用不拒绝方式，若 $\rho > 1$，即 $\lambda > m\mu$，说明平均到达系统的顾客数大于平均离开系统的顾客数。若采用不拒绝方式，系统内顾客的队长将会越来越长，平均等待时间趋于无限大，系统会陷入混乱，不能稳定工作；若采取拒绝方式，可人为地限制顾客的队长，保证系统的稳定性。

(6) 排队系统的表示方法。

排队系统的性能取决于它的基本参数和特征，人们为了方便，通常使用符号

$$X/Y/m(N,n)$$

来表示一种排队系统，其中 X 表示顾客到达时间间隔的分布；Y 表示服务时间的分布；m 表示窗口数目；N 表示潜在的顾客总数；对于无限潜在顾客源，可省去该项；n 表示截止队长，当 $n \to \infty$ 时，表示不拒绝系统，可省去这一项。

常用的分布符号为：M 为负指数时间分布；D 为定长时间分布；E_k 为 k 阶爱尔兰时间分布；H_k 为 k 阶超指数时间分布；G 为任意时间分布。

例如，$M/M/1$ 表示顾客到达时间间隔和服务时间均为负指数分布，单窗口，采用非拒绝方式的排队系统；$M/M/m(n)$ 为顾客到达时间间隔和服务时间为负指数分布，m 个窗口，采取拒绝方式且截止队长为 n 的排队系统。

研究排队系统的方法是先确定状态变量，最常用的是队长 k。取系统中随机时刻的 k 还是取顾客到达或离去时刻的 k，要看问题的性质，以便数学上易于处理。然后建立差分（对 k）微分（对 t）方程。若能解出 $P_k(t)$ 则参数计算将易于进行。除了 $M/M/1$ 问题外，通常只能得出与 t 无关的稳态解；对于 $G/G/1$，这样的解也是不易得出。通常把 $M/M/1$ 问题称为初级或基本问题；$G/M/1$ 和 $M/G/m$ 为中级问题，$G/G/1$ 和 $G/G/m$ 就是高级问题，其中包括 $Er/G/1$、$G/Er/1$ 和 $Er/Er/1$ 等成批问题，这里只讨论 $M/M/m(n)$ 排队系统。

2. M/M/1 排队系统

$M/M/1$ 系统是最简单的排队系统，是分析复杂排队系统的基础。

设平均到达率为 λ，平均服务时间率为 μ。取队长作为状态变量来建立系统的差微分方程。

令 $P_k(t)$ 为时刻 t 队长为 k 的概率。取 Δt 为足够小的时间间隔，则在 $t+\Delta$ 时系统处于 k 状态的概率 $P_k(t+\Delta t)$ 取决于下述转移：

在时刻 t 处于 $k-1$ 状态$(k>0)$，在 Δt 内有一个顾客到达而无顾客离去，其转换概率为

$$P_{k-1} \cdot \lambda \Delta t (1 - \mu \Delta t)$$

在时刻 t 处于 $k+1$ 状态，在 Δt 内有一个顾客离去而无顾客到达，其转移条件为

$$P_{k+1}(t)\mu\Delta t(1-\lambda\Delta t)$$

在时刻 t 处于 k 状态,在 Δt 内无顾客离去和到达或恰好有一个顾客到达和一个顾客离去,其转移概率为

$$P_k(t)\big[(1-\lambda\Delta t)(1-\mu\Delta t)+\lambda\Delta t\mu\Delta t\big]$$

由于根据泊松分布的稀疏性条件,上述 3 种情况是独立的,利用概率加法定理并忽略 $(\Delta t)^2$ 项,可得

$$P_k(t+\Delta t)=\lambda\Delta tP_{k-1}(t)+\mu\Delta tP_{k+1}(t)+P_k(t)-(\lambda+\mu)P_k(t)\Delta t$$

移项整理后得

$$\frac{P_k(t+\Delta t)-P_k(t)}{\Delta t}=\lambda P_{k-1}(t)+\mu P_{k+1}(t)-(\lambda+\mu)P_k(t)$$

令 $\Delta t\to 0$ 得

$$\frac{\mathrm{d}P_k(t)}{\mathrm{d}t}=\lambda P_{k-1}(t)+\mu P_{k+1}(t)-(\lambda+\mu)P_k(t)\quad k>0 \tag{7-71}$$

式(7-71)只适用于 $k>0$ 的情况。当 $k=0$ 时,Δt 内不可能有顾客到达,且 t 时刻系统内无顾客也不可能有顾客离去,则式(7-71)成为

$$\frac{\mathrm{d}P_0(t)}{\mathrm{d}t}=\mu P_1(t)-\lambda P_0(t) \tag{7-72}$$

式(7-71)和式(7-72)就是 $M/M/1$ 排队问题的系统方程,分析排队系统,就是要解这些系统方程,先解出稳态解,再讨论暂态解。

排队系统的运行经过暂态进入稳态,在数学上说就是当 $t\to\infty$ 时,$P_k(t)$ 已稳定,即

$$\frac{\mathrm{d}P_k(t)}{\mathrm{d}t}=0$$

则 $P_k(t)$ 与 t 无关,可简记为 P_k。实际上,当 t 足够大时,解已基本正确。由式(7-71)和式(7-72)得到稳态方程,即

$$\left.\begin{array}{l}\lambda P_{k-1}+\mu P_{k+1}-(\lambda+\mu)P_k=0\quad k>0\\[2mm]\mu P_1-\lambda P_0=0\end{array}\right\} \tag{7-73}$$

令 $\rho=\lambda/\mu$,用递推法可得

$$P_1=\rho P_0$$
$$P_2=\rho^2 P_0$$
$$\vdots$$

通解为

$$P_k=\rho^k P_0 \tag{7-74}$$

利用 P_k 的归一性可计算 P_0,即

$$\sum_{k=0}^{\infty}\rho_k=P_0\sum_{k=0}^{\infty}\rho^k=\frac{P_0}{1-\rho}=1$$

求得

$$\left.\begin{array}{l}P_0=1-\rho\\[2mm]P_k=(1-\rho)\rho^k\quad k>0\end{array}\right\} \tag{7-75}$$

$M/M/1$ 排队系统的系统方程可以用状态转换图表示,如图 7.33 所示,图中数字代

表系统的状态,箭头表示状态间的转移关系,转移率 λ 表示转移概率为 $\lambda\Delta t$,转移率 μ 表示转移概率为 $\mu\Delta t$,则式(7-73)就可直接从图 7.33 中看出来。因为在稳定状态下进行某状态的概率等于离开状态的概率,如对状态 $k(>0)$ 有 4 条转移线,离开 k 状态的概率为 $(\lambda\Delta t+\mu\Delta t)P_k$,而进入 k 状态的概率为 $(P_{k-1}\cdot\lambda\Delta t+P_{k+1}\mu\Delta t)$ 两概率相等,两边消去 Δt 可得 $(\lambda+\mu)P_k=\mu P_{k+1}+\lambda P_{k-1}$;对状态 0 有一进一出两条转移线,可得 $\lambda P_0=\mu P_1$。

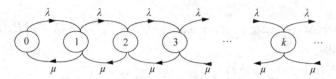

图 7.33 $M/M/1$ 排队系统的状态转移图

下面来求 $M/M/1$ 排队系统的指标。

表达 P_k 的另一种方式是用母函数 $G(z)$,它可定义为

$$G(z)=\sum_{k=0}^{\infty}P_k z^k \tag{7-76}$$

有些情况下,求 $G(z)$ 可能比求 P_k 的通式更方便。有了 $G(z)$,不但展开后就可得到 P_k,而后求 z 的各阶矩也较方便。

由于 P_k 的归一性,必有

$$G(1)=1$$

且

$$G'(1)=\sum_{k=0}^{\infty}kP_k=\bar{k}$$

$$G''(1)=\sum_{k=0}^{\infty}k(k-1)P_k=\overline{k^2}-\bar{k}$$

$$G'''(1)=\sum_{k=0}^{\infty}k(k-1)(k-2)P_k=\overline{k^3}-3\overline{k^2}+2\bar{k}$$

$$\vdots$$

所以 k 的统计平均值和方差为

$$\left.\begin{array}{l}\bar{k}=G'(1)\\[2mm]\sigma_k^2=G''(1)+G'(1)-[G'(1)]^2\end{array}\right\} \tag{7-77}$$

对 $M/M/1$ 问题,可有

$$G(z)=\sum(1-\rho)\rho^k z^k=\frac{1-\rho}{1-\rho z} \tag{7-78}$$

平均队长为

$$\left.\begin{array}{l}\bar{k}=\dfrac{(1-\rho)\rho}{(1-\rho)^2}=\dfrac{\rho}{1-\rho} \quad 0<\rho<1\\[4mm]\end{array}\right.$$

方差为

$$\left.\begin{array}{l}\\[-2mm]\sigma_k^2=\dfrac{2(1-\rho)\rho^2}{(1-\rho)^3}+\dfrac{\rho}{1-\rho}-\left(\dfrac{\rho}{1-\rho}\right)^2=\dfrac{\rho}{(1-p)^2}\end{array}\right\} \tag{7-79}$$

由此上式可见,平均队长的方差与排队强度 ρ 有关,当 ρ 较小时,$\bar{k}$ 和 σ_k^2 变化较小,当 $\rho > 0.5$ 后,$\bar{k}$ 和 σ_k^2 将急剧增加,尤其是 σ_k^2 更是如此,如图 7.34 所示。

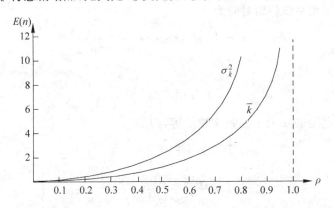

图 7.34 $M/M/1$ 排队系统平均队和长和方差曲线图

另一个排队系统的参量是等待时间 w,当一顾客到达时,系统处于 k 状态;此顾客须等待 k 个顾客被服务完毕后方能开始被服务,因此要等待的时间 w_k 是 k 个服务时间之和。设 τ_i 是第 i 个顾客所需的服务时间,则 $w_k = \tau_1 + \tau_2 + \cdots + \tau_k$。对于 $M/M/1$ 问题,这些时间 τ_i 是相互独立的随机变量。由于 w_k 是 k 个独立变量之和,则 w_k 的特征函数应为 k 个 τ_i 的特征函数之积。

τ_i 的特征函数已知为

$$\phi(z) = \int_0^\infty \mu e^{-\mu\tau} e^{-iz\tau} d\tau = \frac{\mu}{\mu - iz}$$

所以 w_k 特征函数为 $\left(\dfrac{\mu}{\mu - iz}\right)^k$。$k$ 也是随机变量,则 w 的特征函数将为

$$w(z) = \sum_0^\infty w_k P_k = (1 - \rho)\left[1 + \frac{\mu\rho}{\mu(1 - \rho) - iz}\right]$$

由此可得 w 的概率密度函数为

$$f_w(w) = \frac{1}{2\pi}\int_{-\infty}^\infty W(z)\rho^{-izw} dz = (1 - \rho)\delta(w) + (1 - \rho)\lambda e^{-\mu(1-\rho)w} \tag{7-80}$$

则平均等待时间为

$$\bar{w} = \int_0^\infty w f_w(w) dw = \frac{\rho}{\mu(1 - \rho)} \tag{7-81}$$

其实,$\bar{w}$ 也可直接从 $\bar{k}$ 算得,即

$$\bar{w} = \bar{k}\bar{\tau} = \frac{\rho}{1 - \rho} \cdot \frac{1}{\mu}$$

由式(7-80)可得等待时间 w 的方差,即

$$\sigma_w^2 = \int_0^\infty w^2 f_w(s) dw - \overline{w^2} = \frac{\rho(2 - \rho)}{\mu^2(1 - \rho)^2} \tag{7-82}$$

与队长的方差一样,当 $\rho > 0.5$ 以后,$\overline{w^2}$ 和 σ_w^2 也将急剧增加。

系统时间 s 也是连续随机变量,它是等待时间 w 和服务时间 τ 之和,则 s 的概率密度函

数是 w 和 τ 的密度函数的卷积,即

$$f_s = f_w(s) \cdot f_\tau(s) = \mu(1-\rho)e^{-\mu(1-\rho)s} \tag{7-83}$$

由此可算得平均系统停留时间为

$$\bar{s} = \int_0^\infty s f_s(s)\,\mathrm{d}s = \frac{1}{\mu(1-\rho)} \tag{7-84}$$

其方差为

$$\sigma_s^2 = \int_0^\infty s^2 f_s(s)\,\mathrm{d}s - \bar{s}^2 = \frac{1}{\mu^2(1-\rho)^2} \tag{7-85}$$

这些值当然也可直接从 w 和 τ 的数字特征得,即

$$\bar{s} = \bar{w} + \bar{\tau} = \frac{1}{\mu(1-\rho)}$$

$$\sigma_s^2 = \sigma_w^2 + \sigma_k^2 = \frac{\rho(2-\rho)}{\mu^2(1-\rho)^2} + \frac{1}{\mu^2} = \frac{1}{\mu^2(1-\rho)^2}$$

对 $M/M/1$ 系统,它的系统效率就是系统内的顾客数的概率,即

$$\eta = 1 - P_0 = \rho$$

由以上计算可知,$M/M/1$ 系统的主要参量均取决于排队强度 ρ,首先由于 $\rho=1-P_0$ 系统内有顾客的概率,亦即窗口忙的概率,且对单窗口情况,ρ 就是排队系统和效率 η。为了提高服务资源的利用率,就希望 ρ 大一些,但此时平均等待时间 $\bar{w}$ 将增大,系统服务质量下降,从顾客方面来看,希望 ρ 小一些。此外,当 $\rho \geqslant 1$ 时,以上的公式不再适用,此时 $\bar{k}$ 和 $\bar{w}$ 超于无限,系统不能稳定工作。总之,ρ 的取值应兼顾系统效率和服务质量之间的矛盾。

例 7.12　图 7.35 所示为信息存储—转发系统中一个节点的示意图。设到达节点的信息平均长度为 $1/\mu'$,单位为信息单位/信息,输出链路的容量为 C 信息单位/s。求系统的平均时延和归一化吞吐量。

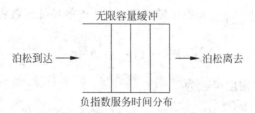

图 7.35　存储—转发系统节点排队示意图

解：缓冲器容量无限可认为截止队长为无穷,因此这是一个 $M/M/1$ 系统。系统的平均延时为顾客平均等待时间与服务时间之和,顾客平均等待时间为

$$\bar{w} = \frac{1}{\mu}\,\frac{\rho}{1-\rho}$$

由于信息的平均长度为 $1/\mu'$,输出链路的容量为 C,故有信息平均服务时间(传输时间)为 $\frac{1}{\mu'C}$,令 $\mu = \mu'C$,得一个单位信息在缓冲器中的平均等待时间为

$$\bar{w} = \frac{1}{\mu'C}\cdot\frac{\rho}{1-\rho}$$

式中 $\rho = \frac{\lambda}{\mu'C}$,$\lambda$ 为信息的平均到达速率,则系统平均时延为

$$\tau = \frac{1}{\mu'C} + \frac{1}{\mu'C} \cdot \frac{\rho}{1-\rho} = \frac{1}{\mu'C(1-\rho)} = \frac{1}{\mu'C-\lambda}$$

平均归一化吞吐量是指平均信息到达率与平均信息离开率之比。对于 $M/M/1$ 系统，由于所有的信息都能进入系统，故平均归一化吞吐量为

$$\frac{\lambda}{\mu'C} = \rho$$

设 $\lambda = 0.5$ 信息/s，$1/\mu' = 120$bit/信息，$C = 100$bit/s，则系统平均时延为

$$\tau = \frac{1}{\mu'C-\lambda} = \frac{1}{100/120 - 0.5} = 3(\text{s})$$

归一化吞吐量为

$$\frac{\lambda}{\mu'C} = \rho = 0.6$$

以上讨论了 $M/M/1$ 系统的稳态解，即统计平均值。这些值一般是评价排队系统质量的主要参数。当然，为了更好地描述系统的性质，概率分布也是很重要的。

现在来讨论 $M/M/1$ 系统的暂态解。这在短期平稳的系统中更为重要。

设 $t=0$ 时系统中有 i 个顾客。令在 t 时刻有 k 个顾客的概率为 $P_{ik}(t)$，则式(7-71)和式(7-72)可重写成

$$\left. \begin{array}{l} \dfrac{\mathrm{d}p_{ik}(t)}{\mathrm{d}t} = \lambda p_{ik-1}(t) + \mu p_{ik+1}(t) - (\lambda+\mu)p_{ik}(t) \quad k > 0 \\[4mm] \dfrac{\mathrm{d}p_{i0}(t)}{\mathrm{d}t} = \mu p_{i1}(t) - \lambda p_{i0}(t) \end{array} \right\} \tag{7-86}$$

这是一个线性差微分方程，可令

$$p_{ik}(t) = c\mathrm{e}^{-gt}x^k$$

式中　c——任意常数；

　　g 和 x——待定常数。

代入 $k>0$ 的式子，可得

$$-gx = \lambda + \mu x^2 - (\lambda+\mu)x$$

再令

$$x = \sqrt{\lambda/\mu}\,\mathrm{e}^{\pm\mathrm{j}\theta} = \sqrt{\rho}\,\mathrm{e}^{\pm\mathrm{j}\theta}$$

其中 θ 是待定常数，$\mathrm{j} = \sqrt{-1}$，则有

$$g = (\lambda+\mu) - 2\sqrt{\lambda\mu}\cos\theta = \mu[(1+\rho) - 2\sqrt{\rho}\cos\theta] \tag{7-87}$$

每一个 θ 值对应两个 x 值，所以可得通解为

$$\begin{aligned} p_{ik}(t) &= \mathrm{e}^{-gt}\big[(A-\mathrm{j}B)\mathrm{e}^{\mathrm{j}\theta k} + (A+\mathrm{j}B)\mathrm{e}^{-g\theta k}\big]\rho^k \\ &= \mathrm{e}^{-gt}\rho^{k/2}\big[2A\cos k\theta + 2B\sin k\theta\big] \end{aligned}$$

A 和 B 是两个任意常数。为了满足 $k=0$ 的系统方程，将式(7-87)代入可得

$$-g \cdot 2A = \mu\rho^{1/2}\big[2A\cos\theta + 2B\sin\theta\big] - \lambda \cdot 2A$$

整理后并代入 g 得

$$\frac{2A}{\sqrt{\rho}\sin\theta} = \frac{2B}{\sqrt{\rho}\cos\theta - 1} = C(\theta)$$

这样就得解为

$$p_{ik}(t) = C(\theta)e^{-gt}\rho^{k/2}[\sqrt{\rho}\sin\theta\cos k\theta + (\sqrt{\rho}\cos\theta - 1)\sin k\theta]$$

$$= C(\theta)e^{-gt}\rho^{k/2}[\sqrt{\rho}\sin(k+1)\theta - \sin k\theta]$$

由于 θ 可在 $0 \sim 2\pi$ 间取任意值，就可用积分形式得式（7-86）的通解为

$$p_{ik}(t) = \int_0^{2\pi} C(\theta)e^{-gt}\rho^{k/2}[\sqrt{\rho}\sin(k+1)\theta - \sin k\theta]d\theta \tag{7-88}$$

为了确定 $C(\theta)$，就必须考虑起始条件和稳态解，即

当 $t = 0$ 时，有

$$p_{ik}(t) = \delta_{ik}$$

当 $t = \infty$ 时，有

$$p_{ik}(t) = (1-\rho)\rho^k$$

因此，可把解写成

$$p_{ik}(t) = \delta_{ik} - \int_0^{2\pi} C(\theta)(1-e^{-gt})\rho^{k/2}[\sqrt{\rho}\sin(k+1)\theta - \sin k\theta]d\theta$$

这个解满足起始条件是显然的。当 $t \to \infty$，应有

$$\delta_{ik} - \int_0^{2\pi} C(\theta)\rho^{k/2}[\sqrt{\rho}\sin(k+1)\theta - \sin k\theta]d\theta = (1-\rho)\rho^k$$

当 $C(\theta) = \dfrac{\mu}{\pi g}\rho^{-i/2}(\sqrt{\rho}\sin(i+1)\theta - \sin\theta)$ 时，可利用恒等式

$$\int_0^{2\pi} \frac{\cos r\theta}{1+\rho - 2\sqrt{\rho}\cos\theta}d\theta = \frac{2\pi\rho^{|r/2|}}{1+\rho}$$

证明上面的稳态条件成立。最后就可得 $M/M/1$ 问题的暂态解为

$$p_{ik}(t) = \delta_{ik} - \int_0^{2\pi} \frac{\mu}{\pi}\left(\frac{1-e^{-gt}}{g}\right)\rho^{R-i/2}[\sqrt{\rho}\sin(k+1)\theta - \sin k\theta] \cdot$$

$$[\sqrt{\rho}\sin(i+1)\theta - \sin i\theta]d\theta \tag{7-89}$$

倘若以无人排队作为起始时刻，也就是式（7-89）中 $i = 0$，则在 t 时刻有 k 个顾客在系统中的概率为

$$p_k(t) = \delta_{vk} - \int_0^{2\pi} \frac{\mu}{\pi}\frac{1-e^{-gt}}{g}\rho^{k/2}[\sqrt{\rho}\sin(k+1)\theta - \sin k\theta]\sqrt{\rho}\sin\theta d\theta \tag{7-90}$$

今求这种情况下 k 的统计平均值为

$$\overline{k}(t) = -\int_0^{2\pi} \frac{\mu}{\pi}\frac{1-e^{-gt}}{g}\sqrt{\rho}\sin\theta\sum_0^{\infty}k[\rho^{\frac{k+1}{2}}\sin(k+1)\theta - \rho^{\frac{k}{2}}\sin k\theta]d\theta$$

$$= \int_0^{2\pi} \frac{\mu^2}{\pi}\frac{1-e^{-gt}}{g^2}\rho\sin^2\theta d\theta$$

把 e^{-gt} 展开，逐项积分可得

$$\overline{k}(t) = \rho\mu t - \sum_{r=0}^{\infty} \frac{(-\mu t)^{r+2}}{(r+2)!(r+1)}\sum_{g=0}^{r}\rho^{s+1}\binom{r+1}{s}\binom{r+1}{s+1} \tag{7-91}$$

当 $\rho \ll 1$ 时，式（7-91）按 ρ 的幂级数展开，即

$$\overline{k}(t) = \rho(1-e^{-\mu t}) + \rho^2\left[1 - e^{-\mu t}\left(1 + \mu t + \frac{(\mu t)^2}{2}\right)\right]$$

$$+ \rho^3 \left[1 - e^{-\mu t} \left(1 + \mu t + \frac{1}{2}(\mu t)^2 + \frac{1}{6}(\mu t)^3 + \frac{1}{12}(\mu t)^4 \right) \right]$$

$$+ \rho^4 \left[1 - e^{-\mu t} \left(1 + \mu t + \frac{1}{2}(\mu t)^2 + \frac{1}{6}(\mu t)^3 + \frac{1}{24}(\mu t)^4 + \frac{1}{144}(\mu t)^6 \right) \right] + \cdots \quad (7\text{-}92)$$

当 μt 很小时,取得第一项可近似 $\bar{k}(t)$,这实际上就是 λt 值,也就是 t 内到达的顾客数,而这期间无顾客离去。还可注意到,即使 $\rho = 1$,只要 μt 为有限值,$\bar{k}(t)$ 不会趋于无限,也就是没有稳定性问题。

在实际排队系统中,若 $\rho \geqslant 1$,平均队长将不断增加,或当队长达到某值时,要采取措施,如增大 μ 值或减小 λ 值,使排队系统进入另一种状态,或开始为一暂态过程,对于提高系统效率有益处。

由式(7-92)算得 $\bar{k}(t)$ 曲线如图 7.36 所示。可看出平均队长随时间变化的情况。

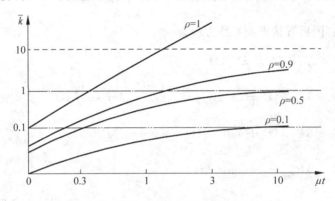

图 7.36　平均队长与时间的关系曲线图

3. $M/M/m(n)$ 的问题

从上述分析可知,$M/M/1$ 系统的主要缺点是服务质量与系统效率之间矛盾不易解决,要使排队系统在保证稳定性运行的情况下提高效率,必须采取措施减小等待时间,以达到一定的质量要求。这问题主要是如何压缩排队长度。通常有两种措施:

(1) 增加窗口数。对于一定的到达数 λ,增加窗口数量显然能减少等待时间,同时也能提高效率。在通信网中,增加信道数,扩大线路的传输带宽或提高传输速率和处理速率,都属于这类措施。当然,增加窗口数来提高总服务效率意味着投资加大。

(2) 截止排队长度。也就是采用拒绝系统。这是一种消极措施。截止排队长度的系统又可分为即时拒绝系统和延迟拒绝系统两种。实际电话系统就属于即时拒绝排队系统。

这两种措施可兼用,成为截止型多窗口排队系统。多窗口情况下一般有两种排队方式。其中一个为混合排队方式,即顾客排成一个队,依次接受 m 个窗口服务。另一个分别排 m 个队接受 m 个窗口的服务。若不准中途转队,则为 m 个独立的 $M/M/1$ 系统;若允许转队,应规定转队规则,不同的规则会有不同的性能参量。

下面讨论混合排队方式的 $M/M/m(n)$ 系统。该系统的特征为:有 m 个窗口,每个窗口的服务率均为 μ,服务时间和顾客的到达时间间隔均呈指数分布,到达率为 λ,截止队长为 n。窗口未占满时,顾客到达后立即接受服务;窗口占满时,顾客依次先到先服务规则等待,任一窗口有空即服务。当队长(包括正在被服务的顾客)长达 n 时,新来的顾客即被依次拒绝而离去。这种问题的解具有一般性,以前讨论的 $M/M/1$、$M/M/m$、$M/M/1(n)$ 和 $M/M/m(m)$ 系统都是它的特例。

令系统内顾客数 k 作为系统的状态变量,此时只有 $n+1$ 种状态,状态转移图如图 7.37 所示。k 增加的转移率均为 λ,但减少转移率与 k 有关。当 $k \leqslant m$ 时,有 k 个窗口被占用,则服务率为 $k\mu$。当 $m \leqslant k \leqslant n$ 时,m 个窗口均被占用,则服务率为 $m\mu$。

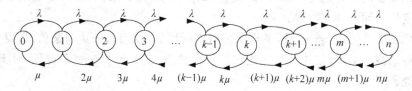

图 7.37 $M/M/m(n)$ 系统的状态转换图

根据状态转移图可直接得到系统方程为

$$
\left.
\begin{aligned}
&\frac{\mathrm{d}}{\mathrm{d}t}P_0(t) = \mu_1 P_1(t) - \lambda P_0(t) & k = 0 \\
&\frac{\mathrm{d}}{\mathrm{d}t}P_k(t) = \lambda P_{k-1}(t) + (k+1)\mu P_{k+1}(t) - (\lambda + k\mu)P_k(t) & 0 < k \leqslant m \\
&\frac{\mathrm{d}}{\mathrm{d}t}P_k(t) = \lambda P_{k-1}(t) + m\mu P_{k+1}(t) - (\lambda + m\mu)P_k(t) & m \leqslant k < n \\
&\frac{\mathrm{d}}{\mathrm{d}t}P_n(t) = \lambda P_{n-1}(t) + m\mu P_n(t) & k = n \\
&P_k(t) = 0 & k > n
\end{aligned}
\right\}
\tag{7-93}
$$

以下只求稳态解,即 $\dfrac{\mathrm{d}}{\mathrm{d}t}P_k(t) = 0$,$P_k(t)$ 与 t 无关,记为 P_k,式(7-93)成为

$$
\left.
\begin{aligned}
&\mu P_1 - \lambda P_0 = 0 & k = 0 \\
&\lambda P_{k+1} + \mu(k+1)P_{(k+1)} - (\lambda + k\mu)P_k = 0 & 0 < k \leqslant m \\
&\lambda P_{k-1} + m\mu P_{k+1} - (\lambda + m\mu)P_k = 0 & m \leqslant k < n \\
&\lambda P_{n-1} + m\mu P_n = 0 & k = n
\end{aligned}
\right\}
\tag{7-94}
$$

式(7-94)中有 $n+1$ 个变量,$n+1$ 个线性方程式。这些方程式不是线性无关的,因为它们的和恒等于零。其实在状态转移图中,每一个转移率求和时必然出现两次。一次作为进入某状态以正值出现,另一次作为离开某状态的负值出现,所以求和时就相互抵消。由此可见,只要满足其中 n 个方程,最后一个方程将自动满足。同时,为了解这些 P_k,尚须有一个方程式,这就是 P_k 的归一性,即

$$
\sum_{k=0}^{n} P_k = 1
\tag{7-95}
$$

令 $\rho = \lambda/m\mu$。对于不拒绝系统,$\rho < 1$ 是稳定的充分必要条件。此时平均到达人数 λ 将小于平均离去人数 $m\mu$,保证队长不会无限增大。

用 $k=0$ 的方程,可得

$$
P_1 = m\rho P
$$

再用 $0 < k \leqslant m$ 的公式,可以递推得

$$P_2 = \frac{1}{2}\big[(m\rho+1)m\rho P_0 - m\rho P_0\big] = \frac{1}{2}(m\rho)^2 P_0$$

$$P_3 = \frac{1}{3}\big[(m\rho+2)\frac{1}{2}(m\rho)^2 P_0 - m\rho P_0\big] = \frac{1}{6}(m\rho)^3 P_0$$

$$\vdots$$

因而得通解为

$$P_k = \frac{(m\rho)^k}{k!}P_0 \quad 0 < k \leqslant m$$

再用 $k \geqslant m$ 的公式递推,可得

$$P_k = \frac{m^m}{m!}\rho^k P_0 \quad m \leqslant k \leqslant n$$

当 $k=n$ 时, P_n 就是顾客被拒绝的概率,即

$$P_n = \frac{m^m}{m!}\rho^n P_0 \tag{7-96}$$

以上各式的 P_0 是系统内无顾客的概率,可用概率归一性及式(7-96)求得,即

$$P_0 = \Big[\sum_{r=0}^{m-1}\frac{(m\rho)^r}{r!} + \sum_{r=m}^{n}\frac{m^m}{m!}\rho^r\Big]^{-1}$$

$$= \Big[\sum_{r=0}^{m-1}\frac{(m\rho)^r}{r!} + \frac{(m\rho)^m}{m!}\frac{1-\rho^{n-m+1}}{1-\rho}\Big]^{-1} \tag{7-97}$$

关于 P_k 的公式,再综合为

$$P_k = \begin{cases} \dfrac{(m\rho)^k}{k!}P_0 & 0 \leqslant k \leqslant m \\[2mm] \dfrac{m^m}{m!}\rho^k P_0 & m \leqslant k \leqslant n \\[2mm] 0 & k > n \end{cases} \tag{7-98}$$

几种特例的 P_0 可列出如下:

(1) $m=1$,为 $M/M/1(n)$ 系统,有

$$P_0 = \frac{1-\rho}{1-\rho^{n+1}} \tag{7-99}$$

(2) $n \to \infty, m=1$,即为 $M/M/1$ 系统,有

$$P_0 = 1-\rho \tag{7-100}$$

(3) $n=m$,为即时拒绝系统,有

$$P_0 = \Big[\sum_{r=0}^{m}\frac{m^r}{r!}\rho^r\Big]^{-1} \tag{7-101}$$

此时拒绝概率为

$$P_n = P_m = \frac{m^m}{m!}\rho^m\Big[\sum_{r=0}^{m}\frac{m^r}{r!}\rho^r\Big]^{-1} = \frac{\alpha^m/m!}{\displaystyle\sum_{r=0}^{m}\alpha^r/r!} \tag{7-102}$$

这是通信系统中常用的计算呼损的公式,其中, $\alpha = \lambda/\mu = \lambda s$ 为流入话务强度。在 7.2.3 节再详细讨论。

(4) $n \to \infty$,是多窗口不拒绝系统,此时有

$$P_0 = \left[\sum_{r=0}^{m-1} \frac{(m\rho)^r}{r!} + \frac{(m\rho)^m}{m!(1-\rho)} \right]^{-1} \tag{7-103}$$

有了 P_k 的通式,就可计算平均等待时间等参数。

到达顾客的等待时间 w 与到达时刻系统状态 k 有关。当 $k < m$ 时,顾客无须等待即被服务;$k \geqslant n$ 时,顾客被拒绝而离去,也无等待时间,所以只当 $m \leqslant k < n$ 时,才存在等待问题。此时,k 个顾客中,有 m 个正服务,$k-m$ 个在排队等待;因此新到的顾客要等待 $k-m+1$ 个顾客被服务完毕,才能开始被服务。由于 m 个窗口都在工作,所以平均服务率是 $m\mu$,则新到顾客的平均等待时间为

$$\begin{aligned}
\bar{w} &= \sum_{k=m}^{n-1} \frac{k-m+1}{m\mu} P_k = \sum_{k=m}^{n-1} \frac{k-m+1}{m\mu} \frac{m^m}{m!} \rho^k P_0 \\
&= \frac{m^m}{m!} \frac{P_0}{m\mu} \sum_{k=m}^{n-1} \left(\frac{\mathrm{d}\rho^{k+1}}{\mathrm{d}\rho} - m\rho^k \right) \\
&= \frac{m^m}{m!} \frac{P_0}{m\mu} \left(\frac{\mathrm{d}}{\mathrm{d}\rho} \frac{\rho^{m+1} - \rho^{n+1}}{1-\rho} - m \frac{\rho^m - \rho^n}{1-\rho} \right) \\
&= \frac{m^{m-1}}{m!} \frac{P_0}{\mu} \rho^m \frac{1 - (n-m+1)\rho^{n-m} + (n-m)\rho^{n-m+1}}{(1-\rho)^2}
\end{aligned}$$

或

$$\mu\bar{w} = \frac{m^{m-1}}{m!} \rho^m P_0 \frac{1 - (n-m+1)\rho^{n-m} + (n-m)\rho^{n-m+1}}{(1-\rho)^2} \tag{7-104}$$

$\mu\bar{w}$ 就是平均等待的顾客数。

当 $m=1$ 时,可得 $M/M/1(n)$ 系统的平均等待人数为

$$\mu\bar{w} = \rho P_0 \frac{1 - n\rho^{n-1} + (n-1)\rho^n}{(1-\rho)^2} = \frac{\rho}{1-\rho} \frac{1 - n\rho^{n-1} + (n-1)\rho^n}{1-\rho^{n+1}} \tag{7-105}$$

当 $n \to \infty$ 时,可得 $M/M/m$ 问题的平均等待人数为

$$\mu\bar{w} = \frac{m^{m-1}}{m!} \rho^m \frac{1}{(1-\rho)^2} \left[\sum_{r=0}^{m-1} \frac{(m\rho)^r}{r!} + \frac{(m\rho)^m}{m!(1-\rho)} \right]^{-1} \tag{7-106}$$

再令 $m=1$,式(7-106)就成为以前的 $M/M/1$ 的情况,即

$$\mu\bar{w} = \frac{\rho}{1-\rho} \tag{7-107}$$

现在来求平均时长,可得

$$\bar{k} = \sum_{k=0}^{m-1} k \frac{(m\rho)^k}{k!} P_0 + \sum_{k=m}^{n} k \frac{m^m}{m!} \rho^k P_0$$

经过一般的运算,结果为

$$\bar{k} = \frac{\displaystyle\sum_{k=0}^{m-1} \frac{(m\rho)^k}{(k-1)!} + \frac{(m\rho)^m}{m!} \frac{m - (m-1)\rho - (n+1)\rho^{n-m+1} - n\rho^{n-m+2}}{(1-\rho)^2}}{\displaystyle\sum_{k=0}^{m-1} \frac{(m\rho)^k}{k!} + \frac{(m\rho)^m}{m!} \frac{1 - \rho^{n-m+1}}{1-\rho}} \tag{7-108}$$

顾客在系统中停留时间 s 的平均值可从 $\bar{w}$ 算出,只要注意平均服务时间 $\bar{\tau}$ 中应除去被拒绝的顾客,后者未被服务的,即

$$\bar{s} = \bar{w} + \bar{\tau}(1 - P_n) = \bar{w} + \frac{1}{\mu}(1 - P_n) \tag{7-109}$$

其中，$\bar{w}$ 和 P_k 可用式(7-109)和式(7-96)代入可得 $\bar{s}$。并可得出

$$\lambda\bar{s} = \bar{k}$$

最后再来确定，$M/M/1(n)$ 系统的效率 η。

当 $k < m$ 时，系统的效率即窗口占用率是 k/m。当 $k \geq m$ 时，系统的效率是 1。所以可得系统的效率为

$$\eta = \sum_{k=0}^{m-1} \frac{k}{m} P_k + \sum_{k=m}^{n} P_k$$

$$= P_0 \left[\sum_{k=0}^{m} \frac{k}{m} \cdot \frac{(m\rho)^k}{k!} + \sum_{k=m+1}^{n} \frac{m^m}{m!} \rho^k \right]$$

$$= P_0 \left[\rho \sum_{k=0}^{m-1} \frac{(m\rho)^k}{k!} + \frac{m^m}{m!} \frac{\rho^{m+1} - \rho^{n+1}}{1-\rho} \right]$$

$$= \frac{\displaystyle\sum_{k=0}^{m-1} \frac{(m\rho)^k}{k!} + \frac{m^m}{m!} \frac{\rho^{m+1} - \rho^{n+1}}{1-\rho}}{\displaystyle\sum_{k=0}^{m-1} \frac{(m\rho)^k}{k!} + \frac{(m\rho)^m}{m!} \frac{1 - \rho^{n-m+1}}{1-\rho}} \cdot \rho \tag{7-110}$$

作为特例，当 $n \to \infty$，多窗口不拒绝系统的效率将为

$$\eta = \rho = \lambda/m\mu \tag{7-111}$$

从形式上说，这与 $M/M/1$ 系统一样，但不同的是单窗口系统的效率也是 $1-P_0$。而多窗口则不然。

令 $m=1$，得单窗口拒绝系统的效率为

$$\eta = \rho \frac{1-\rho^n}{1-\rho^{n+1}} = 1 - P_0 \tag{7-112}$$

把上述各参量与排队强度 ρ 的关系绘成曲线如图 7.38 所示，图 7.38(a) 是效率 η 与强度 ρ 的关系；图 7.38(b) 是平均等待人数 $\mu\bar{w}$ 与 ρ 的关系；图 7.38(c) 是拒绝概率与 ρ 的关系。所用的参量都是截止队长 n。

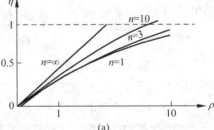

(a)

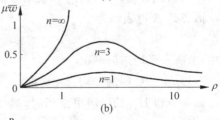

(b)

由这些曲线可见：

(1) 对于一定的 ρ 值，增大截止队长可以提高效率，但等待时间将增长。这就是说，延迟可以换取效率，只要平均延迟是允许的，采用较大的 n 是合理的。

(2) 对于不拒绝系统 $(n \to \infty)$，ρ 必须小于 1，才能使系统稳定；当 $\rho \to 1$ 时，w 将无限增大。对于拒绝系统，在 $\rho \geq 1$ 时，系统仍能稳定工作。这就是说，以拒绝顾客为代价可取得稳定性；只要拒绝概率被控制在一定限度内，增加 ρ 可提高系

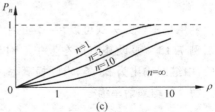

(c)

图 7.38　$M/M/1(n)$ 的特性曲线图

统效率。

（3）n 一定时，增加 ρ 将使 $\bar{w}$ 上升；但当 ρ 大于一定值时，大部分被顾客被拒绝，参加排队的顾客反而可少等待一些时间。这是以拒绝概率的增大为代价而得的，其综合服务质量是下降的。

上述结果虽是对 $M/M/1(n)$ 而得，对于 $M/M/m(n)$ 也有类似结论，这些结论对通信网的建设有着现实的指导意义，是通信网分析的理论基础。下面对几种通信网络应用这些基础理论加以简要分析。

7.2.3　电路交换网分析

对于电路交换系统，从呼损的角度可分为呼损系统和溢呼系统两大类。前者是不考虑话务在高效直达路由上的溢出，只考虑在直达路由上的话务损失，而后者是考虑话务在直达路由上溢出到迂回路由后的话务损失，这是迂回路由设置的依据。下面分别进行讨论。

1. 呼损系统

传统的电话交换网就是电路交换网，它是具有若干个交换节点，交换节点之间由中继线路群相连接而组成的网络。如果在交换节点的全部出线都被占用的情况下仍有新的呼叫发生，交换节点向用户传送忙着，表示将这一呼叫从交换系统中清除，这种现象称为呼损。相应的系统称为呼叫清除系统。

对于某一交换节点来说，如果呼叫到达是泊松过程，中继线群是全利用度线群，阻塞的呼叫立即予以清除，且达到统计平衡状态，则呼叫损失概率可以用式（7-102）计算，此式也称爱尔兰 B 公式，重写为

$$B(N,A) = \frac{A^N/N!}{\sum_{n=0}^{N} A^n/n!} \tag{7-113}$$

式中　$B(N,A)$——流入话务量为 A、中继线数为 N 时的呼损概率；

　　　N——中继线群电路数。

A 用来代替式（7-102）的 ρ，表示系统的流入话务量。

话务量 A 可表示为

$$A = \lambda/\mu \tag{7-114}$$

式中　λ——平均来话率；

　　　$1/\mu$——呼叫的平均占用时间。

如果 λ 和 $1/\mu$ 的时间单位相同，则此时话务量的单位为 Erl，话务量也可以用 CCS 为单位。

利用爱尔兰 B 公式可以在一定的中继线数和流入话务量的情况下计算系统的呼损概率。

例 7.13　假设某用户在上午 9 时到 10 时 15 分发生 500 次呼叫，其平均占用时间为 200s，中继线输出为 29 条，求呼损概率。

解：平均来话率为

$$\lambda = 500/(75 \times 60) = 0.1111(次/s)$$

平均占用时间为

$$\frac{1}{\mu} = 200\text{s}$$

话务量为

$$A = \frac{\lambda}{\mu} = 22.2\text{Erl}$$

呼损概率为

$$B = (29, 22.2) = \frac{(22.2)^{29}/29!}{\sum_{n=0}^{29} \frac{(22.2)^n}{n!}} = 0.0312$$

爱尔兰 B 公式是在求解电话系统阻塞率或中继线数中常用的计算公式。话务量、中线数和阻塞概率三者之间的关系曲线如图 7.39 所示。

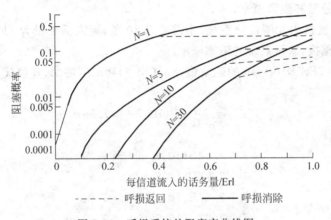

图 7.39　呼损系统的阻塞率曲线图

在实际中，呼损概率也常称为系统的服务等级。为了便于利用计算机计算常采用下列递推公式，即

$$B(m, A) = \frac{AB(m-1, A)}{m + AB(m-1, A)} \quad m = 1, 2, \cdots, N \tag{7-115}$$

式中，初始值 $B(0, A) = 1$。

在流入话务量中，一部分是被完成的，另一部分是被阻塞的，完成话务量可表示为

$$A' = A[1 - B(N, A)] \tag{7-116}$$

在上例中，容易算出完成话务量为

$$A' = 22.2(1 - 0.0312) = 21.5\text{Erl}$$

对于此交换系统，可以进一步求出线路的利用率为

$$\eta = \frac{A(1 - B)}{N} = \frac{21.5}{29} = 74\%$$

2. 呼损返回

在上述呼损清除系统的分析中，假定第一次清除的呼叫并不返回，但是在实际情况下，阻塞的呼叫会以重拨的形式返回本系统，每个使用电话的人都会有这样的经历。

下面对呼损返回系统作两个基本假定：

（1）经过多次重拨以后，全部阻塞呼叫都能返回本系统，并且最后被拨通。

（2）包括第一次呼叫以后重复呼叫的总呼叫次数仍然服从泊松分布。

在呼损返回系统中，总的流入话务量分为初始流入话务量和重拨流入话务量两部分，三者之间可以建立以下递推关系，即

$$A_{n+1} = A_0 + A_k B(N, A_k) \quad k = 0,1,2,\cdots \tag{7-117}$$

式中　A_0——初始流入话务量；

N——中继线数；

A_k——考虑重拨之后的流入话务量；

$B(N, A_k)$——呼损概率。

对式(7-117)进行多次迭代运算后，A_k 和 $B(N, A_k)$ 会逐渐收敛，于是就可求得呼损返回系统的流入话务量和阻塞概率。

例 7.14　交换机为无限信源系统，中继线有 10 条，流入话务量为 7Erl，假定对所有的阻塞呼叫均随机重拨，求该系统的阻塞概率。

解：对于 $A=7$Erl 及 $N=10$ 的阻塞概率 $B(10,7)=8\%$，将 A、B 值代入迭代式(7-117)可得

$$A_1 = 7 + 7B(10,7) = 7.56$$

依次迭代，有

$$7 + 7.56B(10,7.56) = 7.77$$
$$7 + 7.77B(10,7.87) = 7.87$$
$$7 + 7.87B(10,7.87) = 7.92$$
$$7 + 7.92B(10,7.92) = 7.94$$
$$7 + 7.94B(10,7.94) = 7.95$$
$$7 + 7.95B(10,7.95) = 7.96$$
$$7 + 7.96B(10,7.96) = 7.96$$

当数值已经收敛时，迭代结束。

最后可求得考虑重拨的流入话务量为 7.96Erl，相应的阻塞率为 $B=12\%$。

由此可见，与呼损清除系统相比，在同样的初始话务量情况下，呼损返回系统的阻塞率更大，但可使全部流入话务量成为完成话务量。

呼损返回系统的阻塞率与话务量及中继线数之间的关系如图 7.39 中虚线所示，当工作于低阻塞率时，返回话务量的影响很小，可不予考虑，但在高阻塞概率时，就需要把返回话务量考虑在内。

3. 溢呼系统

在电话网的交换节点之间既设置直达路由，又设置迂回路由，当流入话务量在高效直达路由上被阻塞以后即溢出到迂回路由上，这种系统称为溢呼系统。

溢呼系统是与迂回路由联系在一起的，图 7.40所示为网络连接，在节点 1 和节点 2 之间除直达路

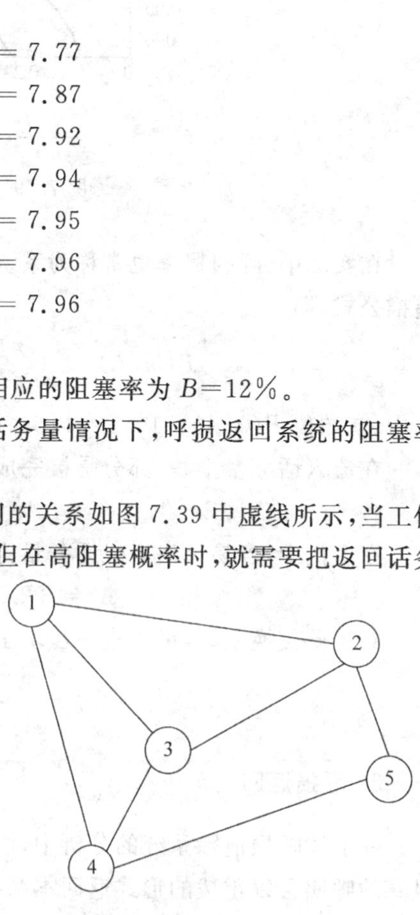

图 7.40　具有迂回路由选择的网络示例图

由外,还有3条迂回路由,即$\{(1,3)(3,2)\}$、$\{(1,4)(4,5)(5,2)\}$、$\{(1,3)(3,4)(4,5)(5,2)\}$。节点1和节点2之间可以通过这几条路由中任意一条来完成接续。

在网中设置迂回路由的原因是:一是为提高网络的可靠性;二是提高经济性。对于提高可靠性是不言而喻的;对于提高经济性,下面做进一步说明。假设希望从节点1到节点2的线群$(1,2)$的呼损限制为0.02,如不设迂回路由,必须在这个线群中设置足够的电路以使呼损不超过0.02,对比之下,如果设迂回路由,则可在线群$(1,2)$中配备较少的电路,使之有较高的呼损,譬如0.1。如果从节点1到节点2的呼叫遭到呼损,则可经一条呼损为0.2的迂回路由完成接续。由于最终的呼损为$0.1×0.2=0.02$,所以用户常察到的总呼损和原来设计的0.02是一样的。于是,线群$(1,2)$得到了节省。因此,由直达路由承担两节点之间的主要话务量,而迂回路由承担部分话务量,可取得更好的经济效果。

1) 溢呼话务量的峰值特性

在溢呼系统中有两类话务量:一类是到达高效直达路由的话务量;另一类是从高效直达路由溢出到迂回路由的溢出话务量。前者是一种从泊松分布的随机话务量,后者则是不具有随机特征的溢出话务量。高效路由溢呼话务量的特性如图7.41所示,由图可见,由于溢呼路由的话务量曲线比随机话务量曲线更尖锐。所以只确定其平均值不足以描述其特点,还必须把方差考虑进去。

为了对于话务量的特性进行区分,引入峰值比概念。峰值比定义为话务量的方差与均值之比。

随机话务量是服从泊松分布的话务量,对于泊松分布,如前所述,它的平均值M和方差V可由下式给出,即

$$M = \lambda T$$
$$V = M = \lambda T$$

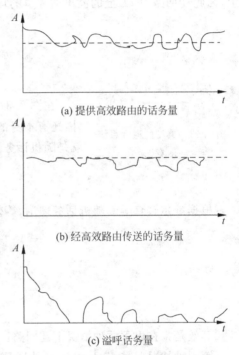

图中(a) 提供高效路由的话务量

(b) 经高效路由传送的话务量

(c) 溢呼话务量

图7.41 高效路由溢呼话务量特性曲线图

这就是说,随机话务量的均值和方差相等。它的峰值等于1。当AErl的流入话务量送入N条电路时,其溢呼话务量的均值M可以表示为

$$M = A \cdot B(N,A) \tag{7-118}$$

此值正好是在随机话务量情况下溢呼话务量送入容量为无穷大线群的平均占用电路数。

溢呼话务量的方差计算公式为

$$V = M\left[1 - M + \frac{A}{N+1+M-A}\right] \tag{7-119}$$

式中 M——平均值。

公式(7-119)的推导过程请参阅参考文献[25]。

例如,设有随机话务量$A=5.53$Erl,送入$N=10$的线群,计算可得:$P_n = B(10,5.53) = 0.03$,于是$M=5.53×0.03=0.166$Erl。根据式(7-119)可算出溢呼话务量的方差为

$$V = 0.166\left[1 - 0.166 + \frac{5.53}{10 + 1 + 0.166 - 5.53}\right] = 0.301$$

则峰值比为

$$\frac{V}{M} = \frac{0.301}{0.166} = 1.81$$

2）等效随机话务量

对于随机话务量，可以利用爱尔兰呼损公式来求呼损概率，而对于溢呼话务量，爱尔兰呼损公式就不再适用。为了解决这个问题，威尔金森（Wilkinson）提出了一种用"等效随机话务量"来确定迂回路由的呼损概率和迂回路由所需电路数的方法。

图 7.42 所示为溢呼系统，一般有数条高效直达路由的话务量溢出到同一条迂回路由上，因此迂回路由 iT 上的溢出话务量的均值和方差为

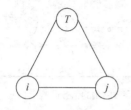

图 7.42　典型的溢呼系统
　　　　　示意图

$$M_{iT} = \sum_{j=1}^{n} M_{ij} \tag{7-120}$$

$$V_{iT} = \sum_{j=1}^{n} V_{ij} \tag{7-121}$$

在图 7.37 中，迂回路由 iT 除高效直达路由的溢呼话务量外，还有本身的话务量，其均值为 M_0。前者是非随机话务，后者就是随机话务量，总的话务量为它们的均值和方差之和，即

$$M = M_{iT} + M_0 \tag{7-122}$$

$$V = V_{iT} + M_0 \tag{7-123}$$

根据威尔金森等效随机话务理论，等效话务量 A^* 和等效中继线数量 N^* 可表示为

$$A^* = V + 3\frac{V}{M}\left(\frac{V}{M} - 1\right) \tag{7-124}$$

$$N^* = \frac{A^*\left(M + \dfrac{V}{M}\right)}{M + \dfrac{V}{M} - 1} - M - 1 \tag{7-125}$$

等效是指在以下两种情况下迂回路由 iT 上溢出的话务量相等。

第一种情况是指流入话务量是迂回路由本身的话务量加高效路由话务量（均值为 $M_{iT} + M_0$），而中继线群是迂回路由的中继电路数 N_m。

第二种情况是指流入话务量等效随机话务量 A^*，而中继线群是等效中继线群加上迂回路由线群（数值为 $N^* + N_m$）。

后一种情况可以利用爱尔兰呼损公式，因此迂回路由的中继线数可以利用下列公式计算，即

$$M_i = A^* B(N^* + N_m, A^*) \tag{7-126}$$

$$M_i = B_i M \tag{7-127}$$

式中　B_i——给定的迂回路由的呼损概率；

　　　M_i——迂回路由的溢出话务量的均值。

例 7.15　网络结构如图 7.43 所示，AB 间的直达话务量为 20Erl，迂回路由 AT 中的基础话务量为 10Erl，AB 高效直达路

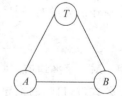

图 7.43　具有迂回路由的
　　　　　网络示例图

由的电路数为 16,迂回路由的呼损 $B_t = 0.01$,试求迂回路由 AT 所需的电路数。

解：AB 间溢出至 AT 的溢呼话务量均值 M_{AT} 和方差 V_{AT} 为

$$M_{AT} = 20B(16,20) = 5.84 \text{Erl}$$

$$V_{AT} = 5.8\left(1 - 5.84 + \frac{20}{16+1+5.84-20}\right) = 12.85(\text{Erl})$$

AT 间总的话务量均值 M 和方差 V 为

$$M = 10 + 5.84 = 15.84(\text{Erl})$$

$$V = 10 + 12.85 = 22.85(\text{Erl})$$

等效话务量 A^* 和等效中继线数量 N^* 为

$$A^* = 22.85 + 3 \times \frac{22.85}{15.84}\left(\frac{22.85}{15.84} - 1\right) = 24.75(\text{Erl})$$

$$N^* = \frac{24.75\left(15.84 + \frac{22.85}{15.84}\right)}{15.84 + \frac{22.85}{15.84} - 1} - 15.84 - 1 = 9.43$$

在 AT 上发生呼损的话务量 M_i 为

$$M_i = MB_i = 15.84 \times 0.01 = 0.158(\text{Erl})$$

根据等效话务量的理论和爱尔兰 B 公式,得

$$B(9.43 + N_m, 24.75) = 0.158/24.75 = 0.006\,384$$

可计算得：$N_m = 27$。

即迂回路由 AT 所需的电路数为 27 条。

7.2.4 分组交换网分析

在电路交换系统中采用即时拒绝系统,而分组交换网络采用存储—转发方式,是一个延时拒绝系统,由于有延时的存在,可提高系统效率和降低呼损。然而延时不能太大,太大会降低网络的服务质量,因此,如何计算确定分组交换网的延时是一个至关重要的问题。

1. 节点延时

图 7.44 所示是一个交换节点的模型示意图,经常用一个 $M/M/1$ 排队模型来表示交换节点中的缓冲器。

为了分析信息的延时,假定一个信息到达时,平均已有 n 个信息等待在缓冲器内。因此,信息在系统中的平均延时 T 包括等待的时间和被服务的时间,即

$$T = 服务时间 + 等待时间$$

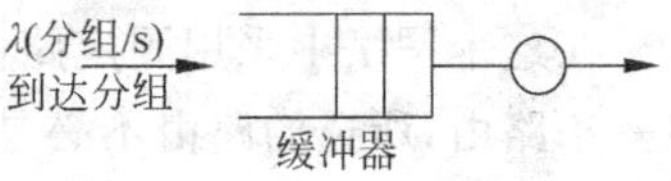

图 7.44 交换节点中的缓冲过程模型图

服务时间是信息在网络中每段链路传输时间的总和,等待时间是信息在每个节点上等待链路空闲消耗的时间总和。在分组网中,$\mu = \mu'C_i$,$1/\mu'$ 为信息平均长度(bit 分组),C_i 为链路 i 的容量或速率(b/s),则每个分组信息在链路上传输时间或服务时间为

$$T_s = \frac{1}{\mu} = \frac{1}{\mu'C_i}$$

为了计算由链路 i 传送的分组点上的延时,应保持单服务排队系统的假设条件,也就是分组到达率为泊松分布,分组长度服从负指数分布。于是,平均等待时间为

$$T_{\overline{w}} = \frac{\lambda_i/\mu'C_i}{\mu'C_i - \lambda_i} \qquad (7\text{-}128)$$

式中　λ_i——链路 i 中的分组到达率,分组/s。

在分组交换网中,因为还要传送诸如表示数据分组已确接收的一些有意义的控制和附加分组,因此以上 $1/\mu'$ 应考虑控制和数据两类分组的链路总到达率。如果一般设单服务员排队系统完全适用于控制和数据的混合分组流,则经链路 i 传递的所有分组平均服务时间为

$$T_s = \frac{1}{\mu'C_i} \qquad (7\text{-}129)$$

则分组信息在系统中的平均延时为

$$T = \frac{1}{\mu'C_i} + \frac{\lambda_i/\mu'C_i}{\mu'C_i - \lambda_i} = \frac{1}{\mu'C_i - \lambda_i} \qquad (7\text{-}130)$$

2. 网络平均延时

图 7.45 是一个多节点的分组交换网示意图。这样的网络有两类延时:端—端延时和网络平均延时。这两类延时的分组都是建立在单缓冲器延时分析基础上的。实际上,分组从源点传到目的地时,经常需要经过若干链路,端—端延时的分析需要考虑每一假链路的延时所造成的影响。网络平均延时仅反映了整体性能。因此,这两类延时的分析和求解有着它的实际意义。

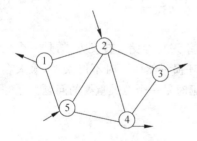

图 7.45　分组交换网示例图

在图 7.45 所示的网络中,继续假设分组的到达服从泊松分布,分组的离去为指数统计特性。用 γ_{ik} 表示节点 i 的分组到达率,且这些分组是发送到节点 k 的。例如,γ_{14} 表示用户发送到节点 1 并以节点 4 为目的分组到达率。所有用户发送到分组网络中的总分组到达率 γ 表示为

$$\gamma = \sum_{j=1}^{N} \sum_{k=1}^{N} \gamma_{jk} \quad j \neq k \qquad (7\text{-}131)$$

式中　N——网中总节点数。

在这个网络中采用固定路由选择,也就是说,对于任何节点,所有 j 到 k 的分组只能经过一条路由,所选的路由不必是最短路由,也不允许有迂回路由。

λ_i 是第 i 条链路的分组到达率,它是 j 到 k 的路由中包含第 i 条链路的分组到达率之和,即

$$\lambda_i = \sum_{j=1}^{N} \sum_{k=1}^{N} \gamma_{jk} \qquad (7\text{-}132)$$

式中,$j \neq k$,且通路 $j \rightarrow k$ 包含链路 i。

如前所述,$1/\mu'$ 表示分组的平均长度,且假设分组长度呈负指数分布。在实际过程中,分组一旦从用户端发出,在整个分组网传输过程中长度始终不变,如果在这一条件下求解时延,在数学处理上有严重的困难。因此,克莱因洛克引入一种简化的假设,这个假设称为独

立假设,即分组网中的节点每次收了分组以后加以存储,然后转发到下一节点,在每一个节点给分组随机地选择一个新的长度。这一假设虽然与实际不符,但根据这一假设作出的分析仍与实际很接近。

根据独立性假设和每一链路模型为 $M/M/1$ 排队,可以得到分组经过链路 i 的平均时延仍如前所述,即

$$T_i = \frac{1}{\mu'C_i} + T_w = \frac{1}{\mu'C_i} + \frac{\frac{\lambda_i}{\mu'C_i}}{\mu'C_i - \lambda_i} = \frac{1}{\mu'C_i - \lambda_i} \tag{7-133}$$

分组信息经过端—端的平均延时是由 m 个级联的 $M/M/1$ 排队引起的,即有

$$T_e = \sum_{i=1}^{m} T_i = \sum_{i=1}^{m} \frac{1}{\mu C_i - \lambda_i} \tag{7-134}$$

式中　T_e——端—端的平均延时;

　　m——经过的链路总数。

同样,可以求得所有分组信息在系统中的平均延时为

$$T_d = \sum_{i=1}^{N} \frac{\lambda_i}{\gamma} T_e = \frac{1}{\gamma} \sum_{i=1}^{N} \frac{\lambda_i}{\mu C_i - \lambda_i} \tag{7-135}$$

式中的求和应当包括网络中的所有链路。

例7.16　网络结构如图 7.46 所示,分组到各节点的速率由该点旁的数字 $n(x)$ 表示(即每秒有 n 个分组进入该节点),最后到达目的地节点 x。链路容量为 4800b/s,平均分组长度为 200bit,求分组从节点 $A \rightarrow D$ 的平均延时。

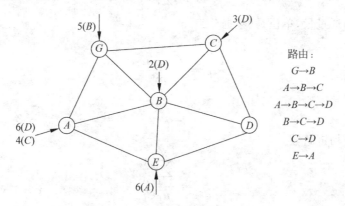

图 7.46　计算分组延时的网络示意图

解:根据图 7.46 中的路由,先求出链路 $A \rightarrow B$、$B \rightarrow C$、$C \rightarrow D$ 的到达率为

$$\lambda_{A \rightarrow B} = 6 + 4 = 10(\text{分组/s})$$

$$\lambda_{B \rightarrow C} = 6 + 4 + 2 = 12(\text{分组/s})$$

$$\lambda_{C \rightarrow D} = 6 + 2 + 3 = 11(\text{分组/s})$$

$$\mu'C = 4800 \times \frac{1}{200} = 24(\text{分组/s})$$

一个分组从节点 $A \rightarrow D$ 的平均延时为

$$T_{A \to D} = \sum_{i=1}^{m} \frac{1}{\mu' C - \lambda_i}$$

$$= \frac{1}{24 - 10} + \frac{1}{24 - 12} + \frac{1}{24 - 11} = 0.246(\text{s})$$

对于分组交换网而言,信息在系统中的平均延时应包括链路传输时间和节点处理时间。该链路的传输时间为 T_{pi},该节点处理时间为 T_k。如将服务时间、等待时间、链路传输时间、节点处理时间加在一起,可求得单个信息在系统中的平均延时为

$$T_{sp} = T_k + \sum_{i=1}^{N} \frac{\lambda_i}{\gamma} \left[\frac{1}{\mu' C} + T_w + T_{pi} + T_k \right] \tag{7-136}$$

式中 γ——送入网络中数据分组的总到达率。

如果每条信息由 m 条分组($m > 1$)组成,则在网络中传送时在系统中的平均延时由下式计算,即

$$T_{MP} = T_k + \sum_{i=1}^{N} \frac{\lambda_i}{\gamma} \left[\frac{1}{\mu_F C} + T_w + T_{pi} + T_k \right]$$

$$+ \sum_{i=1} \left(\frac{\lambda_i}{\lambda} \right) \left[\frac{m-2}{\mu_F C_i} + \frac{1}{\mu C_i} \right] + (m-1)\rho(1 - \rho^{n-1}) S_F \tag{7-137}$$

式中 $1/\mu_F$——全满数据分组长度,b/分组。

一般情况下,$1/\mu_F > 1/\mu'$,因为 $1/\mu'$ 是所有数据分组的平均长度。其中也包括小于全满长度分组。

$$\lambda = \sum_{i=1}^{N} \lambda_i \tag{7-138}$$

是全网总消息的通过量,单位是(数据分组/s)。

$$\rho = \frac{\sum_{i=1}^{N} \frac{\lambda_i}{\mu' C_i}}{m} \tag{7-139}$$

是链路平均利用率。

$$n = \lambda / \gamma \tag{7-140}$$

是消息经过的平均链路数。

$$S_F = \frac{\sum_{i=1}^{N} \frac{\lambda_i}{\lambda}}{\mu_F C_i} \tag{7-141}$$

是一个全满分组就所在链路进行平均的传输时间。

3. 链路容量的分配

前面分析了分组交换网的平均延时。由于延时是衡量分组交换网性能的重要尺度,因此要尽可能地减少时间延迟。接下来要分析的容量分配就是在一定条件下减少延时的一种方法。容量分配是在链路容量 $C = \sum_{i=1}^{N} C_i$ 为定值的约束条件下,选择每一单向链路的容量 C_i,使得系统中的平均延时 T_i 为最小。

在分析过程中,同样需要若干假设条件,如分组到达服从泊松分布,具有固定路由选择以及独立假设条件。有约束条件的最小值可以利用拉格朗日乘数法求解。

令

$$F = t + \alpha\left(C - \sum_{i=1}^{N} C_i\right) \tag{7-142}$$

现将函数 F 对 C_i 求导,可以得到函数的最小值,并可求得第 i 条链路的最优容量,即

$$C_i = \frac{\lambda_i}{\mu} + C(1 - n\rho)\lambda_i^{1/2} \Big/ \sum_{i=1}^{N} \lambda_i^{1/2} \tag{7-143}$$

式中,$n = \lambda/\gamma$,为分组信息经过的所有链路的平均数;$\rho = \gamma/\mu'C$。将式(7-143)代入式(7-133),可得出分组信息经过链路 i 的平均延时为

$$T_i = \frac{\sum\limits_{i=1}^{N} \lambda_i^{1/2}}{\mu'C(1 - n\rho) \cdot \lambda_i^{1/2}} \tag{7-144}$$

将式(7-143)代入式(7-135),可得出所有分组信息在系统中的平均延时为

$$T = \frac{n\left[\sum\limits_{i=1}^{N}\left(\dfrac{\lambda_i}{\lambda}\right)^{1/2}\right]^2}{\mu'C(1 - n\rho)} \tag{7-145}$$

为使式(7-145)得出的 C_i 有一个可行解,每条链路应具备足够大的容量,以保证其平均速率,也就是必须保持 $C_i > \lambda_i/\mu'$。从式(7-145)可以看出,必须使 $\rho < 1/n$,或者说 $\lambda < \mu'C$,以使 T_i 和 T 所得数值在一定界限内。

例 7.17 网络结构如图 7.47 所示,所有的分组到达率如表 7.2 所示,假设分组到达率 γ_{ij} 对称,即 $\gamma_{ij} = \gamma_{ji}$,路由选择也对称,即从 A 到 D 的路由为 $\{(A,C),(C,D)\}$,而从 D 到 A 的路由是 $\{(D,C),(C,A)\}$。分组长度均为 100b,求链路的最优容量和分组数据在系统中的平均延时。

路由:

$A \rightarrow B \rightarrow E$

$A \rightarrow C \rightarrow D$

$C \rightarrow D \rightarrow E$

$C \rightarrow B$

$B \rightarrow D$

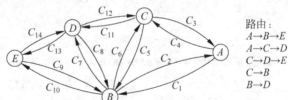

路由:

$A \rightarrow B \rightarrow E$

$A \rightarrow C \rightarrow D$

$C \rightarrow D \rightarrow E$

$C \rightarrow B$

$B \rightarrow D$

图 7.47 用以容量分配的网络结构示意图

表 7.2 所有的分组到达率

源 点	目 的 地				
	A	**B**	**C**	**D**	**E**
A	—	0.935	9.340	0.610	2.940
B	0.935	—	0.820	0.131	0.608
C	9.34	0.820	—	0.628	2.400
D	0.61	0.131	0.628	—	0.735
E	2.94	0.608	2.400	0.735	—

解: 现在假设链路总的容量 $C = 38\,330$ b/s,将经过第 i 条链路的 γ_{ki} 值相加即可求得 λ_i;

$$\lambda_1 = \gamma_{A \rightarrow B} + \gamma_{A \rightarrow E} = 0.935 + 2.940 = 3.875$$

$$\lambda_2 = \lambda_1 = 3.875$$

同理,可以求得 λ_3、λ_4、$\cdots$、λ_{14} 即为

$$\lambda_4 = \lambda_3 = 9.95$$
$$\lambda_6 = \lambda_5 = 0.82$$
$$\lambda_8 = \lambda_7 = 0.131$$
$$\lambda_{10} = \lambda_9 = 3.548$$
$$\lambda_{12} = \lambda_{11} = 3.638$$
$$\lambda_{14} = \lambda_{13} = 3.153$$
$$\lambda = \sum_{i=1}^{N} \lambda_j = \lambda_1 + \lambda_2 + \cdots + \lambda_{14} = 50.23$$
$$\gamma = \sum_{i=1}^{N} \sum_{k=1}^{N} \gamma_{ki} = 38.33$$
$$\rho = \frac{\gamma}{\mu C} = \frac{38.33}{0.01 \times 38\,330} = 0.01$$
$$n = \frac{\lambda}{\gamma} = \frac{50.23}{38.33} = 1.31$$

把上述计算结果代入式(7-143),便可得各链路的最优容量(b/s)为

$$C_1 = C_2 = 3130$$
$$C_3 = C_4 = 5390$$
$$C_5 = C_6 = 1340$$
$$C_7 = C_8 = 517$$
$$C_9 = C_{10} = 2990$$
$$C_{11} = C_{12} = 3020$$
$$C_{13} = C_{14} = 2790$$

这时系统中的平均延时可利用式(7-145)得到,即

$$T = 0.045\mathrm{s}$$

7.2.5　随机接入系统分析

1. 概述

计算机网络就信道而言可分为两类,即采用点到点连接的网络和采用介质共享的广播信道的网络。在介质共享的广播网络中,关键的问题是:当信道的使用发生竞争时如何分配信道的使用权。广播信道又称多路访问信道或随机访问信道。在相关的通信协议中,有关广播信道分配部分属于数据链路层的子层,称为介质访问控制(MAC)子层,MAC 子层在局域网中尤为重要。

在竞争的多用户之间分配信道有静态分配与动态分配两种。由于静态分配方法不能有效地处理通信的突发性,必须采用信道动态分配。目前,已有多种广为人知的动态分配技术,如随机访问技术、集中式按需分配技术、分散按需分配技术和混合分配技术。各种技术又有多种算法,如图 7.48 所示。本节主要分析介质共享随机访问信道的基本性能。

随机访问的特征是访问信道的站没有严格的顺序,一个站次访问不需要其他站的协调,

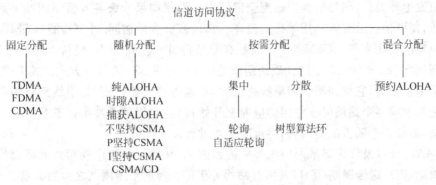

图 7.48 信道访问方式示意图

就可以自由传递其报文。也就是说,每一个站都能随机地传输其独立分组。因此,随机访问技术就是解决在多站共享信道系统中的冲突问题。最简单的协议是 ALOHA(Additive Link Online Hawaii System)协议,这是一个已被广泛使用的协议(有些文献称为阿罗华系统)。要发送信息的站完全无须检测信道状态,无论何时只要有数据送来就传输。当两个或更多分组重叠造成冲突时,冲突的分组将失效,并在一个随机时间段后再次重传。ALOHA 协议有两种类型,即纯 ALOHA 和时隙 ALOHA。一般来说,纯 ALOHA 协议的信道利用率较低,纯 ALOHA 为 0.18,时隙 ALOHA 为 0.368(有一种具有俘获能力的时隙 ALOHA,信道的最大利用率可达 0.53)。

一种能减少潜在冲突的 ALOHA 协议,称为载波侦听多址访问(Carrier Sense Multiple Access,CSMA)。与 ALOHA 协议相比,增加了传输前的监听动能。一个站在传输前监听信道,根据信道状况决定传输或等待。尽管增加了传输前的监听功能,冲突仍然可能发生,因为传播延迟并非零,而且站与站之间没有任何协调程序,但与 ALOHA 协议相比,CSMA 具有更好的性能。为了减少冲突中引起的带宽浪费,CSMA 协议增加了传输中的监听性能,一旦发生冲突,立即停止传输。这种带冲突检测的 CSMA 称为 CSMA/CD(带冲突的载波侦听多址访问协议)。

2. 坚持和非坚持 CSMA 方式

与 ALOHA 类似,在 CSMA 协议中没有中央控制器来协调对信道的访问,也没有时隙和频带的划分。有 3 种基本的 CSMA:不坚持方案、P—坚持方案和 I—坚持方案。在不坚持方案中,一个站检测到信道忙就不传送信号而监听传送介质,它在以后的时间按一定的概率分布延迟后重新安排传递。延迟后如果信道空闲,站就传送分组;反之则重复以上不坚持方案。在 P—坚持方案中,站检测到信道空闲,就以概率 P 传送分组;反之则以概率 $(1-P)$ 延迟传送。I—坚持方案,是 P—坚持方案的一个特例,即 $P=1$。这 3 种 CSMA 的主要不同在于终端检测信道后的处理方法不同。CSMA 协议成功地应用于以太局域网。

3. CSMA/CD 方式

1) CSMA/CD 传送原理

CSMA/CD 是上述 CSMA 访问方式的改进。上面 3 种 CSMA 存在一个相同的问题:

报文分组发生冲突后,仍然继续发送到全部结束。设想如果冲突各方检测到冲突后能及时停止发送,便可使信道有效利用率得到提高。载波侦听多址访问/冲突检测(CSMA/CD)就是依此原理改进而来的。CSMA/CD 也是有非坚持、P—坚持和 I—坚持 3 种。IEEE 制定的局域网标准 IEEE 802.3 中的介质访问就是按 I—坚持 CSMA/CD 方式。其工作原理是:当站点希望传送时,它就侦听。如果线路正忙,它就等待线路空闲,如果线路空闲就立即传输。要是两个或多个站同时在空闲的电缆上开始传输,它们就会冲突。于是所有冲突站点终止传送,等待一个随机的时间后,再重复上述过程。

　　CSMA/CD 以及许多局域网协议都采用如图 7.49 所示的概念模型。此概念模型描述了竞争周期(W)、送传周期(T)以及所有站均处于静止时的空闲周期之间的关系。在 t_0 处,一个站点已经完成了帧的传送,其他想要发送的站点现在都可以尝试发送,如果两个或两个以上的站点同时决定传送,将会产生冲突。站点利用检测回复信号的能量或脉冲宽度并将之与传送信号比较,就可判断是否产生了冲突。当一个站点检测到冲突后,它便取消传送,等待一个随机时间后,重新尝试传送(假定在此时并没有其他站点传送)。

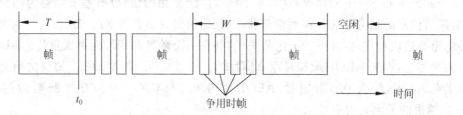

图 7.49　CSMA/CD 的 3 种状态:竞争、传输和空闲关系示意图

2) CSMA/CD 性能分析

下面分析在繁重业务(网络上所有 k 个站都有分组准备传送)假设下的 CSMA/CD 性能。

　　假设信道按 2τ 的时间间隔划分成时隙,τ 是信道单向传播的最大时延。应注意信道在繁重业务假设下,信道没有空闲,信道中成功和竞争时间间隔交替出现。前面假定冲突时间间隔宽度为 W,成功时间间隔的宽度等于一个分组帧的传送时间 T。因此,网络的利用率(或称吞吐量)是信道传送成功分组的时间函数,即

$$S = \frac{T}{T+W} \tag{7-146}$$

　　再假定一个用户站准备以概率 P 传送,或以概率 $1-P$ 延迟发送,并定义 A 为一个站成功传送的概率。假定在稳定繁重业务情况下,总是有 k 个站点准备发送,如果站点在竞争时隙内发送的概率为 P,此时 $k-1$ 个站点将会处于等待状态(以概率 $1-P$),则该时隙内某个站点获得信道成功传送的概率 A 为

$$A = kP(1-P)^{k-1} \tag{7-147}$$

　　令 B_T 为竞争时间间隔宽度内占 j 个时隙(每个时隙等于 2τ)的概率。例如,在第 1 个时隙有一个以上的站传送(以概率 $1-A$),下一个时隙有一个站要传送(以概率 A)的情况下,竞争时间间隔等于一个时隙。在第 1、2 两个时隙有一个以上的站传送,在第 3 个时隙有一个站传送,则竞争时间间隔等于两个时隙,以此类推,所以 B_j 等于前 j 个时隙有一个以上的站传送而随后的第 $j+1$ 个时隙有一个站传送的概率,即

$$B_T = (1-A)^j A \tag{7-148}$$

则竞争间隔的平均时隙数 $\overline{B}$ 为

$$\overline{B} = \sum_{j=0}^{\infty} j B_{\mathrm{T}} = \frac{1-A}{A} \qquad (7\text{-}149)$$

前面已假设每个时隙持续 2τ，则 W 为

$$W = 2\tau\overline{B} \qquad (7\text{-}150)$$

代入吞吐量式(7-146)为

$$S = \frac{T}{T + 2\tau\overline{B}} \qquad (7\text{-}151)$$

由式(7-147)，当 $P=1/k$ 时，A 为最大值，可得

$$A_{\max} = (1 - 1/k)^{k-1} \qquad (7\text{-}152)$$

当 k 趋向于无穷大时 $A_{\max}$ 趋于 e^{-1}。当 $\overline{B} = (\mathrm{e}-1)$ 时 $W = 2\tau(\mathrm{e}-1) = 3.4\tau$，可得信道吞吐量 S 为

$$S = \frac{T}{T + 3.4\tau} = \frac{1}{1 + 3.4\alpha} \qquad (7\text{-}153)$$

其中，$\alpha = \tau/T$。

由上可见，当 α 趋于零时，信道利用率趋于单位 1；当 α 趋于无穷大时，信道利用率趋于零。实际中常常期望 $\alpha < 0.1$。对于给定电缆长度（即给定 τ）、信道传输速率，则 α 反比于分组长度 L。增加 L 使 α 减少，信道吞吐量增加；减少 L 使 α 增加，信道吞吐量减少。由此可以看出，两站点间的最大电缆长度会影响信道的效率。所以 IEEE 802.3 针对不同电缆长度有不同的版本和不同的电缆拓扑。

例 7.18 有一个采用 CSMA/CD 的 802.3 的局域网，有 500 个站点连接到 500m 的网段上，假设数据传输率为 10Mb/s，时隙宽度为 $51.2\mu s$，所有站点按相等概率传输，求分组中帧为 512B 的通道利用率 S。

解：信道成功传输的时间间隔 T：

$$T = \frac{512 \times 8}{10\mathrm{Mb/s}} \approx 410\mu s$$

竞争时间间隔 W 为

$$W = 3.4\tau = 87.04\mu s$$

信道利用率 S 为

$$S = \frac{410}{410 + 87.04} = 82.5\%$$

7.2.6 ATM 网络分析

1. ATM 业务流模型

ATM 是采用固定长度信元，面向连接的交换系统，当然，这不是物理连接，而是一种虚连接(VC)。对于虚连接方式，不仅有像电路交换那样的在连接建立期间引起的阻塞，而且还有消息传送期间引起的阻塞——传送阻塞。

1) 输入信元的到达过程

输入信元的到达过程是具有独立的贝努利过程和几何分布的突发过程。对于每个输入端口，每个时隙的信元到达率，也就是输入线的负荷。这种贝努利过程是独立的和等同分布

的贝努利过程。

on/off 模型是描述突发过程的一种简单模型,如图 7.50(a)所示,图中突发(Burst)与静止(Silence)交替出现,1 个突发含 6 个信元,目的地址均为 2,另一个突发含 4 个信元,目的地址均为 3。图 7.50(b)表示状态 on 与状态 off 之间的概率转移关系。在 on 状态下,转移到 off 状态的概率是 P,仍保持原状态的概率为 $1-P$;在 off 状态,转移到 on 状态下的概率为 Q,保持原状态的概率是 $1-Q$。

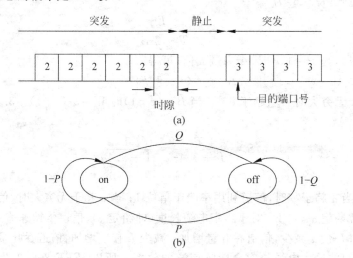

图 7.50 on/off 业务流模型图

"突发"的长度是具有参数 P 的几何分布,一个"突发"持续 k 个时隙的概率为

$$B(k) = P(1-P)^{k-1} \quad k \geqslant 1 \tag{7-154}$$

$k \geqslant 1$ 表示每个"突发"至少持续一个时隙,即至少一个信元。"突发"的平均长度为

$$A = \sum_{k=1}^{\infty} KB(k) = \frac{1}{P} \tag{7-155}$$

"静止"的长度是具有参数 Q 的几何分布,一个"静止"持续 k 个时隙的概率为

$$I(k) = Q(1-Q)^k \tag{7-156}$$

"静止"的持续时隙数 k 可以等于 0,表明一个突发可以紧接一个突发而无静止期,这相当于两个不同流的复用,当然两个突发的目的端口不同。

"静止"的平均长度为

$$B = \sum_{k=0}^{\infty} KI(k) = \frac{1-Q}{Q} \tag{7-157}$$

每条入线负荷为

$$\rho = \frac{A}{A+B} = \frac{1}{P} \Big/ \Big(\frac{1}{P} + \frac{1+Q}{Q} \Big) = \frac{Q}{Q+P-PQ} \tag{7-158}$$

上述突发过程也可称为中断的贝努利过程。

2) 信元输出的分配过程

信元输出的分配过程可有均匀型和非均匀的 Hot-Spot 型。

(1) 均匀型。

均匀型是输入信元的目的地址是独立而均匀分布在所有输出端之间,也就是对于 N 个输出而言,输入信元以 $1/N$ 的概率选择每个输出端。

（2）Hot-Spot 型。

Hot-Spot 型是指有很多输入端口的信元都要送往某个输出端口（即 Hot-Spot 上）,呈现不均匀的业务流。

设输入端口的信元到达率为 ρ,则有

$$\rho = \rho h + \rho(1-h) \tag{7-159}$$

h 相当于去向 Hot-Spot 的百分比,也就是有 ρh 个信元去向 Hot-Spot 上,$\rho(1-h)$ 个信元则均匀分布在所有输出端口。

3）常用业务流模型

由于业务流模型包含输入过程和输出过程,常用的业务流模型有以下 3 种:

（1）均匀业务流。

输入过程为独立的贝努利分布,输出分配过程为均匀型的业务流,称为均匀业务流模型。均匀业务流模型也称为随机业务流。除去这种均匀业务流外,其余均为非均匀业务流模型。

均匀业务流便于交换结构的数学模型分析,在实用上对于骨干网交换节点具有分配级的交换结构也颇为接近于均匀分配型。

（2）突发业务流。

突发业务流是指输入过程为突发型,但每个突发（包含相同输出端地址的一组信元）的目的地址仍是从 N 个输出地址中均匀选择。

（3）Hot-Spot 业务流。

Hot-Spot 业务流是指输入过程为独立的贝努利分布,但输出的分配是不均匀的。

2. ATM 交换性能分析

缓冲策略或称排队策略是对 ATM 交换性能具有重要影响的。缓冲策略包括缓冲器设置方式、缓冲器的数量、队列的存取控制及缓冲器的管理。缓冲器的设置方式简称缓冲方式。缓冲方式分为外部缓冲和内部缓冲两大类。外部缓冲是指缓冲器设在交换结构的外部,内部缓冲是指缓冲器设在交换结构的内部。排队缓冲器是为了在多个信元随机竞争的情况下减少信元丢失,而竞争又分为出线竞争和内部竞争。由于在外部缓冲方式中,缓冲器不在交换结构的内部,因而这时 ATM 的内部应是一个没有竞争的无阻塞网络。对于有内部竞争的网络应采用内部缓冲方式,外部缓冲主要有输入缓冲、输出缓冲、输入与输出缓冲、环回缓冲等 4 种方式,内部缓冲又有交叉点缓冲、共享缓冲及输入或输出缓冲等方式。这里重点介绍输入缓冲和输出缓冲方式的原理与性能。

1）输入缓冲性能分析

输入缓冲一般采用简单的先进先出的排队规则。当入线上每个时隙到来时,各个非空输入队列的队首信元进行竞争的仲裁,在竞争中失败的信元暂时留在输入缓冲器中,等待下一轮的竞争和传送。

输入缓冲存在排头阻塞现象（HOI）。HOI 阻塞是指在发生出线竞争时,排在竞争中失败的信元之后的去向空闲出线的信元也不能传送的现象。图 7.51 给出了说明 HOI 阻塞的示例。缓冲器内的数字表

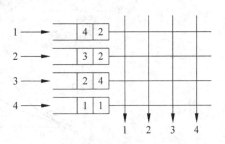

图 7.51　HOI 阻塞现象示意图

示该信元要去的端号码,入线 1 与入线 2 缓冲器中排头信元均要传送到出端 2,造成竞争。假定入线 2 在竞争中失败,队首信元仍留在缓冲器中等待下一轮机会。此时,出线 3 在该时隙内空闲,无信元传送,而在入线 2 队列中第 2 个信元明明是要到出线 3,由于排头信元在竞争中失败以及 FIFO 规则,因此也不能传送,这就是 HOI 阻塞。由于 HOI 阻塞,会使出线的传送率降低。这里用吞吐量率来表征信元通过的效率,可理解为在一个时隙内平均每条出线传送的信元数。显然,吞吐率最大为 1。经分析,吞吐率与 N 的关系为

$$吞吐率 = 1 - \left(1 - \frac{\rho}{N}\right)^N \tag{7-160}$$

分析表明,在随机的均匀业务流模型下,当入线数 N 很大时,采用 FIFO 规则的输入缓冲方式的吞吐率为 0.586。表 7.3 表示各种 N 值对应的吞吐率。

表 7.3 输入缓冲方式的吞吐率

N	吞 吐 量	N	吞 吐 量
1	1	6	0.6302
2	0.7500	7	0.6234
3	0.6825	8	0.6184
4	0.6553	9	0.5858
5	0.6399		

由分析还可以得出,对于没有缓冲器的无阻塞交换结构的最低吞吐率为 0.632。这表示具有输入缓冲器的无阻塞结构的吞吐率还不如无缓冲器的吞吐率,这里由于输入缓冲的 HOI 阻塞引起的。不过要注意,不具有输入缓冲的无阻塞结构的吞吐率是以增加信元丢失率为代价的。例如,当 $\rho=0.5$,对于没有输入缓冲的无阻塞结构,当 $N \to \infty$(吞吐率等于 0.632)时,信元丢失率高达 0.213。相比较,每个输入缓冲器的容量不小于 20,信元丢失率低于 10^{-6}。

分析还得到了当 $N \to \infty$,信元的平均延时与入线的负荷 ρ 的关系为

$$Q = \frac{(2-\rho)(1-\rho)}{(2-\sqrt{2}-\rho)(2+\sqrt{2}-\rho)} - 1 \tag{7-161}$$

当 ρ 增大时,平均时延也增加。例如,$\rho=0.5$,平均延时约为 2 个时隙。当 ρ 超过 0.5 后,平均延时急剧增加。如果 N 减小,则在同样的 ρ 值,平均延时下降,其关系曲线如图 7.52 所示。

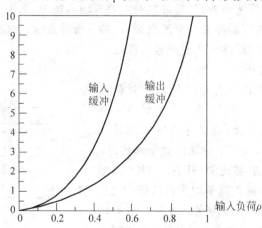

图 7.52 信元平均时延与 ρ 的关系曲线图

2) 输出缓冲性能分析

输出缓冲是在每一条出线上设置缓冲器,如图 7.53 所示。

为了解决出线竞争,理想的输出缓冲器最好是每一个输出端能够同时接收所有端发来的信元。也就是说,当入线数为 N 时,考虑到最不利情况,希望每个出线在一个时隙最多可接收 N 个信元。要做到这一点,就要提高处理速度和存储器的访问速度,于是引入加速因子(Speed-up Factor)的概念。但应注意,尽管在同一时隙

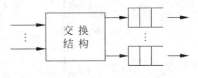

图 7.53 输出缓冲器结构

可能有多个信元进入同一出端的缓冲器,但出端的速率仍保持不变,每个时隙只向外发送一个信元。

加速因子等于 N 时,完全消除了出线竞争,吞吐率可为 1,但对速率要求较高。为此,可使加速因子小于 N,如等于 $K(1<K<N)$。这样,每个出端同时最多只接收 K 个信元,如果有高于 K 个信元去向同一出口,就要按一定准则选取其中的 K 个信元,其余的信元就将丢弃。所以应选取合适的 K 值,以保持较好的性能。

输出缓冲方式不存在 HOI 阻塞现象,在合适的加速因子取值下可以得到高吞吐率和良好的性能。图 7.54 表示 K 等于 2 或 4 时,输出缓冲的吞吐率随输入负荷 ρ 而变化的情况。

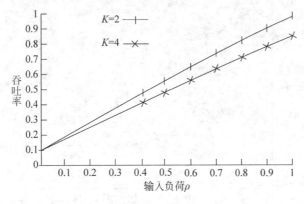

图 7.54 输出缓冲的吞吐率曲线图

图 7.55 和图 7.56 分别表示输出缓冲时,平均延时随 ρ 的变化曲线和信元丢失率随输出缓冲器容量变化的曲线。显然,ρ 越大,延时越大,即平均等待时间越大;缓冲器容量越大,信元丢失率越低。

分析还表明,突发业务对输出缓冲性能的影响比对输入缓冲的影响更大。当缓冲器容量 B 为 64 时,为使信元丢失率不低于 10^{-6},当突发长度 L 为 8,输入负荷只能为 0.1。而对于一般的输入缓冲,在相同条件下,输入负荷可为 0.2 左右。为了提高输入负荷,可增加缓冲容量。但模拟表明,增加缓冲容量带来信元丢失的效果抵不上突发长度增加所产生的不利影响。例如,使信元丢失率定为 10^{-6},当 $L=1,B=16$,此时 ρ 为 0.65,而当 $L=8$,即使 B 也增加 8 倍为 128,此时 ρ 也仅为 0.35。

3) 输入与输出缓冲性能分析

前已述及,采有输出缓冲时,如果加速因子小于 N,会产生信元丢失。如果同时在入端也设置缓冲器,在发生出线竞争时,受加速因子限制而不能同时传送到出端缓冲器的信元可

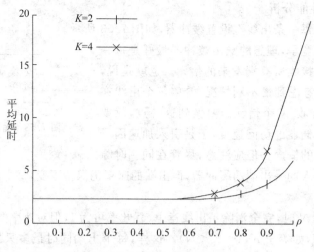

图 7.55 输出缓冲的平均延时曲线图

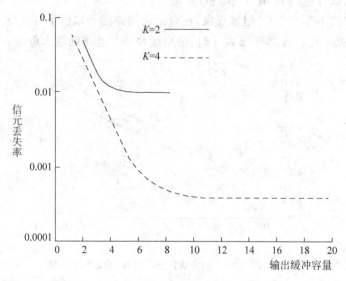

图 7.56 输出缓冲的信元丢失率曲线图

以暂时保存在入端缓冲器,从而避免了信元的丢失,这就是输入与输出缓冲方式。这时的入端缓冲器的容量并不需要太大。表 7.4 说明在不同加速因子条件下当 $N \to \infty$ 时的吞吐率。

表 7.4 输入与输出缓冲的吞吐率

K	吞 吐 量	K	吞 吐 量
1	0.5858	5	0.9993
2	0.8845	6	0.9999
3	0.9755	∞	1.0000
4	0.9956		

在一定缓冲总容量下,存在一个最佳的输入缓冲与输出缓冲的分配关系,使分组丢失最小。

习题

7.1 试解释以下概念:

(1) 图　　(2) 有向图　　(3) 无向图　　(4) 有权图　　(5) 链路

(6) 路径　　(7) 回路　　(8) 连通图　　(9) 非连通图　　(10) 子图

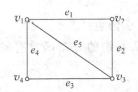

图 7.57　求支撑树

7.2 什么是树?树有哪些性质?

7.3 什么是可行流?

7.4 什么是最大流量—最小流量定理?

7.5 试求图 7.57 的完全关联矩阵 $M(G)$ 和邻接矩阵 $A(G)$。

7.6 试求图 7.57 所示的图的支撑树的数量,并列举所有支撑树。

7.7 有一个 n 个点的全连通图。试证:两个固定点之间的路径数

为 $1 + \sum_{k=1}^{n-2} \dfrac{(n-2)!}{(n-k-2)!}$。

7.8 已知一个图的邻接矩阵为

$$A = \begin{bmatrix} 0 & 1 & 0 & 1 & 0 \\ 1 & 0 & 0 & 1 & 1 \\ 0 & 0 & 0 & 1 & 1 \\ 1 & 1 & 1 & 0 & 1 \\ 0 & 1 & 1 & 1 & 0 \end{bmatrix}$$

画出这个图。

7.9 已知一个图的权值矩阵为

$$\begin{array}{c} & \begin{array}{cccccc} v_1 & v_2 & v_3 & v_4 & v_5 & v_6 \end{array} \\ \begin{array}{c} v_1 \\ v_2 \\ v_3 \\ v_4 \\ v_5 \\ v_6 \end{array} & \begin{bmatrix} 0 & 1 & 2 & 3 & 2 & 1 \\ 1 & 0 & 1 & 2 & 3 & 2 \\ 2 & 1 & 0 & 1 & 2 & 3 \\ 3 & 2 & 1 & 0 & 1 & 2 \\ 2 & 3 & 2 & 1 & 0 & 1 \\ 1 & 2 & 3 & 2 & 1 & 0 \end{bmatrix} \end{array}$$

(1) 用 P 算法求最小支撑树。

(2) 用 K 算法求最小支撑树。

(3) 限制条件为任意两点间通信的转换次数不超过 2 的最小支撑树。

画出这个图,并求出各点之间的最小有向径长。

7.10 试用 K 算法和 P 算法分别求图 7.58 所示的最小支撑树。

7.11 图 G 有 6 个点,给出它的权值矩阵为

$$\begin{array}{c} & \begin{array}{cccccc} v_1 & v_2 & v_3 & v_4 & v_5 & v_6 \end{array} \\ \begin{array}{c} v_1 \\ v_2 \\ v_3 \\ v_4 \\ v_5 \\ v_6 \end{array} & \begin{bmatrix} 0 & 2 & 1 & 5 & 2 & \infty \\ 2 & 0 & 1 & \infty & \infty & 3 \\ 1 & 1 & 0 & 4.5 & 6 & \infty \\ 5 & \infty & 4.5 & 0 & \infty & 7 \\ 2 & \infty & 6 & \infty & 0 & 2 \\ \infty & 3 & \infty & 7 & 2 & 0 \end{bmatrix} \end{array}$$

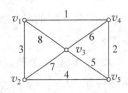

图 7.58　求最小支撑树示例图

(1) 用 D 算法求 v_1 到其他各点的最短径长和路由。

(2) 用 F 算法求最短径矩阵和路由矩阵,并确定 v_3 到 v_5 和 v_3 到 v_6 的最短径长和路由。

(3) 求图的中点和中心。

7.12　试编出 D 算法和 F 算法的计算机计算程序,并计算 7.11 题进行验证。

7.13　什么是排队论? 研究排队论的目的是什么?

7.14　话务量具有什么特征? 什么是忙时话务量。

7.15　排队系统的 3 个基本参数是什么? 对随机服务系统有什么影响?

7.16　泊松分布的 3 个条件是什么? 满足这 3 个条件的排队系统的分布函数有何特征?

7.17　排队系统的指标有哪些?

7.18　爱尔兰呼损公式的意义是什么?

7.19　什么是呼损系统和溢呼系统?

7.20　什么是分组交换网的延时? 如何计算节点间的延时和网络的平均延时。

7.21　链路最佳容量分配的含义是什么?

7.22　如何利用排队论对随机接入系统和 ATM 网进行分析?

7.23　求截止队长为 2 的 $M/M/1$ 排队系统的暂态概率 $P_i(k,t)$,其中 i 是起始($t=0$)的队长,k 为 t 时的队长。

7.24　求 $M/M/m(n)$ 排队系统中等待时间 W 的概率密度函数。

7.25　某户小交换机平均每小时有 20 个用户打外线电话,其过程满足简单流条件。分别求用户打外线电话间隔 5min 和 10min 的概率。

7.26　某电话交换机为即时拒绝系统,其有 20 条中继线,假设用户满足最简单流条件,平均呼叫率为 400 次/h,呼叫占用时间服从指数分布,且每次呼叫平均占用 3min。求该交换机中继线的呼叫阻塞率和利用率。

7.27　有一个 3 点 v_1、v_2 和 v_3 两边 $e_1(v_1,v_2)$ 和 $e_2(v_2,v_5)$ 的树状网。v_1 到 v_3 的业务由 v_2 转接。设所有端之间的业务到达率均为 λ,线路的服务率均为 μ 的 $M/M/1$ 系统,当采用即时拒绝方式时,求:

(1) 各点间的业务呼损。

(2) 网的总通过量。

(3) 线路的利用率。

7.28　AB 间的直达话务量 $A=30$Erl,迂回路由 AT 中的基础话务量为 15Erl,AB 间的高效直达路由的电路数为 20,迂回路由的呼损为 0.01,求迂回路由 AT 所需要的电路数。

7.29　设分组数据到达率为 5(分组/s),平均分组的长度为 500bit,链路容量为 $C=9600$b/s。求分组的平均延时。若分组正确且传送的概率为 0.9 时,分组的平均延时又为多少?

7.30　设有 3 个节点的网络如图 7.59 所示,到达率依次为 $\gamma_{12}=1$ 分组/s、$\gamma_{13}=2$ 分组/s、$\gamma_{23}=2$ 分组/s、$\gamma_{21}=3$ 分组/s、$\gamma_{31}=3$ 分组/s、$\gamma_{32}=4$ 分组/s。分组平均长度为 1000bit,链路容量均为 64kb/s,求该网的平均延时。

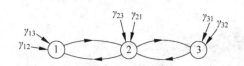

图 7.59　3 个节点网络示意图

7.31　若网的结构和链路选择的规则如图 7.47 所示,到达率如表 7.5 所示,假设总的链路容量 C 为 64kb/s,平均分组长度为 150bit,求各链路的最优容量和系统的平均延时。

表 7.5　分组数据到达率　　　　　　　　　　　　(分组/s)

源	目 的 地				
	A	B	C	D	E
A	—	0.90	8.34	0.51	1.94
B	0.90	—	0.72	0.13	0.508
C	8.34	0.72	—	0.528	1.4
D	0.51	0.13	0.528	—	0.635
E	1.94	0.508	1.40	0.635	—

第8章

通信网的可靠性

在信息社会中,通信网的可靠性十分重要。可靠性欠佳的通信网容易出现通信中断一类的故障,一旦造成通信中断将会给经济、社会各方面带来严重影响。随着通信网的不断发展,通信网的可靠性问题逐渐受到人们的重视,对通信网可靠性的研究工作也逐步深入。在通信网的设计和维护中,可靠性是一项重要的性能指标。

由于现代通信网是通信和电子计算机技术组成的庞大而复杂的综合体,由众多的部件、设备、子系统及系统构成,因而对通信网的可靠性研究是一个具有重大实际意义而又十分复杂的课题,虽然这方面的研究已取得了很大的进展,但随着通信网的迅速发展,仍有许多重要的问题亟待研究解决。

可靠性理论是 20 世纪 70 年代后发展起来的一门综合性、边缘性学科,主要研究产品的寿命,涉及基础科学、技术科学和管理科学等领域。这里的产品可以泛指系统、子系统、设备、部件、元器件等可靠性研究对象。可靠性理论主要包括 3 个技术领域:可靠性工程——系统的可靠性分析、设计与评价等;可靠性分析——失效研究和纠正措施;可靠性数学,这是可靠性理论基础。

本章首先介绍可靠性数学的基本概念,然后讨论局间通信的可靠性分析计算方法,最后介绍通信网可靠性设计方法及研究的一些成果。

8.1 可靠性数学基本概念

可靠性数学是可靠性理论的基础。一个产品的可靠性定义为该产品在给定条件下和规定时间内完成规定功能的能力。当产品丧失了这种能力时就是出了故障。由于产品出现故障的随机性,研究产品的可靠性要使用概率论和数理统计的方法。因此,可靠性数学是应用概率和数理统计的一个重要分支。

可靠性研究的对象可分为两大类:可修复产品和不可修复产品。可修复产品出现故障后可以进行修复,它可以从正常状态转换到失效状态,也可从失效状态转换到正常状态。不可修复产品出现故障后就要废弃了,因此它只能从正常状态转移到失效状态。在通信网中,这两类产品都是存在的。如电子元器件、程控交换机中的成块印制板、人造卫星等都是不可修复产品,而更多的设备、系统等则是可修复产品,这两类产品又可称为可修复系统和不可修复系统,这里的系统泛指各种可靠性研究的对象。

8.1.1 不可修复系统的可靠性

不可修复系统的可靠性可以用可靠度、不可靠度、平均寿命来描述。

1. 单部件系统

（1）可靠度。

可靠度是产品在给定条件下和规定时间内完成规定功能的概率，用 $R(t)$ 表示。若用一非负随机变量 n 描述产品的寿命，则可靠度 $R(t)$ 可定义为

$$R(t) = P\{x > t\} \tag{8-1}$$

即该产品在 $[0,t]$ 时间间隔内不失效的概率。

为了得到产品的可靠度，必须首先知道该产品的寿命分布函数。常见的连续型寿命分布函数有指数分布、伽玛分布、威布尔分布等。一般的电子元件等都是具有指数形式的寿命分布函数，即可表示为

$$F(t) = P(x \leqslant t) = 1 - e^{-\lambda t} \quad t \geqslant 0, \lambda > 0 \tag{8-2}$$

式中 λ——产品的失效率。

为了研究问题的简便，可假设 λ 与时间 t 无关。

根据可靠度的定义，可以求得具有指数型寿命分布函数的产品可靠度为

$$R(t) = P(x > t) = 1 - F(t) = e^{-\lambda t} \tag{8-3}$$

（2）不可靠度。

从可靠度 $R(t)$ 与寿命分布函数 $F(t)$ 的关系可以看出，$F(t)$ 即为产品的不可靠度，即

$$F(t) = 1 - R(t) = 1 - e^{-\lambda t} \tag{8-4}$$

（3）产品的平均寿命。

非负随机产量 x 的密度函数为

$$f(t) = \frac{\mathrm{d}F(t)}{\mathrm{d}t} = -\frac{\mathrm{d}R(t)}{\mathrm{d}t} = \lambda e^{-\lambda t} \tag{8-5}$$

产品的平均寿命可以用概率论中求均值的方法得到，即

$$T = \int_0^\infty t f(t) \mathrm{d}t \tag{8-6}$$

在求产品的平均寿命时，经常使用的公式是

$$T = \int_0^\infty R(t) \mathrm{d}t \tag{8-7}$$

此式的证明可参阅《可靠性数学》一书以及其他书籍。

2. 串联系统

复杂的系统往往由多个器件、部件或子系统组成。当若干个具有指数寿命分布函数的不可修复产品串联时，可以方便地求出该串联系统的可靠度。

图 8.1(a) 是 n 个部件串联的系统，各部件是相互独立的，当部件中有一个失效时，该串联系统就失

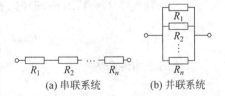

(a) 串联系统   (b) 并联系统

图 8.1 串联系统与并联系统示意图

效。设各个部件的寿命为 x_i,可靠度为 $R_i(t)(i=1,2,\cdots,n)$。该串联系统的寿命 x 是 n 个部件的寿命 x_i 中的最小值,即

$$x = \min\{x_1,x_2,\cdots,x_n\} \tag{8-8}$$

该串联系统的可靠度根据定义,有

$$R(t) = P\{x > t\} = P\{\min(x_1,x_2,\cdots,x_n) > t\}$$
$$= P\{x_1 > t,x_2 > t,\cdots,x_n > t\}$$

$$= R_1(t) \cdot R_2(t) \cdot R_3(t) \cdot \cdots \cdot R_n(t) = \prod_{i=1}^{n} R_i(t) \tag{8-9}$$

当 $R_i(t) = e^{-\lambda_i t}(i=1,2,\cdots,n)$ 时,有

$$R(t) = \prod_{i=1}^{n} e^{-\lambda_i t} = e^{-(\lambda_1+\lambda_2+\cdots+\lambda_n)t}$$

$$= \exp\left(-t\sum_{i=1}^{n}\lambda_i\right) \tag{8-10}$$

串联系统的平均寿命为

$$T = \int_0^\infty R(t)\,\mathrm{d}t = \int_0^\infty \exp\left(-t\sum_{i=t}^{n}\lambda_i\right)\mathrm{d}t = \frac{1}{\sum_{i=1}^{n}\lambda_i} \tag{8-11}$$

当 $\lambda_1=\lambda_2=\cdots=\lambda_n$ 时,有

$$\left.\begin{array}{l} R(t) = \exp(-\lambda nt) \\[2mm] T = \dfrac{1}{n\lambda} \end{array}\right\} \tag{8-12}$$

3. 并联系统

图 8.1(b)是由 n 个部件组成的并联系统,各部件相互独立,当 n 个部件全部失效时该并联系统才失效,若各部件的寿命和可靠度分别为 x_i 和 $R_i(t)(i=1,2,\cdots,n)$,则并联系统的寿命为

$$x = \max\{x_1,x_2,\cdots,x_n\} \tag{8-13}$$

可靠度为

$$R(t) = P\{\max(x_1,x_2,\cdots,x_n) > t\}$$
$$= 1 - P\{\max(x_1,x_2,\cdots,x_n) \leqslant t\}$$
$$= 1 - P\{x_1 \leqslant 1,x_2 \leqslant t,\cdots,x_n \leqslant t\}$$
$$= 1 - \prod_{i=1}^{n}[1-R_i(t)] \tag{8-14}$$

当 $R_t(t) = e^{-\lambda_i t}(i=1,2,\cdots,n)$ 时,有

$$R(t) = 1 - \prod_{i=1}^{n}[1-e^{-\lambda_i t}] \tag{8-15}$$

系统的平均寿命为

$$T = \int_0^\infty R(t)\,\mathrm{d}t = \int_0^\infty\left\{1 - \prod_{i=1}^{n}[1-e^{-\lambda_i t}]\right\}\mathrm{d}t \tag{8-16}$$

当 $n=2$ 时,可以得到并联系统的可靠度和平均寿命分别为

$$R(t) = \mathrm{e}^{-\lambda_1 t} + \mathrm{e}^{-\lambda_2 t} - \mathrm{e}^{-(\lambda_1+\lambda_2)t}$$
$$T = \frac{1}{\lambda_1} + \frac{1}{\lambda_2} - \frac{1}{\lambda_1+\lambda_2} \tag{8-17}$$

当 $n=3$ 时,并联系统的可靠度和平均寿命分别为

$$R(t) = \mathrm{e}^{-\lambda_1 t} + \mathrm{e}^{-\lambda_2 t} + \mathrm{e}^{-\lambda_3 t} - \mathrm{e}^{-(\lambda_1+\lambda_2)t} - \mathrm{e}^{-(\lambda_1+\lambda_3)t} - \mathrm{e}^{-(\lambda_2+\lambda_3)t} + \mathrm{e}^{-(\lambda_1+\lambda_2+\lambda_3)t}$$
$$T = \frac{1}{\lambda_1} + \frac{1}{\lambda_2} + \frac{1}{\lambda_3} - \frac{1}{\lambda_1+\lambda_2} - \frac{1}{\lambda_1+\lambda_3} - \frac{1}{\lambda_2+\lambda_3} + \frac{1}{\lambda_1+\lambda_2+\lambda_3} \tag{8-18}$$

当 $\lambda_1 = \lambda_2 = \cdots = \lambda_i = \lambda$ 时,有

$$R(t) = 1 - (1 - \mathrm{e}^{-\lambda t})^n$$
$$T = \int_0^\infty R(t)\,\mathrm{d}t = \int_0^\infty \left[1 - (1 - \mathrm{e}^{-\lambda t})^n\right]\mathrm{d}t \tag{8-19}$$

令 $y = 1 - \mathrm{e}^{-\lambda t}$,$\mathrm{d}y = \lambda \mathrm{e}^{-\lambda t}\mathrm{d}t$,$\mathrm{d}t = \dfrac{1}{\lambda \mathrm{e}^{-\lambda t}}\mathrm{d}y = \dfrac{1}{\lambda} \cdot \dfrac{1}{1-\lambda}\mathrm{d}y$

当 $t=0$ 时,$y=0$;当 $t \to \infty$ 时 $y=1$,故有

$$T = \frac{1}{\lambda}\int_0^\infty \frac{1-y^n}{1-y}\,\mathrm{d}y = \frac{1}{\lambda}\int_0^\infty \left[1 + y + y^2 + \cdots + y^{n-1}\right]\mathrm{d}y$$
$$= \frac{1}{\lambda}\left[1 + \frac{1}{2} + \frac{1}{3} + \cdots + \frac{1}{n}\right] = \sum_{i=1}^n \frac{1}{i\lambda} \tag{8-20}$$

例 8.1 由 5 个部件组成一个系统,试分别计算组成串联系统和并联系统的可靠度和平均寿命,已知各部件的寿命均服从指数分布,失效率均为 λ。

解:当 5 个部件组成串联系统时,根据式(8-12)可得

$$R(t) = \mathrm{e}^{-5\lambda t}$$
$$T = \frac{1}{5\lambda}$$

当 5 个部件组成并联系统时,根据式(8-19)和式(8-20)可得

$$R(t) = 1 - (1 - \mathrm{e}^{-\lambda t})^5$$
$$T = \sum_{i=1}^5 \frac{1}{i\lambda} = \frac{137}{60\lambda}$$

从计算结果可知,由 5 个部件组成的并联系统比串联系统的平均寿命要长得多,故并联系统的可靠性高于串联系统的可靠性。

例 8.2 集成电路的元件有一万个,每个元件的寿命为 10^{10} h,当这些元件串联时求该集成电路的平均寿命。

解:由式(8-12)可得

$$T = \frac{1}{n\lambda} = \frac{1}{n} \times 10^{10} = 10^6 \,(\mathrm{h})$$

可见,该集成电路的平均寿命大大低于每个元件的寿命。因此,在进行系统、网络或电路的设计时,要尽量避免采用多次串联的方式。

4. 复杂系统的可靠度

一般的系统并不只是由多部件串联或并联组成的,而是串并联混合或更复杂的系统,这些系统的可靠度都可通过等效系统的方法等效成串联和并联系统,再通过串联、并联系统可

靠度的计算方法得到。下面通过图 8.2(a)所示系统的可靠度求解说明复杂系统可靠度的求解方法。

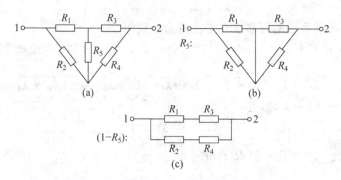

图 8.2　复杂系统的可靠度求解

要求解图 8.2(a)中的 1 与 2 两点之间的可靠度,可以分别考虑 R_5 的运行状态,若该部件运行,系统可等效为图 8.2(b),即此部件相当于短路,其概率为 R_5,若该部件失效,系统可等效为图 8.2(c),即此部件相当于开路,其概率为 $1-R_5$,已知串联系统的可靠度为

$$R(t) = R_1(t) \cdot R_2(t) \cdot \cdots \cdot R_n(t) = \prod_{i=1}^{n} R_i(t)$$

并联系统的可靠度为

$$R(t) = 1 - \prod_{i=1}^{n} [1 - R_i(t)] = 1 - \prod_{i=1}^{n} F_i(t)$$

故可得该复杂系统的可靠度为

$$
\begin{aligned}
R =\ & R_5(1-F_1F_2)(1-F_3F_4) + (1-R_5)[1-(1-R_1R_3)(1-R_2R_4)] \\
=\ & R_5[1-(1-R_1)(1-R_2)][1-(1-R_3)(1-R_4)] \\
& + (1-R_5)[1-(1-R_1R_3)(1-R_2R_4)] \\
=\ & R_5(R_1+R_2-R_1R_2)(R_3+R_4-R_3R_4) + (1-R_5)(R_1R_3+R_2R_4-R_1R_2R_3R_4) \\
=\ & R_1R_3 + R_2R_4 - R_1R_2R_3R_4 + R_5(R_1R_4+R_2R_3-R_1R_3R_4 \\
& - R_2R_3R_4 - R_1R_2R_3 - R_1R_2R_4 + 2R_1R_2R_3R_4)
\end{aligned}
$$

8.1.2　可修复系统的可靠性

可修复系统的可靠性可以用可靠度 $R(t)$ 和平均寿命 T 来表述,$R(t)$ 和 T 的定义如前所述,也可以用可用度 A、不可用度 $U=1-A$、平均故障间隔时间 MTBF 和平均故障修复时间 MTTR 来表示。可修复系统在出现故障后能够进行修理,修复后的系统完好如初,故可修复系统可以从正常运行状态转移到故障状态,也可以从故障状态转移到正常运行状态。可修复系统可用二值函数 $X(t)$ 来描述,令

$$X(t) \begin{cases} 1 & \text{若时刻 } t \text{ 系正常} \\ 0 & \text{若时刻 } t \text{ 系故障} \end{cases} \quad t \geqslant 0 \tag{8-21}$$

则

$$A(t) = P\{X(t) = 1\} \tag{8-22}$$

是系统在 t 时刻处于正常状态的概率,称为系统在时刻 t 的瞬时可用度。

若极限为

$$A = \lim_{t \to \infty} A(t) \tag{8-23}$$

存在,则称 A 为系统的稳定可用度,称

$$U = 1 - A \tag{8-24}$$

为系统稳态时的不可用度。

在工程中,对于可修复产品,人们更感兴趣的稳态可用度 A,它表示产品经过一段时间运行到达稳态后,有 A 的时间比例处于正常运行状态。

1. 单部件系统的可用度

用 X 表示部件的寿命,用 Y 表示部件出现故障后的修复时间,设 X、Y 均服从指数分布,即

$$P\{X \leqslant t\} = 1 - e^{-\lambda t} \quad t \geqslant 0 \quad \lambda = 0$$
$$P\{Y \leqslant t\} = 1 - e^{-\mu t} \quad t \geqslant 0 \quad \lambda = 0 \tag{8-25}$$

式中 λ, μ——分别为部件的失效率和修复率。

由于 X、Y 均服从指数分布规律,且 X、Y 相互独立,故 t 时刻后系统的转移概率只与 t 时刻系统所处的状态有关,而与 t 时刻以前的状态无关。设 $A(t+\Delta t)$ 和 $A(t)$ 分别为 $t+\Delta t$ 和 t 时刻系统处于正常的概率,若 t 时刻系统处于正常状态,则 $t+\Delta t$ 时刻系统仍处于正常状态的概率为

$$A(t)(1 - \lambda \Delta t)$$

若 t 时刻系统处于故障状态,则 $t+\Delta t$ 时刻系统处于正常状态的概率为

$$[1 - A(t)]\mu \Delta t$$

故有

$$A(t + \Delta t) = A(t)(1 - \lambda \Delta t) + [1 - A(t)]\mu \Delta t$$

整理可得

$$\frac{A(t + \Delta t) - A(t)}{\Delta t} = \mu - (\lambda + \mu)A(t)$$

当 $\Delta t \to 0$ 时,有

$$\frac{dA(t)}{dt} = \mu - (\lambda + \mu)A(t) \tag{8-26}$$

这是非齐次常微分方程,可以求出它的通解为

$$A(t) = \frac{\mu}{\lambda + \mu} + Ce^{-(\lambda + \mu)t} \tag{8-27}$$

若 $t=0$ 时刻系统处于正常运行状态,即 $A(0)=1$,则可得常数为

$$C = \frac{\lambda}{\lambda + u}$$

方程的通解为

$$A(t) = \frac{\mu}{\lambda + \mu} + \frac{\lambda}{\lambda + \mu} e^{-(\lambda + \mu)t} \tag{8-28}$$

若 $t=0$ 时刻系统处于故障状态,即 $A(0)=0$,可得常数为

$$C = -\frac{\mu}{\lambda + \mu}$$

方程的通解为

$$A(t) = \frac{\mu}{\lambda + \mu}(1 - e^{-(\lambda + \mu)t}) \tag{8-29}$$

当 $t \to \infty$ 时,从式(8-28)和式(8-29)可得系统的稳态可用度为

$$A = \lim_{t \to \infty} A(t) = \frac{\mu}{\lambda + \mu} \tag{8-30}$$

在讨论不可修复系统时,将 $T = 1/\lambda$ 称为平均寿命;对于可修复系统,则称为平均故障间隔时间 MTBF。同理,称 $T = 1/\mu$ 为平均修复时间 MTTR,故系统的稳态可用度又可表示为

$$A = \frac{\text{MTBF}}{\text{MTBF} + \text{MTTR}} \tag{8-31}$$

稳态时的不可用度为

$$U = 1 - A = \frac{\lambda}{\lambda + \mu} \tag{8-32}$$

在工程中,为了简便通常省去稳态二字,而称为可用度 A 和不可用度 U。

2. 串联系统的可用度

串联系统仍用图 8.1(a)来分析。n 个部件均为可修复产品,并是相互独立的,各部件分别用二值函数 $X_i(t)$ 描述,且有

$$X_i(t) = \begin{cases} 1 & \text{若时刻 } t \text{ 第 } i \text{ 个部件正常} \\ 0 & \text{若时刻 } t \text{ 第 } i \text{ 个部件故障} \end{cases} \quad t \geqslant 0 \tag{8-33}$$

第 i 个部件的失效率和修复率分别为 λ_i 和 μ_i,可用度 $A_i(t)(i=1,2,\cdots,n)$。当系统运行时,只要有一个部件失效,该串联系统就变为故障状态。

由于各系统是相互独立的,串联系统的失效率为 $\sum\limits_{i=1}^{n} \lambda_i$,因此,串联系统平均故障间隔时间为

$$\text{MTBF} = 1 \Big/ \sum_{i=1}^{n} \lambda_i \tag{8-34}$$

根据瞬时可用度 $A(t)$ 的定义式(8-22),串联系统在 t 时刻的瞬时可用度为

$$A(t) = P\{X(t) = 1\} = P\{X_1(t) = 1, X_2(t) = 1, \cdots, X_n(t) = 1\}$$

$$= A_1(t) \cdot A_2(t) \cdot \cdots \cdot A_n(t) = \prod_{i=1}^{n} A_i(t) \tag{8-35}$$

若各部件的寿命和修复时间均服从指数分布,则根据单部件系统可用度 A 的推导有

$$A_i = \lim_{t \to \infty} A_i(t) = \frac{\mu_i}{\lambda_i + \mu_i} \tag{8-36}$$

故可得串联系统的可用度为

$$A = \lim_{t \to \infty} A(t) = \prod_{i=1}^{n} \frac{\mu_i}{\lambda_i + \mu_i} \tag{8-37}$$

将式(8-37)和式(8-34)代入式(8-31),有

$$A = \prod_{i=1}^{n} \frac{\mu_i}{\lambda_i + \mu_i} = \frac{1 \big/ \sum_{i=1}^{n} \lambda_i}{1 \big/ \sum_{i=1}^{n} \lambda_i + \text{MTTR}}$$

$$\text{MTTR} = \frac{1 \big/ \sum_{i=1}^{n} \lambda_i}{\prod_{i=1}^{n} \frac{\mu_i}{\lambda_i + \mu_i}} - 1 \big/ \sum_{i=1}^{n} \lambda_i = \frac{\prod_{i=1}^{n} \frac{\mu_i}{\lambda_i + \mu_i} - 1}{\sum_{i=1}^{n} \lambda_i} \tag{8-38}$$

以上结果是在各部件相互独立时得到的。实际上在一个部件出现故障后进行修理时,其他各部件均暂时停止运行,因为此时这些部件即使不停止运行也是无效的,整个系统仍处在故障状态,因此各部件并非相互独立。这时可利用排队论的理论和方法,求解出串联系统的可用度。

图 8.3 是由 n 个可修复部件组成串联系统的状态转移图,其状态 0 表示 n 个部件均正常运行,状态 i 表示第 i 个部件故障,其余部件均正常,$i=1,2,\cdots,n$。

如果用 P_i 表示系统在稳态(即 $t \to \infty$)处于 i 状态的概率,$i=0,1,\cdots,n$,则由状态转移图可列出系统稳态时的状态方程为

$$\left.\begin{aligned}\lambda_1 P_0 &= \mu_1 P_1 \\ \lambda_2 P_0 &= \mu_2 P_2 \\ &\vdots \\ \lambda_n P_0 &= \mu_n P_n\end{aligned}\right\} \tag{8-39}$$

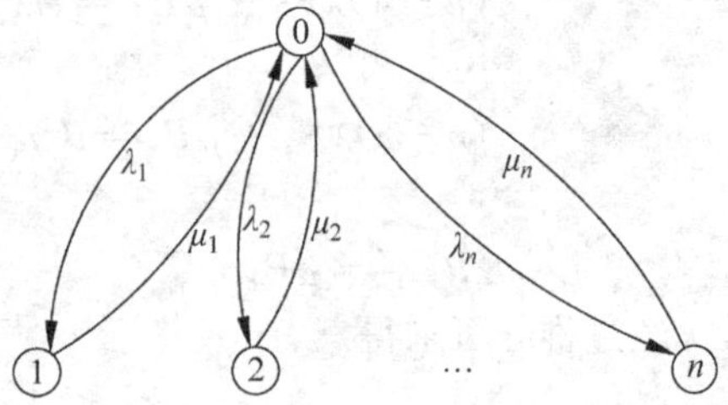

图 8.3　可修复串联系统状态转移示意图

由状态方程组可推得

$$P_i = \frac{\lambda_i}{\mu_i} P_0 \quad i = 1, 2, \cdots, n \tag{8-40}$$

根据 $P_0 + P_1 + P_2 + \cdots + P_n = 1$ 可得

$$P_0 + \sum_{i=1}^{n} \frac{\lambda_i}{\mu_i} P_0 = 1$$

$$P_0 = 1 \bigg/ \left(1 + \sum_{i=1}^{n} \frac{\lambda_i}{\mu_i}\right) \tag{8-41}$$

系统的状态可用度是 n 个部件均正常运行的概率,故有

$$A = P_0 = \left(1 + \sum_{i=1}^{n} \frac{\lambda_i}{\mu_i}\right)^{-1} \tag{8-42}$$

3. 并联系统的可用度

如果 n 个相互独立的可修复产品组成并联系统,则系统的可用度为

$$A = 1 - \prod_{i=1}^{n}(1 - A_i) = 1 - \prod_{i=1}^{n} \frac{\lambda_i}{\lambda_i + \mu_i} \tag{8-43}$$

实际中 n 个可修复产品并不是相互独立的,因为某个部件出现故障在修理期间,又可能有另外的部件出现故障,如果只有一个修理员,第二个需修理的部件要等前一个部件修复后

才进行修理；如果有两个修理员，第三个需修理的部件要等前两个部件有一个修复后才能进行修理。这时可用排队论的方法求出系统的可用度。

图 8.4 表示只有一个修理员时 n 个可修复部件组成的并联系统的状态转移图。n 个可修复部件的寿命和修理时间均服从指数分布，$\lambda_1=\lambda_2=\cdots=\lambda_n=\lambda$，$\mu_1=\mu_2=\cdots=\mu_n=\mu$。系统可处于 $n+1$ 种状态。0 状态表示 n 个部件均为正常运行状态；i 状态$(i=1,2,\cdots,n-1)$ 表示有 i 个部件出现故障，其中一个部件正在被修理，其他 $i-1$ 个部件在等待修理，并联系统仍在正常运行；n 状态则表示 n 个部件均出现故障，并联系统停止运行。

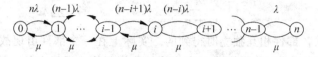

图 8.4　可修复并联系统状态转移图

仍用 P_i 表示系统在稳态时处于 i 状态的概率，$i=1,2,\cdots,n$，由状态转移图可得系统稳态方程为

$$n\lambda P_0 = \mu P_1$$
$$(n-1)\lambda P_1 + \mu P_1 = n\lambda P_0 + \mu P_2$$
$$\cdots$$
$$(n-i)\lambda P_i + \mu P_i = (n-i+1)\lambda P_{i-1} + \mu P_{i+1} \quad 1 \leqslant i \leqslant n-1$$
$$\cdots$$
$$\lambda P_{n-1} = \mu P_n$$

经过推导可求得

$$P_1 = \frac{n\lambda}{\mu} P_0$$

$$P_2 = \frac{n(n-1)\lambda^2}{\mu^2} P_0$$

$$\cdots$$

$$P_{i+1} = \frac{n(n-1)\cdots(n-i)\lambda^{i+1}}{\mu^{i+1}} P_0$$

$$\cdots$$

$$P_n = \frac{n!\lambda^n}{\mu^n} P_0$$

由

$$\sum_{i=1}^{n} P_i = P_0 \left[1 + n\left(\frac{\lambda}{\mu}\right) + n(n-1)\left(\frac{\lambda}{\mu}\right)^2 + \cdots + n!\left(\frac{\lambda}{\mu}\right)^n \right] = 1$$

可得

$$P_0 = \frac{1}{\sum\limits_{i=0}^{n} \dfrac{n!}{(n-i)!}\left(\dfrac{\lambda}{\mu}\right)^i} \tag{8-44}$$

$$P_n = \frac{\dfrac{n!}{(n-i)!}\left(\dfrac{\lambda}{\mu}\right)^i}{\sum\limits_{i=0}^{n} \dfrac{n!}{(n-i)!}\left(\dfrac{\lambda}{\mu}\right)^i} \tag{8-45}$$

并联系统的可用度为

$$A = 1 - P_n = \frac{\sum\limits_{i=0}^{n-1} \frac{n!}{(n-i)!}\left(\frac{\lambda}{\mu}\right)^i}{\sum\limits_{i=0}^{n} \frac{n!}{(n-i)!}\left(\frac{\lambda}{\mu}\right)^i} \qquad (8\text{-}46)$$

例 8.3　假如有两个可修复部件组成并联系统,比较两部件相互独立与相互关联时系统的稳态可用度(设 $\lambda_1 = \lambda_2 = \lambda$,$\mu_1 = \mu_2 = \mu$)。

解:两部件相互独立时,由式(8-43)得并联系统的可用度为

$$A = 1 - \left(\frac{\lambda}{\lambda+\mu}\right)^2 = \frac{\mu(2\lambda+\mu)}{\lambda^2 + 2\mu\lambda + \mu^2}$$

两部件并联时,由式(8-46)可得

$$A' = \frac{1 + 2\frac{\lambda}{\mu}}{1 + 2\frac{\lambda}{\mu} + 2\left(\frac{\lambda}{\mu}\right)^2} = \frac{1 + (2\lambda+\mu)}{2\lambda^2 + 2\lambda\mu + \mu^2}$$

比较 A 与 A' 的分子和分母,可以得

$$A' < A$$

A' 是有一个维修员时系统的可用度,A 是两部件相互独立时,即有两个修理员使两个部件同时修理时系统的可用度,因为此并联系统只有两个部件,若有两个修理员就可使两个部件出现故障后的修理互不影响,因而系统是独立的,这说明减少修理员会使系统可用度降低。

例 8.4　在程控交换机中,处理机常采用主备双机结构,这样可提高交换机的可靠性,设处理机的 MTBF$=2000$h,MTTR$=3$h,求采用单处理机和主备双机结构时的不可用度。

解:

$$U_单 \frac{\text{MTTR}}{\text{MTBP} + \text{MFFR}} \approx \frac{\text{MTTR}}{\text{MTBF}} = \frac{3}{2000} = 1.5 \times 10^{-3}$$

由例 8.3 中的 A' 表示式可得

$$U_双 = \frac{2\lambda^2}{2\lambda^2 + 2\lambda\mu + \mu^2} \approx \frac{2\text{BTTR}^2}{\text{MTBF}} = \frac{2 \times 3^2}{2000^2} = 4.5 \times 10^{-6}$$

从上面的计算可见,若采用单处理机在 10 年中约有 131h 出现故障,而采用主备双处理机 10 年中只有约 24min 出故障。

对于由多个可修复部件组成的复杂系统,当 n 个部件相互独立时,也可仿照不可修复部件组成的复杂系统可靠度的求法计算可用度。若 n 个部件并非相互独立,复杂系统可用度的求法将比较复杂。

8.2　局间通信的可靠性

在讨论通信网的可靠性之前,先来讨论两交换局之间通信的可靠性。利用 8.1 节中的理论和方法可以较方便地求局间通信的可靠度和可用度。此外,还应在讨论可靠性时考虑呼损、延时等性能。为此,引入综合可靠度和综合可用度的概念。

8.2.1 局间通信的可靠度和可用度

局间通信是由交换节点和传输链路完成的，如果假设交换节点出现失效的概率为 0，并已知各段线路的可靠性参数，利用网络图通过复杂系统化简的方法，可求出局通信的可靠性参数。如图 8.2(a) 的两点 1、2 可以看作两交换局，$R_1 \sim R_5$ 可看作各段线路的可靠度，则 1、2 点间局通信的可靠度就是已经求出的 R。

如果考虑到交换节点的失效概率不为 0，也可用类似的方法求解，只是较之前者要复杂。下面以图 8.5 为例说明求解过程。

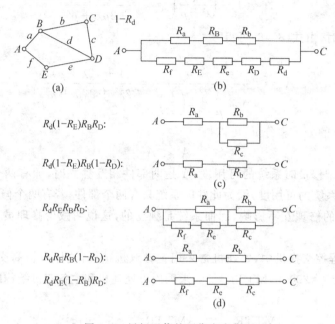

图 8.5　局间通信的可靠度实例图

设各段线路的可靠度为 $R_i (i = a, b, c, d, e, f)$，各节点的可靠度为 $R_j (j = A, B, C, D, E)$，求 A、C 两端点之间的可靠度时假设 $R_A = R_C = 1$。首先考虑链路 d 的状态，它的失效概率为 $1 - R_d$，失效时的可靠性分析图可等效为图 8.5(b)，它工作的概率为 R_d，这时还要再作进一步简化，第二步考虑在 d 工作的条件下节点 E 的状态，它失效的概率为 $1 - R_E$，失效时的等效为图 8.5(c)，其中包含节点 B 和 D 均正常和 B 正常 D 失效的情况，B 失效时 A、C 两点不存在通路，故不考虑，节点 E 工作的概率为 R_E，这时需作第三步简化。d 和 E 均工作时的简化分为 3 种情况：B 和 D 均正常、B 正常 D 失效和 B 失效 D 正常，可得到图 8.5(d)。根据各部件相互独立时串联、并联系统的可靠度的求法，可以得到 A 与 C 两点间的通信可靠度为

$$
\begin{aligned}
R =\ & (1 - R_d)[1 - (1 - R_a R_B R_b)(1 - R_f R_e R_E R_D R_C) \\
& + R_d(1 - R_E)R_B R_D R_a(R_b + R_c - R_b R_c) \\
& + R_d(1 - R_B)R_B(1 - R_B)R_a R_b \\
& + R_d R_E R_B R_D(R_d + R_e - R_b R_c)][1 - (1 - R_a)(1 - R_f R_e)] \\
& + R_d R_E R_B(1 - R_D)R_a R_b + R_d R_E(1 - R_B)R_D R_f R_e R_c
\end{aligned}
$$

可用度 A 的求法与 R 的求法相同。

8.2.2　局间通信的综合可靠度和综合可用度

以上所讨论的可靠性都是假设研究对象只有正常工作和失效两种状态。在实际中,如果系统仍在运行,但工作性能已经大大降低,这时仅用正常或失效不能确切地说明系统所处的状态,对于局间通信,一部分线路或交换节点失效后,会加剧网络拥塞程度,使呼损率上升。当呼损率达到一定数值后,很多用户的呼叫都会由于线路或设备减少而接不通,他们此时的状况并不比局间通信完全失效好多少。因此网络的呼损和时延等性能指标是研究通信可靠性时应考虑的因素。

若两交换局间的呼叫量为 α,且有 n 条独立的通信线路,利用式(8-3)和第 7 章式(7-102)可以求出考虑呼损时的局间通信可靠度。由于考虑了呼损,故又可称为局间通信的综合可靠度。

设 n 条线路失效率均为 λ(1/年)的不可修复系统,m 为时间 t(年)内损坏的线路数,r 为通信中被占用的线路数,已知一条线路在 t 时仍在正常工作的概率为

$$R_i(t) = e^{-\lambda t}$$

一条线路在 t 时失效的概率为

$$F_i(t) = 1 - e^{-\lambda t}$$

根据概率论中的二项式定理得 t 时刻有 m 条线路失效,$n-m$ 条线路正常概率为

$$P(m) = \binom{n}{m} e^{-\lambda t(n-m)} (1 - e^{-\lambda t})^m \tag{8-47}$$

在 m 条线路失效时有 r 条线路被占用的条件概率为

$$P(r/m) = \frac{\alpha^r/r!}{\sum_{i=0}^{n-m} \alpha^i/i!} \tag{8-48}$$

可以定义局间通信的综合可靠度为空闲线路(即 $m+r<n$)的概率,不可靠度为没有空闲线路(即 $m+r=n$)的概率,故不可靠度为

$$F(m) = \sum_{n-m} \binom{n}{m} e^{-\lambda t(n-m)} (1 - e^{-\lambda t})^m \frac{\alpha^r/r!}{\sum_{i=0}^{n-m} \alpha^i/i!}$$

$$= \sum_{m=0}^{n} \binom{n}{m} e^{-\lambda t(n-m)} (1 - e^{-\lambda t})^m \frac{\alpha^{n-m}/(n-m)!}{\sum_{i=0}^{n-m} \alpha^i/i!} \tag{8-49}$$

可靠度为

$$R(t) = 1 - F(t)$$

$$= \sum_{m=0}^{n} \binom{n}{m} \left(\frac{\mu}{\lambda+\mu}\right)^{n-m} \left(\frac{\lambda}{\lambda+\mu}\right)^m \frac{\sum_{r=0}^{n-m-1} \alpha^i/r!}{\sum_{i=0}^{n-m} \alpha^i/i!} \tag{8-50}$$

若 n 条线路均为故障率为 λ(1/年)、修复率为 μ(1/年)的可修复系统,可将 $R_i(t) = e^{-\lambda t}$ 换为可用度 $A_i = \dfrac{\mu}{\lambda+\mu}$,就可得到局间通信的综合可用度为

$$A = \sum_{m=0}^{n-1} \binom{n}{m} \left(\frac{\mu}{\lambda+\mu}\right)^{n-m} \left(\frac{\lambda}{\lambda+\mu}\right)^m \frac{\sum_{r=0}^{n-m-1} \alpha^i/r!}{\sum_{i=0}^{n-m} \alpha^i/i!} \quad (8\text{-}51)$$

不可用度为

$$U = 1 - A = \sum_{m=0}^{n} \binom{n}{m} \left(\frac{\mu}{\lambda+\mu}\right)^{n-m} \left(\frac{\lambda}{\lambda+\mu}\right)^m \frac{\alpha^{n-m}/(n-m)!}{\sum_{i=0}^{n-m} \alpha^i/i!} \quad (8\text{-}52)$$

图 8.6 所示是根据式(8-50)和式(8-51)得到的局间通信综合可靠度(可用度)曲线,当求不可靠度 F 时横坐标为 λt,当求不可用度 U 时横坐标是 $\dfrac{\mu}{\lambda+\mu}$。

上述综合可靠度是以呼损为指标来讨论的,其他指标如延时等也可以作为需综合的内容。不过在计算机网内,延时一般也可转化为信息包的丢失,相当于呼损,如排队过长在寄存器中的溢出、延时过长而重发等。

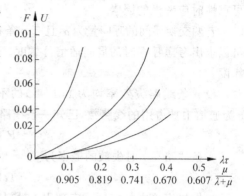

图 8.6　综合可靠度(可用度)曲线图

例 8.5　在设计局间通信线路时,已知局间话务量强度 α 为 0.2Erl,如果线路是不可修复的,要求 10 年内的综合可靠度大于 0.99,问如何选择线路的 n 和 λ? 如果线路是可修复的,要求 10 年内综合可用度大于 0.99,问 n 和 λ 又如何选择? 相应的修复率 μ 是多少?

解:(1) 已知 $R > 0.99$,故有

$$F < 0.01$$

从图 8.6 可查得

$$n = 3,4,5$$
$$\lambda t = 0.1, 0.24, 0.33$$

已知 $t = 10$,可求得 λ 分别为

$$10^{-2}, \quad 2.4 \times 10^{-2}, \quad 3.3 \times 10^{-2}$$

从求解结果可以看到,若线路为不可修复时,当要满足可靠性要求时,如选用 3 条线路则要求每条线路的失效率 $\lambda = 10^{-2}$,即平均寿命 $T = 1/\lambda$ 为 100 年;如选用 4 条线路要求平均寿命约 42 年;选用 5 条线路要求平均寿命约为 33 年。

(2) 当线路可修复时,若 $\lambda t = 0.1$,$e^{0.1} = 0.905$,相当于 $A_i = 0.905$,故可得 n 与对应的 A 分别为

$$n = 3,4,5$$
$$A_i = 0.905, 0.787, 0.719$$

根据 A_i 与 λ 和 μ 的关系式,有

$$A_i = \frac{\mu}{\lambda+\mu}$$

可以选择线路的修复率与失效率,如所选线路 $\lambda = 5 \times 10^{-2}$,可得 $n = 3$、4、5 时的 μ 分别为

$$\mu = \frac{A_i\lambda}{1-A_i} = 0.476, 0.185, 0.128$$

用 $T'=1/\mu$ 求出平均修复时间分别为

$$T' = 2.1、5.4、7.8(年)$$

8.3 通信网的可靠性

通信网的可靠性研究自20世纪70年代开始受到人们的重视,到目前已经取得了很大的进展,不仅研究了从不同角度反映通信网的可靠性的多种测度,而且发展了各种计算方法。但目前采用的网络模型主要包括网络拓扑结构和通信链路的可靠性,基本上没有涉及节点的可靠性。由于通信网的可靠性理论和研究方法尚不十分成熟。因此,这里只从以下几个方面介绍通信网可靠性研究和设计的基本概念。

1. 通信网的可靠性

要研究通信网的可靠性,首先应该定义什么是通信网的可靠性。通信网是由众多的元件、部件、子系统、系统组成的,它们会由于物理、化学、机械、电气、人为等因素造成故障,自然灾害和敌对破坏现象更是导致通信网故障不可忽视的原因。因此,影响通信网可靠性的因素是非常复杂的,这给通信网可靠性的定义方法带来了困难。

在前述中把产品的可靠性定义为"产品在给定条件下和规定时间内完成规定功能的能力"。由此推论,可将通信网可靠性定义为:在人为或自然的破坏作用下,通信网在规定条件下和规定时间内的生存能力。这里的通信网的生存能力和通信网的规定功能可以认为是同一问题。

从图论的角度看,通信网是由节点和链路组成的,当任何原因造成节点或链路失效时,首先会使网络的连通性变差,其次由于连通性变差会导致网络余存部分的性能指标的下降(比如呼损增加、延时加长等)。因此,通信网的生存能力或规定功能应从连通性和性能指标两方面来考虑。可归纳如下:

(1)网络中给定的节点对之间至少存在一条路径。

(2)网络中一个指定的节点能与一组节点相互通信。

(3)网络中可以相互通信的节点数大于某一阈值。

(4)网络中任意两个节点之间传输延迟时间小于某一阈值。

(5)网络的吞吐量超过某一阈值。

很显然,其中前3条是从通信网的连通性考虑的,而后两条是从通信网的性能指标的影响考虑的。

2. 通信网的连通性

研究通信网的可靠性主要是探讨当某些节点或链路失效时,网络能继续进行通信的能力。通信网连通性因某些节点或链路的失效而变差,甚至使整个网络变为两个以上的子图,成为不连通图。通信网的连通性是基于网络拓扑结构的可靠性测度,可以用连通度和结合度来表示。

连通度指为使一个通信网成为不连通图至少需去掉的节点数。

结合度指为使一个通信网成为不连通图至少需去掉的链路数。

设通信网可用图 $G(n,m)$ 表示，n 为节点数，m 为链路数。若连通度用 $\alpha(G)$ 表示，结合度用 $\beta(G)$ 表示，则可证明式(8-53)成立，即

$$\alpha(G) \leqslant \beta(G) \leqslant \frac{2m}{n} \tag{8-53}$$

一个通信网的连通度 α 和结合度 β 越大，该网的可靠性就越高。因此，为了提高通信网的可靠性，必须提高 $\frac{2m}{n}$ 的数值。当 n 一定时，增加 m 可达到此目的，这就意味着要增加网的传输链路，而只有增加连接到每个节点的链路数，才能使 α 和 β 增加。因为某个度数最低的节点会限制 α 和 β 值的增加，所以该节点是影响全网的最关键因素。β 的最大值等于 $\frac{2m}{n}$，这时图中各点的度数相同。这种各点度数相同的图称为正则图，如图 8.7 所示。

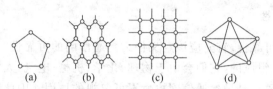

图 8.7　通信网中常采用的几种正则图

在图 8.7 中，图 8.7(a)是环状图，$\alpha=\beta=2$；图 8.7(b)是蜂窝状图，$\alpha=\beta=3$；图 8.7(c)是格状图，$\alpha=\beta=4$；图 8.7(d)是网状图，$\alpha=\beta=n-1$。

以上通信网连通性的确定性量度方法，还可以用概率性量度方法研究通信网的连通性。如果仍用图 $G(n,m)$ 表示通信网，且设节点失效的概率为 0，各链路失效的概率均为 $P_i>0$，且彼此相互独立，当有 k 条链路正常工作，$m-k$ 条链路失效时，通信网成为非连通图的概率为

$$f(P_e) = \sum_{k=0}^{m} C(k) P_e^{m-k} (1-P_e)^k \tag{8-54}$$

式中，$C(k)$ 的计算是求解 $f(P_e)$ 的关键。$C(k)$ 是覆盖 n 个点的具有 k 条边的连通子图的数目。由于最小连通图是树，其边数是 $n-1$，所以 $k \geqslant n-1$，而 C_{n-1} 是主树的棵数。通常 $P_e \leqslant 1$，近似计算时可忽略 P_e 的高次幂。从网的可靠度出发，得到较简的近似式，则可靠度可写成

$$R_e = 1 - \sum_{i=\beta}^{m} B_i P_e^i (1-P_e)^{m-i} \tag{8-55}$$

其中，B_i 是具有 i 条边的割边集。由于图的结合度 β 是最小的割边集的元数，所以 $i \geqslant \beta$。

于是式(8-55)可近似为

$$R_e \approx 1 - B_\beta P_e^\beta \tag{8-56}$$

式中　B_β——最小割边集的个数。

同理，若边都正常，点失效概率为 $P_n>0$，且彼此独立时，则网的可靠度为

$$R_n = 1 - C_\alpha P_n^\alpha \tag{8-57}$$

式中　C_α——n 个点的割点集数目；

α——图的连通度。

从以上的分析可以看到，α 和 β 越大，网的可靠度也越大；因为网被断开的概率主要由 P_e^β 和 P_n^α 所决定。当然要增大 α 或 β，就要增加网的冗余度，即要增加边数，是增加网络的费用的。

3. 通信网的有效性

通信网的有效性是基于网络业务性能的可靠性测度，它反映通信网在网络某些部件失效条件下满足业务性能要求的程度，是能够较全面描述通信网可靠性的综合测度指标。对于通信网的设计人员和使用人员来说，更关注的是某些部件失效时对通信网的业务性能的影响，如此时的呼损、时延、流量等。一般而论，网络由于部件失效引起连通性方面的故障只影响到少数用户，而部件失效引起的业务性能变差却会影响众多的用户且经常发生，因此通信网的有效性研究更具实用意义。

在研究通信网的有效性时，需要考虑的业务性能主要有呼损、流量、传输延时、吞吐量等。前面介绍的交换局间的综合可靠度，就反映了考虑呼损指标时两点间的通信有效性。此处再简要介绍一种 Barberis 给出的考虑信息流量时的网络有效性指标，即加权的点到点连通概率。

设 R_{ij} 为通信网任意两点之间的信息流量，P_{ij} 为任意两点间的连通概率，$i, j = 1, 2, \cdots, n$，其中 $R_{ij} = 0$，$P_{ij} = 1$，n 是通信网的节点数，通信网的有效性可定义为用全网的点对点信息流量对相应的点到点连通概率作加权的平均值，即加权的网络点对点的连通概率为

$$P = \sum_{i,j}^{n} R_{ij} P_{ij} / R \tag{8-58}$$

式中，$R = \sum_{i,j}^{n} R_{ij}$。

连通概率 P 可以真实地反映用户对通信网连通性的要求，也就是通信网的不可靠度。可靠度为

$$R_n = 1 - \sum_{i,j}^{n} R_{ij} P_{ij} / R \tag{8-59}$$

以上是考虑呼损时的网络有效性分析，按照同样的思路可以得出在考虑通信网的吞吐量、传输延时等的指标时网络的有效性分析，此处不作介绍。

4. 通信网的可靠性设计

通信网的可靠性设计是要在满足给定的可靠性指标的条件下寻找最经济的网络结构，或者最经济地改造已有网的方案。这就是前述的可靠性计算的逆问题。可以设想，先找到所有可能的网的结构，计算其可靠度，其中必有满足要求的与不满足要求的，在满足要求的网络结构中找出一个最经济的网络。这种穷举法在理论上是可行的，但当点数很大时将成为不可实现的方法，即计算量将是随点数的指数增加而增大。在实际问题中，一般求助于经验解，或称为准最佳解。

由于影响通信可靠性的因素很多，故在进行网的可靠性设计时，可以从构成网络的部件

的可靠性、网络的拓扑结构、路由选择方式等方面来考虑。

(1) 网络部件的可靠性。

通信网是由基本的部件或子系统等构成的,要提高网的可靠性必须首先尽量降低部件或子系统故障率 λ。在进行系统设计时,要避免过多部件的串接。对可靠性要求较高的系统,可采用备份形成并接系统。如光纤系统的容量比较大,要求具有高可靠性,一般均采用1主1备或多主1备方式。采用可修复系统并增加维护力量是增加修复率 μ、提高可靠性的重要方法。为此除了增加维护人员外,现代通信网中广泛采用故障诊断技术和自动监测技术等来提高通信网的可靠性。

(2) 网络的拓扑结构。

要提高通信网的可靠性,网络的拓扑结构起着重要的作用。从通信网连通性可知,增加连接到每个节点的链路数可提高网络的连通度和结合度,而正则图是最佳结构。目前采用较多的是 $\alpha=\beta=2$ 的环状网,它可使网内任何两个点之间至少存在两条无共边的路径,而且比较经济。蜂窝状网多在移动通信中使用。如果对于某些重要的节点之间两条路径仍不满足要求,则可根据需要增加传输链路,以便在这些节点之间形成多径网。

正则图实际上是一种无等级的均匀网结构。目前,长途网等级结构是不利于提高网络可靠性的。因此长途网必将成为减少等级、增加网络连通性的方向发展,这也是在第3章中讨论过的电话网从传统的5级制向3级制过渡的重要原因之一。

在进行可靠性设计时,还应尽量减少节点间通信的转接次数,避免由此产生的传输质量降低、可靠性下降。

(3) 路由选择方式。

路由选择方式也是影响通信网可靠性的一个重要因素,传统的固定路由选择方法不能很好地适应通信网中流量的变化,特别是由于自然灾害等因素的影响使网络节点或链路发生较大的故障时,会给网络的可靠性带来较大的影响。

随着网络技术的发展,近年来出现了动态路由选择方式、动态无级路由选择 DNHR 等,它可以根据时间和网络的状态采用自适应路由选择,能充分利用网络的容量,提高通信网的可靠性。

在结束本章之前,还应指出,可靠性是一个广义的概念。这里只限于讨论物理性故障和网络资源不足而引起的性能下降所造成的网络失效,而没有研究网络安全问题,在某些情况下,网络安全性也是可靠通信的一部分内容。从理论上看,它应属于另一范畴,在此就不再讨论。

习题

8.1　什么是产品的可靠性?

8.2　通信网的可靠性是如何定义的? 通信网的生存能力包括哪些方面?

8.3　可修复系统和不可修复系统的描述方法有何不同?

8.4　在多个可修复部件相互独立时,如何计算串联系统与并联系统的可用度?

8.5　如果同时考虑节点和传输链路的失效概率均不为 0,应如何计算局间通信的可靠度?

8.6 什么是局间通信的综合可靠度和综合可用度？如何根据综合可靠度(可用度)曲线对局间通信的可靠性进行设计？

8.7 通信网的可靠性主要与哪些因素有关？

8.8 什么是通信网的连通度和结合度？连通度 α、结合度 β 和节点数 n 与链路数 M 之间存在什么关系式？

8.9 什么是通信网的连通性和通信网的有效性？在研究通信网的有效性时需要考虑的业务性能主要是什么？

8.10 在进行通信网的可靠性设计时主要从哪些方面进行考虑？应如何提高通信网的可靠性？

8.11 由 n 个元件构成一个系统，各元件的平均寿命都是 T，当一个元件失效就使系统失效的情况下，已知系统的平均寿命下降到 T/n。若采取容错措施，当 m 个以上元件失效才使系统失效，求证此系统的平均寿命为

$$T_m = T \sum_{n=0}^{m} \frac{1}{n-r}$$

8.12 有 n 个不可修复系统，它们的平均寿命都是 T，先取两个作为并接，即互为热备份运行；当有一个损坏时，启用第三个作为热备份；再损坏一个时启用第四个，一直启用下去，直到 n 个系统均损坏。忽略启用冷备份期间另一系统损坏的可能性，试计算这样运行下的平均寿命。并与全用冷备份和全用热备份时的平均寿命相比较。

8.13 若上题 n 个子系统都是可修复系统，可靠度都是 R。仍用上述方式运行；已损坏系统修复后作为最后一个系统排队等候启用，求稳态可靠度。

8.14 两个可修复部件组成并联系统，已知可修复部件的 MTBF＝2500h，MTTR＝3h，求两部件相互独立和相互关联时并联系统的可靠度。

8.15 求图 8.8(a)、(b)的可靠度。

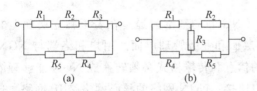 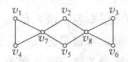

图 8.8 求可靠度　　　　　图 8.9 网的可靠性计算

8.16 有一网络结构如图 8.9 所示，试求：

(1) 此网的连通度 α 和结合度 β。

(2) v_1 和 v_6 之间的连通概率。

(3) 要使 α 和 β 都等于 2，如何增加一条边来满足？

(4) 验证此网是否为保证网。

(5) 若每边的可靠度都是 R_e，每点的可靠度均为 R_n，求线路故障下网的可靠度和局部故障下网的可靠度。

第9章 下一代通信网

信息和通信技术市场目前正在经历着结构性变革。传统的电信网络是为电话呼叫或纯数据包这类特定数据的传输规划和实施的。近来随着竞争的加剧,对市场和技术发展的新需求已经彻底改变了电信业原有的态度。目前电信业对个人通信和大众通信的特点是:宽带连接的快速增长、各种网络技术的汇聚进程和统一 IP 通信标准的出现。

传统电信运营商发现自己正面临许多新的挑战。尤其是他们以前成功的固定电话业务正承受着越来越大的压力。像通过 Internet 打电话这类新的通信方式,以及移动电话增长的市场份额正在引起极大的关注。为了抵消由此带来的损失,网络运营商对宽带业务进行了更大的投资,宽带业务是运营商利润增长的驱动力。人们过去熟悉的固定网络、移动电话和数据网络间的界限正在越来越快地消失。这给客户带来了好处,客户可以得到非常广泛的服务而不管他采用的是哪种接入技术。这一发展需要一个超越现有的、被动网络的全新网络结构——为所有接入网络服务的核心网络。这一新网络称为下一代网络。IP 协议是这一网络的最重要的构成因素,因为 IP 是全球通用的,至少在原理上,它可以在所有的网络中使用几乎所有的业务和应用。这也就是通常所说的全网 IP 化和全业务 IP 化。

下一代网络(Next Generation Next,NGN)的基本前提是在若干独立层面上的体系结构。这些独立层面包括接入范围、控制层面和业务管理层面。用户和终端与 NGN 的连接可以通过各种接入技术进行。各网络的信息和传输格式必须转换成 NGN 能够理解的信息格式。这需要网关进行商务和个人客户连接。NGN 网络的核心网络是 IP 网络。这是一个由各种 IP 路由器和交换机构成的标准化传送平台。各种部件的连接控制是由控制层面来完成的。标准业务和附加服务可以通过业务管理层面来提供。

有效使用 NGN 的先决条件是为用户提供高带宽的网络接入。人们期望在未来能够提供高达 100Mb/s 的带宽。对于商业用户,提供 GB/s 的传输速率是可以想象的。接入 IP 骨干网的可能选择包括铜线、有线电缆、光纤和无线连接。

对于语音应用来说,在 NGN 的最重要的部件是软交换——控制 IP 语音的编程部件。软交换能够在 NGN 中对不同的协议进行正确的集成。软交换的最重要的功能是通过信令网关(SG)和媒体网关(MG)为现有电话网 PSTN 创建接口。然而,软交换作为一个术语对于不同设备制造商可能有不同的定义,并且有时会有不同的功能。信令网关只是负责在一种媒体(通常是 IP)和另一种媒体(PSTN)间转化不同的信令信息(即有关呼叫建立和拆卸的信息)。例如,信令网关可以在 ISUP 和 SIP 之间进行转换。媒体网关作为在不同电信网络(如 PSTN、下一代网络、2G 和 3G 无线接入网络或 PBX)间进行转换的单元。媒体网关使得通过多种传输协议(如 ATM 和 IP)在下一代网络通信中进行多媒体通信成为可能。由于媒体网关 MG 连接不同类型的网络,其主要职能之一是在不同传输技术和编码技术间进行转换。

自从电信市场开放以来,全球电信市场业务取得了非常快速的发展。然而,在这 10 年来,各种网络市场的平均年收入增长放缓是可以预期的。为了弥补市场份额特别是固定网络的市场份额的损失,宽带连接业务被看成是特别赚钱的。随着整个网络的基础结构向着IP 技术转化,网络运营商正试图向用户提供一个更有效率、更高性价比的业务。其目标是将固定网络、移动网络和数据网络整合在一起,以便通过一个透明的网络即下一代网络提供各种业务。

近几年不断涌现的新技术正在悄然改变着人们对 NGN 的定义,改变着人们对网络的认识,也改变着人们使用网络的习惯。随着 NAS 技术的发展,人们将越来越多的信息存储在网上,越来越多的应用从传统的 C/S 模式过渡为 B/S 模式。核心骨干网速的不断提升,使得接入部分迎来了真正意义上的高速时代,各种移动智能终端层出不穷,改变着人们使用网络的习惯,越来越多的用户习惯通过各种小型化的智能终端接入网络来获取大量信息。终端的小型化、移动化、宽带化、智能化、个人化、网络化正在改变着传统网络,也改变着人们的生活。随着智能型终端设备的大量普及,使得设备到设备的通信量呈现出前所未有的高增长。这就带来了一次网络技术革命,使得传统的互联网在逐渐向着物联网方向演进。M2M 必将在不久的将来大行其道。或许到那时通信网络所承载的信息不再是以人到人的信息为主,而是以机器到机器的通信为主,一切都可以上网,一切都已远程监控,将不只是科幻小说中描述的场景,这也许就是物联网(IOT)和泛在网络对人类生活的改变。伴随着更多的物被连接上网,网络中需要的控制开销也会大量增加,这种变化将会导致一个结果,那就是"大数据"时代的到来。大数据就需要大的存储空间,然而这与终端的小型化大发展趋势是背道而驰的,因此一种新的技术就在此时脱颖而出了,它就是"云计算"技术。云计算的基本思路就是将用户终端的所有硬件进行虚拟化处理,人们不再需要笨重的主机和外设,所有这些都变成了网络可以提供的一种资源,用户只要按需付费使用即可,一定意义上云计算带来了终端硬件的消亡。这种变化也必将改变传统软件的发展,不论是系统软件还是应用软件,都将随着终端硬件的消亡而走向没落,但这并不意味着软件的消亡,此时软件将变成一种网络资源,用户可按需随时调用,而不必陷入到诸如系统升级、数据安全、软件维护等既繁琐又需要一定专业知识的工作中。这无疑对大多数用户来说具有很大的诱惑。下一代的通信网将具有高度智能化、虚拟化、泛在化、IP 化、接入移动化、硬件逻辑化等诸多特点的网络。人们基于以上技术对 NGN 的定义也在不断更新。我国和一些发达国家纷纷提出了建立智慧型家庭、智慧型医疗、智慧型网络、智慧型城市等设想,并且有些已经在实施中。Google 的车联网和自动驾驶系统、微软的蓝云计划、亚马逊的弹性分组云计划等都正在快速推进中,基于传感网的军事智能指挥识别系统也在美军中广泛开始实施,这样的案例如雨后春笋般层出不穷。本章将着重介绍软交换技术、云计算技术、物联网技术在下一代通信网中的基本应用。

9.1　下一代通信网的概述

9.1.1　下一代通信网的定义

事实上，下一代网络（Next Generation Network，NGN）是一个宽泛的术语，用来描述电信核心网和接入网中一些关键的结构演进，在今后5～10年将部署这些网络。NGN 的一般思路在于通过将信息和业务打包成分组，一个网络可以传输所有的信息和业务（语音、数据和各种媒体，如视频等）。就像在 Internet 上一样，下一代网络通常是围绕着 IP 来构建，因此"全 IP"这一术语有时也用来描述向 NGN 转型。

下一代网络又称为次世代网络。根据 ITU-T 的说明，NGN 的定义为：NGN 是基于分组的网络，能够提供电信业务，并能够利用多种宽带并保证 QoS 的传送技术；其业务相关功能与其传送技术相独立。NGN 使用户可以自由接入不同的业务提供商；它支持通用移动性，这使其可以连续不断、无处不在地向用户提供服务。可见，NGN 的主要思想是在一个统一的网络平台上以统一管理的方式提供多媒体业务，整合现有的市内固定电话、移动电话的基础上（统称 FMC），增加多媒体数据服务及其他增值型服务。其中，语音的交换将采用软交换技术，而平台的主要实现方式为 IP 技术，逐步实现统一通信。其中，VoIP 将是 NGN 中的一个重点。为了强调 IP 技术的重要性，业界主张称为 IP-NGN。

NGN 是一个分组网络，它提供包括电信业务在内的多种业务，能够利用多种带宽和具有 QoS 能力的传送技术，实现业务功能与底层传送技术的分离；它允许用户对不同业务提供商网络的自由接入，并支持通用移动性，实现用户对业务使用的一致性和统一性。它是以软交换为核心的，能够提供包括语音、数据、视频和多媒体业务的基于分组技术的综合开放的网络架构，代表了通信网络发展的方向。NGN 具有分组传送、控制功能从承载、呼叫/会话、应用/业务中分离、业务提供与网络分离、提供开放接口、利用各基本的业务组成模块、提供广泛的业务和应用、端到端 QoS 和透明的传输能力通过开放的接口规范与传统网络实现互通、通用移动性、允许用户自由地接入不同业务提供商、支持多样标志体系、融合固定与移动业务等特征。

NGN 是基于 TDM 的 PSTN 语音网络和基于 IP/ATM 的分组网络融合的产物，它使得在新一代网络上语音、视频、数据等综合业务成为可能。它以软交换为核心，是可以同时提供语音、数据、多媒体等多种业务的综合性的、全开放的宽频网络平台体系，至少可实现千兆光纤到户。NGN 能在目前的网络基础上提供包括语音、数据、多媒体等多种服务，还能把现在用于长途电话的低资费 IP 电话引入本地市话，有望大大降低本地通话费的成本和价格。NGN 是在传统的以电路交换为主的 PSTN 网络中逐渐迈出了向以分组交换为主的步伐的，它承载了原有 PSTN 网络的所有业务，同时把大量的数据传输卸载到 IP 网络中以减轻 PSTN 网络的重荷，又以 IP 技术的新特性增加和增强了许多新老业务。NGI 的术语由互联网研究部门和标准化实体（如 IETF）提出，两者从不同的源点（对电话优化的网络和对数据优化的网络）出发朝着几乎相同的目标发展。在 ETSI 中，对 NGN 有这样的定义："NGN 是一种规范和部署网络的概念，即通过采用分层、分布和开放业务接口的方式，为业务提供者和运营者提供一种能够通过逐步演进的策略，实现一个具有快速生成、提供、部署和管理新业务的平台。"

9.1.2 下一代通信网的特点

ITU-T 将 NGN 应具有的基本特征概括为以下几点：多业务（语音与数据、固定与移动、点到点与广播的会聚）、宽带化（具有端到端透明性）、分组化、开放性（控制功能与承载功能分离，业务功能与传送功能分离，用户接入与业务提供分离）、移动性、兼容性（与现有网的互通）。此外，安全性和可管理性（包括 QoS 的保证）是电信运营公司和用户所普遍关心的，也是 NGN 与目前的互联网的主要区别。NGN 是传统电信技术发展和演进的一个重要里程碑。从网络特征和网络发展上看，它源于传统智能网的业务和呼叫控制相分离的基本理念，并将承载网络分组化、用户接入多样化等网络技术思路在统一的网络体系结构下实现。因此，准确地说，NGN 并不是一场技术革命，而是一种网络体系的革命。它继承了现有电信技术的优势，以软交换为控制核心，以分组交换网络为传输平台，结合多种接入方式（包括固定网、移动网等）的网络体系。NGN 与现有技术相比具有明显的优势。NGN 在垂直方向从上往下依次包括业务层、控制层、媒体传输层和接入层，在水平方向应覆盖核心网和接入网乃至用户驻地网。网络业务层负责在呼叫建立的基础上提供各种增值业务和管理功能，网管和智能网是该层的一部分；控制层负责完成各种呼叫控制和相应业务处理信息的传送；媒体层负责将用户侧送来的信息转换为能够在网上传递的格式并将信息选路送至目的地，该层包含各种网关并负责网络边缘和核心的交换/选路；接入层负责将用户连至网络，集中其业务量并将业务传送至目的地，包括各种接入手段和接入节点。NGN 的网络层次分层可以归结为一句话：NGN 不仅实现了业务提供与呼叫控制的分离，而且还实现了呼叫控制与承载传输的分离。

NGN 将支持语音、数据和多媒体等多种业务，具有开放的业务 API 接口以及对业务灵活的配置和客户化能力。

1. NGN 业务的特点

（1）多媒体化。NGN 中发展最快的将是多媒体特点，同时多媒体特点也是 NGN 最基本、最明显的特点。

（2）开放性。NGN 网络具有标准的、开放的接口，为用户快速提供多样的定制业务。

（3）个性化。个性化业务的提供将给未来的运营商带来丰厚的利润。

（4）虚拟化。虚拟业务将是个人身份、联系方式以至于住所都虚拟化。用户可以使用个人号码，号码可以携带等虚拟业务，实现在任何时候、任何地方的通信。

（5）智能化。NGN 的通信终端具有多样化、智能化的特点，网络业务和终端特性结合起来可以提供更加智能化的业务。

2. 提供业务的主要方式

（1）直接由软交换提供 PSTN 基本业务及补充业务。

（2）软交换系统和现有智能网的 SCP 进行互通，充当 SSP，从而实现现有 PSTN 网络的传统智能网业务。

（3）利用应用服务器，实现现有的增值业务、智能业务及未来的各项业务。

（4）由第三方提供业务。

（5）和 ISP/ICP 或专用平台互联，提供 SIP/ICP 和专用平台所具有的业务。

9.2　软交换技术

软交换的基本含义就是将呼叫控制功能从媒体网关（传输层）中分离出来，通过软件实现基本呼叫控制功能，包括呼叫选路、管理控制、连接控制（建立/拆除会话）和信令互通，从而实现呼叫传输与呼叫控制的分离，为控制、交换和软件可编程功能建立分离的平面。软交换主要提供连接控制、翻译和选路、网关管理、呼叫控制、带宽管理、信令、安全性和呼叫详细记录等功能。与此同时，软交换还将网络资源、网络能力封装起来，通过标准开放的业务接口和业务应用层相连，从而可方便地在网络上快速提供新业务。

软交换的概念最早起源于美国。当时在企业网络环境下，用户采用基于以太网的电话，通过一套基于 PC 服务器的呼叫控制软件（CallManager、CallServer），实现 PBX 功能（IP PBX）。对于这样一套设备，系统不需单独铺设网络，而只通过与局域网共享就可实现管理与维护的统一，综合成本远低于传统的 PBX。由于企业网环境对设备的可靠性、计费和管理要求不高，主要用于满足通信需求，设备门槛低，许多设备商都可提供此类解决方案，因此 IP PBX 应用获得了巨大成功。受到 IP PBX 成功的启发，为了提高网络综合运营效益，使网络的发展更加趋于合理、开放，更好地服务于用户，业界提出了这样一种思想：将传统的交换设备部件化，分为呼叫控制与媒体处理，二者之间采用标准协议（MGCP、H248）且主要使用纯软件进行处理，于是，软交换（Soft Switch）技术应运而生。

9.2.1　软交换技术产生的背景

人类的通信包括语音、数据、视频与音频组合的多媒体三大内容。一直以来，上述 3 类通信业务均是分别由不同的通信网来承载和疏通。电话网承载和疏通语音业务，数据网承载和疏通数据业务，多媒体网承载和疏通多媒体业务。

随着社会信息化程度的进一步加深，通信已经成为人们生活和工作中不可缺少的工具，人们对通信的要求也不再仅仅是基本的语音通信业务和简单的 WWW 浏览和收发 E-mail，人们需要的是能够随时、随地、灵活地获取所需要的信息。因此要求电信运营商能够灵活地为用户提供丰富的电信业务，而基于由不同通信网络提供不同业务的运营模式难以满足用户"灵活地获取所需要的信息"的需求，只有构建一个"全业务网络，即能够同时承载和疏通语音、数据、多媒体业务的网络"，才能满足用户日益增长的对通信业务的需求。

电话网的历史最为悠久，其核心是电话交换机，电话交换机经历了磁石式、共用电池式、步进制、纵横制、程控式 5 个发展阶段，其差别在于交换机的实现方式发生了改变。程控式电话交换机的出现是一个历史性的变革，它采用了先进的体系结构，其功能可以分为呼叫业务接入、路由选择（交换）和呼叫业务控制 3 部分，其中的交换和呼叫业务控制功能均主要是通过程序软件来实现的。但其采用的资源独占的电路交换方式，以及为通信的双方提供的对等的双向 64kb/s 固定带宽通道，不适于承载突发数据量大、上下行数据流量差异大的数据业务。

数据网的种类繁多,根据其采用的广域网协议不同,可将其分为 DDN、X.25、帧中继和 IP 网,由于 IP 网具有协议简单、终端设备价格低廉以及基于 IP 协议的 WWW 业务的开展,基于 IP 协议的 Internet 呈爆炸式发展,一度成为数据网的代名词。IP 网要求用户终端将用户数据信息均封装在 IP 包中,IP 网的核心设备——路由器仅是完成"尽力而为"的 IP 包转发的简单工作,它采用资源共享的包交换方式,根据业务量需要动态地占用上下行传输通道,因此 IP 网实际上仅是一个数据传送网,其本身并不提供任何高层业务控制功能,若在 IP 网上开放语音业务,必须额外增加电话业务的控制设备。值得一提的是,IP 网中传送的 IP 包能够承载任何用户数据信息,为实现语音、数据、多媒体流等多种信息在一个承载网中传送创造了条件。

可见,电话网和数据网均存在一定的先天缺陷,无法通过简单的改造而成为一个"全业务网",因此,为了能够实现在同一个网络上同时提供语音、数据及多媒体业务,即通信业务的融合,产生了软交换技术。

9.2.2　软交换网络的总体结构

从广义上讲,软交换是一种分层的体系结构,利用该体系结构可以建立下一代网络框架。其功能包含了 NGN(下一代网络)的接入层、传输层、控制层和业务层,主要由软交换设备、信令网关(SG)、媒体网关(MG)、应用服务器(AS)和综合接入设备(IAD)等组成,如图 9.1 所示。但从狭义上讲,软交换单指软交换设备,它是下一代网络的核心设备之一,处在 NGN 分层结构的控制层,负责提供业务呼叫控制和连接控制功能。人们经常提到的呼叫服务器、呼叫代理、媒体网关控制器等都指的是软交换设备。

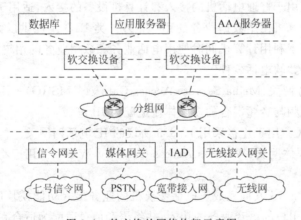

图 9.1　软交换的网络构架示意图

软交换技术采用了电话交换机的先进体系结构,并采用 IP 网中的 IP 包来承载语音、数据及多媒体流等多种信息。

一部程控电话交换机可以划分为业务接入、路由选择(交换)和业务控制 3 个功能模块,各功能模块通过交换机的内部交换网络连接成一个整体。软交换技术是将上述 3 个功能模块独立出来,分别由不同的物理实体实现,同时进行了一定的功能扩展,并通过统一的 IP 网络将各物理实体连接起来,构成了软交换网络。

电话交换机的业务接入功能模块对应于软交换网络的边缘接入层；路由选择(交换)功能模块对应于软交换网络的控制层；业务控制模块对应于软交换网络的业务应用层；IP网络构成了软交换网的核心传送层。

1. 边缘接入层

软交换技术将电话交换机的业务接入模块独立成为一个物理实体,称为媒体网关(MG),MG功能是采用各种手段将各种用户及业务接入到软交换网络中,MG完成数据格式和协议的转换,将接入的所有媒体信息流均转换为采用IP协议的数据包在软交换网络中传送。

根据MG接入的用户及业务不同,MG可以细分为以下几类:

(1) 中继媒体网关(Trunk Gateway,TG)。用于完成与PSTN/PLMN电话交换机的中继连接,将电话交换机PCM中继中的64kb/s的语音信号转换为IP包。

(2) 信令网关(SG)。用于完成与PSTN/PLMN电话交换机的信令连接,将电话交换机采用的基于TDM电路的七号信令信息转换为IP包。

TG和SG共同完成了软交换网与采用TDMA电路交换的PSTN/PLMN电话网的连接,将PSTN/PLMN网中的普通电话用户及其业务接入到软交换网中。

(3) 接入网关(Access Gateway,AG)。提供模拟用户线接口,用于直接将普通电话用户接入到软交换网中,可为用户提供PSTN的所有业务,如电话业务、拨号上网业务等,它直接将用户数据及用户线信令封装在IP包中。

(4) 综合接入设备(Integrated Access Device,IAD)。一类IAD同时提供模拟用户线和以太网接口,分别用于普通电话机的接入和计算机设备的接入,适用于分别利用电话机使用电话业务、利用计算机使用数据业务的用户;另一类IAD仅提供以太网接口,用于计算机设备的接入,适用于利用计算机同时使用电话业务和数据业务的用户,此时需在用户计算机设备中安装专用的"软电话软件"。

(5) 多媒体业务网关(Media Servers Access Gateway,MSAG)。用于完成各种多媒体数据源的信息,将视频与音频混合的多媒体流适配为IP包。

(6) H.323网关。用于连接采用H.323协议的IP电话网网关。

(7) 无线接入媒体网关(Wireless Access Gateway,WAG)。用于将无线接入用户连接至软交换网。

可见,AG、TG和SG共同完成了电话交换机的业务接入功能模块的功能,实现了普通PSTN/PLMN电话用户的语音业务的接入,并将语音信息适配为适合在软交换网内传送的IP包。同时软交换技术还对业务接入功能进行了扩展,体现在IAD、MSAG、H.323 GW、WAG等几类媒体网关。通过各类MG,软交换网实现了将PSTN/PLMN用户、H.323 IP电话网用户、普通有线电话用户、无线接入用户的语音、数据、多媒体业务的综合接入。

2. 控制层

软交换技术将电话交换机的交换模块独立成为一个物理实体,称为软交换机(SS),SS的主要功能是完成对边缘接入层中的所有媒体网关的业务控制及媒体网关之间通信的控制,具体功能如下:

（1）根据业务应用层相关服务器中登记的用户属性，确定用户的业务使用权限，以确定是否接受用户发起的业务请求。

（2）对边缘接入层的各种媒体网关的资源进行控制，控制各个媒体网关资源的使用，并掌握各个媒体网关的资源占用情况，以确定是否有足够的网络通信资源以满足用户所申请的业务要求。

（3）完成呼叫的路由选择功能，根据用户发起业务请求的相关信息，确定哪些媒体网关之间应建立通信连接关系，通知这些媒体网关之间建立通信连接关系并进行通信，以及在通信过程中所采用的信息压缩编码方式、是否启用回声抑制等功能。

（4）对媒体网关之间的通信连接状态进行监视和控制，在用户业务使用完成后，指示相应的媒体网关之间断开通信连接关系。

（5）计费。由于软交换机只是控制业务的接续，而用户之间的数据流是不经过软交换机的，因此软交换机只能实现按接续时长计费，而无法实现按信息量计费。若要求软交换机具备按信息量计费的功能，则要求媒体网关具备针对每个用户的每次使用业务的信息量进行统计的功能，并能够将统计结果传送给软交换机。

（6）与 H.323 网的关守（GK）交互路由等消息，以实现软交换网与 H.323 IP 电话网的互通。

3．业务应用层

软交换技术将电话交换机的业务控制模块独立成为一个物理实体，称为应用服务器（AS），AS 的主要功能是完成业务的实现，具体功能如下：

（1）存储用户的签约信息，确定用户对业务的使用权限，一般采用专用的用户数据库服务器＋AAA 服务器或智能网 SCP 来实现。

（2）采用专用的应用服务器和智能网 SCP（要求软交换机具备 SSP 功能）来实现《邮电部电话交换设备总技术规范》（YDN 065－1997）中定义的基本电话业务及其补充服务功能，以及智能网能够提供的电话卡、被叫付费等智能网业务。

（3）采用专用的单个应用服务器或多个应用服务器实现融合语音、数据及多媒体的业务，灵活地为用户提供各种增值业务和特色业务。

（4）软交换网控制层中的软交换机之间是不分级的，当网络中每增加一个软交换机时，其他所有软交换机必须增加相应的局数据；而这对于网络运营来说，将是极为麻烦的，其解决办法是在业务应用层中设置策略服务器来为软交换机提供路由信息。当然，策略服务器的设置方案将直接影响软交换网络的安全可靠性。

4．核心传送层

核心传送层实际上就是软交换网的承载网络，其作用和功能就是将边缘接入层中的各种媒体网关、控制层中的软交换机、业务应用层中的各种服务器平台等各个软交换网网元连接起来。

鉴于 IP 网能够同时承载语音、数据、视频等多种媒体信息，同时具有协议简单、终端设备对协议的支持性好且价格低廉的优势，因此软交换网选择了 IP 网作为承载网络。

软交换网中各网元之间均是将各种控制信息和业务数据信息封装在 IP 数据包中，通过核心传送层的 IP 网进行通信。

9.2.3　软交换网中的协议及标准

软交换网络中同层网元之间、不同层的网元之间均是通过软交换技术定义的标准协议进行通信的。国际上从事软交换相关标准制定的组织主要是 IETF 和 ITU-T。它们分别从计算机界和电信界的立场出发,对软交换网协议作出了贡献。

1. 媒体网关与软交换机之间的协议

除 SG 外的各媒体网关与软交换机之间的协议有 MGCP 协议和 MEGACO/H. 248 协议两种。MGCP 协议是在 MEGACO/H. 248 之前的一个版本,它的灵活性和可扩展性比不上 MEGACO/H. 248,同时在对多运营商的支持方面也不如 MEGACO/H. 248 协议。MEGACO/H. 248 实际上是同一个协议的名字,由 IETF 和 ITU 联合开发,IETF 称为 MEGACO,ITU-T 称为 H. 248。MEGACO/H. 248 称为媒体网关控制协议,它具有协议简单、功能强大、且扩展性很好等特点。SG 与软交换机之间采用 SIGTRAN 协议,SIGTRAN 的低层采用 SCTP 协议,为七号信令在 TCP/IP 网上传送提供可靠的连接;高层分为 M2PA、M2UA、M3UA。由于 M3UA 具有较大的灵活性,因此目前应用较为广泛。SIGTRAN/SCTP 协议的根本功能在于将 PSTN 中基于 TDM 的七号信令通过 SG 以 IP 网作为承载透传至软交换机,由软交换机完成对七号信令的处理。

2. 软交换机之间的协议

当需要由不同的软交换机控制的媒体网关进行通信时,相关的软交换机之间需要通信,软交换机与软交换机之间的协议有 BICC 协议和 SIP-T 协议两种。

BICC 协议是 ITU-T 推荐的标准协议,它主要是将原七号信令中的 ISUP 协议进行封装,对多媒体数据业务的支持存在一定不足。SIP-T 是 IETF 推荐的标准协议,它主要是对原 SIP 协议进行扩展,属于一种应用层协议,采用 Client/Server 结构,对多媒体数据业务的支持较好,便于增加新业务,同时 SIP-T 具有简单灵活、易于实现、可扩展性好的特点。目前 BICC 和 SIP 协议在国际上均有较多的应用。

3. 软交换机与应用服务器之间的协议

软交换机与 Radius 服务器之间通过标准的 Radius 协议通信。软交换机与智能网 SCP 之间通过标准的智能网应用层协议(INAP、CAP)通信。一般情况下,软交换机与应用服务器之间通过厂家内部协议进行通信。为了实现软交换网业务与软交换设备厂商的分离,即软交换网业务的开放不依赖于软交换设备供应商,允许第三方基于应用服务器独立开发软交换网业务应用软件,因此,定义了软交换机与应用服务器之间的开放的 Parlay 接口。

4. 媒体网关之间的协议

除 SG 外,各媒体网关之间通过数据传送协议传送用户之间的语音、数据、视频等各种信息流。软交换技术采用 RTP(Real-time Transport Protocol)作为各媒体网关之间的通信协议。RTP 协议是 IETF 提出的适用于一般多媒体通信的通用技术,目前,基于 H.323 和基于 SIP 的两大 IP 电话系统均是采用 RTP 作为 IP 电话网关之间的通信协议。MGCP、MEGACO/H.248、SIGTRAN、BICC、STP-T、Parlay 协议传送的均是控制类信息,不包含任何用户之间的有用通信信息。RTP 传送的是用户之间的有用通信信息。同时,媒体网关与连接的非软交换网设备之间需采用相应的协议通信。值得一提的是,软交换网与 H.323 网互通,H.323 GW 与 H.323 网的 IP 电话网关采用 RTP 通信,同时软交换机需与 H.323 网的 GateKeeper 之间采用 H.323 协议通信。

9.2.4 软交换技术的特点

软交换技术的突出特点如下:

(1) 软交换设备是一个支持各种通信网络协议(如 ATM、IP)的可编程呼叫处理系统,可运行在商用计算机和操作系统上。

(2) 软交换设备控制着扩展的中继网关、接入网关和远程接入服务器(RSA)。例如,软交换设备加上一个中继网关便是一个长途/汇接交换机(C4 交换机)的代替,在骨干网中具有 VOIP 或 VTOA 功能;软交换设备加上一个接入网关便相当于一个语音虚拟专用网(VPN)/专用小交换机(PBX),在骨干网中具有 VOIP 功能;软交换设备加上一个 RAS,便可利用公用承载中继来提供受管的 MODEM 业务(即 MODEM 呼叫通过 SS7 ISDN 用户部分 ISUP 发送信令);软交换设备加上一个中继网关和一个本地性能服务器便组成一个本地交换机(C5 交换机),在骨干网中具有 VOIP/VTOA 功能。

(3) 通过一个开放灵活的号码簿接口便可以再利用智能网(IN)业务,如它提供一个具有接入到关系数据库管理系统、轻量级号码簿访问协议和事务能力应用部分(TCAP)号码的号码簿嵌入机制。

(4) 为第三方开发者创建下一代业务提供开放的应用编程接口(API)。

(5) 高效灵活。软交换网络结构的最大优势在于将应用层和控制层与承载网络完全分开,有利于快速、有效、灵活地引入各类新业务。

(6) 开放性。软交换网络结构中各种网络部件之间均采用标准的协议。因此各个部件既能独立发展、互不干涉,又能有机地组合成一个整体,实现互联互通。

(7) 多用户。软交换网络的设计思想迎合了电信网、计算机网及有线电视网三网合一的大趋势。模拟、数字、移动、ADSL、ISDN、宽带用户都可以接入网络享受软交换设备提供的业务。

(8) 强大的业务能力。软交换网络可以利用标准的全开放平台为客户定制各种新业务和综合业务,最大限度地满足用户需求。

(9) 分布和集中相结合的网络解决方案。网络互通功能由分布式的网关完成,而呼叫控制功能和业务控制功能集中于少数软交换机完成。

(10) 具有可编程的后营业室特性。例如,可编程的事件详细记录,详细呼叫事件写到一个业务提供者的收集事件装置中。

(11) 具有先进的基于策略服务器的管理所有软件组建的特性,包括展露给所有组件的简单网络管理协议(SNMP 2.0)接口、策略描述语言和一个编写及执行客户策略的系统。

9.2.5　软交换技术的功能

软交换作为新、旧网络融合和关键设备,软交的功能结构如图 9.2 所示。软交换必须具有以下功能:

(1) 媒体网关接入功能。该功能可以认为是一种适配功能。它可以连接各种媒体网关,如 PSTN/ISDN 的 IP 中继媒体网关、ATM 媒体网关、用户媒体网关、无线媒体网关、数据媒体网关等,完成 H.248 协议功能。同时还可以直接与 H.323 终端和 SIP 客户终端进行连接,提供相应业务。

(2) 呼叫控制功能。呼叫控制功能是软交换的重要功能之一,它完成基本呼叫的建立、维持和释放,所提供的控制功能包括呼叫处理、连接控制、智能呼叫触发检出和资源控制等。

(3) 业务提供功能。由于软交换在网络从电路交换向分组交换演进的过程中起着十分重要的作用,因此软交换应能够支持 PSTN/ISDN 交换机提供的全部业务,包括基本业务和补充业务;同时还应该可以与现有智能网配合,提供现有智能网提供的业务。

(4) 互联互通功能。目前,存在两种比较流行的 IP 电话体系结构,一种是 ITU-T 制定的 H.323 协议,另一种是 IETF 制定的 SIP 协议标准,两者是并列的、不可兼容的体系结构,均可以完成呼叫建立、释放、补充业务及交换能力等功能。软交换可以支持多种协议,当然也可以同时支持这两种协议。

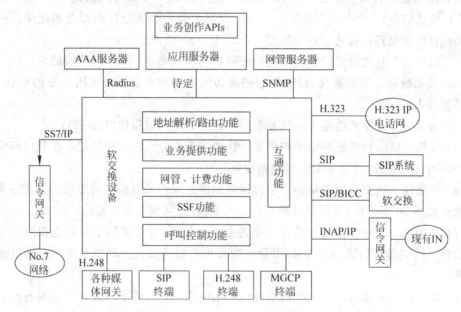

图 9.2　软交换的功能结构框图

9.2.6　软交换技术的过渡

从传统的电路交换网到分组化的 IP 网将是一个长期的渐进过渡过程,总地来看,目前有两大过渡策略:一是以软交换为核心的重叠网策略;二是以综合交换机为核心的混合网策略。下面主要介绍的是以软交换为核心的重叠网策略。

电路交换网在传输电话业务方面是基本胜任的,而且是电信公司的主要收入来源。目前全球电信公司来自传统语音和传真业务的收入占总收入的 80%，即使像 NTT 这样的老牌电信公司其业务收入的 50% 也是来自传统语音业务。因而合乎逻辑的结论是在演进前期最好不要或少去触动它，让其独立发展。对于日益增长的数据业务，特别是 IP 业务，可以通过建设一个重叠的分组化网（ATM 网或 IP 路由器网）来解决。两个网的业务节点独立发展，其间通过一类特殊的协调设备实现互连互通。这类协调设备不仅交换语音、数据和其他业务，而且完成 7 号信令与 IP 的转换。历史上，这类设备开始称为协调设备或协调交换机，功能较简单，其重点是解决两个不同网络间的语音业务融合和转移问题。协调交换机只能完成基本的呼叫处理，智能较低。随着需求和技术的发展，逐步形成了呼叫控制层和业务层与媒体层的分离，上述设备开始被称为关守、呼叫代理、呼叫服务器或媒体网关控制器，1999 年后开始称为软交换并被定位于网络控制层。其基本作用类似，但功能上越来越强大和集中，并且变成了最通用的术语。关于软交换术语的定义，各种版本可多达几十种，总体来看，它是一个建立在开放的计算平台上能够实现分布式通信功能并为下一代网络提供呼叫控制和信令的开放式标准软件系统。

软交换对用户是透明的，主要处理实时业务，提供呼叫控制、连接控制、媒体网关接入、带宽管理、选路、信令互通和安全管理等功能。支持 H.323、H.248、SIP 或媒体网关控制协议等各种协议，利用开放的体系结构实现分布式通信和管理，具有良好的结构扩展性，很小的机房占地和更有效的机房空间利用率。采用软交换后可以卸载或旁路 IP 拨号业务，减轻电路交换网的压力，代替传统的电路交换网的汇接局和端局。其初始成本，若仅考虑语音业务应用，应该比传统电路交换机低，而运营成本将会大大降低，若综合考虑语音和数据业务，则一个融合的网代替两个独立的网，无论是初始成本还是运营成本都将会大幅度降低，而且具有更丰富的呼叫特性、应用特性和可扩展性。软交换还有一个区别于传统交换机的重要特征，就是它采用了开放的体系结构、标准的接口和开放式应用编程接口（API），特别是在其上面的应用层和媒体控制层已经与媒体硬件分离并纳入开放的标准计算环境，这不仅允许充分利用商用的标准计算平台、操作系统和开发环境，而且采用独立于硬件的平台有利于网络运营商灵活选择网络各层的最佳设备，实现不同设备的兼容和互通操作，大大加速了新业务和新应用的开发、生成和部署，增强了网络运营商和业务提供者在电信市场上的竞争地位和竞争能力。由于软交换的价格可以遵循软件许可证方式，不必遵循现行交换机的价格模式，投资大小可随用户数增加而增长，有利于新的电信运营商或传统运营商开发新的市场。现行电路交换机由于有很大部分公共设备，使其初期建设成本很高，当用户数量不大时其建设成本将会更高，将比软交换机高出一个量级，不利于竞争的新电信运营商或传统运营商开发新市场。

从网络角度看，通过软交换机结合媒体网关和信令网关，跨接和互联电路交换网与分组化网，尽管两个网仍基本独立，但业务层已实现基本融合，可统一提供管理和加快扩展部署业务。当数据业务逐渐成为网络的主流业务时，可以考虑将电路交换网上的电话业务逐渐转移到分组化网上来，最终形成一个统一的融合网。这种网络演进思路的基点在于网络和业务的融合，不在于节点的融合，它允许不同的网按照各自最佳的方向独立演进，不受限于节点结构，是最适合于像中国电信这样的传统运营商的网络演进策略。据国外统计数字估计，在 8 年内一个不投资在软交换的运营商的利润将比投资在软交换上的运营商少 50%。当然，软交换技术还在发展和完善过程中，会有这样或那样的问题，但作为网络技术的发展方向已经获得业界的认同。

软交换的切入点将随网络运营商的侧重点不同而有所差异。通常是从长途局和汇接局开始,再进入端局和接入,然后扩展到多媒体应用和 3G 网络。当然,不同的运营策略将有不同的切入点优先次序,但最终都是提供一个完整的端到端的解决方案,完成从电路交换网向分组化网的过渡。软交换不仅适合于新兴的电信运营商,也同样适合于传统的老牌电信运营商,都可以完成从电路交换网向分组化网的过渡。

9.3 云计算技术

9.3.1 云计算技术的概述

假如有一驾马车很重,一匹马拉不动它,你是否会想去找一匹更大、更壮的马来拉它呢?答案很明显你一定不会去找更大、更壮的马来,而是去找更多的马来拉车。将这个寓言映射到 IT 产业中,马车好比是用户不断增长的对数据存储能力、计算能力、处理能力等的需求。而一匹马好比是用户现有的普通计算机。更大、更壮的马好比是功能更强大的计算机。通过上面的寓言知道,在解决企业用户不断增长的需求时,没必要使用更大、更好的计算机,完全可以将现有的设备进行整合就能达到使用如同超级计算机一样的效果,利用大量普通设备的集成实现更加强大的功能来满足用户的需求,这就是云计算提出的理念。这样做的好处在于企业不需要进行大规模的投入,仅仅通过对现有设备的整合就能获得更加强大的服务功能。这样的应用在为企业创造更多的经济利益的同时也大大减少了企业的成本。

1. 云计算的概念

维基百科这样定义云计算:云计算是基于互联网的计算机技术的开发和使用,它是一种动态伸展,通常是虚拟化的资源通过互联网作为服务来提供的计算网络,使用者无须了解,无须具备专业知识,无须控制那些支持云的技术基础结构。也就是说,云计算将网络上分布的计算、存储、服务、软件等资源有机地整合起来,并且利用虚拟化技术将资源虚拟成为虚拟化资源池的方式,为用户提供方便、快捷、可伸缩式的按需服务。

云计算虽然是 2007 年被提出的,但从某种意义上来说它并不是一项新技术,早期的分布式计算、并行计算和网格计算都可以看做是云计算的前期研究,所不同的是前期的分布式计算、并行计算和网格计算都是学术界推动的,由于没有推出基于商业的运营模式和盈利模式,因此并不为商界所看好。直到 Google、Amazon 等大型企业推出相关的商业应用模式,并对其进行重新包装才有了云计算的概念。目前对云计算的推动以不仅局限于学术界,更多企业的各种应用已成为云计算的主要推手。云计算的推动过程中不断融合诸如虚拟化技术、分布式计算等技术,使得云计算技术的功能日趋完善。严格意义上说,云计算是一个商业运营计算模型,它能够通过分布式计算技术和虚拟化技术将各种任务部署到大量分散的计算机所构成的虚拟资源池上。用户通过访问不同类型的虚拟资源池来获取相关的服务。与传统的分布式计算不同的是,云计算所访问或调用的资源都是被虚拟化了的资源,并且这些资源能够按照用户的需求动态地为用户提供相应的服务。也就是伸缩性服务或弹性服务功能。虚拟资源池是云计算的核心技术之一。但虚拟资源池技术也并不是新的技术,2002

年就已经提出了网格计算资源池(Computing Pool)的概念。云计算的资源池技术与网格计算资源池非常相似,同样具有对计算及存储资源的虚拟化功能,资源池的大小可以动态调整,并且能够按需分发或回收资源的使用,基于云计算的虚拟资源池技术既能够提升整个系统资源的使用效率,也能够更好地按照用户的需求提供服务。云计算的应用模型如图9.3所示。

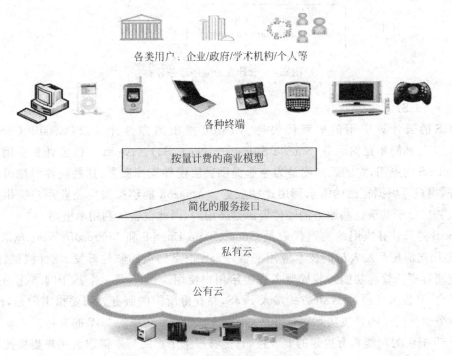

各类用户：企业/政府/学术机构/个人等

各种终端

按量计费的商业模型

简化的服务接口

私有云

公有云

图9.3　云计算的应用模型

云计算的概念模型中的底层是大量的各类硬件设施,这其中包括服务器、存储设备、通信设备及数据库等。这些设备被虚拟成资源池后成为公有云或私有云,然后把云中的资源按照功能划分成存储资源池、计算资源池等不同的服务资源,并将这些资源池作为一种服务通过简化的接口按照不同用户的不同需求提供不同形式的服务,并按照使用量进行计费。由此能够看出这是一个典型意义的商业运作模式。

云计算中的"云"可以理解成网络,但有别于传统网络,"云"可以理解成为是一些具有自我维护和自我管理的虚拟软、硬件资源所形成的网络。简单地说,"云"就是可以提供各种服务的网络。SUN公司较早就曾提出"The Network is Computer"的理念。这是一种基于瘦终端的网络架构。而云计算就是将大量的硬件资源以虚拟资源池的形式向用户提供各种服务,用户终端并不需要有多么强的功能只要连接到云中就能获得强大的计算能力、存储能力甚至通信能力。这种基于瘦终端的应用模式必将为现有的企业用户带来巨大的经济效益。因为基于云计算技术的企业数据中心不再有大量昂贵的硬件设备,却能有比以往更强大的功能。而这一切均来自于"云"。云计算的应用服务分类如图9.4所示。

一般可以将云计算的应用服务划分为3类,分别是基础设施作为服务(Infrastructure as a Service,IaaS)、平台作为服务(Platform as a Service,PaaS)、软件作为服务(Software as

图 9.4　云计算的应用服务分类

a Service, SaaS)。

IaaS 的云计算应用的典型代表是 Amazon 推出的弹性计算云(Elastic Computing Cloud, EC2)和简单存储服务(Simple Storage Service, S3)。Amazon 的云计算应用方案就是基于 IaaS 的应用,它的思路就是为企业提供底层硬件支撑服务,这些硬件资源可以封装成服务,用户可根据自己的需求调用这些服务。Amazon 能够按需向企业用户提供所需的各种服务。由于基于这些服务的硬件资源是公用的,因此设备的利用率极高。

PaaS 的云计算应用的典型代表是 Google App Engine 和 Microsoft Windows Azure, PaaS 是面向应用开发人员的技术应用平台,PaaS 把点到点的软件开发、软件测试、运行环境和应用程序托管等功能封装成服务提供给用户使用。PaaS 是一个基于网络化的分布式开发平台,开发人员通过 Web 方式接入 PaaS,并获得所需的服务。需要指出的是,PaaS 提供的服务也是按需的并按实际用量计费,并且一般都需要底层的 IaaS 的支持。

SaaS 提供的功能具有更强的专业性,它能够根据用户的特定需求为用户提供按需应用服务封装,并将这些封装好的应用作为服务向特定的用户提供。

随着云计算技术的不断发展,从目前来看上述 3 种服务有走向融合的趋势。这种融合的趋势,使得提供云计算服务的企业在向用户提供服务具有较高的灵活性和可扩展性。这也符合云计算的发展初衷。

2. 云计算的优势及特点

云计算技术较传统网络技术具有非常明显的优势。

(1) 云计算能够向用户提供数据中心存储服务,用户不需要自己建立数据中心就能获得所需的数据存储服务功能,用户也不必对数据中心进行日常性的维护,用户只需设置较严格的权限管理体系就能够放心地使用云提供的数据存储服务。

(2) 云计算集成了大量的硬件资源,通过虚拟化形成了功能强大的虚拟资源池,所有的虚拟资源由云统一调配管理,用户终端功能被瘦化,用户硬件投入成本被降低,用户只需通过 Web 就可获得大量的资源和强大功能。

(3) 云技术能通过虚拟化技术共享异构系统的数据及资源,使系统的共享度、兼容性大大提高。云计算利用分布式文件系统(Distributed File System, DFS)实现数据资源的异地备份,这对保证数据安全来说具有非常现实的意义。

(4) 云技术将大量资源以虚拟的形式提供给用户使用,用户使用资源时与本身的硬件能力无关,只与在云中调用的虚拟资源数量有关,而对资源的调配又是根据具体用户的需求来按需实现的。这使得基于云的应用有别于传统网络,云计算的应用使得人们对网络的认识彻底被改变,人们对网络的应用模式也彻底被改变。

云计算的主要特点如下:

(1)"云"一般都具有很大的软、硬件规模,正是这种超大的网络规模才使得云具备极为强大功能。比如超级计算功能、海量存储功能甚至通信功能。

(2)较高的可靠性。云技术采用 DFS 来管理数据,并将数据进行分块,再以多个副本的方式存储在不同地域的物理硬件设备中,这就使得数据的安全性较本地计算机存储具有非常明显的优势。

(3)虚拟技术的广泛应用。使用虚拟化技术将各类资源虚拟成各种资源池并通过网络向用户提供相关服务,这种模式使用户不再关注终端的性能。同时大幅度提高了服务的效能。

(4)可扩展性。云技术底层大量的被虚拟化的设备,完全能够根据用户的需求随时调整资源调度配比的规模,以适应用户的动态需求。对用户来说这种完全按需的网络服务架构具有良好的应用弹性。

(5)通用性。云技术所提供的应用不针对任何特定的服务,用户能够按照自身的需求,调用云的不同资源来实现用户所需的功能。

(6)廉价的服务。云技术的底层设备是由大量较为廉价的节点所构成,而云的弹性架构使得每个节点的利用率得以大幅度提高。同时在向用户提供服务时,底层节点采用的运作机制非常类似于复用原理,这样不仅大大提高了节点效率也大大降低了系统成本。因此,云在向用户提供服务时在资费方面有非常明显的优势。

3. 我国云计算的发展现状

我国云计算的发展一般可分为 3 个发展阶段,如图 9.5 所示。这 3 个阶段分别为准备阶段、起飞阶段和成熟阶段。目前,我国的云计算产业和云计算应用服务尚处于初始阶段。

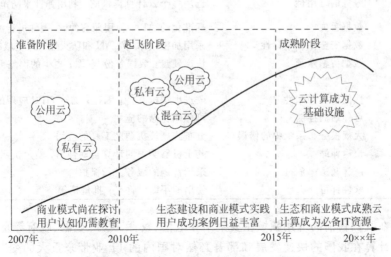

图 9.5 我国云计算发展阶段示意图

从 2008 年开始,中国云计算产业链就开始了如火如荼的建设,以中国电信、中国移动、华为公司为首的众多企业纷纷加入到云计算的开发队列中来。国家在北京和无锡相继成立了云计算中心,各公司也先后成立了企业级的云计算研究中心,尤其是中国电信和中国移动这两家大型运营商的加入使得云计算的基础运营有了保障。2011 年电信发布了"天翼"云计算,2012 年提供高性能虚拟主机 2 万台,其存储容量达到 2 万 TB。中国移动也紧跟云计算的发展,中国移动早在 2007 年就启动了"大云(Big Cloud)"研发计划,2011 年大云发布了1.5 版,中国移动计划建设公众云、业务云和 IT 支撑云。中国移动的大云计划是基础运营商云计算发展思路的代表,对高性能、低成本、高可扩展性的追求是基础运营商的基本目标。随着中国电信全球眼系统和中国移动 MM 平台等商用平台的相继推出,使得我国的云计算的前期应用已经初见端倪。

虽然业界对云计算仍有不少微词,但随着应用的普及和国外成功案例的不断涌现,国内产业界对云计算逐渐达成共识:那就是中国必须要抓住这一历史机遇,抢占技术的制高点。2010 年 10 月,发改委、工信部联合发布《关于做好云计算服务创新发展试点示范工作的通知》,并首批确定北京、上海、深圳、杭州、无锡 5 个城市为云计算技术发展试点城市,明确了我国大力发展云计算的决心和信心。

目前,云计算在我国的发展尚处于起步阶段,但众多国际大型 IT 企业纷纷将我国作为云计算应用发展的热门地区,这跟我国巨大市场发展前景密切相关。我国相继出台了一系列政策鼓励地方政府大力发展云计算技术和相关产业,目前无锡市政府已相继建成国家云计算中心和 IBM 大中华区云计算研发中心。无锡市已初步将自身打造成为中国云计算中心。

当然除了上述主要问题外,云计算还存在其他一些需要解决的问题。任何技术的发展都是问题与机遇并存的。目前云计算发展面临的问题与机遇如表 9.1 所示。

表 9.1　云计算发展面临的问题与机遇

序　号	问　　题	机　　遇
1	服务的可用性	选用多个云计算提供商;利用弹性来防范 DoS 攻击
2	数据丢失	标准化的 API;使用兼容的软、硬件进行波动计算
3	数据安全性和审计性	采用加密技术,VLAN 和防火墙;跨地域的数据存储
4	数据传输瓶颈	快递硬盘;数据备份/获取;更少的网络开销;更大的带宽
5	性能不可预知性	改进虚拟机支持;闪存;支持 HPC 应用的虚拟集群
6	可伸缩的存储	可伸缩存储的应用
7	大规模分布系统中的错误	分布式虚拟机调度工具的应用
8	快速伸缩	基于机器学习的计算自动伸缩;使用快照以节约资源
9	声誉和法律危机	采用特定的服务进行保护
10	软件许可	使用即用即付许可;批量销售

云计算在我国目前的应用领域主要集中在电信、教育、医疗、金融、政府等重点行业和重点部门。云计算在我国的快速发展和部署必然对国内的 IT 业带来重大的变革,人类的生活将被这种变革彻底改变。

9.3.2　云计算技术

1. 云计算的基础架构分析

云计算发展的主要推手就是基于商业的应用,但云计算到目前为止都还没有统一的标准,这样大大地制约了云计算的进一步发展,由于不同的云计算运营商对云计算的理解不同,使得各大企业在实现基于云计算的架构时不尽相同。本书认为,云计算基础架构应该包含基础设施层,管理中间件层和面向服务的体系结构(Service Oriented Architecture,SOA)架构层,如图 9.6 所示。

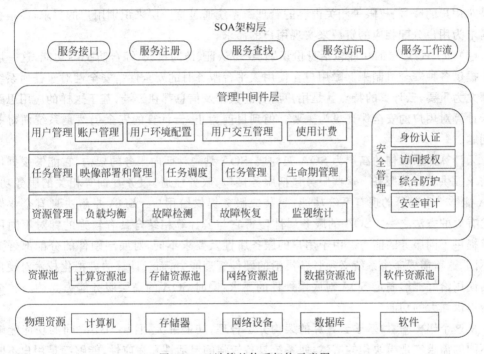

图 9.6　云计算的体系架构示意图

云计算体系架构的底层为基础设施层。该层由两部分构成,分别是物理资源层和虚拟资源池层。其中物理资源层包括大量的物理硬件设备,这些硬件设备主要是由服务器、数据库、存储设备、网络设备及部分软件所组成。这一层包含的硬件设备众多,且分散在不同地点,在传统网络中很难将这些硬件设备进行有效地整合,并使其发挥集群硬件的优势。云计算的特点之一就是引入了虚拟化技术,基础设施层利用虚拟化技术对不同功能的硬件进行虚拟化并形成不同功能的虚拟资源池。这种基于硬件的虚拟化技术是将具有相同功能的多台硬件设备虚拟成一台逻辑设备,虚拟出来的逻辑设备较低层的物理设备拥有更加强大的功能和更高的使用效率。由于虚拟资源池里都是基于逻辑层面的虚拟设备,因此,虚拟资源池具备强大的资源动态部署能力和系统负载平衡能力,这为实现云计算的高层服务奠定了资源基础。

云计算体系架构的中层为管理中间件层。管理中间件层内部按照功能可以分为资源管理子层、任务管理子层、用户管理子层和安全管理层 4 部分。下面分别对各层的功能加以说明。

(1) 资源管理子层的功能主要是负责对底层各种资源的管理,包括对底层虚拟资源的故障检测管理、故障恢复管理、系统监视统计和对底层资源的负载均衡等功能,这些功能的使用能够对底层的各种资源进行实时的监控和调度以适应高层对硬件的需求,这符合云计算对底层资源的灵活调度的要求。这一设计理念是云计算技术的核心。Google 的 GFS 及HDFS 都是基于这样的理念对底层硬件的管理来完成对高层服务的。

(2) 任务管理子层的功能是根据各种任务作业的需求通过下层的资源管理层来实现按需的调配部署资源,这一层还可以使用 Map/Reduce 对各种任务进行调配来实现对任务的简化,并由底层的硬件来实现任务的处理。

(3) 用户管理子层的功能主要用来实现对用户的管理、配置及计费等功能。这一层主要是对用户的账号、权限等相关内容的管理。系统通过这一层来识别用户的需求,并根据这些需求为用户分配相应的资源来实现用户的需求。

(4) 安全管理层的功能包括身份识别、身份认证、访问授权、综合防护等功能,这一层为用户提供各种安全机制来保障用户在使用云平台服务时的安全性。安全性对于任何系统来说都尤为重要,云计算的特点就是用户所有的数据及信息都在云端,基于这样的应用思路使得云计算对用户的安全保证更为重要。但到目前为止,云计算的安全仍然是系统面对的主要问题。

云计算体系架构的高层为 SOA 架构层,SOA 是一种面向服务的架构,它能够根据用户的需求提供相应的服务。这些服务包括服务接口、服务注册、服务查询等相关的服务功能。SOA 能够将大部分的现有系统功能,封装成服务提供给用户。SOA 是解决现有企业架构行之有效的方法之一。SOA 的服务属性使得它与云计算相结合具有较强的针对不同用户需求提供不同服务的能力。由于用户的服务属性及要求不同,对底层硬件的分配部署要求也不同,这就需要整个系统必须具备灵活的硬件管理能力,而云计算的虚拟化技术对硬件的灵活使用恰好能够满足 SOA 对底层硬件的要求,同时 SOA 的高层服务能力又能为整个云平台提供强大的功能。

从这个架构来看,基于云计算的架构分层合理,功能强大,且层与层之间的功能能够根据不同的需求实现模块化的搭建,使系统具备较强的灵活性和适应性,能够满足用户不断涌现的新的需求。基于云计算的架构既能够充分利用企业现有的各类硬件资源并提高整体性能,同时又能够根据企业的不同需求随时调用这些资源来满足用户的各种应用需要。

2. 云计算核心技术

云计算是一种新型的 IT 架构,数据是云计算的应用体系中的核心内容,云计算与其他传统 IT 架构的主要区别是对数据的独特应用与管理及与数据相关联的硬件管理。在云计算中所采用的核心技术主要有虚拟化技术、分布式文件系统和分布式处理等。

(1) 虚拟化技术是云计算的核心技术之一,虚拟化技术包括服务器虚拟化、CPU 虚拟化、内存虚拟化、I/O 虚拟化等,云计算的虚拟化主要是对底层硬件的虚拟化,也就是将底层大量的计算硬件资源、存储硬件资源及通信硬件资源虚拟化成为逻辑资源供系统统一调配使用,并能够根据系统用户的使用需求来平衡底层硬件资源的使用效率,提高整个系统的性能。虚拟化技术能够充分地利用企业现有的硬件资源来实现更强大的功能,企业不用为实现新的功能而额外购买硬件设备,虚拟化技术能为企业带来较高的经济效益和更强大的功能。从计算角度来说,CPU 虚拟化可以为企业带来更高的计算能力,存储虚拟化能够为企业带来更为强大的存储能力,服务器的虚拟化能够为企业提供相对独立的虚拟运行环境,为企业的应用带来更大的灵活性和可扩展性。

(2) 分布式文件系统能够支持多台计算机通过网络同时访问共享文件和相应的存储目录,分布在不同地域的主机用户能够远程共享文件和存储资源。云计算的分布式文件系统在应对用户的访问时,系统通过虚拟资源管理器来实现数据与用户的交互操作,用户并不能对底层的硬件资源进行直接操作。用户在使用相关的资源时完全是按照透明方式来使用的。同时分布式文件系统还具备并发访问的处理能力,在分布式文件系统中容易出现并发访问时带来的冲突问题,所以分布式文件系统具有避免冲突的机制来实现并发访问的功能。为了保证分布式文件系统中数据的安全性,要求分布式文件系统要具备较高的容错能力,以保障出现故障时数据的迅速恢复。在云计算的分布式文件系统中具有典型代表意义的是 GFS 和 HDFS 两种分布式文件系统。

(3) 分布式处理技术是当高层提出应用服务任务时,系统对这些任务进行分解,按照一定的关系分解成若干个小的任务,再将这些小任务分别分发给底层大量的硬件设备,并由这些底层硬件设备进行处理,处理完毕后将运行结果返回给高层并由高层对这些运行结果进行整合,最终形成一个完整的结果返回给高层。基于这种思路的云计算分布式处理技术能够使底层硬件的利用率得到大大提升,同时由于使用了大量底层硬件设备也使得系统的整体处理能力大大加强。

由于云计算提出了上述的这些关键技术,而这些技术均采用的是分布式的思路来实现,虽然基于云计算的主要技术方案是分布式的,但是并不代表整个系统也是分散设置的,在云计算中对底层的设置是基于分布式的,但在高层实现功能时却采用的是集中控制方式,这一特点与一些企业的分散式布局集中式管理的模式也是相契合的。因此,利用云计算技术解决诸如运营商和企业需要在技术上具备可行性,同时云计算的经济性也为该设计方案提供了经济可行的保障。同时具备经济可行性和技术可行的设计方案总体上也具备实现的可行性。

3. 基于云计算的应用分析

首先,分析云计算的 IaaS 应用。从现有的应用来看,Amazon 在 IaaS 应用方面做得较为突出。IaaS 是通过 Xen 等虚拟化技术来实现对底层硬件设备的虚拟化的,在虚拟化的过程中 IaaS 将底层大量的硬件虚拟成一个更便于管理的逻辑实体,并将这个逻辑实体具有的诸如计算、存储、通信等功能封装成服务提供给用户使用。对一个拥有大量 IT 资源的企业来说,基于 IaaS 的应用的意义在于它可将企业原有的硬件资源整合,并进行更加充分合理的应用。这样既能够在企业进行信息化改造过程中利用 IaaS 技术,在不需要进行较大规模的硬件投入的条件下,就能够实现更加强大的处理能力以应对企业对更高层级服务的要求;又能够利用虚拟化技术在一个单一的硬件设备中为企业的不同部门提供不同的逻辑处理环境和空间,这些逻辑处理环境能够提供相对独立的应用空间来满足企业一些部门对数据处理、隔离等的相关需求。IaaS 应用还可以为企业的高级应用提供基础的支撑服务。IaaS 应用在系统信息化过程中有着很大的应用领域,是解决企业数字化、信息化、集成化的主要技术手段。

其次，分析云计算的 PaaS 应用。如果把 IaaS 应用看作是基于云计算的硬件应用，那么 PaaS 应用就可以理解为是基于云计算的软件平台应用了。这一层应用有着承上启下的作用，它既能够调用 IaaS 层功能并对这些功能进行封装形成不同的应用服务供用户使用，又能够将 PaaS 应用作为一种服务提供给高层已实现更为专业化的服务机制。PaaS 应用能够对底层的资源池进行按需的调度和部署，并能够协调这些资源在 PaaS 层的不同应用之间提供相关的技术支撑。PaaS 应用原则上是提供一个应用的平台供用户使用和调用相关资源，同时 PaaS 应用还具备对任务的调度和管理能力，通过分布式文件系统实现对任务的调度、部署和管理。

最后，分析云计算的 SaaS 层应用。这一层的应用主要是针对各种具体服务的，SaaS 层应能够把各种用户的需求当作服务，并针对这些需求为用户提供各种应用服务，一般这样的应用服务都具有较强的业务属性，应用的专业化程度也较高，是云计算面对高端用户提供个性化定制服务的解决方案。系统能够按照用户的具体需求通过调用 PaaS 平台的相关功能为用户提供专门化的软件服务。这一层主要是通过用户所需的软件功能来实现用户的具体业务需求。

9.3.3　Hadoop 与 HDFS

1. Hadoop 概述

Hadoop 技术是 Apache Lucene 创始人 Doug Cutting 创建的，Hadoop 最初是由 Yahoo 公司支持开发的项目，Hadoop 目前较为稳定的版本号为 0.21，Hadoop 技术中的主要子项目有 HDFS(Hadoop Distributed File System，Hadoop 分布式文件系统)、MapReduce(映射简化，一种并行计算框架)和其他公共部分。从 Hadoop 的 0.21 版开始 HDFS、MapReduce 就被分离成独立的两个子项目来分别进行研究和实施。

Hadoop 框架允许计算机集群采用简单的模式来处理海量数据集，这里的计算机集群可以是一台计算机到上千台计算机的动态组合，每一台计算机均能提供计算和存储功能，由于 Hadoop 采用计算机集群来处理数据，因此对于构成集群的单个计算机的性能并没有什么特殊的要求。Yahoo 在 2008 年曾经使用 10 000 个 CPU 搭建了一个基于 Hadoop 的框架。到目前为止已有包括 Facebook、IBM、纽约时报等 IT 巨头采用了基于 Hadoop 的框架来解决自身对大量计算能力的需求以及对海量数据的处理能力的需求，据有关报道这些企业采用了基于 Hadoop 的框架后均取得了较好的应用效果。Hadoop 技术也被较为广泛地引入到云端计算中，以解决分布式文件系统面临的相关问题。

Hadoop 技术栈如图 9.7 所示。下面就协议栈的功能作简要说明。

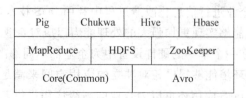

图 9.7　Hadoop 技术栈示意图

- Pig 是在 MapReduce 上使用的高级数据流程序。
- Chukwa 是用来管理分布式系统的数据采集模块。
- Hive 是为数据摘要和查询功能提供支持的数据库。
- Hbase 是结构化数据存储的分布式数据库。
- ZooKeeper 用来解决分布式系统的"一致性"问题。

Hadoop 在 2008 年 4 月创造了一项世界纪录,成功地成为目前最快 TB 级数据排序系统。这一纪录表现出了 Hadoop 技术框架的优势。当今世界每天都在产生大量的数据,例如世界最人的证券交易所   纽约证券交易所每天都产生 1TB 的数据量,Facebook 现已存储量约 1PB 的用户数据资料。这样的企业在面对如此巨大的数据量时,如果没有一个快速的处理系统和存储系统如何应对用户的需求? 很明显,基于 Hadoop 的分布式文件系统是一个不错的选择。据相关资料显示,Yahoo 利用 Hadoop 系统仅仅需要 62s 就能对 1TB 的数据进行排序。如此高的效率在传统系统来看是望尘莫及的。因此,在面对海量数据处理时,采用基于 Hadoop 的分布式文件系统是必要和明智的选择。

Hadoop 在构建互联网规模的搜索引擎方面也具备强大的优势。一般来说,要构建互联网级别的搜索引擎需要大量的数据,分布式系统无疑成为处理大量数据的一个较为合理的解决方案。因此 Yahoo 于 2006 年利用两个月时间搭建了一个研究集群,该集群是由 200 个节点组成,能够使用户更快地通过这一新的框架获取服务。由于 Hadoop 系统是一个开源的系统,使得系统能够根据用户的需求不断完善面对用户的服务。层出不穷的新的模块的推出也促使 Hadoop 系统的研究和应用进一步得以深入。随着 Yahoo、Google 这样的大型互联网企业的推动,基于 Hadoop 的架构也逐渐被广泛地应用到越来越多的 IT 企业中。

以下是 Hadoop 发展过程中的大事记:

- 2004 年,Doug Cutting 和 Mike Cafovella 成功开发了 HDFS 和 MapReduce 的初级版本。
- 2005 年,Nutch 成功移植到新的框架中,Hadoop 在 20 个节点上成功地运行且通过了相关测试。
- 2006 年,Yahoo 公司采用 Hadoop 技术建设网格计算,同年 5 月将 Hadoop 运行在 300 个节点上并取得成功,同年 11 月 Yahoo 又将运行 Hadoop 的节点数在已有成果的基础上增加到 600 个,同年 12 月 Yahoo 利用 900 个节点进行排序测试成功运行 7.8h。
- 2008 年,Yahoo 创造了在 900 个节点上运行,并对 1TB 数据进行排序,创造了 209s 完成排序的世界纪录。
- 2009 年 3 月,Yahoo 利用 Hadoop 创造了拥有 24 000 台机器的 17 个集群。同年 4 月成功地实现了运行 3400 个节点,用 173min 对 100TB 数据进行排序作业的任务。

截至目前,Yahoo 和 Google 分别在世界上利用 Hadoop 搭建了多个分布式数据中心,并且节点规模还在不断扩大。这标志着 Hadoop 技术的应用进一步走向成熟。

2. HDFS 简介

Hadoop 分布式文件系统(Hadoop Distributed File System,HDFS)能够将其部署在如 X86 这样便宜的计算机硬件上。因此,HDFS 的部署成本与传统的文件系统相比较具备很明显的成本优势。HDFS 在存储数据时一般会在系统中形成 3 个副本,并将这 3 个副本存储在不同的地域,以增强数据的安全性和系统的容错能力。这一特性对于企业系统的数据灾备十分有用。HDFS 能够实现对海量数据(TB 级或 PB 级)的有效存储。同时 HDFS 还可与 MapReduce 良好地结合在一起,能够向正在运行的各种应用程序提供商提供海量的数据支持。HDFS 能够有效地支撑如 Google Earth 这样的对数据量需求很大的应用程序。目前 HDFS 被诸如 Yahoo、Google、微软、SUN 等大公司广泛采用。

HDFS 采用主/从架构模式,在设计之初,HDFS 主要是用来解决数据集的大小超出独立计算机的存储能力时,如何对其进行分布式存储的问题。但是要在网络中实现同时对若干台计算机进行分布式文件存储,对于网络编程实现来说相当复杂,也要面临诸多的问题。比如在数据完整性方面和节点故障容忍度方面都面临着巨大的挑战。HDFS 的设计思路是以流式数据访问方式为用户提供超大文件存储的。流式数据访问方式的特点是一次写入、多次读出。这是一种高效率的访问模式。因为运行在 HDFS 上的应用主要是以流式读为主,系统在操作过程中主要采用的是批处理方式而非交互式,系统更加强调访问过程中数据的高吞吐量。由于 HDFS 在故障容忍度和数据完整性方面具有明显的优势,同时 HDFS 又支持较高的数据吞吐量。所以在面对企业对海量数据的处理和较高的数据安全性方面来说采用 HDFS 系统比传统系统更有优势。

HDFS 的基本工作原理是:一般每个磁盘都会设定有一个默认数据块的大小,数据块被认为是磁盘进行数据读写的最小单元。构建在单个磁盘上的文件系统通过磁盘块管理该文件系统中的块。HDFS 也有块的概念,但与传统的文件系统相比 HDFS 的块要大得多,传统的文件系统中块的大小一般只有 512B,而 HDFS 中块的大小被定义为 64MB。HDFS 在读写文件时也要将文件划分为多个分块,形成相互独立的存储单元存储数据。由于 HDFS 的块比传统的文件系统的块要大,所以在读写文件时可以减少寻址过程中系统产生的开销,可以大大提高系统在读写文件时的工作效率,同时节省系统对数据的处理延时。

在 HDFS 中引入块的概念能够使得文件中的不同数据块存储在多个独立的硬盘上,对于超大的文件存储来说存储容量不再是 HDFS 系统关注的问题。同时基于 HDFS 的分布式文件系统能够简化文件系统中存储子系统的复杂程度。从系统工程学的角度来讲,一个系统结构越简单,系统的故障率就会越低。使用分布式文件系统的分块的设计思路,不但能够提高系统的稳定性,而且由于块容易备份,所以也能够提高系统中数据的容错性和可用性。基于此在铁路综合调度指挥系统中使用 HDFS 来管理数据,能够提高整个系统对超大数据的处理能力,能够减少系统的开销、降低数据的处理时延,能够提高数据的容错性和可用性。HDFS 的这些特性都能很好地满足铁路系统的需求。具备明显的技术可行性和经济可行性。

HDFS 的体系架构如图 9.8 所示。

在图 9.8 中,可以看出 HDFS 的架构是由一个 Namenode 和多个 Datanode 所构成的。其中 Namenode 在文件系统中的主要功能是用来管理元数据,而 Datanode 则是用来存储实际数据的。在 HDFS 系统中的 Namenode 与用户端进行关联,可使用户获取文件的元数据,用户要获得实际的数据则需要系统利用 Datanode 直接和文件的 I/O 关联来实现。系统中的主控制服务器是由 Namenode 来承担的,主控制服务器的主要功能是用来管理和维护文件系统的命名空间,以方便用户访问文件,而 Datanode 是物理层面上的文件管理系统。

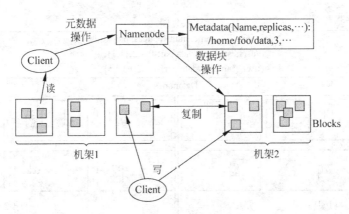

图 9.8 HDFS 的体系架构示意图

上文已经提到 HDFS 的块的大小为 64MB,当 HDFS 对超大文件进行存储时超大文件被划分为多个块会尽可能地分散在不同的 Datanode 上进行存储。在整个数据存储被读取时 Namenode 始终不参与数据的传输,只负责诸如文件的命名、打开、关闭等功能的实现。而存取操作则是由 Datanode 来实现的。

3. HDFS 文件系统

HDFS 在设计时为了保证整个系统的可靠性、安全性采取了以下技术措施:

(1) 副本存放。Yahoo、Google 这样的大规模 HDFS 集群系统,均将 HDFS 运行于多个机架上,通过网络将这些机架互联在一起,不同的机架能够通过网络进行通信。HDFS 系统在相同机架内的节点之间通信时享有的带宽要比位于不同机架的节点之间通信时享有的带宽大。这一现象直接影响着副本的存放策略,对 HDFS 的可靠性产生巨大的影响。为了提高系统的可靠性,HDFS 采用了 Rack-aware(机架感知)技术,该技术使得系统中的 Namenode 能够感知到每个 Datanode 所在位置的 ID 号,HDFS 系统的复制因子为"3",通常 HDFS 会将 3 个副本分别存放在本地机架的节点上、同一本地机架的另一个节点上和一个异地机架的节点上。由于系统中的机架数量比节点数量少很多,因此机架 ID 出错的概率远小于节点 ID 的出错概率。这样采用机架感知技术就可以大大提高 HDFS 系统的可靠性,同时不影响系统的性能指标。图 9.9 是复制因子为 3 时的数据块在机架中的分布情况说明。

(2) 安全模式。为了让副本达到最小副本数而提出的一个策略,当系统启动后 Namenode 首先会建立一个每个 Datanode 拥有的数据块多少的列表。根据列表中每个 Datanode 的数据块的多少,Namenode 来判断系统是否安全。如果各 Datanode 中的数据块都达到了最小副本数,则 Namenode 认为系统数据安全。负责 Namenode 会对 Datanode 中不符合最小副本数的数据块进行复制并存放到相应的 Datanode 中,直到各 Datanode 中的数据块副本数都达到要求。HDFS 通过这种强行保证最小副本数来保障系统数据的存储安全。

(3) 数据完整性监控。每个文件存储系统都会出现文件损坏的情况,HDFS 也是如此。HDFS 的数据是以分布式的方式存储在不同的 Datanode 上的,在读取文件时必须要对数据

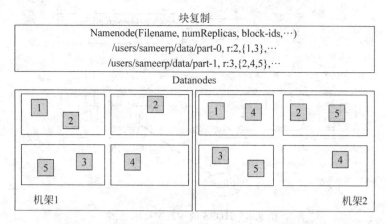

图9.9 复制因子为3时的数据块分布情况示意图

的完整性进行监控。HDFS在创建文件时,会为每个数据块计算一个校验值,并将这些校验值作为独立的隐藏文件保存在Namenode中,当用户访问文件时系统会将从Datanode中读取的数据块中的校验值与隐藏文件的校验值进行比较,如果相同就说明数据块是完整的,否则认为数据块发生损伤。一旦系统监测到某个Datanode中的数据有损伤,会到其他的Datanode中去读取数据块的副本,以确保系统数据的完整性。

（4）设备故障监测。在HDFS中一般一个Namenode都会对应多个Datanode,为了保障系统的可靠性,每隔一段时间Namenode都要对所有与之关联的Datanode进行轮询。当在一个周期中Namenode没有收到Datanode的状态包时,Namenode会将该Datanode所在的节点标记为死机。此后不再向该Datanode发送任何新的I/O信息,同时Namenode检查此时Datanode中数据块的副本数,如果不满足最小副本数则选择其他Datanode进行数据块复制。这样就可减少因设备或节点故障引起的系统可靠性下降的问题。

（5）空间回收。在HDFS中设有类似回收站的功能,在普通操作系统中回收站的作用是用来接收被删除的文件,并在回收站中形成目录文件,但是我们知道这些删除操作并不能使系统释放存储空间,回收站中的文件还可以恢复。HDFS系统也有此项功能,不同之处在于HDFS中的文件删除后会保留一段时间,如果用户在6h之内要恢复文件,HDFS则将文件的所有数据块副本恢复为文件删除前的最后副本,通过这一策略系统能够有效地避免误操作带来的数据安全性方面的问题。

利用上述技术措施HDFS能够大幅提升系统的性能,HDFS设计的初衷就是用来解决超大文件存储问题的,所以高效率的文件存储对HDFS尤为重要。因此在读取副本文件时系统采用读取距离较近的数据块来执行操作,这样既能减少系统的读取延时又能有效地减少系统对带宽的占用。HDFS在保存文件时对每个数据块至少都要存储3个副本,为了保证系统保存副本的快速性,HDFS采用了类似通信技术的帧中继的策略,数据块在存储到第一个Datanode的同时,第一个Datanode会一边存储收到的数据信息,一边将已收到的数据发送到第二个Datanode。同样,第二个Datanode收到数据也是边存储边发往第三个Datanode。这样的副本数据块存储策略在HDFS中被称为是流水线复制。流水线复制策略能够大大加快HDFS的副本存储速度和效率。此外,HDFS还提供大量的开放式接口以增加其可用性来满足不同用户的需求。

通过上述 HDFS 的技术措施的分析可以看出,HDFS 系统具备较强大的安全性和比较强大的可用性。上述 HDFS 的技术特点在应对大型企业系统设计中的分布式文件系统来说可以提供足够的安全属性和实时性,尤其是在 HDFS 中引入了副本的概念,这使得系统在应对企业对高安全性的需求时能够保证满足系统的应用需求。

9.4 物联网技术

中国在 1999 年就提出"传感网"这一概念。其定义是:通过射频识别(Radio Frequency IDentification,RFID)、红外感应器、全球定位系统、激光扫描器等信息传感设备,按约定的协议,把任何物品与互联网相连接,进行信息交换和通信,以实现智能化识别、定位、跟踪、监控和管理的一种网络概念。"传感网"在国际上通称"物联网"(Internet Of Things,IOT),即把所有物品通过射频识别等信息传感设备与互联网连接起来,实现智能化识别和管理,是继计算机、互联网与移动通信网之后的又一次信息产业浪潮,是一个全新的技术领域。1999年,在美国召开的移动计算和网络国际会议提出,"传感网是 21 世纪人类面临的又一个发展机遇";2003 年,美国《技术评论》提出传感网络技术将是未来改变人们生活的十大技术之首。2005 年,在突尼斯举行的信息社会世界峰会(WSIS)上,国际电信联盟(ITU)发布了《ITU 互联网报告 2005:物联网》,正式提出了"物联网"的概念。报告指出:无所不在的"物联网"通信时代即将来临,世界上所有的物体从轮胎到牙刷、从房屋到纸巾都可以通过互联网主动进行信息交换。射频识别技术(RFID)、传感器技术、纳米技术、智能嵌入技术将得到更加广泛的应用。"物联网概念"是在"互联网概念"的基础上,将其用户端延伸和扩展到任何物品与物品之间,进行信息交换和通信的一种网络概念。物联网的发展历程如图 9.10所示。

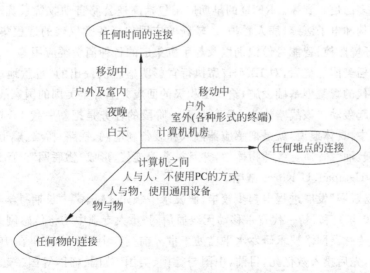

图 9.10 物联网的发展历程示意图

物联网中包含两层含义:一是物联网的核心和基础仍然是互联网,是在互联网基础上的延伸和扩展的网络;二是用户的各类终端延伸和扩展到了任何物品之间进行信息交换的通信,并实现对物品的监视和控制。物联网要打造一个能够实现物品与物品之间、物品与人之间的互动交流平台。其实质是利用感知技术、射频识别技术、无线通信技术通过互联网实现"物到物"、"机器到机器(M2M)"和"人到物"的自动感知识别以及信息的交互共享。

物联网从本质上看是通信网络,与传统网络不同的是其在底层构建的是网状网,并通过无线传感技术和 Ad-hoc 技术进行组网。物联网还应用现有的无线通信协议和各类嵌入式软件、数据库、中间件等实现彼此的互控。

物联网的发展可以看作是一场技术革命,揭示了计算和通信的未来发展趋势,它的发展依赖于一些重要技术的创新,如 Ad-hoc、RFID、纳米技术等。首先,为了连接日常用品和设备使得后台支撑的数据库和网络的性能要有较大的提升,同时还需要一套简易并且廉价的物体识别系统实现物与网络的连接,这就是目前较为流行的 RFID 技术。其次,物联网系统还需要使用传感器技术,使得数据采集受益于检测物体物理状态改变的能力,一般会在物体中嵌入智能装置以提高对物体的监控能力,同时将这种能力延伸到网络边缘。最后,通过小型化技术和纳米材料技术将传感器和嵌入式智能设备的体积变得越来越小,使人、物始终处在物联网覆盖的范围之内,也称这种技术为"泛在网络"。

物联网借助集成化信息处理技术使得工业产品和日常物品获得了智能化的特征和性能。人们可以通过网络和 GPS 远程查询或配置传感器并监测它们的性状的变化及位置的变化。尤其是在军事领域里将一些大小如尘埃的传感器散布到战区的各个角落并接入网络,通过它们及时监控战场情况,这种技术极大地改变了传统战场的作战样式。使部队的信息化程度有了极大的提升。物联网通过不断的发展使得原本只是静态的物体逐渐变成另一种意义上的动态的物体。

使用无线射频来识别物体的 RFID 技术是物联网的关键技术之一,尽管 RFID 时常被称为是"下一代的条形码"的标签,在实时地跟踪物体定位及状态等重要信息方面,RFID 系统能够提供更多的信息支撑。RFID 的早期应用包括高速公路自动收费系统、供应链管理、产品追溯及防伪和电子医疗(病人看护)。较新的应用包括各类仪表的远程集抄、建筑物位移监控、远程环境监控、智能身份识别以及与手机集成的各种消费类应用等。

奥巴马就任美国总统后,对 IBM 首席执行官彭明盛首次提出的"智慧地球"概念(建议政府投资新一代的智慧型基础设施)给予了积极的回应并上升至美国的国家战略高度,并在世界范围内引起轰动。该战略认为 IT 产业下一阶段的任务是把新一代 IT 技术充分运用在各行各业之中,具体地说,就是把感应器嵌入和装备到电网、铁路、桥梁、隧道、公路、建筑、供水系统、大坝、油气管道等各种物体中,并且被普遍连接,形成"物联网"。此外,日本、韩国等也分别提出 U-Japan、U-Korea 战略。

中国在"物联网"发展进程中起步较早,研发水平领先。《国家中长期科学与技术发展规划(2006～2020 年)》和"新一代宽带移动无线通信网"重大专项中均将传感网列入重点研究领域。我国的传感器网络技术研发水平已处于世界前列。中国科学院早在 10 年前就启动了传感网研究,先后投入数亿元,目前,中国与德国、美国、英国、韩国等国一起,成为国际标准制定的主要国家之一。目前,我国传感网标准体系已形成初步框架,向国际标准化组织提交的多项标准提案被采纳。温家宝总理在无锡考察中国科学院无锡高新微纳传感网工程技术研发中心时曾提出大力推进"感知中国"。并指出,要早一点谋划未来,早一点攻破传感网核心技术,要依靠科技和人才,占领科技和经济发展制高点,保证我国具有可持续发展的能力和可持续的竞争力。

9.4.1 物联网与网络安全

1. 安全问题

任何一个新的信息系统在广泛推广的同时都会伴随着信息安全问题,物联网也不可回避地伴生着一系列的安全问题。物联网系统自身的安全直接关乎物联网是否会被攻击而不可信,其重点表现为如果物联网被攻击、数据被篡改、数据被拦截,并致使其出现了与所期望的功能不一致的情况,或者不再发挥应有的功能,那么依赖物联网的控制结果必将带来巨大的隐患和灾难。

物联网安全威胁存在于各个层面,包括终端安全威胁、网络安全威胁和业务安全威胁。智能终端的出现带来了潜在的威胁,如信息非法篡改和非法访问,通过操作系统修改终端信息,利用病毒和恶意代码进行系统破坏。数据通过无线信道在空中传输,容易被截获或非法篡改。非法的终端可能以假冒的身份进入无线通信网络,进行各种破坏活动;合法身份的终端在进入网络后,也可能越权访问各种互联网资源。业务层面的安全威胁包括非法访问业务、非法访问数据、拒绝服务攻击、垃圾信息的泛滥和不良信息的传播等。

目前国际普遍将物联网的体系架构分为 3 个层次,即感知层、传输层和应用层,如图 9.11所示。

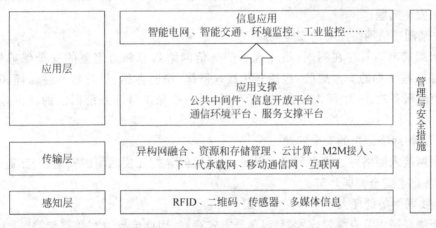

图 9.11 物联网 3 层体系结构示意图

考虑到物联网安全的总体需求就是物理安全、信息采集安全、信息传输安全和信息处理安全的综合,安全的最终目标是确保信息的机密性、完整性、真实性和网络的容错性。本书从物联网 3 层体系出发,发现其中存在的安全问题,并进行总结和概括,为研究物联网中的安全机制提供依据和关键点。下面分别对各层安全问题进行分析。

2. 感知层安全分析

物联网感知层的任务是实现智能感知外界信息功能,包括信息采集、捕获和物体识别,该层的典型设备包括 RFID 装置、各类传感器(如红外、超声、温度、湿度、速度等)、图像捕捉装置(摄像头)、全球定位系统(GPS)、激光扫描仪等,其涉及的关键技术包括传感器、RFID、自组织网络、短距离无线通信和低功耗路由等。

（1）感知节点易被窃听或控制问题。

物联网感知节点功能简单、处理能力低、能量小，无法自主实现完善的安全防护，且节点群数目庞大不易管理控制，易有疏漏，给攻击者以可乘之机。因此，节点的通信信息很容易被窃听，甚至节点可能会被控制，以致发送错误信息，造成网络信息错乱。另外，若网关节点被窃听或控制，直接会导致网络瘫痪，整个网络信息都会泄露。

（2）节点伪装问题。

由于节点的脆弱性以及网络拓扑结构的多变性，攻击者通过分析节点获取身份、密码信息，篡改软硬件，进而俘获节点，伪装为合法用户，就可进行各种攻击，如监听用户信息、发布虚假信息、发起 DoS 攻击等。

感知节点一般处于无人监控且环境复杂的场景，容易受到环境变化引起的物理伤害，或者人为蓄意破坏，不利于网络稳定、健康的运营。

3. 传输层安全分析

物联网的特点之一体现为海量，存在海量节点和海量数据，这就必然会对传输层的安全提出更高的要求。虽然，目前的核心网络具有相对完整的安全措施，但是当面临海量、集群方式存在的物联网节点的数据传输需求时，很容易导致核心网络拥塞，产生拒绝服务。由于在物联网传输层存在不同架构的网络需要相互连通的问题，因此，传输层将面临异构网络跨网认证等安全问题。

（1）基础通信网络原有的安全问题。

任何通信网络都存在漏洞，虽然现有的通信网络具有相对完整的安全保护能力，但还是存在一些常见的安全威胁，包括非法接入网络、窃听数据、进行机密性破坏和完整性破坏；拒绝服务攻击、中间人攻击、病毒入侵、利用嗅探工具和系统漏洞的攻击等多种攻击方式。

（2）异构网络带来的安全问题。

物联网接入网络可选择多种接入方式，网络层的异构性使网络的安全性、互通性、统筹性差，容易产生安全薄弱环节。

（3）物联网集群庞大带来的安全问题。

由于物联网中节点数量庞大，且以集群方式存在，因此会导致在数据传播时，大量数据同时发送使网络拥塞，产生拒绝服务攻击。

（4）数据量大，处理能力、智能性问题。

物联网中节点数量大，数据海量传输，环境复杂多变，对数据处理、自适应判断能力要求高。一旦处理能力达不到，可能导致网络中断、数据流失。

4. 应用层安全分析

在物联网应用层，在某行业或某应用中必然会收集用户大量隐私数据，如其健康状况、通信簿、出行线路、消费习惯等，因此必须针对各行业或各应用考虑其特定或通用隐私保护问题。目前国内已经开始 M2M 模式的物联网试点，如智慧城市、智能交通和智能家居等。然而目前各子系统的建设并没有统一标准，未来必然会面临链接为一个大的网络平台的网络融合问题和安全问题。

(1) 数据访问权限,用户认证问题。

应用层是与用户进行互通的直接层面,为用户提供数据访问的权限。所以,健全的认证机制和访问权限设定,隔绝非法用户的入侵是物联网应用系统的安全关键点。

(2) 用户隐私泄露问题。

隐私性问题将是物联网推行过程中的最大障碍。物联网涉及用户生活的多方面,一旦信息泄露,用户财产及信息安全、个人隐私都容易被侵犯。确保信息的隐私性,是促进物联网发展要解决的首要问题。

5. 物联网安全关键技术

通过前面对物联网各层的安全问题进行分析后,得出可从 3 个方面提升物联网的安全机制强度,分别为本地安全维护、信誉评估维护、数据传输安全。本地安全维护针对各层面临的安全威胁,提出相应的本地安全防护;入侵检测技术、防攻击技术是各层安全防护必备的技术。另外,物联网感知层还要考虑节点异常检测和排除、网络分割修复、安全路由协议等技术,而物联网的网络层则要新加入对于异构网络支持的安全方案;处理层和应用层着重的是数据存储的本地安全以及数据访问带来的安全问题。信誉评估系统为其他安全技术提供依据,从而为整个安全体系服务,对网络架构中各个部分进行安全检测、信誉评估和维护,及时排除异己,避免外部入侵引起的安全危害。数据在传输过程中的安全主要通过数据加密机制来确保,认证与密钥管理机制同时也是确保数据安全的重要组成部分。

下面就对物联网中安全技术进行分析总结。

(1) 认证与密钥管理机制。

认证与密钥管理机制是确保网络准入安全和数据安全的重要技术,是物联网安全机制必不可少的一部分。目前通信网络的认证与密钥协商机制为 AKA 机制,AKA 是较成熟的认证机制,下一代网络也将继续沿用并改进 AKA 机制。当物联网感知层接入网络时必须要考虑认证机制与 AKA 机制的一致性、兼容性问题。由于网络中存在原有的机制,而物联网架构于传统网络之上,可以采用多层统筹认证的机制来综合应用基础网络机制与物联网新加的机制。

(2) 安全路由协议。

物联网的路由要跨越多类网络,需要分两方面进行研究:一是接入网络异构化下的路由协议;二是感知层传感器网络的路由协议。在物联网中,可以通过在感知层将节点的身份标志映射成 IPv6 地址的方式,接入 IPv6 通信网络,实现基于 IPv6 的统一路由体系。

(3) 入侵检测与防御技术。

入侵检测是通过从计算机网络或系统中的若干关键点收集信息并对其进行分析,从中发现网络或系统中是否有违反安全策略的行为和遭到袭击迹象的一种安全技术。入侵检测系统构成至少包括数据提取、入侵分析、响应处理 3 部分。在入侵检测系统的研究领域中,基于模式匹配、数据挖掘、神经网络等技术以及各种分类算法的入侵检测技术占有重要的地位。而防御技术主要是保护网络正常运行,避免 DoS 攻击、中间人攻击、洪泛攻击等多种攻击方式。常见的物联网防御技术有基于验证的防御方法、基于成员管理的防御方法、基于信誉的防御方法、受害者端的防御方法。在物联网中由于节点数多,数据量大,需要加强入侵检测技术的处理功能和全面性防御功能。

（4）数据安全和隐私保护。

数据安全有对立的两方面的含义：一是数据本身的安全，主要是指采用现代密码算法对数据进行主动保护；二是数据防护的安全，主要是采用现代信息存储手段对数据进行主动防护，如数据备份、异地容灾等。隐私即为数据所有者不愿意被披露的敏感信息，包括敏感数据以及数据所表征的特性。目前常见的隐私保护技术主要分为基于数据失真的技术、基于数据加密的技术、基于限制发布的技术。从防护角度看，物联网的保护要素仍然是可用性、机密性、可鉴别性和可控性。由此可以形成一个物联网安全系统。其中可用性是从体系上来保障物联网的健壮性与可生存性；机密性指应构建整体的加密体系来保护物联网的数据隐私；可鉴别性是指应构建完整的信任体系来保证所有的行为、来源、数据的完整性等都是真实可信的；可控性是指物联网安全中最为特殊的地方，它的含义是指应采取措施来保证物联网不会实施错误的控制信息以导致不可逆的灾难。

物联网的数据要经过信息感知、获取、汇聚、加密、传输、存储、决策和控制等处理流程。物联网应用不仅面临信息采集的安全性，也要考虑到数据传输中安全性和应用平台中数据存储的私密性，要求信息不能被窃听或篡改，以及非授权用户的访问；同时，还要考虑到网络的可靠性、可用性和安全性。物联网能否大规模推广应用，很大程度上取决于其是否能够保障用户数据和隐私的安全。

9.4.2　物联网的应用

1. 物联网在工业中的应用

工业是物联网应用的重要领域。具有环境感知能力的各类终端、基于泛在技术的计算模式、移动通信等不断融入工业生产的各个环节，可大幅提高制造效率，改善产品质量，降低产品成本和资源消耗，将传统工业提升到智能工业的新阶段。

从当前技术发展和应用前景来看，物联网在工业领域的应用主要集中在以下几个方面：

（1）制造业供应链管理。物联网应用于企业原材料采购、库存、销售等领域，通过完善和优化供应链管理体系，提高了供应链效率，降低了成本。空中客车（Airbus）通过在供应链体系中应用传感网络技术，构建了全球制造业中规模最大、效率最高的供应链体系。

（2）生产过程工艺优化。物联网技术的应用提高了生产线过程检测、实时参数采集、生产设备监控、材料消耗监测的能力和水平。生产过程的智能监控、智能控制、智能诊断、智能决策、智能维护水平不断提高。钢铁企业应用各种传感器和通信网络，在生产过程中实现对加工产品的宽度、厚度、温度的实时监控，从而提高了产品质量，优化了生产流程。

（3）产品设备监控管理。各种传感技术与制造技术融合，实现了对产品设备操作使用记录、设备故障诊断的远程监控。GE Oil&Gas集团在全球建立了13个面向不同产品的i-Center，通过传感器和网络对设备进行在线监测和实时监控，并提供设备维护和故障诊断的解决方案。

（4）环保监测及能源管理。物联网与环保设备的融合实现了对工业生产过程中产生的各种污染源及污染治理各环节关键指标的实时监控。在重点排污企业排污口安装无线传感设备，不仅可以实时监测企业排污数据，而且可以远程关闭排污口，防止突发性环境污染事故的发生。电信运营商已开始推广基于物联网的污染治理实时监测解决方案。

（5）工业安全生产管理。把感应器嵌入和装备到矿山设备、油气管道、矿工设备中，可以感知危险环境中工作人员、设备机器、周边环境等方面的安全状态信息，将现有分散、独立、单一的网络监管平台提升为系统、开放、多元的综合网络监管平台，实现实时感知、准确辨识、快捷响应和有效控制。

2. 物联网在农业中的应用

物联网在农业领域的应用是通过实时采集温室内湿度、湿度信号以及光照、土壤温度、CO_2 浓度、叶面湿度、露点温度等环境参数，自动开启或者关闭指定设备。可以根据用户需求，随时进行处理，为设施农业综合生态信息自动监测、对环境进行自动控制和智能化管理提供科学依据。通过模块采集温度传感器等信号，经由无线信号收发模块传输数据，实现对大棚温、湿度的远程控制。物联网在农业大棚的应用如图 9.12 所示。智能农业产品还包括智能粮库系统，该系统通过将粮库内温、湿度变化的感知与计算机或手机的连接进行实时观察，记录现场情况以保证粮库内的温、湿度平衡。

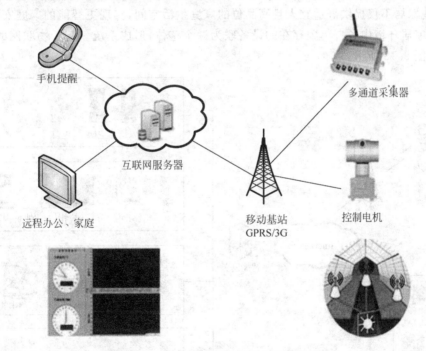

图 9.12　物联网在农业大棚中的应用示意图

物联网在农业领域具有远大的应用前景，主要有 3 点：

（1）无线传感器网络应用于温室环境信息采集和控制。

（2）无线传感器网络应用于节水灌溉。

（3）无线传感器网络应用于环境信息和动、植物信息监测。

3. 物联网在智能电网中的应用

智能电网与物联网作为具有重要战略意义的高新技术和新兴产业，已引起世界各国的高度重视,我国政府不仅将物联网、智能电网上升为国家战略,并在产业政策、重大科技项目支持、示范工程建设等方面进行了全面部署。应用物联网技术,智能电网将会形成一个以电网为依托,覆盖城乡各用户及用电设备的庞大的物联网络,成为"感知中国"的最重要基础设施之一。智能电网与物联网的相互渗透、深度融合和广泛应用,将能有效整合通信基础设施资源和电力系统基础设施资源,进一步实现节能减排,提升电网信息化、自动化、互动化水平,提高电网运行能力和服务质量。智能电网和物联网的发展,不仅能促进电力工业的结构转型和产业升级,更能够创造一大批原创的具有国际领先水平的科研成果,打造千亿元的产业规模。

4. 物联在智能家居中的应用

智能家居是一个居住环境,是以住宅为平台安装有智能家居系统的居住环境,实施智能家居系统的过程就称为智能家居集成。将各种家庭设备(如音/视频设备、照明系统、窗帘控制、空调控制、安防系统、数字影院系统、网络家电等)通过程序设置,使设备具有自动功能,通过中国电信的宽带、固话和3G无线网络,可以实现对家庭设备的远程操控。与普通家居相比,智能家居不仅提供舒适宜人且高品位的家庭生活空间,实现更智能的家庭安防系统,还将传统家居环境中各自单独存在的设备联为一个整体,形成系统。基于物联网的智能家居系统如图9.13所示。

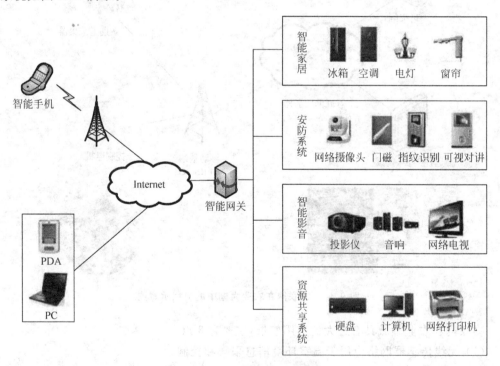

图 9.13　智能家居系统框图

5. 物联网在医疗中的应用

智能医疗系统借助简易实用的家庭医疗传感设备,对家中病人或老人的生理指标进行自测,并将生成的生理指标数据通过中国电信的固定网络或3G无线网络传送到护理人或有关医疗单位。根据客户需求,中国电信还提供相关增值业务,如紧急呼叫救助服务、专家咨询服务、终生健康档案管理服务等。智能医疗系统真正解决了现代社会子女们因工作忙碌无暇照顾家中老人的无奈,可以随时表达孝子情怀。

6. 物联网在城市安防中的应用

智能城市产品包括对城市的数字化管理和城市安全的统一监控。前者利用"数字城市"理论,基于 3S(地理信息系统 GIS、全球定位系统 GPS、遥感系统 RS)等关键技术,深入开发和应用空间信息资源,建设服务于城市规划、城市建设和管理,服务于政府、企业、公众,服务于人口、资源环境、经济社会的可持续发展的信息基础设施和信息系统。后者基于宽带互联网的实时远程监控、传输、存储、管理的业务,利用中国电信无处不达的宽带和 3G 网络,将分散、独立的图像采集点进行联网,实现对城市安全的统一监控、统一存储和统一管理,为城市管理和建设者提供一种全新、直观、视听觉范围延伸的管理工具。

7. 物联网在环境监测中的应用

环境监测领域应用是通过对实施地表水水质的自动监测,可以实现水质的实时连续监测和远程监控,及时掌握主要流域重点断面水体的水质状况,预警预报重大或流域性水质污染事故,解决跨行政区域的水污染事故纠纷,监督总量控制制度落实情况。太湖环境监控项目,通过安装在环太湖地区的各个监控点的环保监控传感器,将太湖的水文、水质等环境状态提供给环保部门,实时监控太湖流域水质等情况,并通过互联网将监测点的数据报送至相关管理部门。

8. 物联网在智能交通中的应用

智能交通系统包括公交行业无线视频监控平台、智能公交站台、电子票务、车管专家和公交手机一卡通 5 种业务。公交行业无线视频监控平台利用车载设备的无线视频监控和GPS 定位功能,对公交运行状态进行实时监控。智能公交站台通过媒体发布中心与电子站牌的数据交互,实现公交调度信息数据的发布和多媒体数据的发布功能,还可以利用电子站牌实现广告发布等功能。电子门票是二维码应用于手机凭证业务的典型应用,从技术实现的角度,手机凭证业务就是以手机为平台、以手机身后的移动网络为介质,通过特定的技术实现完成凭证功能。

车管专家利用全球卫星定位技术(GPS)、无线通信技术、地理信息系统技术(GIS)、中国电信 3G 等高新技术,将车辆的位置与速度,车内外的图像、视频等各类媒体信息及其他车辆参数等进行实时管理,有效满足用户对车辆管理的各类需求。公交手机一卡通将手机终端作为城市公交一卡通的介质,除完成公交刷卡功能外,还可以实现小额支付、空中充值等功能。

测速仪通过将车辆测速系统、高清电子警察系统的车辆信息实时接入车辆管控平台,同时结合交警业务需求,基于 GIS 地理信息系统通过 3G 无线通信模块实现报警信息的智能、无线发布,从而快速处置违法、违规车辆。

9. 物联网在智能司法中的应用

智能司法是一个集监控、管理、定位、矫正于一身的管理系统,能够帮助各地各级司法机构降低刑罚成本、提高刑罚效率。目前,中国电信已实现通过 CDMA 独具优势的 GPSONE 手机定位技术对矫正对象进行位置监管,同时具备完善的矫正对象电子档案、查询统计功能,并包含对矫正对象的管理考核,给矫正工作人员的日常工作带来信息化、智能化的高效管理平台。

10. 物联网在物流中的应用

智能物流打造了集信息展现、电子商务、物流配载、仓储管理、金融质押、园区安保、海关保税等功能于一体的物流园区综合信息服务平台。信息服务平台以功能集成、效能综合为主要开发理念,以电子商务、网上交易为主要交易形式,建设了高标准、高品位的综合信息服务平台,并为金融质押、园区安保、海关保税等功能预留了接口,可以为园区客户及管理人员提供一站式综合信息服务。

11. 物联网在智能文博中的应用

智能文博系统是基于 RFID 和中国电信的无线网络,运行在移动终端的导览系统。该系统在服务器端建立相关导览场景的文字、图片、语音以及视频介绍数据库,以网站形式提供专门面向移动设备的访问服务。移动设备终端通过其附带的 RFID 读写器,得到相关展品的 EPC 编码后,可以根据用户需要,访问服务器网站并得到该展品的文字、图片语音或者视频介绍等相关数据。该产品主要应用于文博行业,实现智能导览及呼叫中心等应用拓展。

12. 物联网在 M2M 平台中的应用

中国电信 M2M 平台是物联网应用的基础支撑设施平台。秉承发展壮大民族产业的理念与责任,凭借对通信、传感、网络技术发展的深刻理解与长期的运营经验,中国电信 M2M 协议规范引领着 M2M 终端、中间件和应用接口的标准统一,为跨越传感网络和承载网络的物联信息交互提供表达和交流规范。在电信级 M2M 平台上驱动着遍布各行各业的物联网应用逻辑,倡导基于物联网络的泛在网络时空,让广大消费者尽情享受物联网带来的个性化、智慧化、创新化的信息新生活。

9.4.3 物联网的关键技术

1. 射频识别技术

射频识别技术(RFID)相对于传统的磁卡及 IC 卡技术具有非接触、阅读速度快、无磨损等特点,在最近几年里得到快速发展。为加强工程技术人员对该技术的理解,本书介绍了射频技术的工作原理、分类、标准以及相关应用。

射频技术利用无线射频方式在阅读器和射频卡之间进行非接触双向数据传输,以达到目标识别和数据交换的目的。与传统的条形码、磁卡及 IC 卡相比,射频卡具有非接触、阅读速度快、无磨损、不受环境影响、寿命长、便于使用的特点并具有防冲突功能,能同时处理多张卡片。在国外,射频识别技术已被广泛应用于工业自动化、商业自动化、交通运输控制管理等众多领域。

射频识别技术系统的基本工作流程是:阅读器通过发射天线发送一定频率的射频信号,当射频卡进入发射天线工作区域时产生感应电流,射频卡获得能量被激活;射频卡将自身编码等信息通过卡内置发送天线发送出去;系统接收天线接收到从射频卡发送来的载波信号,经天线调节器传送到阅读器,阅读器对接收的信号进行解调和解码,然后送到后台主系统进行相关处理;主系统根据逻辑运算判断该卡的合法性,针对不同的设定做出相应的处理和控制,发出指令信号控制执行机构动作。

在耦合方式(电感—电磁)、通信流程(FDX、HDX、SEQ)、从射频卡到阅读器的数据传输方法(负载调制、反向散射、高次谐波)以及频率范围等方面,不同的非接触传输方法有根本的区别,但所有的阅读器在功能原理上,以及由此决定的设计构造上都很相似,所有阅读器均可简化为高频接口和控制单元两个基本模块。高频接口包含发送器和接收器,其功能包括:产生高频发射功率以启动射频卡并提供能量;对发射信号进行调制,用于将数据传送给射频卡;接收并解调来自射频卡的高频信号。不同射频识别系统的高频接口设计具有一些差异。

阅读器的控制单元的功能包括:与应用系统软件进行通信,并执行应用系统软件发来的命令;控制与射频卡的通信过程(主—从原则);信号的编/解码。对一些特殊的系统还有执行反碰撞算法,对射频卡与阅读器间要传送的数据进行加密和解密,以及进行射频卡和阅读器间的身份验证等附加功能。

射频识别系统的读写距离是一个很关键的参数。目前,长距离射频识别系统的价格还很贵,因此寻找提高其读写距离的方法很重要。影响射频卡读写距离的因素包括天线工作频率、阅读器的 RF 输出功率、阅读器的接收灵敏度、射频卡的功耗、天线及谐振电路的 Q 值、天线方向、阅读器和射频卡的耦合度,以及射频卡本身获得的能量及发送信息的能量等。大多数系统的读取距离和写入距离是不同的,写入距离是读取距离的 $40\%\sim80\%$。

自 20 世纪 90 年代以来,射频识别技术在全世界范围内得到了很快的发展。全球的总销量以年均 25% 以上的速度快速增长,经过十几年的发展,射频识别技术在各行各业,尤其是在电子信息行业得到了广泛的应用。

射频识别技术在我国的应用还处于起步的阶段。差距首先表现在技术上,虽然在低频和中频产品应用上已经有了一定的基础,但在高频领域基本上没有大规模成熟的应用案例;其次表现在应用环境上,电子标签是一种提高识别效率和准确性的工具。市场化程度越高,越具有竞争性,组织对于效率的要求就会越强烈。在这种情况下,电子标签才会具有广泛应用的可能性。以电子标签在供应链上的应用为例,必须是以供应链成熟广泛运用为基础的,而我国供应链的发展只是刚有一个好的开端,对绝大多数企业而言,这种先进的管理方法和技术还刚刚起步。射频识别技术的国产化是刻不容缓的,无论从哪一方面讲,如果长期只依赖国外进口产品,将阻碍射频识别技术的推广和大规模的使用。在射频国产化的道路上,应用系统的国产化最先起步,目前也是比较有成效的。随着系统应用技术逐渐成熟和市场的壮大,也涌现出了许多优秀的系统集成商,特别是中、低频的非接触产品的应用中。

电子标签的国产化可以分为芯片技术、模块封装和标签加工 3 个方面。目前国内已经形成了比较成熟的 IC 卡模块封装。国内部分企业已在电子标签的封装形式上进行了新的尝试,促进了电子标签成本的进一步降低。另一个是读写机及周边设备的国产化。实际上,机具和周边设备的国产化是电子标签推广的关键因素,只有真正消化了现有的国外先进技术才能够使自身产品具有真正的市场竞争力和长久的生命力。

从长远来看,电子标签特别是高频远距离电子标签的市场在未来几年内将逐渐成熟,成为 IC 卡领域继公交、手机、身份证之后又一个具有广阔市场前景和巨大容量的市场。将为国内比较成熟的 IC 卡行业创造一个重大的产业机会。在这个产业机会面前,国内厂商应加大投入力度,未雨绸缪,实现技术的突破。另外,除了厂商的努力外,政府的主管部门也应该起到引导和牵头的作用,支持国内的厂商,根据国内的需求制定行业标准,从标准入手,建立自主知识产权的整个体系,进一步缩短与国外先进水平的差距,壮大国内智能卡行业的发展。复旦微电子将长期致力于非接触电子标签技术的开发和推广,在为客户提供满足他们需求产品的同时,也将为整个产品的其他厂商提供有关 RFID 射频识别应用方面的全方位的技术支持。

自 2004 年起,全球范围内掀起了一场无线射频识别技术的热潮,包括沃尔玛、宝洁、波音公司在内的商业巨头无不积极推动 RFID 在制造、物流、零售、交通等行业的应用。RFID 技术及其应用正处于迅速上升的时期,被业界公认为是 21 世纪最具潜力的技术之一,它的发展和应用推广将是自动识别行业的一场技术革命。而 RFID 在交通物流行业的应用更是为通信技术提供了一个崭新的舞台,将成为未来电信业有潜力的利润增长点之一。

RFID 技术无需直接接触、无需光学可视、无需人工干预即可完成信息输入和处理,且操作方便快捷,能够广泛应用于生产、物流、交通、运输、医疗、防伪、跟踪、设备和资产管理等需要收集和处理数据等。

2. 无线传感技术

无线传感器网络(Wireless Sensor Networks,WSN)就是由大量的密集部署在监控区域的智能传感器节点构成的一种网络应用系统。由于传感器节点数量众多,部署时只能采用随机投放的方式,传感器节点的位置不能预先确定;在任意时刻,节点间通过无线信道连接,采用多跳(Multi-Hop)、对等(Peer to Peer)通信方式,自组织网络拓扑结构;传感器节点间具有很强的协同能力,通过局部的数据采集、预处理以及节点间的数据交换来完成全局任务。WSN 经历了从智能传感器、无线智能传感器到无线传感器 3 个发展阶段,智能传感器将计算能力嵌入传感器中,使传感器节点具有数据采集和信息处理能力。而无线智能传感器又增加了无线通信能力,WSN 将交换网络技术引入到智能传感器中,使其具备交换信息和协调控制功能。无线传感网络结构由传感器节点、汇聚节点、现场数据收集处理决策部分及分散用户接收装置组成,节点间能够通过自组织方式构成网络。传感器节点获得的数据沿着相邻节点逐跳进行传输,在传输过程中所得的数据可被多个节点处理,经多跳路由到协调节点,最后通过互联网或无线传输方式到达管理节点,用户可以对传感器网络进行决策管理、发出命令及获得信息。

无线传感器网络拥有和传统无线网络不同的体系结构,如无线传感器节点结构、网络结构以及网络协议体系结构。一般而言,传感器节点由 4 部分组成:传感器模块、处理器模块、无线通信模块和电源模块,如图 9.14 所示。它们各自负责自己的工作:传感器模块负责采集监测区域内的信息采集,并进行数据格式的转换,将原始的模拟信号转换成数字信号,将交流信号转换成直流信号,以供后续模块使用;处理器模块又分成两部分,分别是处理器和存储器,它们分别负责处理节点的控制和数据存储的工作;无线通信模块专门负责节点之间的相互通信;电源模块就用来为传感器节点提供能量,一般都是采用微型电池供电。

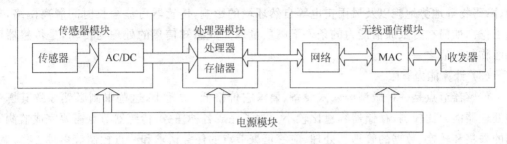

图 9.14 传感器节点构成框图

无线传感器网络系统通常包括传感器节点(Sensor Node)、汇聚节点(Sink Node)和管理节点,大量传感器节点随机部署在监测区域,通过自组织的方式构成网络。传感器节点采集的数据通过其他传感器节点逐跳地在网络中传输,传输过程中数据可能被多个节点处理,经过多跳后路由到汇聚节点,最后通过互联网或者卫星到达数据处理中心。也可以沿着相反的方向,通过管理节点对传感器网络进行管理,发布监测任务及收集监测数据。

网络协议体系结构是无线传感器网络的"软件"部分,包括网络的协议分层以及网络协议的集合,是对网络及其部件应完成功能的定义与描述。由网络通信协议、传感器网络管理以及应用支撑技术组成。

分层的网络通信协议结构类似于传统的 TCP/IP 协议体系结构,由物理层、数据链路层、网络层、传输层和应用层组成。物理层的功能包括信道选择、无线信号的监测、信号的发送与接收等。传感器网络采用的传输介质可以是无线、红外或者光波等。物理层的设计目标是以尽可能少的能量损耗获得较大的链路容量。数据链路层的主要任务是加权物理层传输原始比特的功能,使之对上层显现一条无差错的链路,该层一般包括媒体访问控制(MAC)子层与逻辑链路控制(LLC)子层,其中 MAC 层规定了不同用户如何共享信道资源,LLC 层负责向网络层提供统一的服务接口。网络层的主要功能包括分组路由、网络互联等。传输层负责数据流的传输控制,提供可靠、高效的数据传输服务。

网络管理技术主要是对传感器节点自身的管理以及用户对传感器网络的管理。网络管理模块是网络故障管理、计费管理、配置管理、性能管理的总和。其他还包括网络安全模块、移动控制模块、远程管理模块。传感器网络的应用支撑技术为用户提供各种应用支撑,包括时间同步、节点定位以及向用户提供协调应用服务接口。

目前常见的无线网络包括移动通信网、无线局域网、蓝牙网络、Ad-hoc 网络等,无线传感器网络在通信方式、动态组网以及多跳通信等方面有许多相似之处,但同时也存在很大的差别。无线传感器网络具有许多鲜明的特点。

(1) 电源能量有限。

传感器节点体积微小,通常携带能量十分有限的电池。由于传感器节点数目庞大,成本要求低廉,分布区域广,而且部署区域环境复杂,有些区域甚至人员不能到达,所以传感器节点通过更换电池的方式来补充能源是不现实的。如何在使用过程中节省能源,最大化网络的生命周期,是传感器网络面临的首要挑战。

（2）通信能量有限。

传感器网络的通信带宽窄而且经常变化，通信覆盖范围只有几十到几百米。传感器节点之间的通信断接频繁，经常容易导致通信失败。由于传感器网络更多地受到高山、建筑物、障碍物等地势地貌以及风雨雷电等自然环境的影响，传感器可能会长时间脱离网络，离线工作。如何在有限通信能力的条件下高质量地完成感知信息的处理与传输，是传感器网络面临的挑战之一。

（3）计算能力有限。

传感器节点是一种微型嵌入式设备，要求它价格低、功耗小，这些限制必然导致其携带的处理器能力比较弱，存储器容量比较小。为了完成各种任务，传感器节点需要完成监测数据的采集和转换、数据的管理和处理、应答汇聚节点的任务请求和节点控制等多种工作。如何利用有限的计算和存储资源完成诸多协同任务成为传感器网络设计的挑战。

（4）网络规模大、分布广。

传感器网络中的节点分布密集，数量巨大，可能达到几百、几千万甚至更多。此外，传感器网络可以分布在很广泛的地理区域。传感器网络的这一特点使得网络的维护十分困难甚至不可维护，因此传感器网络的软、硬件必须具有高健壮性和容错性，以满足传感器网络的功能要求。

（5）自组织、动态性网络。

在传感器网络应用中，节点通常被放置在没有基础结构的地方。传感器节点的位置不能预先精确设定，节点之间的相互邻居关系预先也不知道，而是通过随机布撒的方式。这就要求传感器节点具有自组织能力，能够自动进行配置和管理，通过拓扑控制机制和网络协议自动形成转发监控数据的多跳无线网络系统。同时，由于部分传感器节点能量耗尽或环境因素造成失效，以及经常有新的节点加入，或是网络中的传感器、感知对象和观察者这3要素都可能具有移动性，这就要求传感器网络必须具有很强的动态性，以适应网络拓扑结构的动态变化。

（6）以数据为中心的网络。

传感器网络的核心是感知数据，而不是网络硬件。观察者感兴趣的是传感器产生的数据，而不是传感器本身。观察者不会提出这样的查询"从A节点到B节点的连接是如何实现的?"，他们经常会提出以下的查询"网络覆盖区域中哪些地区出现毒气?"。在传感器网络中，传感器节点不需要地址之类的标识。因此，传感器网络是一种以数据为中心的网络。

（7）应用相关的网络。

传感器网络用来感知客观物理世界，获取物理世界的信息量。不同的传感器网络应用关心不同的物理量，因此对传感器的应用系统也有多种多样的要求。不同的应用背景对传感器网络的要求不同，其硬件平台、软件系统和网络协议必然有很大差别，在开发传感器网络应用中，更关心传感器网络差异。针对每个具体应用来研究传感器网络技术，这是传感器网络设计不同于传统网络的显著特征。

由于具有覆盖区域广阔、监测高精度、可远程监控、可快速部署、可自组织和高容错性等特点，尽管目前无线传感器网络仍处于初步应用阶段，网络安全研究等方面还面临着许多不确定的因素和有待解决的问题，但它已经展示出了非凡的应用价值。相信在不久的将来，会对人们的生产生活起到不可估量的作用。

3. M2M 技术

随着科学技术的发展，越来越多的设备具有通信和联网能力，网络一切（Network Everything）逐步变为现实。人与人之间可以更加快捷地沟通，信息的交流更顺畅。但是目前仅仅是计算机和其他一些 IT 类设备具备这种通信和网络能力。众多的普通机器设备几乎不具备联网和通信能力，如家电、车辆、自动售货机、工厂设备等。M2M 技术的目标就是使所有机器设备都具备联网和通信能力，其核心理念就是网络一切。M2M 技术是一台终端传送到另一台终端，也就是就是机器与机器（Machine to Machine）的对话。但从广义上，M2M 可代表机器对机器（Machine to Machine）、人对机器（Man to Machine）、机器对人（Machine to Man）、移动网络对机器（Mobile to Machine）之间的连接与通信，它涵盖了所有实现在人、机器、系统之间建立通信连接的技术和手段，具有非常重要的意义，有着广阔的市场和应用前景，推动着社会生产和生活方式新一轮的变革。M2M 是一种理念，也是所有增强机器设备通信和网络能力的技术的总称。

网络技术彻底改变了人们的生活方式和生存面貌，我们生活在一个网络社会。今天，M2M 技术的出现，使得网络社会的内涵有了新的内容。网络社会的成员除了原有人、计算机、IT 设备外，数以亿计的非 IT 机器/设备正要加入进来。随着 M2M 技术的发展，这些新成员的数量和其数据交换的网络流量将会迅速地增加。

通信网络在整个 M2M 技术框架中处于核心地位，包括广域网（无线移动通信网络、卫星通信网络、Internet、公众电话网）、局域网（以太网、无线局域网 WLAN、Bluetooth）、个域网（ZigBee、传感器网络）。

在 M2M 技术框架的通信网络中，有两个主要参与者，他们是网络运营商和网络集成商。尤其是移动通信网络运营商，在推动 M2M 技术应用方面起着至关重要的作用，他们是 M2M 技术应用的主要推动者。第三代移动通信技术除了提供语音服务外，数据服务业务的开拓是其发展的重点。随着移动通信技术向 3G 的演进，必定将 M2M 应用带到一个新的境界。国外提供 M2M 服务的网络有 AT&T Wireless 的 M2M 数据网络计划及 Aeris 的 MicroBurst 无线数据网络等。

习题

9.1 简述下一代通信网的组成、作用及与网络构架与传统网络的区别。
9.2 简述软交换技术的特点及与传统交换方式的异同。
9.3 什么是云计算？它的体系构架是如何组成的？
9.4 简述 IaaS、PaaS、SaaS 的意义。
9.5 什么是物联网？物联网与互联网有何不同？
9.6 简述物联网的体系架构。
9.7 试说明物联网的安全防护技术有哪些？
9.8 简述如何通过物联网实现智能农业。
9.9 物联网的关键技术有哪些？
9.10 简述 M2M 与物联网的关系。

参 考 文 献

[1] 刘金虎. 通信网基础. 兰州：兰州大学出版社,2004.

[2] 毛京丽. 现代通信网. 第 3 版. 北京：北京邮电大学出版社,2013.

[3] 刘少亭. 现代通信网概论. 北京：人民邮电出版社,2005.

[4] 周炯槃. 通信网理论基础. 第 2 版. 北京：人民邮电出版社,2009.

[5] 舒贤林. 图论基础及其应用. 北京：北京邮电大学出版社,2001.

[6] 桂海源. 信令系统. 北京：北京邮电大学出版社,2008.

[7] 石文孝. 通信网理论与应用. 北京：电子工业出版社,2008.

[8] 郑玉甫. 通信技术. 兰州：兰州大学出版社,2004.

[9] 陆大淦. 随机过程及其应用. 北京：清华大学出版社,1996.

[10] 唐宝民. 通信网技术基础. 北京：人民邮电出版社,2009.

[11] 刘焕淋. 通信网图论及应用. 北京：人民邮电出版社,2010.

[12] 姚军. 现代通信网. 北京：人民邮电出版社,2013.

[13] 记阳. 通信网理论概要. 北京：北京邮电大学出版社,2008.

[14] David,Errol simon Imformation Networks Planning end Design. USA：Prentice Hall 1997.

[15] 张民. 宽带 IP 城域网. 北京：北京邮电大学出版社,2003.

[16] 谢希仁. 计算机网络. 北京：电子工业出版社,2003.

[17] 田瑞雄. 宽带 IP 组网技术. 北京：人民邮电出版社,2003.

[18] 纪越峰. 现代通信技术. 北京：北京邮电大学出版社,2004.

[19] 李文海. 现代通信技术. 北京：人民邮电出版社,2007.

[20] 王练. 现代通信网. 北京：机械工业出版社,2007.

[21] 陈锡生. 程控电话与话务理论. 北京：北京邮电大学出版社,1995.

[22] 田瑞雄. 宽带 IP 网组网技术. 北京：人民邮电出版社,2003.

[23] 张民. 宽带 IP 城域网. 北京：北京邮电大学出版社,2001.

[24] 张孝强. 通信技术基础. 北京：中国人民大学出版社,2003.

[25] 邓亚平. 计算机网络. 北京：电子工业出版社,2005.

[26] 李伟章. 现代通信网络概论. 北京：人民邮电出版社,2003.

[27] 林生. 计算机通信与网络教程. 第 3 版. 北京：清华大学出版社,2008.

[28] 陈建亚. 现代通信网监控与管理. 北京：北京邮电大学出版社,2006.

[29] Alberto Leon-Garcia. 通信网. 王海涛译. 北京：清华大学出版社,2005.

图 书 资 源 支 持

感谢您一直以来对清华版图书的支持和爱护。为了配合本书的使用，本书提供配套的资源，有需求的读者请扫描下方的"书圈"微信公众号二维码，在图书专区下载，也可以拨打电话或发送电子邮件咨询。

如果您在使用本书的过程中遇到了什么问题，或者有相关图书出版计划，也请您发邮件告诉我们，以便我们更好地为您服务。

我们的联系方式：

清华大学出版社计算机与信息分社网站：https://www.shuimushuhui.com/

地　　址：北京市海淀区双清路学研大厦 A 座 714

邮　　编：100084

电　　话：010-83470236　010-83470237

客服邮箱：2301891038@qq.com

QQ：2301891038（请写明您的单位和姓名）

资源下载：关注公众号"书圈"下载配套资源。

资源下载、样书申请

书 圈

图书案例

清华计算机学堂

观看课程直播